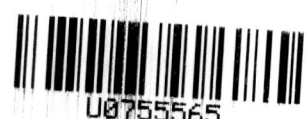

国学经典文库　图文珍藏版

道德经

[春秋]老聃⊙原著

马松源⊙主编

线装书局

图书在版编目（CIP）数据

道德经/马松源主编.--北京：线装书局，2011.10（2021.6）

ISBN 978-7-5120-0374-3

Ⅰ.①道… Ⅱ.①马… Ⅲ.①《道德经》 Ⅳ.①B223.1

中国版本图书馆CIP数据核字（2011）第117026号

道 德 经

作　　者：（春秋）老　聃

主　　编：马松源

责任编辑：李津红

出版发行：线装书局

地　址：北京市丰台区方庄日月天地大厦B座17层（100078）

电　话：010-58077126（发行部）010-58076938（总编室）

网　址：www.zgxzsj.com

经　　销：新华书店

印　　制：北京彩虹伟业印刷有限公司

开　　本：710mm×1040mm　1/16

印　　张：112

字　　数：1360千字

版　　次：2021年6月第1版第2次印刷

印　　数：3001-9000套

线装书局官方微信

定　　价：598.00元（全四卷）

道教始祖老子

老子（前571～前471），字伯阳，姓李名耳，传说出生时就长有白色的眉毛及胡子，道家学派的始祖，春秋时期大哲学家和大智慧家，是中国思想史上赫赫有名的大家巨匠，世界公认的第一位文化名人，后来被唐皇武后封为太上老君。存世有《道德经》（又称《老子》），其学说的精华是朴素的辩证法，主张无为而治，对中国哲学发展具有深刻影响。

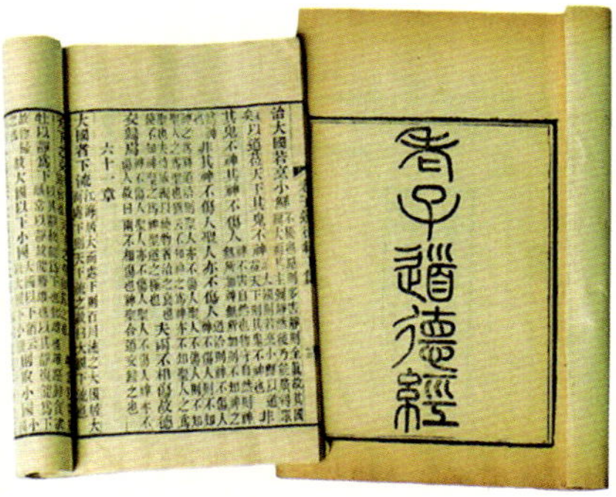

《老子道德经》书影

老子道德经幢

石刻版《道德经》

《道德经》又称《道德真经》《老子》《五千言》《老子五千文》，是中国古代先秦诸子分家前的一部著作，为其时诸子所共仰，传说是春秋时期的老子李耳（似是作者、注释者、传抄者的集合体）所撰写，是道家哲学思想的重要来源。道德经分上下两篇，原文上篇《德经》、下篇《道经》，不分章，后改为《道经》在前，《德经》在后，并分为81章，是中国历史上首部完整的哲学著作。

三教图

图中描绘佛、儒、道三教创始者共坐树下相谈的场景。画中，丁云鹏一方面是由于自己的对佛像的擅长，一方面更是以信徒的身份，因此，他将释迦牟尼置于中心，端坐于绿柏与菩提树下，课晶、凸鼻、虬须、红袍，法相庄严慈祥。释迦两侧的岩石上，分画孔子与老子侧坐。孔子束峨冠蓄长须，着蓝色暗花长袍。老子骨骼权奇，长眉疏发，着褐色布袍，云头红履。

老子观井图

该图是在相邻张大千的家乡四川省内江地区边远农村发现的，是张大千上个世纪二十年代早期的画作，具有特殊收藏价值。

老子骑牛图

宋人晁补之作，北京故宫博物院藏。传说老子见到周王室衰微，势不可违， 遂骑青牛出关远去，莫知所终。

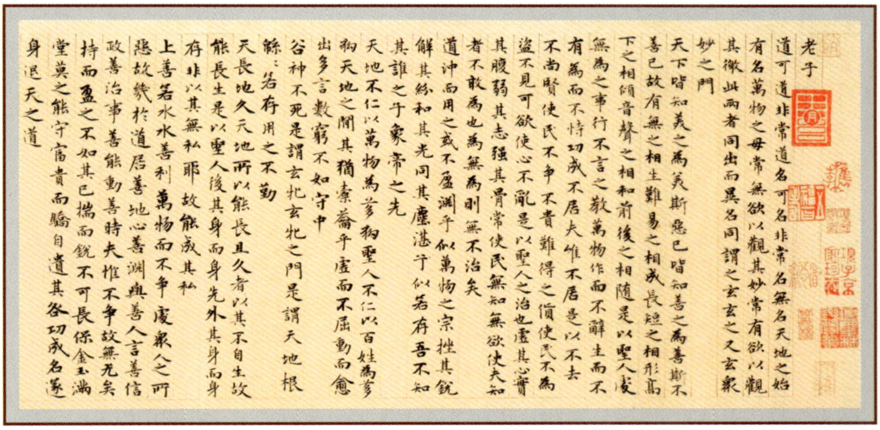

老子道德经卷（局部）

赵孟頫小楷《老子道德经卷》（1316）纸本 24.3×153.3cm 北京故宫博物院藏。书于延祐三年（公元1316年），时年六十三岁，字体工整秀丽，笔法稳健，独具风格。

三清道祖

三清即玉清元始天尊（右）、上清灵宝天尊（中）、太清道德天尊（左），元始天尊被说成是由赤混洞太无元的青气化生的。每到劫数终尽，天地初开，就出来传授秘道，开劫度人。灵宝天尊被说成是由混太无元玄黄之气所化生，又称太上道君，也随劫运出法度人。道德天尊即老子，又称太上老君。为了构成三清尊神的等级序列，它被说成是由冥寂玄通元玄白之气化生的。

河南鹿邑 老子升仙台——老君台

安徽亳州——老子故里

河南鹿邑 太清宫——老子故里

老子故里目前有两个版本：一说“老子故里在河南鹿邑”，此说获得了绝大多数中外权威机构支持；一说“老子故里在安徽涡阳”，此说系1990年新提之说，亦有人支持。

鹿邑县位于豫皖交界的河南省东部，属河南周口市。鹿邑县东邻安徽亳州市，北与商丘市柘城县相连，得名于一个关于老子青牛私下凡间的传说；安徽省涡阳县位于皖北地区，涡河中游，地处九州之中。众多专家一致认为老子故里在涡阳的史据是确凿的，从而破解了这一千古之谜。

前言

中华古国五千多年的文明史，涌现出了许许多多杰出的思想家，为中华民族乃至整个人类留下了丰富的思想遗产。这些思想成果独树一帜，在漫长的历史长河中又不断地被阐释、被发展，很多思想对于今天的中国乃至世界而言，仍然历久弥新，极具生命力。老子及其思想著作《道德经》就是其中最有代表性的。

老子，相传是道家学派的创始人，是中国乃至全世界最早具有朴素辩证法思想的伟大哲学家。他的著作《道德经》对于后世的影响非凡，开创了我国古代哲学思想的先河。但有关老子本人的记载留下的不多，有人把他神化，有人认为他就是太上老君，有关老子的传说不胜枚举，种种的遐想赋予了老子太多的神秘色彩。

《道德经》或称《老子》，是道家学派最具权威的经典著作，它文约意丰，涵盖哲学、伦理学、政治学、军事学等诸多学科，其内容博大精深、玄奥无极、涵括百家、包容万物，被后人尊奉为治国、治家、治学、修身的秘籍宝典。

《道德经》的主要内容分为上下两篇，上篇为《道经》，一章至三十七章，讲述了宇宙的根本，道出了天地万物变化的玄机，讲述了阴阳变幻的微妙；下篇为《德经》，三十八章至八十一章，讲述处世的方略，道出了人事的进退之术，包含了长生久世之道。“道”是老子的自然观和世界观，他指出，人类一定要顺应宇宙的客观条件，合乎自然规律地生存。只有爱护宇宙并且与大自然融为一体，人类才能健康地生存下去。一旦我们破坏了大自然，违背了大自然的规律，那么我们一定会遭到残酷的报应和惩罚，甚至会带来灭顶之灾。“德”是老子的人生观和社会观，还是要求人类顺其自然地与人共处，合乎社会规律地生存。只有返璞归真的复归于婴儿般的自然纯真状态，统治者卑谦若谷，民众为而不争，然后社会才能正常发展。

老子的《道德经》虽然只有短短的五千言，但它义奥玄深，堪称哲理第一书，是我国历史文化宝库中的一颗璀璨的明珠。它内容丰富，思想深邃，说理透彻，文笔优美。至今，老子的一些语言，如“天网恢恢，疏而不漏”“天长地久”“知足常乐”等已经成为人们耳熟能详的名言。在我国长达两千多年的思想文化发展史上，老子及其道家思想、孔子及儒家思想和墨子的墨家思想等众家思想百家争鸣，相互抗衡，交相辉映，对我国思想文化的发展有着深远的影响。

古往今来，《道德经》普遍受到人们的高度评价。《汉书》评价道家之学：“道家者流，盖出于史官，历记成败存亡祸福古今之道，然后知秉要执本，清虚以自守，卑弱以自持，此君人南面之术也。”唐代白居易说“《老子》言者不如知者默，此语吾闻自老君。若道老君是知者，如何自著五千文?”鲁迅说“懂得道家，便懂得了中国……中国文化的根柢全在道教。”著名的历史学家范文澜先生说“古代哲学家中老子确是杰出的无与伦比的哲学家”。

《道德经》不仅是中国文化传统的精髓，也是世界文化的瑰宝。目前，人们在世界范围内掀起了一股学习老子的热潮，老子的《道德经》也因此而风靡全球。据调查:在德国，几乎每个家庭都常备有一本德文版《道德经》;在日本，《道德经》已成为企业管理者的案头书，用以指导自己企业的经营和管理;在美国，一家出版公司竟花 13 万美元的天价购得仅有 5000 字的《道德经》的英文版权;更值得一提的是，美国学者蒲克明声称:“《道德经》肯定会成为未来社会家喻户晓的一部书”。著名的美学家叶朗先生说:“《道德经》是中国哲学、美学的开端，这个开端是一个灿烂的日出”。由此可见，《道德经》已跨出国门，走向了世界。

总之，《道德经》一书中的智慧，源于老子对世态人情的深切洞察和深刻思索。战争频繁、社会动荡、人事纷争、生命无常，点点滴滴积淀成老子关于人性修养、处世哲学、治国之道、军事哲学、养生之道等的智慧之学。

目　录

第一章　老子其人

第一节　老子出世

一、横空出世

陈国苦县曲仁里村大道旁的一辆敞篷车内，隐约传来一位妇人的痛苦呻吟声。

公元前 573 年，宋楚两国交战。三年前，宋国国君共公去世，右师元华（宋国设左、右两师，相当于左右宰相）掌握朝政。以左师鱼石为首的桓氏宗族密谋造反，却被右师元华发觉，把他们赶出了宋国。之后，元华任命向戎为左师、老佐为司马、乐裔为司寇，并册立新君，这就是宋平公。

被赶出宋国的鱼石带领他的宗族到了楚国，并且一呆就是三年。在这三年的时间内，他几乎把宋国的所有情况都报告给了楚国国君楚共王，希望借助楚国的力量报仇雪恨。公元前 573 年，楚共王派兵攻占宋国彭城（今江苏徐州），并命鱼石带领士兵上万人、战车三百辆固守。

宋平公召集群臣共商对策，以期能派出领兵挂帅之人。在满朝文武侧目彷徨时，司马老佐向宋平公自荐，愿意带兵出征。宋平公即刻封老佐为上将军，率官兵 2 万人收复彭城。老佐自感王恩深重，便立下誓言："愿携家小以围彭城，城不克而臣不归。"

老佐到彭城后果然不负众望。他身先士卒，英勇威武，使宋军士气受到极大鼓舞。不到半个月，留守彭城的楚军便危在旦夕。但是，数日之后，老佐在阵前被鱼石的弓箭手放来的暗箭射中前胸，深入5寸，当即坠马毙命。群龙无首的宋军四散而逃，彭城之战最终以宋军惨败而告终。

随军到前线的老佐夫人这时已身怀有孕，夫亡城破，已无生心，但是念及腹中胎儿，还是在家将、侍女的保护下逃离了彭城。

老子画像

披星戴月，马不停蹄的7天7夜之后，他们终于到达陈国苦县（今河南鹿邑地区），而老佐夫人身边只剩下一名家将，两名侍女。此时，颠沛流离的老佐夫人突然腹痛难忍，脸色惨白，叫出声来。两名年纪尚轻的侍女在一旁手忙脚乱、不知所措，赶车的家将急忙跑到邻近的一个叫曲仁里的村子里找来了接生婆。

片刻之后，清亮的婴儿啼哭声便从车内传来。

刚出生的孩子非常虚弱，而且头很大，眉毛宽长。他的眼眸清澈如水，眼球明亮如珠，鼻梁高耸。出奇的是，他的耳朵比常人的大很多，尤其是耳垂特别长。于是,老夫人给他取名为“聃”,意为“耳朵长大”。因其父名老佐,所以其名为“老聃”。

为老佐夫人接生的老妇人就住在曲仁里,她的丈夫姓陈,人称陈老爹,以开药店为生,人们都喊老妇人为陈妈妈。陈妈妈异常同情这对孤儿寡母,就把自家房子腾出三间给他们住。老佐夫人由是感激,便让家将帮陈老爹照顾药材店,又让两个侍女帮陈妈妈料理家务,而且还尽其所能地帮助村里的人,从此便在曲仁里住了下来。

因为老聃出生的这一年是庚寅虎年,乡亲们便唤他为“小狸儿”,即“小老虎”的意思。江淮地区的人们把老虎叫作“狸儿”,发音很像“李耳”。久而久之,“狸儿”被传成了“李耳”,并一代一代传了下来。

春秋时期,人们称呼有学问的人,总是在其姓之后直接加一个“子”。当老聃成为周王室的守藏室史官时,人们开始尊称他为老子。

二、童年往事

(一)“槐”与“楝”之争

童年时代的老聃在曲仁里无忧无虑地生活着。他勤学好问,而且思考问题深刻,能从小事中悟出大道理。

一次,老聃跟伙伴们到隐阳山深处的丛林里玩,发现一棵罕见的大树,大家互相询问,竟没人知道这是什么树。于是,他们仰着头,一边思考一边绕着这棵树漫步,希望能得到答案。

老聃走到树的右侧,看见树干上写着一个“楝”字,便兴奋地告诉伙伴们这是楝树。而他的伙伴走到左侧,看见左侧的树干上写着一个“槐”字,也高兴地大喊这是槐树。老聃和同伴因彼此无法说服对方而争论不休。这时,一位长辈路过这里,听到他们的争论后哈哈大笑着告诉了他们真相。原来,那个“槐”字和“楝”字是一个调皮的孩子为了捉弄人故意刻上去的。这棵树真正的名字是“槐楝树”也就是合欢树。至此,老聃和伙伴们才恍然大悟。

“槐”与“楝”之争使老聃认识到,要辨别自然界万物的真面目,必须全面观察,认真考证,不能人云亦云,以偏概全,妄下定论。

(二)知人容易知己难

老聃经常和小伙伴们玩捉迷藏的游戏,为了不让同伴找到自己,他们常常藏到树洞或者草丛中。因此,每次游戏结束之后,他们头上、身上都会带上一些小木棒、小草屑。

踏歌图

像往常一样,老聃又和伙伴们玩了很长时间的捉迷藏。大家玩累了出来休息的时候发现彼此头上都有一些草屑,便开始笑话对方。其中一个小伙伴也从老聃头上拿下一些草屑。老聃将草屑拿在手里,陷入了沉思:为什么大家只知道笑话别人,而没有想到自己呢?每个人都能很容易地发现别人的缺点和错误,可是放到自己身上时却不以为然。按照严格的标准要求别人,却一再以不同的理由原谅自己的过失。因此,人们对自己的了解并不比别人对自己的了解清楚,知人容易知己难啊!

此后,老聃开始认真听取别人的建议,严格要求自己,宽容对待别人,这使他的性格逐渐完善起来。

(三)上善若水

古时的曲仁里经常闹旱灾,而每当这时村民们就会祈神求雨。老聃看到村民们为祈雨磕得头破血流，不禁陷入对水的思考。

他认识到水是没有生命的，但水又是万物之源。没有水，就没有万物，没有生命，甚至没有人类。水悄无声息地流淌着，默默地滋润万物生长，无需奉承，无需表扬。它从不争强好胜，遇山绕路、遇谷充盈，以涓涓细流之躯，汇而成河，近而成海。

然而，它同时也具有无坚不摧的力量。一旦要表现勇猛，覆舟翻船，冲蚀堤岸，横没村庄，无所不能。对水的刚柔并济的思考，使老聃的思想日益深刻、完备起来。

百子全图(局部)

(四)执着的"善"

除了对自然的探索之外，老聃对天下苍生的怜悯之情也与日俱增。

有一年，天旱无雨，田里的庄稼颗粒无收，致使许多人背井离乡。老聃的母亲毕竟出身于官僚之家，以前留有一部分积蓄，再加上她善于持家，在这样的灾荒年份，竟没有使家里的日常生活受到影响。

一日，一个小乞丐走了进来。可能是因为这一年讨饭的人太多了，家将对此已经感到厌烦，连看都没看一眼就将小乞丐赶了出去。

小乞丐走后，老聃心里很不舒服。他想到自己和小乞丐年龄差不多，自己衣食无忧，小乞丐却流离失所，不由得觉得自己很可耻。于是，他偷偷跑到厨房拿了几个用来招待贵客的馒头，施舍给了小乞丐。

在这粮食比金子还可贵的年分，老聃以为自己的做法会遭到母亲的责备。可是当他把这件事告诉母亲时，母亲不但没有责备他，还称赞他"善良、有爱心，不愧是上将军老佐的儿子"。听了母亲的话，老聃高兴起来。

此后，老聃不断以由己及人的观点来要求自己，这使他更加深刻地理解了人民的疾苦，并不断寻求消除这种苦难的方法。

消夏图

(五)架桥

曲仁里有条被人们称作厉乡沟的河，河水碧蓝清澈，微波粼粼，河两岸树木直立，鸟语花香。但美中不足的是，厉乡沟上没有架桥，只有一根不甚粗壮的独木架在上面。人们走在上面摇摇晃晃，随时都有掉下去的危险。

老聃对水有一种特别的感情，所以他经常一个人跑到厉乡沟边静静的沉思，似乎河水可以激发他的灵感，启迪他的智慧。

一日，老聃又坐在厉乡沟边望着河水入神。猛然间抬起头来，看见有人正在过河，那人双手伸直，目不斜视地盯着脚底所谓的"桥"，小心翼翼地向河对岸挪动，还好有惊无险终于过了河。

看到这一幕，老聃心想："修一座小桥费不了多大功夫，如果我将厉乡沟的小桥修好，大家过桥不就方便多了吗？”于是，老聃跑回家中扛来木桩和长木，又请家将帮忙，终于将一座初具规模的小桥架在了厉乡沟上。

如此一来，人们过河时再也不用提心吊胆了。可是好景不长，不知是谁竟然把小桥的长木拆走几根，使河面上再次只留下一根独木。老聃看到后虽有些气愤但想想几根木头而已，再架上就可以了。可是家将却不这么想，他大骂拆桥的人没良心。

清明上河图(局部)

而这句话碰巧被住在厉乡沟岸边的张二听见。这张二不仅有偷鸡摸狗的嗜好，而且还是出了名的赖皮。他想在自己家里建一个牛棚，一时找不到合适的木头，便财迷心窍将小桥上的木头拆了去。听到老聃的家将说的话，张二怒火中烧，蛮横无理地和他吵了起来。老聃费了很大功夫才将二人劝开。

一日，狂风怒吼，暴雨大作，厉乡沟波涛滚滚，水面和独木桥已经涨平。老聃帮陈老爹送药材淋了雨，走到厉乡沟时，看见一个小女孩在独木桥上摇摇晃晃地走着，处境很危险。眼看就要过去了，她脚下突然一滑，掉进了水中。见此情景，不懂水性的老聃一边喊救命，一边也跳进了厉乡沟。

闻声而至的乡亲们将两个孩子救了上来，得知事情的来龙去脉后，都夸老聃心地善良，勇气可嘉。

张二在家中听到外面人声鼎沸，便出来看热闹。但他却看到自己的女儿浑身湿淋淋地坐在人群中。原来，老聃不顾生命安危救起的小女孩，正是张二的女儿。这不禁令张二惭愧至极，他拨开人群走到老聃跟前，说道："我不该把架桥的木头据为己有，真是害人害己啊！"老聃憨厚地笑笑，说道："您能这样想就好，我和大家都不会怪您的。"

百吉图

第二天，天气放晴，平静的厉乡沟上漂浮着一层水汽。再次来到厉乡沟的老聃看着重新架上的小桥，会心地笑了。

老聃认为，人出生时，原本都是善良的，之所以会作恶是因为后天滋生了很多欲望。只要减少自己的私欲，就可以返璞归真，恢复本性。恶人作恶时，要用宽容，用善良去感化他们，使其走上正途。恶人变善时，更应该用宽容和善良去对待他们，使其无所顾虑地重新面对生活。

三、"真、善"是其本性

(一)信言不美，美言不信

曲仁里来了两个卖牡丹根的。一个老实敦厚、朴实无华，一五一十交代牡丹的种植、花期，却无人问津；一个精明干练、温文尔雅，把牡丹花的雍容富贵说得天花乱坠，反而使众人纷纷解囊，赚了很多钱。

老聃虽然对这个人的言词多有疑虑，但看到大家都对他深信不疑，也就放下心来买了一棵。可是牡丹花根种下去后却迟迟不发芽，直到老聃失去信心要将其扔掉时，才看到一棵黄黄的小苗拱出了土。

贵黍贱桃

几个月过去了，牡丹并没有开花，甚至连一个花骨朵都没有。为了解开心中的疑惑，老聃便去请教有“半山仙人”之称的赵老伯。

赵老伯居住在隐阳山多年，能辨认各种奇花异草。他看到老聃称之为“牡丹”的植物时，不禁哑然失笑。原来，老聃买的并不是牡丹花，而是在当时很少见的一种叫作“枳”的植物。

想起当初买牡丹根的情景，老聃心生懊悔。他认识到：美丽的言辞能混淆视听，迷惑心智，使人的判断力下降，但人们却对此喜闻乐见、见惯不惊；喜爱美好事物是人们的天性，但同时也使人们无法辨别真假、善恶。因此，只有刻意控制自己的喜好，才不会因听信片面之词而造成不必要的损失。

（二）看桃事件

刘婆婆守寡多年，在唯一的女儿嫁到几十里之外后，她就靠十几棵桃树维持生计。

这天，刘婆婆惊慌失措地来到老聃家中，说她女儿生病了，急需照料；而桃子还有几天就要摘了，不能离人，希望老夫人能帮忙照看几天桃树。老夫人一口应承下来，但看桃的任务无疑落在了老聃的身上。

老聃每天都跟好朋友一起去放牛，就把这件事告诉了朋友。垂涎于鲜嫩的桃子，老聃的好朋友强烈要求和老聃一起承担这项任务。但当老聃郑重声明不许偷吃桃子时，并没有注意到好朋友脸色的变化。

第一天，老聃很早就来到桃园，一边看竹简一边等朋友，可是直到日过中天也没有看见好朋友的人影。

第二天，老聃仍然来得很早。他认为好朋友可能昨天有重要的事，所以才没有来，今天肯定会来，并铺好了棋局，准备大杀一场。结果，又空等了一天。

第三天，老聃一边看桃园，一边潜心于带来的竹简，不再想好朋友会不会来。

山坡上突然传来了救命的呼声，老聃从竹简中抬起头，看见一个人从山坡上滚了下来，说话间就到了他眼前。老聃没有多想，在那个人靠近自己时，奋力将他拦住了。

花卉图

被救之人正是好朋友的父亲，当他得知自己儿子言而无信时，一面对老聃表示千恩万谢，一面说要好好收拾儿子。原来，听到老聃说不许吃桃，他的好朋友便不再愿意来看桃，一直在家里躲了三天。

这件事让老聃的好朋友受到了教训，而老聃也更清楚地认识到言而有信、许诺必践，对人生的意义。如果世人都轻视诺言，不讲诚信，那么人世间将不存在真、善、美。而如果世人都注重诺言，讲究诚信，那人间将消除虚伪和奸诈，人与人之间的关系也会更和谐。

八仙祝寿图

(三)祝寿风波

曲仁里的王员外有两个儿子。大儿子在周王朝做官,权势倾人;二儿子在家里无所事事,仗着哥哥的势力和父亲的财力胡作非为,成了有名的恶少。

村民们出于对王家的畏惧和巴结,每年六月十五日王员外过生日的时候,都要备上一份厚礼到王家祝寿,即使是穷的揭不开锅的人家就算负债,也要为王员外准备礼物。

这一年六月十五日,老聃的母亲生病了,于是送寿礼的任务便落在老聃的身上。老聃提着母亲准备好的糕点向热闹非凡的王家走去。王家此时已门庭若市,祝寿的人们全都拿着所能拿出的最好礼物，喜气洋洋地穿梭在人流中。王家收到的礼物已经放满了三间屋子，可是祝寿的人们还在络绎不绝地赶来。

老聃走在大街上，看到一个衣衫破烂的年轻人手提竹篮，向王家走去。他深感震惊，不禁在心里说道："岳久怎么也来了。"

这岳久是老聃的邻居，生活异常困苦，平时自家吃饭都成问题，但不知这次从哪里给王员外弄来的寿礼？更让人不解的是，这岳久的父亲与王员外同年同月同日生，而岳久不给自己的父亲做寿，反而去给别人祝寿，太不可思议了。

看到岳久走远的身影，老聃的脚步慢下来。他以往对人与人之间的公平与否并没有过多地考虑过，但今天岳久的行为引发了他对这个问题的思考。为什么岳久不给自己的父亲祝寿，而去给王员外祝寿呢？为什么一样是人，遭遇却如此不同呢？为什么人们都趋炎附势、虚伪做作呢？想着想着，老聃转过身来向反方向走去。

岳老汉黯然神伤地坐在院子里，突然看见老聃提着糕点走进来，不禁纳闷地问道："孩子，你这是？"老聃笑笑回答："大伯，我来给您祝寿啊！"岳老汉怔了一怔说道："孩子，你走错门了。"老聃认真地说："没错，我就是来给您祝寿的。"

此时，王家炸开了锅。王二少得知老聃将礼物送到了岳老汉家，气势汹汹地要找他算账，任众人怎么劝都无法阻止。

王二少一脚踢开岳老汉家的大门，三步并作两步走到老聃面前，抓住他的衣领将他提离了地面，吼道："不给我爹祝寿，给这岳老头祝寿，看来你是不想活了。"说完将老聃丢在了地上。

虽然事发突然，但是老聃并没有被吓倒。他镇定说："为什么可以给你爹祝寿就不可以给岳大伯祝寿。给有权势的人祝寿就是天经地义，给平民百姓祝寿就该死吗？人们只知道把平地挖凹，将土堆在高坟头上，难道就没有看到山石往下滚，将低地填平吗？你的规矩是人定的，而我的规矩是合乎天理的。人活在世上总是要死的，我不怕死，你不必以死吓唬我。"

紧跟其后来到这里的王员外见老聃小小年纪便能说出如此深刻的一番话，不禁对老聃刮目相看。他对围观的众人说："从今以后，不准村民再给我祝寿。"接着厉声对王二少吼道："你整日不学无术，今日老聃的话你想清楚，否则休想再进家门。"王二少讨了个没趣，灰溜溜地走了。

善于观察自然，善于体恤百姓的老聃就是从这时起开始思考人与人之间高低、贵贱、贫富的区别，开始考虑人类的本性。为了消除世界上的不公平现象，他苦苦地思索着，夜以继日，不知倦怠。

老聃认为“真、善”是人的本性，人人都具有真诚、善良的潜质。虽然有时贪欲会使人做出丧失真、善的事，但只要保持心灵的纯净，坚持真我，最终会得到回归。善人之所善，恶人之所恶，全在一念之间。

四、师从常枞

苦县有一位鼎鼎有名的教书先生名叫常枞，他上知天文，下知地理，通晓殷商礼仪。老夫人望子成龙，便将老聃送到他那里学习。

一次，常枞先生因家中有事，解管（放假）一天。老聃听从母亲吩咐，赶上马车到邻村帮陈老爹送药材。

因为不想浪费时间，老聃听任马儿顺着路走，自己则看起了随身携带的一捆竹简。不知过了多久，他突然发现马车已经置身于一片小树林，马儿在悠闲自得地吃草。

在对这里一无所知的情况下，老聃决定让马儿找回去的路，他则继续看竹简。看到几处不懂的地方，他便做下了记号，准备明天上学时请教先生。

周颂·清庙之什·昊天有成命

夜幕降临时，老聃终于看到了灯光。走近一看，竟意外地发现常枞先生正在灯下读书。这使他万分高兴，马上将遇到的难题向先生请教。流传下来的“书疯子老聃”的称呼就是因这件事而来。

常枞对老聃这个学生越来越满意了，除教课之外，私下里也时常向他传授其他学生无法理解的天地之道。

一日，常枞道："天地之间人为贵，众人之中王为本。"老聃问道："天是何物？"先生答道："清清而上者是为天。"老聃接着问："清清者又为何物？"先生说："清者乃是太空。"老聃又问："太空之上又有何物？"先生答道："太空之上为清之更清者。"老聃仍疑惑地问："若清者穷尽，则为何物？"常枞面露难色，答道："圣贤没有传授，典籍从未记载，愚师更不敢妄下定论。"

老子出关图

夜晚，老聃以其疑惑问母亲，母亲茫然不知所措；又问家将，家将迷惑而不知所言为何物。于是，老聃仰头观望苍穹，思日月星辰之变，想清者穷尽为何物，通宵达旦，不知疲倦。

又一日，常枞先生教授："宇宙之中，存在天、地、人。因为有天道，所以日月星辰可周而复始不停运转；因为有地理，所以山川江河可自然形成；因为有人伦，所以尊卑分明、长幼有序；因为物有规律，所以长、短、坚、脆才可辨别。"

老聃问道："日月星辰的运转是何人所为？山川江河的成形是何人塑造？尊卑长幼的界定是何人划分？长短坚脆的区别又是何人规定？"

常枞道："皆神所为。"老聃问道："神为何可以这样做？"先生答："神之所以皆能做到，因其有变化之能力，造物之神功。"老聃又问："神所具有的变化与造物的功能又是从何而来呢?”先生道:“圣贤没有传授,典籍从未记载,愚师更不敢妄下定论。”

夜晚,老聃以其疑惑又问母亲,母亲茫然不知所措;又问家将,家将迷惑而不知所言为何物。于是,老聃观天地万物之变,思宇宙运转之理,三天不知饭味。

又一日,常枞先生向老聃传授治国之理,道:“所谓君王,代替上天治理人世之人;所谓人民,接受君王治理之人。若君王不按天意行道,则被废黜;若人民不按君意行事,则被判罪。此即治国之道。”

老聃问:“人民非君王,违君王之道被治罪,尚可理解;然君王乃天意所授,君王因何又违天意而行?”先生答道:“神灵遣君王代天而治天下。君王在世如将在外,将在外,则君命有所不受;君王在世,则天意有所不受。”

孔子携弟子拜见老子

老聃仍不能解,再问:“然神灵有变化之能力,造物之神功,为何不造就听天命、顺神意的君王?”常枞词穷,道:“圣贤没有传授,典籍从未记载,愚师更不敢妄下定论。”

是夜,老聃以未解之疑惑再问母亲,母亲仍茫然不知所措;又问家将,家将仍迷惑而不知所言为何物。于是,为解心中疑惑,老聃踏遍苦县有人之地,访遍苦县有识之士,冷暖不知,风雨无阻。

再一日,常枞先生教授:“天下大事,以和为贵。若失和,则兵相交;兵相交,则相残杀;相残杀,则皆相伤。两方皆伤,则有百害而无一利。故,利人则利己;害人则害己。”

老聃思之,又问:“天下失和,乃苍生之大祸害,君王为何视之而不治。”先生答道:“若民相争,则失小和,失小和必有小祸,然君王尚可以治理也。若国相争,则大和之所失,必得大祸。大祸之所成,乃君王之所为,何能自治?”

老聃再问:“虽君王不可自治,但神为何坐视不治?”先生片刻无言,不得不答道："圣贤没有传授，典籍从未记载，愚师更不敢妄下定论。"

夜晚，老聃再以其疑惑问母亲，母亲惭愧而仍茫然不知所措；再问家将，家将无言而不知所云。于是，老聃访遍苦县有识之士，读遍苦县所能见之书，暑往寒来，孜孜不倦。

三年之后，常枞自知已无力再教授老聃，便来与老夫人共商老聃的去处。他向老夫人名言："今日我来，并非因为教无所终，也并非因为老聃学之不勤。实在是因为老夫之所学，老聃已尽知。然而，以老夫之有尽供老聃之所求无尽，必耽误其前程。"

老夫人也知道常枞所言非虚，便请教先生："老聃日后将去何处？而又将以谁为师？"先生答道："老聃，是我志气最远大的学生，想要雕璞石而为稀世之玉，入周都求学，恐怕是最好的出路。"

老夫人闻此言，不由得犯起难来。一是周都距离苦县不下千里；二是老家在那里无亲无故，老聃一人独行，怎能教人放心。老夫人正在犹豫，不知道怎样回答常枞的话。不料常枞先生已经看到她的疑虑，忙解释道："如果老聃愿前往周都，老夫自会安排。"

孔子圣迹图

此后不久，常枞先生生了一场大病。老聃前去探望，师徒坐定之后，先生问了老聃三个问题。

先生问："身居异地，然途径故乡应徒步而行，你可知这是为何？"老聃答道："途径故乡下车而行，此乃不忘家乡，不忘根本之意。"先生又问："遇参天古树伛偻

（腰背弯曲）而行，为何？”老聃答道：“伛偻于古树之前，此乃爱老敬老之意。”常枞满意地点点头，然后张开嘴，问老聃道：“观吾舌尚在否？”老聃答道：“尚在。”先生继续问：“牙齿尚在否？”老聃摇摇头答道：“否。”“为何如此？”先生问。老聃道：“牙齿看似刚强，却难免遗落；而舌头却因柔弱，而依然存在。”

常枞对老聃的回答很满意，笑道：“柔能克刚，万事万物皆是此理。天下最根本之理我已教授于你，此后，无所授矣。”

老聃表示愿往周都学习，并请常枞先生相助。先生说：“此事我已安排妥当，周朝太学博士乃我同门师兄。他学识渊博，心胸旷达，惜才敬贤，以助贤荐贤为乐。收留民间聪慧子弟十余名，待之与亲生子女一般无二。师兄闻吾言你聪慧，早愿一见。”

老聃听先生如此一说，不免高兴起来。他三拜先生，以谢教导之恩，并誓言：“决不负先生众望，定当业成功就。”先生又将一封荐书交与老聃，命他交给太学博士，并言：“博士见信，定会待你如己出。”

于是，老聃向母亲说明情况后，踏上了前往周都的路。老夫人虽心有不舍，但考虑到老聃日后的前途，便敦促他到周都要一心向学，万不可懈怠度日。

第二节　坎坷仕途

一、周都藏书史官

就这样，老聃独自一人来到了周朝的都城洛邑（今河南洛阳王城公园一带）。

由于常枞先生的师兄声名远播，老聃并没有费多大功夫就在周朝的太学找到了他。关于这位太学博士姓甚名谁历史上已无记载，所知道的是，他将老聃留在了太学，并亲自教授他天文、地理与人伦。

入太学后，老聃更加勤奋，除博士教授课程之外，又熟读《诗》《书》《易》《礼》《乐》；遍览各种史书、典籍与先哲的遗著。

三年后，太学博士见老聃的学问大有长进，便向周王推荐他到守藏室（相当于现在的国家图书馆)为吏。周朝的守藏室乃天下典籍收藏之所,奇书异传、华美之文,汗牛充栋。老聃到这里任职,无异于蛟龙入海。他如饥似渴地阅读这里的所有藏书,最终达到通礼乐之源、明道德之旨的境界。

又三年,老聃被提升为周朝守藏室史官(相当于现在的国家图书馆馆长)。就是从这时起,人们开始尊称他为老子。

虽然升任为守藏室史官,但老聃并未自满自溢,而是更加贪婪地阅读归自己管理的各种书籍。

在所有书籍中,对他影响最大的可能就是《书》(从汉代开始改称为《尚书》)。这部书是由上古历史文献和重大事迹汇编而成,保存了大量尧、舜、禹时期和夏、商、西周早期的重要史料,包括最高统治者的一些训示、文告,无不渗透着先人的智慧和高深的义理。

《尚书·舜典》中记载了舜的故事。

据说尧在把部落首领的地位让给舜之前,对他进行了一次考验。命人将舜带到大麓一个古木森然的山林里,令他自谋出山之路。一天,突然电闪雷鸣、暴雨如注,然而舜却泰然自得,镇定自若,视而不见。

老聃由此想到,人之所以在险境中惊慌失措,不就是因为惧怕死亡吗?生有何价值?死又有何含义呢?如果忘却生死,任何危险都不能动摇人的心智;任何恶劣的环境都不能使人畏惧。生不过是人之所借寓,而死乃人之必然归宿。

他又想,当人不为外界事物所动时,心灵会保持天然的宁静。毫无杂念地静想与沉思,无疑是养生的最好秘方。达到"忘我"的境界,反而使"我"受益匪浅,这也就是"无"所显示的威力吧!

《尚书·大禹谟》中有一篇文告记载了舜对禹的赞赏。

舜说:"汝惟不矜,天下莫与汝争能;汝惟不伐,天下莫与汝争功。"意思是说:如果你不自尊自大,天下就没有人与你争高下;如果你不自夸,天下就没有人与你争功劳。老聃对这句话很欣赏,觉得它揭示的是很奥妙的道理,与一般道理相反,也难于被常人所理解。

但是,以此为行事准则的禹,却使天下出现大治。老聃由此悟出"夫唯不争,故天下莫能与之争。"(意为:只有那与世无争的人,世界上才没有人能与他相争。)反之,骄傲自满、自高自大的人,必定要遭受失败。

禹在做部落首领前后始终如一,坚持谦虚谨慎、朴实无华、孝顺慈爱的作风,这

太上老君静坐像

使老聃深为感动。他在若干年后写的《道德经》中所说的“我有三宝,持而保之:一曰慈,二曰俭,三曰不敢为天下先。慈故能勇;俭故能广;不敢为天下先,故能成器长。”(意为:我有三件宝贝,并坚守不渝,一件是慈爱,一件是节俭,一件是不敢在这世界上争强好胜,为人之先。拥有慈爱才能勇敢,有了节俭才能宽广,不敢争强好胜为人之先,才能成为万物的首领。)大概就是源于对禹的敬佩。

老聃不断思考这样一个问题:天地之间的事物有无相生、正反相倚,且处于循环转化之中,很难把握。因此,事难两全、顾此失彼的状况在所难免。人们懂的道理再多也不过是在某一点上有所体会,离真正的“大道”相去甚远。究竟该怎样解决这一矛盾,老聃久经思考而无所得。

看到《尚书·大禹谟》中舜传给禹的十六字心诀为:“人心惟危,道心惟微,惟精惟一,允执厥中。”(意为:人的私心极其危险,道心微妙而深奥难于被人们理解,只有精诚守一,坚守中正之道,才能理解大道,安然度过人生,合理治理社会。)老聃深受启发,不禁茅塞顿开。原来问题的答案就是中正之道,道心微妙而难明,但守中却可以趋利避害、转危为安。

莲塘纳凉图

他将这一心得总结成八个字表达出来"多言数穷,不如守中。"(意为:言多必失,必将适得其反,还是坚守中正,适可而止为好。)

周朝的藏书室里,几乎囊括了前代所有的民间歌谣,以及历代君王为祖先歌功颂德的诗篇。

《诗经·大雅·皇矣》中记"帝谓文王,予怀明德。不大声以色,不长夏以革。不识不知,顺帝之则。"(意为:上天告诉文王,我很赞扬你的明德,不大张旗鼓增强声威、不沉迷于女色;不大兴土木、不使用官刑的鞭革;好像是不识不知,顺着上天的自然规律而行。)

老聃对这种智慧很欣赏,表面看似一无所知,但实际上却在尊天命而行。不执着于对小事的计较,好像愚笨,却恰恰是在遵循大道理而行,大智若愚。这对老聃后来形成的"无为而治"的思想有很大影响。

在周王室的藏书室任职多年之后,老聃成为精通周礼和各种典章制度的权威人士。

春秋末期,诸侯国逐渐强大,群雄纷争。齐桓公、晋文公、宋襄公、秦穆公、楚庄王相继称霸,各诸侯国表面上听命于周王室,实际上却屈服于霸主的权威之下。

周王室不仅日益衰微,而且内部公卿之间也结党营私,争权夺利,并呈现出愈演愈烈的趋势。老聃对此虽很反感,但身为藏书室史官,仍然恪尽职守做好分内之事,将官场内发生的事一五一十记录在案——藏书史官的一项职责。

当时,以甘简公为首的甘氏一族在周王朝中权力极大。但甘简公与族人甘成公、甘景公貌合神离,对老聃以实记录他们之间的争论深感不满。甘简公找了一个罪名免去老聃的官职,将他赶出了周王室。离开周朝之后,老聃并没有直接回故乡,而是到了素有"礼仪之邦"之称的鲁国。

二、收蜎渊,初遇孔子

(一)巷党助葬

公元前 535 年,老聃在鲁国游历期间,他在巷党的一位好友去世。因为好友的家人知道老聃精通周礼,便邀他主持安排葬礼。

这天,年仅 17 岁的孔子也在送葬队伍之列。因对孔子的聪颖好学早有耳闻,又听说他还时常担任丧祝,老聃便邀请他前来助葬。

孔子像

一切安排妥当,送葬队伍按照周礼的要求有条不紊地向墓地前进。突然,日头高挂的天空降下了一道黑幕——是日食！老聃和孔子都意识到了。在前面毅然带领送葬队伍摸黑前进的孔子,被走在后面的老聃喝令禁止前行。老聃命令众人停止哭泣,靠大路右边站定,等日食过后再继续葬礼。孔子对此虽十分不解,但仍按老聃的要求做了。

送葬归来后，孔子向老聃表示了不同看法。他认为送葬途中终止灵柩前行与周礼不符，况且日食多久才能结束没人知道，如果耽搁时间过长会令死者不安，还是继续前进为好。老聃听了孔子的话解释道："你只明其一，而不明其二。遵循周礼，殡葬之事，以速为宜，是怕耽误吉时。然而，当速则速，当不速则不速，也是为了吉利。"

看到孔子对这番话仍有疑惑，老聃继续解释道："诸侯前来朝见天子，日出而行，日落而息；大夫出使异国，亦是日出而行，日落而息；均不见披星戴月而行者。送葬亦是如此，日出之前不出殡，日落之后不止宿。"

对老聃已生仰慕之心的孔子又问道："犯者又有何妨？"老聃答道："披星戴月赶路者，惟奔父母之丧与罪犯者是也。故，见日而行者吉；见星而行者凶。今，白日现星，见星仍行，难道不是咒送葬之人奔父母丧吗？同时也将死者置于不吉的境地。通晓礼仪的君子应待人以礼，不能以凶险咒人。此所以殡葬遇日食当停，待其过后乃行之道理。"

老聃的一番教诲给少年孔子留下了极其深刻的印象，以至于若干年后，当他始终悟不出道为何物时，仍去向老聃请教。

巷党助葬之后，老聃就回到了故乡曲仁里，虽不是衣锦还乡，却算得上是载誉而归。因为他博学的声名已经声播海内外。

老聃的归来使曲仁里一下子热闹起来，慕名向他请教的人络绎不绝。鉴于此，老夫人和家将都劝他开坛讲学。也是为了教诲众生，老聃便在苦县开始了讲学生涯。

此后不久，慕名而来的文子和庞奎便拜在他门下，成为他的首席弟子。

一日，老聃正在苦县县城的东门外讲学，一个眉清目秀、脸庞俊美的少年在他面前站定，这就是后来闻名于春秋诸国的大学问家蜎渊。

蜎渊天资高敏，聪慧过人，而且志向远大。曾教授过他的三个先生都因被他问得理屈词穷而主动请辞。自此，蜎渊便目中无人、傲视一切。他听说苦县曲仁里有位学问很高的老聃先生在讲学，便前来拜会。不料刚走到苦县，就根据传说中的音容笑貌看到了老聃。

老聃很喜欢进取心强的少年，在问明蜎渊的来意后，便让他坐下听讲。老聃接着上文讲道："人生之中蕴含着八字箴言，即'乐极生悲，否极泰来'此乃我一家之言，不无武断之疑。”

老聃的话音刚落，蜎渊骄傲自满的情绪便嚣张起来，他想：“乐”就是“乐”，如何会“悲”；“否”就是“否”，何来“泰”。想到这里，他不等老聃下句话出口，就起身走出了人群围成的讲坛。

蜎渊神色的变化老聃已尽收眼底，本想过后再与他详谈，不想他却如此性急。此时蜎渊贸然离去，老聃并没有阻止他，反而释然一笑，似乎已经料到这个目中无人的少年会去而复返。

子贡拜见老子

蜎渊离开老聃，径直向一片树林走去。现在正值春暖花开，而他对自然景物的喜爱并不亚于对人的喜爱。就在他陶醉于自然界的景物时，突然脚下一滑跌入了一口枯井。他不顾身上的疼痛奋力向外爬，结果徒劳无功。试过几次之后，蜎渊不再努力了，他这时想起了老聃的“乐极生悲”，并认为目前自己的情况就是这句话的写照。于是决定出枯井后第一件事就是要向老聃先生赔礼道歉，并且拜他为师。

蜎渊坐在枯井里等过路人相救，不经意间看到井壁上有一只蟾蜍，仔细一看才发现竟是一只玉蟾蜍。这下他高兴起来，心想老聃先生的“否极泰来”果然不错。

然而，他却想错了。这时从树林里面浩浩荡荡来了一群人，他们走到枯井前发现了蜎渊，便把他救了上来。蜎渊脚一踏地，袖口里的玉蟾蜍竟掉出来。众人看到此物，便指责蜎渊是盗贼。蜎渊极力反驳，不仅没人相信，他们还对他拳脚相加逼他承认。

蜎渊一边挨打，一边还在想：老聃先生，现在我的“否”到极点了吧？真的会有

"泰"来吗？就在这时，众人止住了挥起的拳头，原来他们的主人姬员外到了这里。

姬员外对众人说，真正的盗贼已经捉拿归案，自有官府发落。为了补偿蜎渊，姬员外要送给他一锭金子。蜎渊看着这锭金子竟落下泪来，他说："我不要金子，这件事使我受益匪浅，老聃先生果无虚言，'乐极生悲，否极泰来'。"

浴马图卷（局部）

仍然是在苦县县城的东门边，两个时辰前来过这里的蜎渊再次来到这里。老聃正在神采飞扬地讲着什么，在场的人无不聚精会神地听着。蜎渊躲过众人，跪到老聃面前说："先生，弟子知错，请先生收我为徒。"

被这突如其来的一跪所震惊的老聃，在了解事情的原委之后会心地笑了。他知道蜎渊会回来，只是没想到会这么快。看来"乐极生悲，否极泰来"之外，还有"世事难料"。

三、意外的婚事

老聃的婚事，史书中并无记载，所能查到的只有司马迁在《史记》中对老聃后代的描述。但所幸的是，苦县曲仁里却流传着关于老聃婚事的传说。

三月三是陈国传统的上元节，所谓上元节就是年轻男女委婉约会的节日。每到这一日，已到怀春之岁但尚未成亲的男女就以踏青为名，唱着"月出皎兮，佼人僚兮"（意为：月亮出来明亮照人，美人呀真美好。）之类的歌词，徘徊于河边、沙洲，以期偶遇中意之人。

在上元节两情相悦的男女会将心意委婉禀报父母,双方家长再互托媒妁促成这桩婚事。然而,这些青年男女们虽然在上元节可以互诉衷肠,但平时他们却不能随意说话,这是陈国当时极为注重的习俗。

乞巧图

这年三月三,风和日丽,老聃来到厉乡沟边。当然,他并不是为了幽会年轻女子,而是思考问题时不经意间走到了这里。对于男女之情,老聃并没有认真想过。在他看来,研古今变迁,究天地之道,可能才是最有价值的事。然而,冥冥之中自有安排。

第二天,老聃到隐阳山观景。走在山间小道上,他看到迎面来了一辆小马车,车上坐着一位亭亭玉立的妙龄少女,脸色白皙,唇红齿白,煞是惹人爱。旁边还有一个60岁左右的老妇人,滔滔不停地说着什么。

没有任何预兆,猛然间马车被从山腰里冒出的一个蒙面大汉拦住了去路。这人动作麻利,三两下就把少女掳下了车,老妇人也被他踢得滚了好远。少女和老妇人的求救声不绝于耳。

老聃目睹了事情的全过程,愤然不已。于是快跑几步,奋不顾身地向蒙面人扑去,怎奈他一介书生,并无多大力气,被甩下了山坡。少女本想趁机逃走,不想脚下一滑也向山下滚去。蒙面大汉见山势陡峭,就放弃了劫人的打算,转而将车夫拉倒在地，赶走了马车。

费尽九牛二虎之力，老聃和那位少女终于回到了山间小道上。虽然两人都受了伤，但并无大碍。为了感谢救命之恩，少女邀请老聃到她家中一坐，但被老聃婉言谢绝了。

这件事就这样过去了，老聃回到家中未对任何人提起。

曲仁里往东七八里是一个叫作戴家庄的地方，那里住着一位从外地迁徙过来的蹇员外。他在戴家庄建了一座非常漂亮的花园，里面种满了奇花异草，而且每年向村民开放几天。

这天，老聃也到蹇家花园观景，直到天色很晚才起身离开。但他并没有回曲仁里，而是向附近一个有名的湖泊映趣渡走去。

孩童读书图

映趣渡的湖面上飘着一艘小船，船上坐着两个年轻人，其中一个人的装扮像是一位公子，另一个应该是书童。小船在湖面上幽幽而行，推开湖面层层波浪。那位公子可能是想站起来，不料书童就在这时摇了几下桨。结果，那位公子便掉入了水中。

无独有偶，正在湖边一边漫步一边想问题的老聃再一次听到了呼救声。小船离岸边已经不远，但不懂水性的老聃却不敢贸然下水。他顺着湖岸往里走，试图捉住落水者，就在他已经够着落水者时，湖底的崎岖不平使他打了一个趔趄，差点沉到湖底出不来。幸亏小书童把船划到了他们身边，这才使他们攀着船沿上了船。

由于衣服都已湿透,老聃便请主仆二人到曲仁里自己家中换一下衣服,顺便休息一下。于是,两人便跟随老聃到了曲仁里。

两人在换洗衣物时,羞涩地告诉老夫人她们是女儿身,并且将上次在隐阳山被老聃救助的经过如实禀告了老夫人。这位公子是蹇员外家的二小姐蹇珍,跟随她的是她的侍女春儿。她们夜游映趣渡,没想到失足落水,幸好有恩人相救,才使她们脱离险境。就在刚才,蹇珍已经认出老聃就是上次在隐阳山出手相救的那个书生,但由于身份还没有暴露,也就没有明说。现在既然被老夫人发现便一股脑地说了出来。

老夫人见这蹇珍漂亮可人,十分喜欢,就将老家的凡事种种说给她听。当蹇珍听到老聃的父亲名为老佐,曾是宋国的上将军时不禁激动不已。老夫人看出异常,细问其故,蹇珍才不得不把父亲的临终遗言道出。

原来,这蹇珍的祖辈和蹇叔(秦国上大夫,由百里奚推荐)是同族,后来曾迁居到宋国。蹇珍父亲的大半生就是在宋国度过的,他和司马老佐志同道合,经常在一起讨论天下之事。有一次,他们说到高兴处竟扬言要结为儿女亲家,说如果两家都是女儿就结拜为姐妹;都是男孩结为兄弟;一男一女则结为夫妇。

八仙过海(局部)

之后,老佐战死在沙场,老夫人也音讯全无。蹇家也很快败落了,家中财产都被现在的蹇员外——蹇珍的叔父霸占,并举家迁到了戴家庄。从此,两家便失去了

联络。

但蹇珍的父亲临死时将这一切告诉了蹇珍，并要她寻找老家人的下落。蹇珍听从父命找了很长时间都没有结果，谁知踏破铁鞋无觅处，竟以这种方式遇到了他们。

老夫人听蹇珍如此一说高兴万分。在宋国时，她曾听老佐提过此事，但因后来定居曲仁里，就将这件事淡忘了。她万万没有想到，有朝一日竟能在自己家中见到蹇珍。

老夫人和蹇珍在那里聊得热火朝天，老聃对此却一无所知。由刚才的落水事件，他想到了人生的无常，生命是如此脆弱，倏忽之间就可以消失无踪。至此，老聃开始考虑修身养性之道。

作为当事人的老聃终于从母亲口中得知了事情的前因后果。由于对自己订有亲事太过吃惊，老聃本能地拒绝了母亲的说教，虽然他并不讨厌蹇珍。不顾母亲的反对，他决定立即送蹇珍回戴家庄。老夫人无奈，只能将老聃的意思如实告诉了蹇珍。但这时，蹇珍又说出了另一个故事。

由于到了出嫁的年龄，又久寻老家人而不得。叔父在三年前便将她许配给了在苦县有权有势的百里家（可能是百里奚的后人——编者按）。这百里家虽位高权重，可想要与蹇珍成亲的那个人却是个残疾，只知吃喝拉撒。蹇珍死活不依，最后没办法，只能说年纪尚小，要三年后成亲。这转眼间已是第三年，百里家又催了好几次，都被蹇珍搪塞过去。

事已至此，已经由不得老聃不同意了。老夫人令蹇珍就此住下来，并在不久后为她和老聃筹办了隆重的婚事。

蹇珍的叔父知道后与蹇珍断绝了关系，声称从来没有过这个侄女。而百里家在一段时期内也偃旗息鼓。这倒使老聃和蹇珍过了一年无忧无虑的日子。

然而，好景不长。

他们的儿子宗出生后不久，百里家就来抢蹇珍。蹇珍誓死不从，便在半路上投井而死。老聃心如刀割、悲痛欲绝，很多次独自来到隐阳山，目视蹇珍死时的方向默默流泪。之后，老聃发誓：终生不再娶妻，专心研究天道。

后来，老聃将这一誓言告诉了弟子，也不知道是从什么时候开始，“终生不再娶妻”被传成了“终生不娶妻”。以至于使人们认为老聃终生没有娶妻。

四、为官与弃官

当年甘氏家族的一场纷争使老聃失去了在周王室的官位，如今随着这场纷争的结束，老聃又得到了官复原职的机会。

公元前 530 年，曾设法罢黜老聃的甘简公因没有后代，而将爵位传给了弟弟甘过即甘悼公。甘过继位后仍继续兄长未完的事业，试图消灭甘成公和甘景公，不料，却被甘成公、甘景公先下手为强杀掉了。甘简公所拥有的一切也被甘成公的孙子继承，他就是甘平公。

老聃因被甘简公罢黜，而被甘成公、甘景公误认为是自己这方的人。于是在甘悼公被剿灭后不久便将他官复原职。

这些年的在野生活使老聃的思想更加纯熟，也更加深刻了。所以，对于发生在周王室的这场政治纷争，他有了更多的思考。同时，前些年晏婴在齐鲁之地的一些事迹，也给了老聃很多启示。

以庆封为首的庆氏家族在公元前 546 年掌握了齐国国政。第二年，齐国四位大夫联合攻打庆封，最终将他杀掉了。

故园图

于是,原属于庆封的领邑被齐王分封给了诸大夫。但当齐王将邶殿边鄙的六十个邑封给晏婴时,却被他拒绝了。

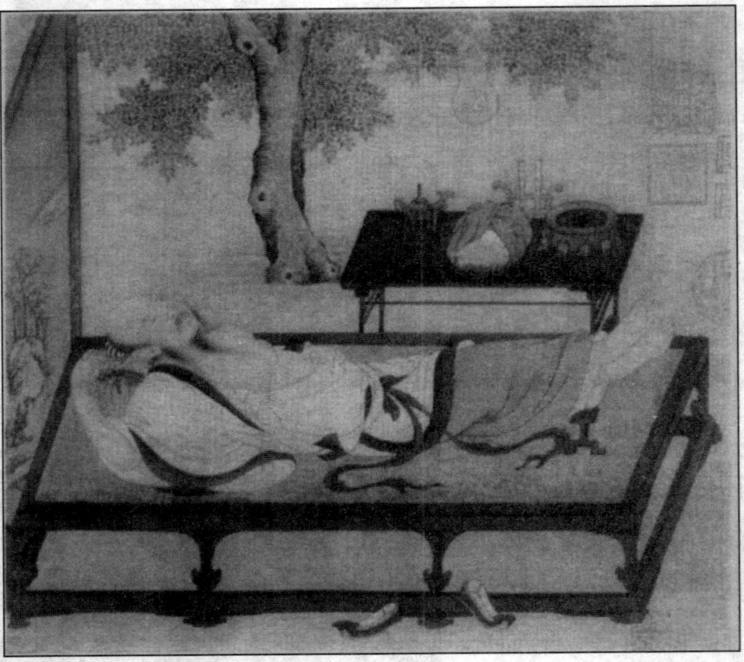

槐荫消夏图

齐王不解,于是晏婴解释道:“庆封在时,极尽所能地扩大领邑以满足其欲望,以至于召来杀身之祸。现在我的领邑还不足以满足我的欲求,但如果再给我六十个邑,我的欲望就满足了。然而,欲望一旦满足,灭亡也就不远了。并非是我不爱财,正是因为爱财,我才不敢贪得无厌。保持一定的度才是永远拥有财富啊!”

从尧、舜、禹到晏婴,老聃看到的始终是一种无欲则刚、守弱谦下的精神。先贤有言:“将欲败之,必姑辅之;将欲取之,必姑与之。”(意为:想要击败对方,先要使他恶贯满盈;想要得到他,先要让他得到一点好处。)不难看出,这里的“辅之”“与之”的最终目的是“败之”“取之”。

因而,如果一个人不想被别人打败,就不要太过于张扬,显示伟大;不想被吞并,就不要妄自尊大,表现强大。对人而言,最大的祸患是不知足,最大的过失是贪得无厌。

甘简公不正是因为骄横过度,而遭致覆灭的吗?而且还贻害到甘悼王身上。

由此,老聃又想到了自己丢官的原因。在甘氏家族的这场纷争中,自己因得罪甘简公而被黜,也正是因为言行有失检点,忘记了福中蕴藏着祸患的道理呀。

日积月累，暑往寒来，老聃最终将避免灾难的办法总结为：守柔弱，守静笃。

授经图

谨言慎行的老聃本以为自己会老死在藏书室史官的官位上，不料周王室的又一次内乱结束了他的史官生涯。但这无疑更有利于他成为得天明道的巨人。

周景王在位时，很喜欢王子朝，想立他为太子。但由于朝中大臣的反对，直到周景王驾崩（公元前520年），这件事也未能成行。周景王驾崩后，王子朝和王子丐为争夺王位在他们的封邑展开了激烈的争斗。而留在洛邑的王子猛趁此机会登上了王位，这就是周悼王。

最终将王子猛杀死的王子朝，在与王子猛请来的晋国援兵经过五年的战争后，终因寡不敌众而被赶出了周朝都城洛邑。他在离开洛邑时，带领亲信掳走了周王室藏书室的大量典籍，致使周王室的藏书室蒙受重大损失。

因此，并未参加这场内乱的老聃，因失职遭到周敬王（即王子丐）的责难，被免去藏书室史官的官职。至此，老聃结束了仕途生涯，开始专心致志研究天道。

春秋末年战乱频繁，致使经济萧条、生灵涂炭，断垣残壁、破败屋舍随处可见。年轻人都被征去打仗，致使田园大量荒芜，留下来的老弱妇孺无以为生，饱受饥馑。这使回乡路上的老聃为之震撼。

凄凉的送别歌声不断在老聃的耳膜鼓噪，人民的水深火热使他对王道有了新的认识。“天下无道，戎马生于郊”（意为：天下失道，战乱频繁时，战场上的战马也是在荒郊野外出生的。）的感慨不禁由心而发。

同时，老聃对周王朝中权贵们奢侈腐化的生活仍记忆犹新，为了虚无缥缈的权利不惜滥用武力发动战争，置人民生死于不顾，贻害天道自然。奴隶劳动时唱着“栽秧割稻你不管，却千担万担往家搬……”的歌谣，使老聃认识到了社会中贫富之间的悬殊：人民穷困潦倒，权贵们却骄奢淫逸。

一路上的见闻感受，使老聃对当权阶层贪婪、虚伪的真面目有了更清楚的认识。于是，他与过去所维护的制度彻底决裂。

第三节　与孔子论道

一、关于“礼制”的争论

巷党助葬时，孔子第一次见到老聃，并且从他那里了解到很多前所未闻的礼制制度。为了进一步学习周礼，孔子在老聃去职之前，曾带着弟子南宫敬叔去拜访他。

一日，身在鲁国的孔子对弟子南宫敬叔说：“周朝守藏室之史官老聃，博古通今，知晓礼乐之源，明白道德之要。今日吾欲去周向其求教，汝愿同行否？”南宫敬叔听先生言，欣然答应。于是师徒二人千里迢迢来到了老聃任职的洛邑。

三教图

老聃为孔子千里求教的精神所感动，除言传身教之外，又引荐他拜访了精通音律的大夫苌弘。从苌弘那里孔子学到很多乐律、乐理。另外，老聃还带他参加了周朝的祭神典礼，参观了周朝的太学。所有这些都令孔子感慨万千，唏嘘不已。

然而，此时的老聃却因目睹了官场的腐败，看清了周礼幕后的丑恶而不愿让孔子沉迷其中。他说：“制定周礼之人已经腐朽，留下的只是他说过的话罢了。时过境迁，不必拘泥于此道。”

孔子圣迹图

几日的接触，老聃看到孔子从政心切，便劝导他说：“君子如逢时，则可一展胸中之抱负；如不逢时，则应顺自然之理，不必以己之身而强托于人。”

孔子向老聃告辞，老聃将他送至馆舍之外，赠言道：“吾闻之，富贵之人赠人以财物，贤能之人赠人以良言。吾虽财物匮乏，却愧得仁人的虚名，只能以数言相赠。当今之世，看似聪明贤达而几近危难之人，因其善揭人之私，讥人之非；然真正贤明之人却看似无知无识，愚笨无比，因其懂得多言多败、多事多患之理。资产甚丰之人，给人以穷困之表象；德高望重之君子，看起来却很愚钝。而你应该去除焦躁激进之气、功名之欲、清高自大之习，这都是拖累你的东西，对你毫无益处。为人之子，不应表现清高；为人之臣，不应表现高尚，望汝切记。”孔子听完，不禁顿足道：“弟子一定谨记在心。”

走到黄河岸边时，孔子见河水滔滔而去，翻波逐浪，有万马奔腾之势；水声响亮，如虎吼雷鸣般震慑人心，便驻足岸边，叹息道：“世间万物的逝去就像这流水一样，日夜不停。黄河之水奔腾不息，而人的年华也流逝不止，河水不知道要流向哪里，人生的归处又在哪里？”

听到孔子的话，老聃道：“人生于天地之间，乃于天地融为一体。天地，乃自然之物；人生，亦是自然之物；天地有春、夏、秋、冬的交替；人也有幼、少、壮、老的变化，这都是自然之理，不足以悲伤。生于自然，死于自然，才是顺应天理；如果违背自然之理，奔忙于仁义之间，则会使本性受到羁绊。过于热衷功名，则会心生焦虑；过分热衷利益，则会滋生烦恼。”

孔子以为老聃误会了自己的本意，便解释道：“我是担心大道不能在世间推行，仁义不被世人接受，战乱频繁，国事不治，才叹人生短暂，恐怕不能建功立业，有功于国，有利于民。”

老聃道：“天地的运行并没有人推动，日月的光亮并没有人点燃，星辰的序列并没有人排列，飞禽走兽的生存并没有人创造，这都是天地之道，自然而为，人难道付出过力量吗？同理，人的生、死、荣、辱，都有自然之理、自然之道。行事合自然之理，遵自然之道，人不治国，国将自治，人将自正，哪里还需要津津乐道于礼仪的倡导呢？然而，现在你之所以会津津乐道于礼仪的提倡，是因为人离本性已很远了。就好像一边敲鼓一边追捕逃犯，鼓声越响，逃犯跑得越远。”

孔子若有所思。片刻之后，老聃手指黄河继续说：“你为何不能学习水的德行呢？”孔子不解，问道：“水的德行又是怎样的？”老聃回答说：“善行的最高境界就像水一样，滋润万物而不争名逐利，处于天下众生所厌恶的地方，反而更接近于道，这是谦虚的德行；江河之所以能够成为一切河流的归宿，是因为它善于处在下游的位置上，成为百谷之王。天地之间，最柔弱的东西莫过于水，但是它却能穿透最坚硬的事物，如水滴石穿。可见，柔能克刚，弱能胜强。不见具体形状的东西，可以进入到没有缝隙的东西中去。由此可知，无言的教化和无为的益处更甚于有为。”

孔子恍然大悟，说道：“先生的话使我茅塞顿开。天下之人都高高在上，只有水处在下方；天下之人都喜欢安逸，只有水处于艰险；天下之人都喜欢洁净，只有水处在污秽之中。水趋向的处境都是天下人厌恶的，所以没有人能与之相争，这就是最高境界的善。”

老聃点头称是，说：“孺子可教啊！千万记住，当你不与天下人相争时，天下将没有人能与你相争，这就是效仿水德行事。水最接近于道，道无处不在，水无所不利。水避高趋下，从不回流，善于利用地势的起伏。你看那深潭中的一汪碧水，表面清澈而平静，却是那样的深不可测。水也会有流失，但却从不会枯竭。默默无闻的滋润万物，却不求回报，这就是水至善至仁的品格。它遇到圆形障碍就绕其而行，遇到方形障碍就折回而走，遇到堵塞就暂时停止，一旦出现决口就浩荡奔流，这就是水的信誉。它能洗涤肮脏污秽，能使崎岖的地势趋于平缓，这就是水的能力。它用浮力载物，用清面照人，用坚毅的恒心克服障碍，这就是水的长处。它日夜而行,安宁聚势,一旦出现前进的机会,便倾泻而出,这就是水的耐性。所以,那些圣人、贤人和聪明的人都善于选择时机,能随机应变、顺天应时,就像皓皓明月,静观世事沧桑。你现在回去,应该戒骄戒躁。要不然,你人还没到,名声就已经传来,身体还未动,声势已经先行,张张扬扬,就像老虎走在大街上。这样,谁还敢用你呢?"

孔子听老聃一番话深受感动,说道:"先生的肺腑之言深入我心,使我受益匪浅,终生难忘。这次回去我一定遵奉,努力改变自己,以感谢先生的教诲之恩。"说完向老聃告别,依依不舍地向鲁国驶去。

孔子回到鲁国后,弟子们都问他:"先生是否见到老聃呢?"孔子答道:"见到了。"弟子又问:"那老聃是什么样的人呢?"孔子回答说:"鸟,我知道它能在天上飞,但可以用箭来射杀它;鱼,我知道它能在水里游,但可以用鱼钩来钓到它;野兽,我知道它能在陆地上奔跑,但可以用网来收服它。可是至于龙,我不知道它有多大能力,它可以乘风云而上九重天。我所见到的老子,就像龙一样。他的学识高深莫测,志趣高尚难知,就像蛇可以随意伸曲,龙可以顺时而发生变化。老聃,他真是可以做我的老师了。"

二、孔子再访与求荐

老聃辞去周朝藏书室史官的官职后,又回到了阔别多年的故乡苦县曲仁里。

在此期间,孔子为了将自己修订多年的书册送进周王朝的藏书室,流于后世,带着弟子子路等人来到苦县曲仁里,希望老聃能向周王室予以推荐。

对此,老聃断然拒绝。他说:"周王室的守藏室,收藏了历代珍贵的书籍。之所以说珍贵,是因为它们上记天象的变化,下记地理的变迁,中间记载人世的演变。到近世,鱼龙混杂,鱼目混珠的文章不断混进守藏室之中,这将对子孙后代造成极大的危害。《诗》《书》

挟弹游骑图

《礼》《易》《乐》的藏本守藏室已经有很多种，想去除都不能，怎么还会再增加呢？况且你的修改又和前人迥然不同，你不妨先说说删改所遵循的宗旨。”

孔子见老聃不留余地的加以拒绝，心中惶恐不安，便滔滔不绝地开始阐释六经之意。孔子的话还没说完，老聃就打断他说：“你的话繁杂而琐碎，我只希望听你讲明要点即可。”孔子不得不止住话头，深感惭愧地说：“六经的要点在于礼仪，六经的本源在于仁义。我以周朝礼仪作为评判事物的标准，合周礼的则存在，不合周礼的则删去。”

老聃听完，不禁哑然失笑道：“难道仁义就是人的本性吗？”孔子不知老聃何意，据实回答说：“是的，所谓君子就是仁至义尽处世生存的人，不仁则不称其为君子，不义则无法处世立身。这是亘古不变的道理，无可非议。”

老聃追问道：“那就请你讲明白，什么是仁义？”孔子答道：“心无邪念，以促进万物和乐为己任，无怨无悔；兼爱众生而没有偏私；为人民的利益而舍弃个人利益。这就是仁义的大概轮廓。”

老聃听完大笑道：“你后面的话错了，在现在的战乱时刻仍宣扬兼爱，难道不是很迂腐吗？不管是前人还是现在的人，凡是一味强调无私的，结果都是为了实现其偏私。”看到孔子茫然的表情，老聃解释道：“现在的社会，群雄逐鹿，强者为王，哪

松溪论画图

里还有什么兼爱可言。所以，你宣扬的兼爱，其实只是一个口号，一句空话。如果

以此作为仁义，那天下就再也没有仁义。没有仁义却妄称仁义，难道还不是迂腐吗？就像诸侯之间为了实现私利而相互讨伐，结果却两败俱伤，使彼此的利益都遭到损害。讨伐没有得到利益，于是就宣称是无私，这种无私其实是要求别人不要损害自己的利益，这还称不上是私心吗？”

老聃说完，意犹未尽，不待孔子发问就接着说：“人出生在世界上是一种自然现象，因此人的行为也要顺应自然规律。你看，天地按自然规律运行；日月星辰按次序周而复始的运转；飞禽走兽按彼此的生存之道和谐共处。这并不是人为的刻意安排，而是它们遵循自然之理，按天性生存、发展。”

“人生于宇宙之间，和天地万物一样有属于自己的生存之理。人的生、死、荣、辱，都应遵循自然之道。顺天而行，顺理而作，任凭人们按自己的喜好自得其乐，人的本性就显示出来了。人为的标榜仁义的结果，只能离仁义越来越远。你苦苦求索仁义，意在实现人的本性，可结果却适得其反，扰乱了人的本性。”

老聃的一番言论并没有得到孔子的赞同。孔子带着对老聃的怀疑，领着弟子，带着自己辛苦修订的书册离开了老聃的故乡。

三、隐居沛地，探求天道

由于吴楚之间的战火蔓延到了曲仁里，老聃便在家人和弟子的劝说下，来到沛泽（今江苏省徐州市沛县）隐居。尧舜时代的贤士许由曾在这里隐居。

在此期间，老聃逐渐从对社会制度的批判和救世方略的思考中解脱出来，开始转向对万物本源和宇宙生成的探讨。

据《周易》记载，伏羲画八卦图，而周文王据此排出六十四卦，用于占卜吉凶。伏羲所画的八卦包括：天、地、震、巽、坎、离、艮、兑（即乾、坤、雷、风、水、火、山、泽八种自然物）。商周时代的人们认为这八种自然之物是宇宙万物的基本组成部分，几乎穷尽了天地万物之理。

但是，到春秋末期，随着生产力的发展，科学技术水平的进步，人的思维能力有了很大提高，对于伏羲的八卦，人们不禁产生这样的怀疑：这八种自然物之间又有怎样的关系呢？它们是否可以互生互克？它们又是怎样产生的呢？

不断地思索，使人们最终形成这样的认识：天、地是八卦的基础，是宇宙万物之本源。天，代表刚阳；地，代表阴柔；阴阳交合滋生万物。

对于这些观点，老聃已经耳熟能详。但他由此想到的阴阳之间的斗争与统一，促使他开始研究西周大夫伯阳甫的阴阳学说。

伯阳甫认为宇宙万物都是由阴阳两种相互对立的矛盾势力构成，阴阳之间既相互吸引又相互排斥，正是由于它们的吸引和排斥促成了事物的变化。阴阳二气之间的关系固守着一定的秩序，如果这种秩序被破坏，阳气蛰伏不能升腾或阴气被压迫不能发出，就会导致地震。

伯阳甫还用类似的方法解释了自然界其他事物的生成和变化，这对老聃的影响是深刻的。他对自然事物进行了认真的考察和分析，最终赞同了伯阳甫关于阴阳二气构成自然事物的观点。此外，他还想到，既然自然万物是由阴阳二气均匀调和而成，那么整个自然的构成既是一，又是二。推而广之，即整个宇宙万物的本源也是一，这可能就是自古以来人们所说的“混沌一气”。混沌一气中自然也包括阴和阳两部分，这才符合阳气上升而为天，阴气下沉而为地的学说。

对于伯阳甫的“天地之气，不失其序”，老聃也有了新的思考。“天地之气，不失其序”是说天地之气的变化是有规律的，它所遵循的规律就是“道”。道在天地

龙宫水府图

之气中，主宰着它的运行，这就应该叫作“道主一”。又因有道（规律）才使得天地之气均匀调和，使得宇宙万物应时而变，所以又可以称作“道生一”。

阳气上升而为天，天也遵循一定的秩序——即道，因而它清凉而明澈；阴气下

沉而为地，地也遵循一定的秩序，因而它安分而宁静。天与地是两种物质，它们都是由天地之气——即“混沌之气”中化生而来，所以，这就是“一生二”。阴阳和，天地生，进而产生万物，这就是“二生三，三生万物。”

“混沌一气”从开始就没有具体形状，所以无法给其具体名称，但可以称作“道”。“道”是无形的，但却是客观存在的，它是先于宇宙万物而生出宇宙万物的事物。

更进一步，老聃想到了现实社会。“有”自然是人们追求的事物，但是只有“无”才能显示“有”的功能。例如，房屋中间的“无”使人居住；碗、罐中的“无”使人盛放食物。宇宙就像是一个冶铁用的大风箱，天地为炉，造化为工，天地之间的

八仙图

“空无”使宇宙张弛有度，从而鼓出了风，吹旺了火，最终滋生出天地万物。有与无的统一就像阴和阳的统一，是相互抵制又相互促进的，不断发生冲突，又不断促进事物发展。

此外，与《周易》八卦的天地阴阳说形成于同一时期的，是以五行作为宇宙万物本源的学说。该学说认为，在人们的日常生活和生产中，有五种与我们息息相关的事物，即金木水火土，人们将其称之为五行。

老聃对于五行学说当然也很熟悉。但他不满足于表面上的一知半解，进一步思考：五行之中肯定有一种是万物本源，究竟是哪一种呢？他开始寻求前人的看法。老聃发现，一百多年前齐国著名政治家、谋略家管仲认为水是万物之本。

管仲曾说："水者，万物之准也……集于草木，根得其度，华得其数，实得其量。鸟兽得之，形体肥大，羽毛丰茂，文理明著。万物莫不尽其几，反其常者，水之内度适也。"（意为：水，是宇宙万物之本源，如果按照适量的标准将其浇注草木，草木就会根深叶茂；如果将其喂养飞禽走兽，飞禽走兽就会体形肥大，羽毛丰满而有光泽。万物都将接近于本身所应遵循的道，这都是因为用了适量的水啊！）

老聃对管仲的这一思想深为赞同，这使他进一步深化了对水的认识。但是随着对这一问题日益深入的思考，老聃对水的本源说开始怀有疑虑。虽然"水几于道"，但水毕竟还是一种具体的事物。而作为万物本源的事物肯定是不同于宇宙万物，无形无色无味的非具体事物，这大概就是主宰"混沌一气"的道吧。

老聃通过对伯阳甫和管仲的学说的探讨，使自商朝以来就存在的天地阴阳说和五行本源说得到了统一。他以天地阴阳说为基础，吸取五行说尤其是水本源说的合理阐述，再加上自己独树一帜的思考，最终提出了高于上述两者之上的更普遍的范畴——道。

对道的探求和思索，使老聃的思想进一步升华，达到了一个更加精深纯熟、高深莫测的境界。

四、孔子问礼——蓬累而行

很多年过去了，早已闻名于世的孔子却因探索天道得不到解释而苦闷不已。于是，他再次带领弟子到老聃隐居的沛泽求教。

老聃见到孔子问道："现在你已经成为圣贤，尽人皆知，肯定懂得天道了吧？"孔子答道："实在是很惭愧，我还没有懂得真正的天道。"老聃问道："那你是怎样寻求天道的呢？"孔子答道："我先从礼法制度上寻求，时经五年而无所得。"老聃再问："你又怎么寻求？"孔子答道："我又从阴阳变化之中寻求，时经十二年仍无所得。"

老聃不再问孔子，像是在讲学，又像是在自言自语地说道："阴阳之道，深不可测，人有眼睛却看不见，有耳朵却听不到，有语言却不能传授，是平常人的智慧所不能理解的。因此，所谓的得道并非真正得道，而只是体道。假若你像认识宇宙中的有形事物一样去认识它，借助于眼、耳和语言，那将永远无法懂得道。求道的关键在于内心的觉悟，如果内心体悟不到道的存在，道将不能保留；心中体悟到了道的存在，还要在现实中进一步印证，得不到现实印证的道，不能畅通无阻的前进。这就是得道的圣人虽内心有所领悟，却不能为外人道的原因。一个人仅仅希望能从外界获得关于道的认识，而不去用心体会，即便是圣人也不愿意教授他。”

老聃继续说：“名，是天下人极愿使用的冠冕堂皇的辞藻，但却不是大道，所谓多取无益必自毙，说的就是这个道理。你所讲的仁义，也只是早已逝去的君王曾经居住过的屋舍，而且不是长期居住，不过是他们在人生旅途中借住过一宿。大道是没有行迹的，一个人的言行举止太过昭著，不知道和大道之光，同为大道之尘，一定会遭到很多责难。”

“以前的圣贤之士，自以为遵奉的是仁义之道，殊不知他们是在按照自然规律行事。仁义只是自然之道的外在形式和表现，他们的精神其实已经遨游于太空之墟。他们生活于简单朴实之中，不为所动，也不为所耗，陶然自得。”

老子出关图

“内心真正领悟大道，心灵畅通无阻，就是得到了天道。但是观天下之人，以追逐财富为乐者，不会施人以恩惠；以追逐荣誉为乐者，不会让人于荣誉；以追逐权力为乐者，又不肯授人以权柄。但是，即使满足他们的欲望，使他们得到财富、荣誉与权力，他们的内心也时刻忐忑不安，唯恐有所损失。而当失去财富、荣誉与权力时，他们便黯然神伤，陷入不可自拔的忧伤之中。这种人的内心一片漆黑，看不到道的存在，更体味不到道的真谛。然而，从自然无为的道理来看这些人的追求，他们无异于正在接受刑罚的犯人。犯人接受的是体罚，而这些人接受的是私欲对他们心灵的煎熬与惩罚。”

对这一番高谈阔论，孔子本来无心视听，但当他听到老聃说“仁义是自然之道的外在形式和表现”时，敬佩之情油然而生。老聃已经改变了过去完全否定仁义的思想，转而将天道和仁义有机结合起来。孔子苦苦思索多年的仁义之道，缺乏的不正是理论基础吗？而老聃的天道思想为仁义之说作基础当之无愧，想到这里，孔子不禁释然。

孔子从老聃那里回到投宿的客栈后，三天三夜沉思不语，滴水未进。之后，弟子问他向老聃作了怎样的教诲，他回答说：“在老聃那里，我看到了真正的龙！龙，合在一起便是一个整体，分散开来又成为美丽的云彩，它驾驭着彩云养息于天地之间。我张大了嘴，久久不能和拢，哪里还敢对老聃做出教诲呢？”

孔子的学生子贡听到先生的话很不服气，说道：“人难道既可以像尸体那样安

问道老聃图

然不动，又可以像龙一样神采飞扬的显现；既可以像迅雷一样响彻深谷，又可以像深渊一样静寂无声；行动像天地变化一样自然吗？我要亲自看看他是怎样变化的。”

于是，子贡以孔子的名义前去拜访老聃。

老聃正在堂前静坐，看到子贡气势昂扬地走了进来，便说道：“我已经岁老年迈，你想告诫我什么呢？”子贡说：“自古以来，三皇五帝治理国家的方法虽不同，但都留下千古美名，而先生却认为他们不是圣人，不知道这是为何？”

老聃目视子贡说:“年轻人,近前来,你说三皇五帝治国各有不同,那你说说看,他们有何不同?”子贡答道:“尧让位给舜,而舜让位给禹,禹辛劳治水而得天下,商汤穷兵黩武于世人,周文王逆来顺受不敢对商纣王有所忤逆,而周武王却叛逆商纣王不肯顺从。所以,我说他们治国之道各有不同。”

老聃听毕,说道:“年轻人,你再近前些,让我来告诉你三皇五帝治理天下之事。皇帝治理天下时,使百姓心地淳厚保持本真,有人死去,亲人并不哭泣,没有人非议。尧治理天下时,使百姓敬爱双亲,为此人们按照亲疏远近做出了不同的待人标准,人们也不会非议。舜治理天下时,使百姓心存竞争,女人怀胎十个月就分娩,孩子生下来五个月就会说话,不到三岁就开始区分人我、识人问事。于是,开始出现短命夭折的现象。禹治理天下时,使百姓心思诡异,各怀心机,动辄舞刀动枪已成理所当然之事。杀死盗贼不被认为是杀人,人们蓄意团伙结社妄想肆意于天下,天下受到震惊,因此,儒家、墨家应时而生。三皇五帝治理天下时,还有伦有理,可是现在伦理失常,天下大乱,还有什么可说呢?”

“让我来告诉你吧,三皇五帝名义上是治理天下,但实际上却是破坏人的本性和真情,为今日的祸乱埋下了隐患。三皇五帝用自以为高尚的心智,上,遮蔽日月的光辉;下,违背山川的精粹;中,破坏四时运转的规律。由此可见,他们的心智比蛇蝎的尾端还有毒,连微小的动物都不能使本性和真情获得安宁,还自诩为圣人,是不以为耻还是不知道可耻呢?”

子贡从未听过如此高深的言论,一时惊慌失措,心神不定。

几日之内,孔子惶惑不已。此次拜访老聃的目的是探求天道,但他对此仍心存疑惑。

一日,孔子再次拜访老聃,开门见山地问道:“请问先生,天地之间最根本的道是什么?”

老聃答道:“一切有形有声有色的东西都是由无形无声无色的东西中产生的,也就是说,宇宙之间的事物都来自不可见不可听不可感的冥暗之中,精神来自大道,形质来自精气,宇宙万物按照不同形体互相产生。所以,九窍的动物是胎生,而八窍的则是卵生。道来无影去无踪,无需门径,没有归宿,四通八达,广袤无垠。如果人能按照道的要求去做,就会身强体健、耳聪目明、思维敏捷,从而不需劳神苦思就可以安身立命,待人接物从不拘泥。道主宰一切,由于大道生,所以天不得不高,地不得不广,日月不得不按道运行,宇宙万物不得不昌盛!”

庄子梦蝶图

孔子追问道："知识越渊博越接近于道吗？"

老聃回答说："学问渊博也不一定懂得大道，就像擅长辩论的人不一定有智慧一样。无用的知识和辩术早已被圣人所摒弃，所以得道的圣人总是处于一种体悟大道的状态。道，渊深似海，高耸如山，总是周而复始地循环运转，主宰万物并赋予万物以永无穷尽的动力。宇宙万物都是因为有了道的给予才不至于匮乏，这就是道啊！"

他接着说："人生与天地之间，我们只是暂且称其为人。但究竟为什么要称为

王重阳诞生咸阳

人呢？因为人总是要返本归宗的。而从人的本源考察，所谓的生命其实都是由气聚合而成的。虽然生命有夭折和长寿之说，可是这之间又能相差多少呢？人的一生只是一瞬间而已，又何必在乎尧与桀、圣与卑、是与非。天地万物都有其生长之理，人类自然也有属于自己生存和发展的规律，尽管这些关系很复杂，但仍有一定的规律可循。圣人从不有意违抗人伦关系的状态，而是任其发展。他们对所有的人、事、物进行调和、顺应，这就是德；然后能顺天应时，随机应变，这就是道；古代的帝王之所以兴盛，霸主之所以可以确立，就是凭借了道的存在与德的依附啊！”

“人生于宇宙之间，生命像阳光掠过空隙那样短暂，倏忽而已。万物郁郁葱葱、蓬蓬勃勃，没有不生长的；盛极而衰、枯萎凋落，没有不死去的。转瞬间，由生到死，万物都为之哀伤，更何况是拥有七情六欲的人呢。人应当认识到，逃脱自然对人的束缚与桎梏，任生命从生转向死，精神从有涣散到无，才是真正的返归根本。”

“宇宙万物都是由无形到有形，然后再由有形到无形，这些众人皆知的道理不是得道的人所追求的；众人热衷于探讨的，得道的人是不议论的。逞一时口舌之快不如沉默不语，从尽人皆知的地方寻求道不可能得道。道，不是可以通过听、闻、见而得到的，与其四处探听，不如塞耳闭听，这反而是真正的道。”

老聃这番关于宇宙万物产生变化与灭亡的鸿篇大论，使孔子印象深刻，受益匪浅。他接受了老聃那种万物以形相克的道理，得到了“道生万物”的宇宙万物生成论的根本观点。

老聃的论述虽然精辟独到，但孔子却仍觉得不够具体。为了更进一步了解道的真谛，孔子在回鲁国之前再一次，也是最后一次拜访了老聃。

访乐苌弘

当孔子来到老聃的住处时，恰逢老聃沐浴刚出来，湿漉漉的头发披在肩上，双目微闭，神色镇定，仿佛精神已经游走于宇宙浩渺之中。

待老聃从冥想中回过神来，孔子问道："刚才是我视觉混乱，不明所以，还是真的是这样呢？先生的身体直立不动形同槁木，精神仿佛已超然物外，独立存在。"

老聃回答说："刚才我的精神沉浸于万物的本源状态。"孔子不能完全了解，说道："学生愚钝，请您再详细解释一些。"

老聃解释说："沐浴之后，我很困倦，精神的困倦使我神思恍惚；口舌的困倦使我不能畅所欲言。我尝试解释一下吧。"

"天地由阴阳二气组成，至阴寒冷，至阳炎热，阴阳交融而生成宇宙万物。万物遵循自然之道运行于生死交替之中，而道虽然时隐时现，却无时无刻不在发生作用。生死相克又相互转换，彼此循环永无止境。因此，除了道，还有什么能担当万物生成的根本呢？"

孔子又问："精神沉浸于万物本源时，又是怎样一种状态？"

老聃答道："那是一种至善至美其乐无穷的境界，能体会到这种至美而乐此不疲的人才能称之为圣人。"

孔子圣迹图(局部)

老聃寥寥数语使孔子茅塞顿开,在回鲁国的路上,孔子对颜渊说:“过去,我对大道的理解就像困在瓮中的小飞虫,懵懂而无所知!如果没有老聃先生以博深的大道精神相启发,我真不知道这天地究竟有多大。”

但是,孔子始终没有放弃自己为之奋斗了很多年的仁义之学,他说:“我既来到世上,就要极尽所能修身立业。仁义是须臾不可舍弃的救世之良方,这是我与老聃先生始终无法达成一致的观点。但我却不得不承认,行仁义也必须懂得大道。”

第四节　传道与授徒

一、南荣求养生

老聃虽然隐居在沛泽的偏僻地区,但是自孔子拜访之后,他的声名却日胜一日。慕名而来拜访者络绎不绝,求教修道的方法,学术的要旨。而老聃也乐于传道授业解惑,于是不出几年,其弟子便遍布天下。

有一个名叫庚桑楚的弟子向老聃学习多年,深得先生之道后居住到了沛泽北部的畏垒山上。他在这里居住三年，授徒传道，日耕不辍，使当地民风发生很大变化。男子都勤于耕地种田，女子都勤于织布染衣，各尽其能。于是，人民生活衣食无忧，邻里和睦，这一方水土在乱世之中居然相安无事。

为了感谢庚桑楚的功德，畏垒山的居民想要推举他为君王。庚桑楚听到此事后，心中郁郁不乐，决意迁到别处去住。弟子不明白先生此举有何用意，便向他求教。

庚桑楚答道："巨大的野兽张开嘴可以将车子吞下，它的威猛之势可以算很强了，但是如果它独自走到山林之外，则免不了成为猎人网罗中的猎物；体积庞大的鲸鱼张开嘴可以将小船吞下，它的力气可以说很大了，但是如果它跃到海滩之上，则一群渺小的蚂蚁就可以将它分食净尽。所以，鸟类从来不会厌烦天空太高；兽类从不厌弃丛林密集；鱼类从不觉得海深；兔子从来不嫌洞穴过多。因为，天高，鸟类可以展翅翱翔；林密，野兽可以藏匿形体；海深，鱼类可以尽游海底；洞多，兔子可以避免被猎杀。所有这些动物都是为了保全自身而想安度一生啊！而人要想保全自身安度一生，就应该收敛行迹，不事张扬，甘于生活在卑贱和平庸之中。"

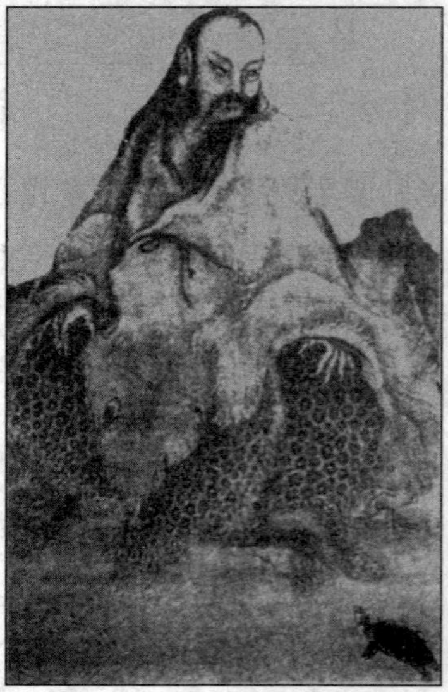
伏羲画像

庚桑楚有一个弟子名叫南荣，已经三十岁了，他听到庚桑楚这一番养生高论，便向先生求教养生之道。

庚桑楚对他说："古人说：土蜂不可能孵出蛇，越鸡不可能孵出大雁。这是因为它们各有能做到和不能做到的事。而我庚桑楚也一样，我的知识有限，不足以使你明白养生之道。倒不如你到沛泽去求教我的先生老聃，他学识高深，志趣高邈，一定可以使你有所收益。"

南荣听从庚桑楚的劝导，日夜兼程，顶风冒雪，走了七天七夜终于来到沛泽老聃的隐居之地。

南荣向老聃行礼后道："我是先生的弟子庚桑楚的学生，名叫南荣，自觉天资愚钝难以教化，特地行了七天七夜的路程前来求教圣人。"

老聃问他："你远道而来，不知想求何道？"南荣回道："弟子只求养生之道。"

老聃对他说："养生之道的主旨，在于神静心清。精神舒缓，心神平静，就能洗涤掉藏于内心深处的污垢。所谓心中的污垢包括两种，第一种是物欲；第二种是贪欲。如果能去掉物欲和贪欲，人的内心自然处于坦然的状态。心态坦然，行动就趋于自然，行动自然，则表明心中无所顾虑，于是，该躺就躺，该卧就卧，该起就起，该行就行，该止就止，外界事物不能侵扰其内心。所以，学道的过程中要去除内心和外界两方面的干扰；真正得道之人，做到了将内外两方面的困扰忘记。内在的困扰来自哪里？来自心。外在的困扰来自哪里？来自物。将内外两种困扰都除去的人，是在内心消除欲望，在外界抵住诱惑；将内外两种困扰都忘记的人，是在内忘记心中的欲望，在外忘记外界的诱惑。由去除到达忘却，则内外合二为一，都归于自然。这样，便达到了大道。现在，你念念不忘学道，这就是欲求。你只有去除求道的欲望，使心神获得宁静，才可能修得大道。"

南荣听老聃字字真谛，句句在理，心中求道的欲念瞬间消失。顿时，他如释重负，身心清凉爽快、舒展旷达、平静淡定。于是向老聃拜谢道："闻先生一席话，胜我十年的修行。如今我已不再奢求大道，只想通达养生之经。"

老聃道："养生之经的主旨在于自然，随心所欲，不为外界左右。心中无所欲求，行动不知道将要去哪里，停止不知道要停下来做什么，身随心动，随波逐流。让自己的行动像太阳和月亮的运行一样自然，像水的流动一样随意。这就是养生经的要旨了。"

南荣问道："这是养生所达到的完美境界吗？"老聃答道："不是。这是教你清净入心，只是融入自然的开始。如果真正进入完美境界，则与飞禽走兽生活于荒野也不觉得自己卑贱；与神仙圣贤生活于仙境也不觉得自己尊贵。不要为自己订立新目标，不要思考问题，不要体察痛苦与快乐，不要为七情六欲所左右。得到的当作没有得到，失去的也不以为失去，固守心神，不为所动。"

南荣继续问："这就达到完美境地了吗？"老聃答道："不是。立身于天地之间像槁木立于自然之地；心虽仍在身体之内，却如同焦叶死灰般沉寂。这样的话，在烈日炎炎的天气也不会感到热，在冰雪皑皑的天气也不会感到冷。刀枪剑戟、豺狼虎豹都无法伤害到你。于是，祸患不会来，福祉也不会降临。福和祸都没有时，自然体味不到苦与乐。这就是养生的完美境界了。"

南荣听后，大受启发，并遵循老聃的教诲修行，果然活到百余岁。

二、柏矩游齐之事

老聃有一个名叫柏矩的弟子,他出身于素有礼仪之邦之称的鲁国,因仰慕老聃的学识拜在其门下学道。

柏矩不仅聪慧,而且勤奋好学。几年之后,他就领悟了老聃大部分学说的内涵。看到老聃开坛讲学教化众人,柏矩便有了出师的念头。

一日,柏矩对老聃说:"先生,请您让我到天下游历吧?"老聃虽然知道柏矩的学业长进很大,但仍觉得他有所欠缺,就问他:"天下和这里有什么区别吗?"柏矩回答道:"我想知道天下是什么样子。"老聃道:"算了吧!天下和这里没什么两样,不出门便可知道天下事,不望窗外便可认识自然万物。真正圣贤的人不必亲身经历便知道事情的原委,不必亲眼看见便会明白事物的变化,不必作为便可以取得成功。"虽然柏矩被老聃拒绝,但并没有打消出游的念头。

景公尊让

又一日,柏矩再次对老聃说:"学生近日神思恍惚,已无心钻研学问,还是请您让我到天下游历吧?"老聃问道:"既然如此,你就去吧,但是你要先去那个国家呢?"柏矩答道:"听说齐国在列国之中最富足,我要先到齐国去。"老聃应允。

柏矩跋山涉水来到了齐国。刚进齐国都城的城门,柏矩就看见一群士兵拖着一具尸体在游街示众。

原来,此人因犯重罪被判处了死刑,统治者为了警示人民便命士兵拖着他的尸体示众,然后再抛尸荒野,任豺狼虎豹将其啃食。

执行命令的士兵将此人的尸体抛弃之后，柏矩泪流满面地走到他面前，先将他的身体摆正，然后又脱下自己的衣服盖在尸体身上，仰天号啕大哭道："你真是悲惨啊！天下如此之大，这样的灾祸偏偏让你先碰上了。人们经常教导孩子：不要做贼，不要做强盗，更不要杀人！天下既然有了荣与辱的区别，那么人们的各种行为就都有了评判的标准，各种缺点和弊端也就显示出来了。聚敛的财富越多，人与人之间的争斗也就越明显。现在，各种缺点和弊端以及人们所厌恶的行为都被树立起来，天下人竞相争夺的财富都被聚敛，贫穷困顿的人为生存而疲于奔命时，想要避免这样的事情发生恐怕是不可能了。"

瑶池尼裳图

"古代的君主，无一例外地都将天下清平的功劳归功于百姓，把出现的不道德之事归咎于自己的管理不善；把各种正确的做法归功于百姓，把出现的错乱归咎于自己的过失。所以，只要有人在言行举止方面受到损害，他必定会在私下里责怪自己处事不当。但是现在却不是这样了，将事物的真正面目隐藏起来却责备人们不能识别；将事情的难度无限度扩大却责备人们不善于克服困难；将人们所能承受的负担妄自加重却责备人们不能胜任；将路途安排得万分遥远却责备人们不能按期到达。人们耗尽了自己的智慧和力量，仍无法完成任务，不得以便用虚假的手段来应付。每天都有不可计数的虚假的事情发生，百姓想要保持真诚比想作假还要难，怎么会不弄虚作假呢？"

"当人们的力量不足以完成任务时，便弄虚作假；当其智谋不够用时，便进行欺诈；当财富不够用时，便行盗偷窃。可是，这种偷盗的行为究竟应该归罪于谁呢？"

亲眼目睹了齐国的抛尸事件之后，柏矩没有停留就离开了齐国。他见到老聃的第一句话就是："天下都一样，先生，弟子领悟了。"

此后，柏矩潜心向道，不再提游历之事。又过了几年，老聃对柏矩说："你已经跟随我多年，现在可以出师了。"柏矩虽不愿离去，但无奈先生心意已决。于是，柏

矩离开老聃回到了鲁国,并在鲁国终老一生。

三、崔瞿问道

老聃名声日盛,周王朝的统治者开始后悔当初不该轻易将其贬官免职。

周朝有一位士大夫名叫崔瞿,自入朝为官以来就听到很多关于老聃任守藏室史官时的事迹,对老聃横溢的才华、渊博的学识以及精深的修道心得十分仰慕。于是向周王呈请去拜见老聃,以请教治理天下之道,周王应允。

崔瞿见到老聃行官礼,老聃说道:"老聃一介草民,大人为何要行此大礼呢?"崔瞿答道:"先生曾在周王室为官,虽已解甲归田,但仍是我的前辈,因此,先生受此礼无愧。"

老聃默然点头,笑道:"不知你千里迢迢来找老聃有何事?"崔瞿回答说:"在下想向先生请教治理天下之理。"老聃道:"你不妨说说看。"

崔瞿问道:"听说先生主张无为而治,但是不治理天下怎么能使人心向善呢?"老聃答道:"无为是要你谨言慎行,不要随意扰乱人心。人的心情总是在受到压抑时便颓丧消沉,心情舒畅时便趾高气扬。然而,不管是颓废消沉还是趾高气扬,都像是受到拘束和伤害一样令人的心受累受苦,只有柔弱,顺应自然才能克制刚强。斗志昂扬地将自己的优势表露在外容易受到挫折和伤害。情绪激烈时,像熊熊烈火欲将心神烧成灰烬;情绪低落时,又像凛凛寒冰欲将心神凝成冰霜。内心的变化十分迅速,转眼之间又巡游于四海之外,清静时,像幽深宁静的碧蓝深渊;活动时,似乎可以飞腾而上九重天。像这样骄偾不禁而又无所拘束的变化,恐怕只有人的内心活动才能做到吧。"

崔瞿听老聃之言,懵懵懂懂问道:"人心如此难测,又该怎么办呢?"

老聃道:"自黄帝以来,君主多用仁义治理天下。尧和舜遵循皇帝治理天下之道,为推行仁义、养育众生、制定自认为合于众生的法度而疲于奔命,以至于将自己腿上的肉消耗殆尽,连汗毛都脱落了。"

"可是,他们还是没能治理好天下。之后,尧为了使天下太平,将欢兜放逐到南方的崇山,将三苗放逐到西北的三峗,将共工放逐到北方的幽都,然而,这正是他治理天下失败的明证。推及至夏、商、周三朝的君主,他们对天下百姓的干扰就更为严重了。夏朝时,在下有夏桀的暴政压榨百姓,盗跖的为祸作乱;在上有曾参、史鱼之流扰乱百姓视听，而且儒家和墨家的争论也愈演愈烈。”

桃源仙境图

“因此，喜与怒便互相猜忌，愚与智便互欺互诈，善与恶便互相责难，妄与信便互相讥讽。长此以往，天下就越来越衰弱了，礼义廉耻和生活态度的不同使人类自然的本性趋于散乱，追求投机取巧成为天下人的共识，于是百姓便纷纷应声而起。”

“君主为了求得一时苟安，便利用斧、锯之类的利器制裁作乱者；用制定的法度来约束他们；用椎、凿等一系列肉刑来惩罚他们。越是如此，天下就越乱得严重，而造成此类大祸的罪魁祸首就在于扰乱了人心。所以，贤明通达的人都隐居在深山老林之中，不问世事；而统治天下的诸侯则坐在高堂之上，为整治天下而忧心如焚、战战兢兢。”

崔瞿为老聃的高深义理所打动，但他没想到自己一直尊奉的圣贤在老聃口中竟一文不值，便问道：“依先生之见，现在世上的圣贤之士都徒有虚名了？”

老聃望崔瞿一眼，点头称是，接着说：“现在这世上，惨遭杀害的人已经难以计数，无处安放的尸体相互积压在一起。手脚戴着镣铐，步履维艰的犯人一个挤着一个，受过刑罚的伤害，留下的伤痕仍赫然在目的人更是到处都是。可就是在这种情况下，儒家和墨家仍在挥舞着手臂奋力争辩。哎！他们不知道羞愧不知道廉耻竟达到如此之甚的地步。实在是残忍之极！”

“因此，我无法知晓，所谓的圣贤是不是在充当犯人手脚镣铐上链接左右两部分的插木；所谓的仁义是不是用于加固犯人脖子上枷锁的孔洞和木栓；更不知道，所谓的曾参、史鱼一类的人是不是夏桀和盗跖的先导!”

“所以,我要告诉你的就是:‘抛弃圣人之言,抛弃智慧之说,顺应自然,清静无为,天下自然就会得到治理而平安无事。’”

周颂·清庙之什·时迈

崔瞿拜谢老聃的教诲之情后,返回了周都洛邑。他以老聃之言劝谏周王行自然之道,但并未被周王采纳。

于是,对朝廷失去信心的崔瞿也效仿老聃之法,归隐山林,不再问世间之事。

四、士成绮访老

在道教的产生和发展过程中,有十个人的作用是不可磨灭的,后人将他们合称为“玄元十子”,曾投在老聃门下学道的士成绮便是其中之一。

士成绮学道多年却毫无长进,他听说有个叫老聃的人在沛泽隐居,深谙天地之道,便不辞劳苦来向老聃学道。

为了试验老聃的修行,士成绮见到老聃后并没有行礼,而是以不屑一顾的语气对他说:“我常听人说老聃先生是圣人,所以我才不辞辛劳,千里迢迢来到这里。走远路的人每三十里就要投宿一晚,而我一路走来投宿了上百家客栈,走了上百天。脚上磨出了厚厚的老茧也不敢稍事休息,只为了能见圣人一面。但是现在我看到你了,却很失望,先生竟不像个圣人。你家的老鼠掏洞掏出的土里都是剩余的粮食,你这样轻视和作践粮食怎么能够称得上是仁义呢?你家到处都是吃剩的饭食蔬菜,粟帛饮食享用不尽,可是你仍然在无休止的聚敛财富。而且你的亲妹妹都快

烧丹图

饿死了你也不管不顾，做出这样的行为，你还可以称得上是圣人吗？”

老聃听士成绮说完，神情漠然地走了，仿佛这一番话不是在说他。

第二天，心中有愧的士成绮又找到老聃，说道：“先生，昨天我用语言刺伤您，虽然现在我有所觉悟，可是心里还是不太明白，所以请您给我解释原因。”老聃说：“关于我是不是一个智巧而神圣的人，我已经完全将此置之度外，我认为自己已经脱离了圣人的行列。别人崇尚我也好，贬低我也好，我都不在乎。你说我是牛，那我就当自己是牛好了；你说我是马，那我就当自己是马好了。假如自己的外表给人以这样的感觉，自己不承认，已经是不仁了，如果再加以反驳，那是错上加错，必会遭到更加悲惨的祸殃。虽然我所做的事都顺应自然之理，但却并不是为了做给世人看，也不是为了顺应自然之理才这样做，只是水到渠成自然无为的状态而已。”

听了老聃的话，士成绮想进一步请教，但他已羞愧得无地自容。为了表示谦逊，他蹑手蹑脚地侧着身子行走 生怕背上不敬的罪名，问道："先生，请您告诉我应该怎样修身吧？"

老聃对他说："你的容貌过于庄重高傲，目光太过专注，连额头上都冒出了汗，说话时嘴唇也在发抖。但是，尽管如此，仍然遮盖不了你高傲的本性，你就像一匹想要驰骋万里的烈马被拴在了柱子上，被限制了行动自由。可是，你的野心最终将突破束缚，那时你就会像开弓射出的箭，没有回头的时候。你的要求直接而明确，你对待事情固执而敏感，你的头脑机警而聪明。也正是因为这样，你才对任何事情都不屑一顾，觉得任何人都不够贤明，觉得世间一切都不可信。"

孝经图(局部)

"而像你这样的人，在边远地区有很多，他们经常潜入别人家中，大家都叫他们窃贼。现在，你来我这里学道，想要领悟天地自然之法，我恐怕你不适合学道，不仅自己无所收益，而且会损害了大道的声誉啊！"

士成绮听老聃说完，惭愧至极，手足无措。他向老聃苦苦哀求，希望能留下来向老聃学道。看到士成绮心诚意恳，老聃便同意将他留在身边。

一段时间之后，士成绮在修身养性方面有了很大进步。一日，他走到老聃面前说道："先生，我跟随你修道已经多日，可是却还不知道什么是道，请您为我解释解释吧？"

老聃回答说："所谓道，从大处着眼，它无穷无尽；从小处着眼，它完美无缺，所以，道生于万物之中。道所涉及的范围，广泛到无所不包；道所致的深邃程度，深到无人可见。而至于刑罚、道德与仁义，这些都是精神衰败的表现。道，并不是某些德高望重的‘圣人’所能评判的。”

柳荫群盲图

“德高望重的‘圣人’一旦登上统治者的宝座，就变得很伟大。但是道并不会成为其累赘。天下人都在争权夺利时他不会随之若趋，言行审慎的借助外物的力量却又不为私利所动。”

“认真探求事物的根源，保持本性，忘乎天地，抛却万物，但精神却自由奔放，不曾为外物困扰。言行合自然之法，不受道德仁义束缚，抛弃礼仪乐理，使内心达到恬静淡然的境地，这就离道不远了。”

士成绮听老聃说完，恍然大悟，明白自己的修行还与之相差千里，便谨遵老聃之言，潜心修道。多年后，士成绮名列“玄元十子”，成为道教历史上举足轻重的人物。

五、谈生论死

在老聃隐居沛泽期间，他年迈的老母亲突然因病去世。于是，老聃回到曲仁里的家中吊唁母亲。

想起母亲的慈颜善目，老聃不禁悲从中来。任周王室守藏室史官时，因为公务繁忙，他很少回家，想要带母亲前往洛邑，母亲因路途遥远不愿同行。辞官之后，他又忙于钻研天地之道隐居到了沛泽，更是没有在堂前尽一天孝。本以为天长日久，来日方长，谁知母亲却突然去世，连让他见最后一面的机会都没有给。

二十四孝图之老莱子弄彩娱亲

老聃坐在母亲的灵柩之前，思及九泉之下的母亲，想到未报答的养育之恩，寝食俱废，悲痛欲绝，整整三天三夜无言无语。面对茫茫大地上的一堆堆黄土，不知下面埋藏了多少人的尸骨，老聃陷入了冥想之中。

冥冥之中，老聃突然感到自己很愚笨，顺着已然出现条理的思路不断追索，他终于茅塞顿开，如释重负，弥漫于脸上的愁苦之情也消散无踪。饥饿、困乏、疲惫的感觉倏忽而至，于是老聃饱餐一顿，然后倒头大睡。

家里的侍女、家将看到老聃如此行径都大为不解，便在他醒来后问道："老夫人与世长辞，但主人却饿而食，困而眠，这不是很不孝吗？"

老聃答道："人出生在这个世界上，感情和理智是人性中最重要的两个因素。因为有了感情，所以有了天理人伦和人与人之间的和谐相处。因为有了理智，所以人们行事才通达有序，理事不乱。所谓感情，它是理智的依附；所谓理智，它是感情的主导。如果以感情统治理智，那么人将昏庸而颠倒世事；如果以理智来统治感情，那么人不仅会变得聪慧，事情也会办得合情合理。"

"母亲生下我，并将我养育成人，对我的恩德可谓重如山。现在母亲虽然离我而去,但我与母亲的感情却无法断绝,这也是人之常情。然而,正是因为感情的羁绊,使理智丧失了主导的地位,心神慌乱,所以才会痛不欲生。刚才,我坐下来认真思考了一番,忽然理智战胜了感情,控制了我的心神,所以我才能节制自己的感情并加以调理。悲痛之情得到控制,事理自然井然有序。因此我感到腹中饥饿想要充饥,身体困乏想要睡觉。"

家将听完仍懵懂不解,便又问道:"理智可以控制感情吗?"

老聃说:"人生在世上,都是由无到有的过程。有无相生,生死相克,由无到有,必定又由有返无。如果没有母亲和老聃,那老聃与母亲之间的感情将荡然无存;有了母亲和老聃,母亲与老聃的母子之情才油然而生。现在母亲已经死去,而老聃还活在世上,所以母亲的情义已经消失,只剩下老聃的情义。等到老聃也死去时,则母亲和老聃之间的情义就都不存在了。人与人之间的感情在没有产生之前和消失之后难道有区别吗?既然没有区别,还要沉溺于感情痛不欲生,这样做不是很愚蠢吗?"

"骨肉之情难以割舍,这是人之常情。但是如果不以理智控制这份感情,就是违背了自然之理,违背自然之理的人当然是愚蠢的。"

"生与死息息相关,人从出生开始就注定要死亡,所以生死是不可分割的整体,就像阴阳互生一样。生寄生于死,同时死也寄生于生,所以,生即是死,死即是生。生死如昼夜交替而循环不息,这是自然之理,即道。生,遵循自然之理(道),死,亦遵循自然之理(道),这是自然之情。因此,为生死哀乐的感情就能得到控制。所以我才恢复理智,想要饮食充饥,睡眠解乏。"

众人听老聃说完,也不再悲伤,心境豁然开朗起来。

第五节　驱青牛,出函谷

一、过雄关,墨迹永流传

老聃处理完母亲的后事,对人世间的事便了无牵挂。于是,他骑上一头青牛,悠悠地向西方走去，准备游历秦国。

诸侯之间的战乱愈演愈烈，老聃一路上看到的是阡陌错断，哀鸿遍野，田园荒芜，枯草瑟瑟。百里之内不见耕种之马，而便道上却是战马驰骋，有的战马已经怀了小马崽却仍然奔驰不息。百里之内不见有耕田之人，而战场上却尸首遍布，甚至尚未成年的小孩和年迈的老人也到处可见。

亲眼目睹这种情景，老聃心如刀绞，他不禁想到：天下一旦兴兵，就会给人民带来不祥，也就丧失了天道。兴兵打仗是迫不得已的做法，应当适可而止，以双方和解为终结。战胜不必引以为傲，傲者则会以杀人为乐。而以杀人为乐的人，则会失去统一天下的德行。而且，战事所到之处，荆棘遍生；战事过后，必有大灾之年。这都是因为违背了天道啊！

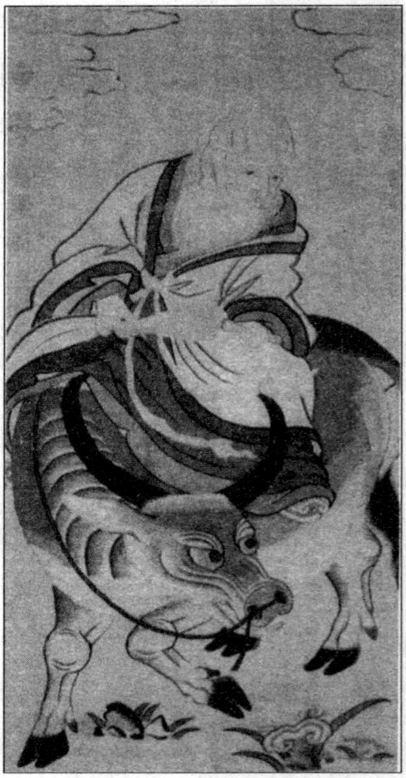

老子骑牛图

因此，真正贤明的君主应以自然之理（道）治理天下，放弃穷兵黩武、有害于苍生、有损于天道的方式。如果天下有道，战马也只能用于耕田；如果天下无道，怀孕的战马只能在荒郊野外生产；如此一来，则国破家乱无法治理了。

虽然老聃通晓天下大道，但对于战争却无能为力，只能带着沉重的心情继续向西走去。

前往秦国有一必经之地，叫作函谷关。函谷关的关令尹喜从小就喜欢观测天文、识别地理、阅读古籍。后来成为一位有名的哲学家，而且在气功方面也有很深的修为。他曾对弟子列子解释气功原理说："喝醉酒的人从车上摔下来，虽然可能受伤，但不会被摔死。他们的骨头和关节与别人的一般无二，可是受伤的程度却完全不同。这是因为醉酒的人精神凝聚，乘车也不知道在乘车，摔下来也不知道摔下来，生死恐惧都无法侵入其内心。所以，他们受到外创而不知道惊慌，心无畏惧，自然伤的轻。"

唐风图

一天晚上，尹喜又在观天象，突然看见从东方飘过来一团紫气，长达万里，没有穷尽，很像一条龙自东向西，腾云驾雾滚滚而来。不觉自语道："紫气从东而来长达三万里，必定是有圣人西行要途经此地，天象显示此人应骑青牛而来，藏身匿迹不留痕迹。"尹喜对老聃的大名早有耳闻，心想：莫非是老聃将来？于是，派人清扫道路四十里，夹道焚香以迎圣人。

一日午后，夕阳西斜，尹喜正想下关察看，忽然看见关门外稀稀落落的行人中有一位白发银髯的老者，倒骑着青牛来到关前。只见他眉长垂至鬓角，耳长垂到肩上，一袭白袍披在身上，简单朴实中透出仙风道骨。尹喜仰天长叹道："此生有幸，我竟有机缘见到圣人。"快步疾走，奔至老聃面前跪在青牛之前拜道："关令尹喜拜见圣人。"

老聃见跪倒在地之人慈眉善目，威严而不冷酷，便知他有一定的修为，便故意试探说："关令大人叩拜我这一介贫贱老翁，不是正常的礼仪，老夫不敢当啊，但不知道关令大人有何见教？"关尹道："老先生，您是圣人啊！我想请求您在关内留宿几日，指导在下修行的要旨。"

老聃道："老夫哪里有什么神圣之处，竟值得关令如此厚爱，实在是惭愧之极，羞愧之极！"尹喜道："我虽然没有通天晓地的本领，但对天象的变化却略知一二。

前日夜间，我见紫气东来，便知道有圣人要向西行；见紫气浩浩荡荡，像龙一样腾云驾雾，长达万里，便知此位圣人乃至贤至圣，而不是平常的圣人；见紫气的前面有白云缭绕，便知这位圣人是白发银髯，正符合老先生您的情况；见紫气之下有青牛星牵绊，便知这位圣人是乘着青牛而来。”

老聃听完，哈哈大笑道：“尹喜大人过奖了，老夫也早就知道你的大名了，此次前来，正要拜会。”关尹听老聃这样说，喜不胜收，忙叩头不止。于是，老聃就应尹喜之请，决定在函谷关逗留几日。

老聃在函谷关住下来之后，很多人慕名前来向老聃请教。

一日，一位鹤发童颜的老翁大摇大摆地来到老聃面前。他略微倾身，算是向老聃行礼，然后对老聃说：“先生，老朽听说您博古通今，博学多才，所以特地前来请

周颂·清庙之什·维天之命

教。”老聃看来人年纪很大但傲色却不减，心中已经明白几分，但是仍然笑道：“有什么事情您只管道来。”

老翁面露得意之色道：“老朽今年已经一百多岁了，回顾过去的岁月，从孩童、少年、青年到老年，从未受过劳累，生活轻松自在。我的很多同伴一生忙忙碌碌，开垦良田百亩却没有一席之地，修建万里长城却没有享受到辚辚华盖，耗尽心力建造的屋舍最终却落得埋骨荒野。而我呢？一生不事稼穑，腹中却尽是五谷；虽然没有置办过一砖一瓦，却仍然居住在遮风挡雨的房屋中。您说，现在我是不是可以嘲笑他们忙碌一生却只为自己换来早亡呢？”

老子听完，没有直接回答而是吩咐尹喜找来一块砖头和一块石头。然后对老翁说：“如果二者择其一，您会选石头还是砖头？”

老翁将砖头放在自己面前，说道：“当然会选砖头。”老聃笑道：“为何您会选砖

头呢?”老翁指着石头说:“这石头无楞无角,有什么用呢?而砖头却可以建屋盖房。”

老聃避而不谈老翁选择的对错,笑问老翁:“那您说是石头寿命长还是砖头寿命长?”老翁答道:“尽人皆知,石头寿命长。”

老聃释然,道:“石头寿长人们却弃之不要,砖头命短人们仍选择它,这都是因为人们在选择对自己有用的事物啊!天地之间的万物都是如此,寿命短的,只要有利于天,有利于人,人们都会竞相选择它,那它的寿命虽短也不短。寿命长的,对天对人都无用,寿再长人们也会抛弃它,那它的寿命虽长也不长。”

老翁听完深感惭愧,说道:“先生一席话羞煞老朽了,枉我虚度这一百多年。”

又一日,尹喜来到老聃下榻的官舍,请他坐到堂前,然后焚香跪拜在地行弟子之礼,恳求道:“先生是当今首屈一指的圣人。所谓圣人,不应把自己的智慧据为己有,而应以使天下人变得智慧为己任。现在您将要隐居起来,不再向天下施以仁道,而求教于您的人必定寻您而不得!您何不将自己的大智大慧编辑成册呢?我虽然见识浅陋,但很愿意代替先生将之传于后世,以使之造福后代,千古流芳。”

寒山拾得图

老聃本不打算留著述在世上,但经过尹喜一番合情合理地劝说,便决定将自己多年的心得付诸笔墨。

老聃以朝代的更替、兴衰、成败,以百姓的安危、祸福、生死为鉴,追本溯源,劳神苦思数日,终于写出上、下两册著述,共有五千字。因为上篇以“道可道,非常道;名可名,非常名。”开首,所以人们称上篇为《道经》;也因下篇以“上德不德,是以有德;下德不失德,是以无德。”开首,所以人们称下篇为《德经》;上下两篇,合称为《道德经》。

《道经》主要论述了宇宙万物的本源,包括天地的运转与变化的奥妙,以及阴阳之间互生有无的关系。《德经》主要论述了为人处世之道，包括把握进退的方法，另外还记述了养生之道。一部《道德经》将天地万物、人生世事全部囊括进来，直到今天，还有很多人在依据《道德经》的精髓思想安身立命，为人处世。

老聃完成《道德经》之后，因困顿疲乏，倒头大睡三日。三日之后，不顾尹喜的一再挽留，骑上青牛向西而走去。

尹喜得到《道德经》，如获至宝，日读夜诵，不知疲惫。后来他将此书传给了列子，列子又将它传给自己的弟子。当庄子读到此书时，便将其发扬光大。这样，老聃的思想精髓便通过《道德经》流传了下来。

二、点化阳子居

老聃骑青牛，出函谷，向西而去。

一日，走到秦国（今陕西地区）的边界，老聃倒坐在青牛之上闭目养神，忽然听见有人喊“先生”。听到呼声，老聃睁开双眼，发现弟子阳子居牵着高头大马，已经跪拜在自己所乘的青牛之前，等待回话。

阳子居是魏国人，曾在周朝都城求学。听说老聃学识渊博，便拜正在周朝守藏室任职的老聃为师。老聃隐居归田后音信全无，阳子居原以为此生再没有机会见到老聃，没想到在这里又与他相遇。

老聃从青牛背上下来，扶起阳子居，与他并肩行走。

老聃问阳子居：“不知道你近来在忙些什么？”阳子居施礼回答道：“我来此地拜访了先祖的居所，并购买了房产田地，将其中的梁柱和设备换成了新的，又雇佣几个仆人，而且给他们制定了家规。”

老聃说：“休息时有居住的地方，饥饿时有饭吃就可以了，你为什么要如此张扬呢？”阳子居答道：“先生教我的修身之道需要静寂的环境，行走要轻松爽快，饮食要淡然素清，休息要安然宁静，要达到这种境界必须要有一栋深宅老院不可，我又怎么能不如此呢？先置办了深宅老院，不雇佣仆人，购买日常器具，这所宅邸就无法维持，所以又雇佣了仆人，购买了器具。仆人多了必然要各行其是，不制定家规又怎样约束他们的行为？”

老聃听了阳子居的话，笑道：“修身之道在于自然，你又何必强求安静？不为自己订立目标，行为自然无拘无束；对食物不挑剔，饮食自然清淡爽口；对居住的条件没有要求，休息时自然会安然宁静。修身又何必要深宅老院？感到饥饿就吃东西，感到困乏就休息，太阳出来就是到了劳作的时间，太阳落下就该休息了。这样的生活还需要众多的仆人吗？顺应天地之道，自然无为，就可以使心神安定，身强体健；背离自然之道而忙忙碌碌求修身，只会导致神思错乱，身体受损，得不偿失。”

阳子居深知自己知识浅陋，又听了老聃的教导，惭愧地说：“我的见识太浅薄了，多谢先生今日指教。”

老聃见阳子居有所领悟，有心进一步指点他，便与他结伴而行。阳子居见先生同行，欣喜万分。

八子观灯图

两个人边走边交谈，不知不觉走到了一条河边。河深水阔，要乘船才能渡过。船家将船停到岸边，老聃和阳子居一前一后上了船。

老聃牵着牛在前边走，慈容笑貌，与船上的乘客谈笑风生；阳子居牵着马在后面走，昂首挺胸，不苟言笑，乘客见了他，面露畏惧之色，急忙给他让座，船家见了他也慌忙递茶倒水。

过河之后，两人各自骑上坐骑继续前进。

老聃感叹道：“刚才看见你的神态，昂首挺胸，旁若无人，唯我独尊，狂妄自大，已经不是我所能教化的了，我很伤心。”阳子居听老聃的话，羞愧地说：“先生，这是因为我已经养成了这样的习惯，自此开始，弟子一定改过自新。”

老聃说：“真正的君子在与人相处时，就像冰块化到水中那样自然；与人共事时，就像自己是僮仆一样谦虚居下。就像洁白无瑕的白玉在被雕琢之前却看似藏污纳垢；德行崇高而智慧的人却看似鄙俗平常。”阳子居听取老聃之言，一改原来高傲狂妄的态度，变得不矜不恭、不骄不媚，容貌也和善了很多。

老聃看到阳子居的变化称赞道：“你的长进很大啊！作为一个人，借助于父母给予的身体生活在天地之间，从本质上说，和其他自然物质没有差别。抬高自己贬低别人这是违背自然；抬高别人贬低自己这是违背人的本性。所以，一视同仁地对待天地万物，将物与我合为一体，当行则行，当止则止，顺应自然之道，这样就离道不远了。”

自此以后，阳子居时刻谨记老聃的教诲，并严格要求自己按此行事，最终在道德方面也有了很高的修为。

三、游历咸阳

风餐露宿不知多久，老聃终于到了秦国都城咸阳(今陕西西安)。

听说秦悼公礼贤下士，善听劝谏，老聃便决定拜见悼公并劝说他施行自然之道。悼公对老聃早有耳闻，虽然很想接见，但由于病重无法见客不得不拒绝了老聃求见的请求。

既然社会理想无法实现，老聃便在秦国各地游历讲学，教化众生。

一日，老聃来到一个叫作槐里(今陕西省兴平市地区)的地方。当时的槐里村非常小，只有十几户人家，几乎家家都是破砖烂瓦，冷冷落落，萧萧条条的没有一点生气。但是其中有一户人家却与众不同，门楼高大阔气，屋舍完备齐整，炊烟袅袅，一副富足有余的样子。这就是槐里村唯一的富户赵员外的家。

老子骑牛雕塑

老聃的第一次传道在槐里村引起了轰动，因为那时的秦国还从来没有人像老聃这样公开传过道。村民听说有一位骑着青牛的白头发白胡子的老者要在村里传道，备感新奇，竞相传信。

老聃来到村里最大的槐树底下席地而坐，开始滔滔不绝地宣讲天地、自然、人伦之道。村民们自动围坐在他的周围，津津有味地听着，就连平时不愿意与村民发生任何瓜葛的赵员外也来了。

这赵员外是村里有名的富户，吃穿用度极尽奢侈，在仁义礼仪方面有一定的修养。但是在现实中，他却为富不仁，不但不愿帮助穷苦人家，还认为他们出身低贱，无法和自己相提并论。这次为了聆听老聃宣讲圣道，迫不得已才和村民们坐到了一起。

听到老聃讲“圣人不积，既以为人，己愈有，既以与人，己愈多。”赵员外心生疑惑，心想：人生在世不就图个荣华富贵吗，为什么圣人不为自己积累财富呢？带着这一疑问，待老聃讲完之后，赵员外便前来求教。

他问老聃道：“敢问圣人，您所讲的‘圣人不积，既以为人，己愈有，既以与人，己愈多。’恕在下愚钝，不知其是何意？”

老聃看看赵员外，对赵员外的所作所为已经略知一二，便说道：“我并不是圣人，你不必这样称呼我。人生在世上，要做善良之人尚且很难，更何况要做圣人呢。善良之人不以一己之私置他人于不顾，而圣人却从来不为自己积攒财富。既然一切都是为了世人，世人拥有了也就相当于自己拥有了；既然一切都已经给了世人，世人丰富了也就相当于自己丰富了。还有理由为自己积攒财富吗？”

为了使赵员外醒悟，老聃接着说：“世人都爱照本宣科的讲仁义，但他们却不知道，真正的仁义不是“说”，而是“做”出来的。目睹百姓受苦而不理不顾，却满口仁义道德，这不是真正的仁义。尽其所能救天下苍生于水火，即使不讲仁义也是仁义。不知先生的仁义修养达到何种程度了？”

赵员外听完顿时大悟，惭愧地说：“多谢先生指教，从今以后我一定痛改前非，行天下之道，做仁义之人。”

于是，赵员外将自家的粮食分给了村里的穷苦人家，在槐里村一时传为美谈。

离开槐里村，老聃又折回了咸阳。

这次来到咸阳，老聃不再奢求见到秦悼公，而是专心于向世人传道。

在咸阳城的城门边，一位仙风道骨的老者盘腿而坐，四周挤满了听道的人。这位老者便是老聃，他坐在人群中央，侃侃而谈：“君王如果以德取得天下，以德治理天下，则天下之人心悦诚服，国家长治久安；君王如果以横征暴敛取得天下，以苛政治理天下，天下必失。所谓‘圣人无常心，以百姓心为心’是说真正英明的君主他的心是经常变动的，而变动的依据就是以百姓之想为自己所想，以百姓之求为自己所求，如此，百姓安居乐业，天下太平。”

“以智治国也是违背天道的，凭借自己的智慧，以不诚信取得国家，其治国策略的实质是'狡'、'诈'。而天下神圣不容亵渎,玩火者必自焚,终有一天会失去天下。以德治国,国家昌盛,民风朴实;以智治国,人民也会变得狡诈。"

"天下得道,战马只能用于耕田;天下失道,怀孕的战马也只能在郊外生产。然而,作战也有道可循。善于做将帅的人,不会显示勇武;善于作战的人,不会轻易被激怒。战场之上最大的祸害莫过于轻敌。善于制胜的人,不必自己直接参加战争。想要夺取敌人的地盘,要先给予他一些好处;想要削弱敌人,要先让他强盛一些。两军对阵,往往慈悲的一方可以获胜。这是因为柔弱可以胜过刚强。"

"以道取得天下之人,不是因为兵力强大,而是因为善于用兵。善用兵的只求达到救济世人的目的,而不敢借助兵力逞强。凡是气势盛大的都会很快趋于衰败,因为这不和天道,自然无法长久。凡大国,要像江海居于下流一样容纳百川,才能使小国臣服。"

"治理天下,同样不可以凭借武力。自古以来,以强力称雄的人必定失败。圣人要消除极端的奢侈与过度的措施,顺天应民。海纳百川是因为它善于纳下,君王要领导人民也应善于谦下。居于人民之上,而不使人民感到负累;居于人民之前,而不使人民受到伤害,天下人才会推崇他。以道治国,天下皆归,归来而不互伤,则国泰民安。"

讲完,老聃站起来,离开了尚未回过神的人群。

四、扶风情深,槐里义长

咸阳讲道之后,老聃就不知去向了。秦悼公听说他在咸阳讲道,曾几次派人寻找,都没有找到。

老聃究竟去了哪儿,没有人知道,史籍上也没有记载。但是在几年后,秦国的扶风(今陕西省宝鸡市扶风县)又突然传来老聃的消息。

那一年,扶风爆发了一场前所未有的瘟疫,席卷了多个村庄,很多人因治疗不及时失去了生命。老聃路过这里时,被村里传来的哭声所振动,便来到村中一看究竟。

抱着解救众生的想法,老聃在瘟疫盛行的扶风住了下来。他根据自己多年来的修道心得,要求村民们给感染瘟疫的人多喝水、多吃东西,这种做法虽然起到一定的作用,但是却无法根除瘟疫。老聃明白自己所用的只是养身之法,要根除病症还必须借助于药物，便要求村民去请当地最好的大夫。

但是，村民们却告诉老聃，因为他们付不起药钱，大夫不愿来此治病。为了扶风村民的生命，老聃决定亲自去请医生。于是，他以老迈的身躯，骑上青牛踏上了求医的路。

老子传授炼丹术

历经千辛万苦，老聃终于找到了以治疗瘟疫著名的大夫。大夫被老聃的精神所感动，便跟随他来到了扶风。

很快，扶风的村民摆脱了瘟疫的威胁，但是老聃却因劳累过度一病不起。虽然大夫已经尽了最大努力，却仍无力回天。

不久，年逾一百六十岁的老聃去世。

老聃死后，槐里村的村民来到扶风，要求按老聃遗言将其葬在槐里。于是，老聃的灵柩从扶风被运回了槐里。

下葬这天，秦国举国悲痛。老人痛哭，就像在哭自己的孩子；年轻人痛哭，就像在哭自己的父母。想起老聃生前教诲人顺应本性，体恤人民的感情，与世无争，待人慈善的大恩大德，没有人不因此而悲伤。

老聃的生前好友秦佚前来吊唁，他来到老聃灵前，既不下跪也不参拜，只是拱手致意，大哭三声，转身要走。

众人都不知这是何意，便拦住他问道："难道你不是老聃生前的好朋友吗？"秦佚回答说："我当然是。"众人又问："既然你是老聃的好朋友，为何要如此薄情呢？"秦佚回答："有什么不可以呢？"

众人听秦佚这么说都很生气，便责问道："你有什么理由可以这样对待老聃先生？"秦佚笑道："我的老朋友老聃生前曾说过，出生不必欢喜，死亡也不必悲伤。老聃出生时，是从无到有，由气聚合而生，顺天命，合自然之理，所以没有什么可高兴的。现在老聃死了，是由有到无，气散而灭，也是顺天命，合自然之理的，所以也没有什么好悲伤的。因出生而高兴的人，是不该高兴时高兴；因死亡而悲伤的人是不应该悲伤而悲伤。生则喜，死则悲，这是以自己的意愿在强求生死啊！这都是违背自然之理的。如果顺天由命，那么喜悲都将不入心。而违背自然之理就是违背天道，做不合天道的事，还可以称作是老聃的好朋友吗？既然是他的朋友，就应该遵循他的言行，顺应自然之道。我是老聃的好朋友，我能够以理智控制感情，所以我不悲伤。”

众人听秦佚这么说，似乎有所悟，问道：“你既然不悲伤，又为何大哭三声？”秦佚笑道：“我大哭三声并不是因为悲伤，而是在跟老聃告别。第一声，是说他顺天而生，合自然之理。第二声，是说他顺天命而死，合自然之理。第三声，是说他在世时传的是自然之道，合自然之理。老聃的言、行、举、止、生、死无不按自然之道而行，我有什么可悲伤的？”听秦佚说完，众人都觉得秦佚才是老聃真正的朋友，便推举他做主葬人。

据说在为老聃合墓时，秦佚大声诵读悼文道：“老聃大圣，替天行道，游神大同，千古流芳。”

第二章 老子传说

如果你想了解历史悠久、博大精深的中国传统思想和文化,有两个中国历史文化名人你必须认识。这两个人,一个是儒家的孔子,另一个则是道家的老子。孔子是儒家学派的创始人,主张仁和礼,教人积极入世,上进有为,事君事父,做一番改造社会的事业;而老子,则是道家(教)的祖宗,他主张自然无为,治国要无为而治,为人要谦卑居下,以柔克刚,以便全身养性,做到“无为而无不为”。

“道”之书法

在中国传统的思想文化中,老子虽然和孔子一样,具有极其重要的地位和影响,但史书上关于他的生平事迹记载得极其简单,他的著作中也无一言半语讲到自己的活动,因而人们对他所知甚少。20世纪初期,中国的学术界出现了对中国上古历史广泛质疑的“疑古思潮”,产生了一个“疑古学派”。他们对许多上古历史人物、历史事件以及文献典籍,提出了大胆的怀疑,其中包括老子其人和《老子》其书。他们之中有人认为老子其人和《老子》其书出现比较晚,应该在孔子和墨子之后,可能产生于战国(公元前475~前221年)中后期,或者在西汉的文帝(公元前179~前158年在位)时代;甚至有人否认有老子这个人的存在。

然而,大多数学者的研究是可信的,即老子其人和《老子》这部书出现于中国的春秋(公元前771~前474年)末期。特别是中国西汉时期著名的史学家司马迁著的《史记》中,有一篇《老子韩非列传》,其中就有一部分是关于老子的传记,尽管它的篇幅很短,只有二三百字。

本篇将以《史记》为主线,以《天道之祖——老子的故事》为铺垫,以《中国神仙大演义》和《太上八十一化》为参考,由浅入深、由远而近地叙述老子的生平简历、传奇人生，以及名誉全球的至理名篇“道德五千言”的成书过程。相信读完这一篇后，您定会对老子其人以及他的《道德经》有一个更加清晰地了解和认知。

第一节 《史记》中的老子

一、卷六十三·老子韩非列传

【原文】

老子者，楚苦县厉乡曲仁里人也，姓李氏，名耳，字聃[①]。周守藏室之史也。

孔子适周，将问礼于老子。老子曰：“子所言者，其人与骨皆已朽矣，独其言在耳。且君子得其时则驾，不得其时则蓬累而行。吾闻之，良贾深藏若虚，君子盛德容貌若愚。去子之娇气与多欲、态色与淫志。是皆无益于子之身。吾所以告子，若是而已。”孔子去，谓弟子曰：“鸟，吾知其能飞；鱼，吾知其能游；兽，吾知其能走。走者可以为罔[②]，游者可以为纶[③]，飞者可以为矰[④]。至于龙，吾不能知其乘风云而上天。吾今日见老子，其犹龙邪[⑤]！”

老子修道德，其学以自隐无名为务。居周久之，见周之衰，乃遂去。至关[⑥]，关令尹喜曰：“子将隐矣，疆为我著书。”于是老子乃著书上下篇，言道德之意五千余言而去，莫知其所终。

或曰：老莱子亦楚人也，著说十五篇，言道家之用，与孔子同时云。

盖老子百有六十余岁，或言二百余岁，以其修道而养寿也。

自孔子死之后百二十九年，而史记周太史儋见秦献公曰：“始秦与周合，合五百岁而离，离七十岁而霸王者出焉。”或曰儋即老子，或曰非也，世莫知其言然否。老子，隐君子也。

老子之子名宗，宗为魏将，封于段干。宗子注、注子宫、宫玄孙假。假仕于汉孝文帝[⑦]。而假之子解为胶西王卬太傅，因家于齐焉。

世之学老子者则绌[⑧]儒学，儒学亦绌老子。“道不同不相为谋”，岂谓是邪？李耳无为自化，清静自正。

庄子者，蒙人也，名周。周尝为蒙漆园吏，与梁惠王，齐宣王同时。其学无所不窥，然要本归于老子之言。故其著书十余万言，大抵率寓言也。作《渔夫》《盗跖》

《胠箧⑨》以诋訾孔子之徒，以明老子之术。畏累虚、亢桑子之属，皆空语无事实。然善属书离辞，指事类情，用剽剥儒、墨，虽当世宿学不能自解免也。其言洸洋自恣以适已，故自王公大人不能器之。

楚威王闻庄周贤，使使厚币迎之，许之为相，庄周笑谓楚使曰："千金，重利；卿相，尊位也。子独不见郊祭之牺牛乎，养食之数岁。衣以文绣，以入大庙。当是之时，虽欲为狐豚，岂可得乎？子亟去，无污我。我宁游戏污渎之中自快，无为有国者所羁。终身不仕，以快吾志焉。"

【字解】

①聃：耳大之意。

②罔：意为隐蔽好的陷阱。

③纶：钓鱼用的线。

④矰：古代射鸟用的一种拴着丝绳的箭，射中后便于追捕。

⑤邪：同耶，古汉文中的疑问词。

⑥关：此处指东周时的西部边关函谷关，即现在的河南省灵宝市。

⑦汉孝文帝：公元前180~公元前157年在位。

⑧绌：意为不足，贬低。

⑨胠箧：偷取箱子里的东西。

【释文】

老子是楚国苦县厉乡曲仁里人（今河南鹿邑和安徽亳州交界处），姓李名耳，又名李聃。东周守藏室的官员（相当于现在文史馆馆长的职位）。

孔子到周都，以礼义方面的学识向老子请教。

老子回答说："你所说的那些俗理，言谈者本人和他的骨头都已朽烂了，只剩其言语还留人间。况且作为正人君子，应得其时则奔波劳作，不得其时则披发轻松而行，不必劳累自己（作者注：如今大多数全真教弟子，多喜披发而行。在做有些法事道场时，也是如此）。我听说，优秀的商贾，深藏不露，虚以待人；正人君子，其德高深，容貌举止就像愚人。去掉你的骄傲之气和众多的欲望，还有和颜悦色的神态，以及性情奔放的壮举。这些'七情六欲，是不利于你的身体的。我所能告知你的，就是这些而已。"

这里的"七情"指的是：喜、怒、忧、思、悲、恐、惊；"六欲"指：食、饮、色、名、利、财。

中医讲：七情中“喜伤肺；怒伤肝；忧思伤脾；悲伤肾；惊恐伤心。”“过喜”，则气机逆转，肺气大伤，且易引起痰浊、阻塞气路，故“喜伤肺”；“过怒”，则肝胆气急失之条达舒畅，胆管张缩失度，从而引起肝区胀痛，甚则肝血管破裂，而出现生命危险，故“怒伤肝”；“忧思”会使脾胃运化功能失调，而致饮食无味、精神憔悴，故“忧思伤脾”；“悲伤肾”，是因肾主骨生髓，又是生精气、藏癸水之器，过悲则精气耗失、生理机能下降，故“悲伤肾”；“惊恐”导致气机错乱、经血逆行，甚则阻滞裂断心脉，而出现一系列循环系统症状，故“惊恐伤心”。

现代《医学心理学》也证明：七情过度，可影响人体内的神经、血管、体液、激素等各方面因素，从而引起各种脏器、各个系统的一系列病理反应。“六欲”中：偏爱“饮、食”或饮食无节，是导致体内营养失衡、酸碱失调，是引起营养不良性疾病发生的重要原因。“色”欲，指偏爱某种感官刺激或贪恋男女做爱之事，适度寻求感官刺激或适度做爱，可以调节人体的生理机能，强化人体的生理态势；但若过度偏爱或行乐无节，则会极度耗损人体的精、气、神，致使体内阴阳失衡、机能衰退，从而导致各类疾病的发生。道家把“色淫”看作是“万恶之首”，是因为色欲过度，不仅可引起各类疾病的发生，而且还可以使人堕落，抑或是玩物丧志、失去做人的本性，甚或成为玩弄人性的“恶魔”，故对色欲应当首先加以节制。“名”为虚荣，“利”难久长，“财”乃假借之物。此三者，并非人必不可少之物，但却能令许多人为之痴迷、为之纷争不一，最终疲惫不堪、百病缠身而死。小说《岳飞传》中有：“气死兀术、笑死牛皋”，便是很好的例证！

孔子回去后对弟子说：“鸟，我知道它能飞；鱼，我知道它能游；兽，我知道它能快速地行走。跑得快的野兽，我可以用隐蔽的陷阱捕捉它；善游的鱼，可以用带饵的丝线钓取它；善飞的鸟，我可以用带丝线的箭去射它。至于龙，我不知道如何能降伏它，因它能乘风云而上天。我今日去拜见老子，他简直就像一条腾飞的神龙啊！”

老子平日注重修养道德，他的学术思想以“自我隐藏，不求有名”为宗旨。他曾长期居于东周，因见东周的国势日衰，于是决定外出。行至东周的边关函谷关，被函谷关的太守尹喜所留请。尹喜对老子说：“先生将隐名于世。就勉强请求先生为我著书，而留名于后世。”老子见其心诚，于是就著写了此书，分为上、下两篇，阐述道、德之意五千多言。然后便毅然而去，不知他的去处。

另有人说，有位叫“老莱子”的贤士，也是楚国人，曾著书十五篇，说的都是“道德持家”的用益，与孔子也是同时代的人。

据说老子大概活了一百六十余岁，也有人说活了二百多岁，是因他善于修持道德而致能延年益寿的。

孔子求道于老子图

在孔子死后一百二十九年，有位来自东周的史记官叫太史儋的，见到秦王献公说：“先是秦朝的疆土与周朝相合，合五百年后而分离；分离七十年后，独霸天下的王侯便会出现。”有人说太史儋就是老子，也有人说不是，世人也不知道他们的言论谁是谁非。总之，老子可谓是一位隐姓埋名的贤达之人。

老子的儿子叫李宗，是魏国的大将军，封地在段干，李宗的儿子叫李注，李注的儿子名李宫，李宫的玄孙叫李假。李假在汉孝文帝殿前为官。而李假的儿子李解，又为胶西王刘卬的太傅，因此就安家在齐国。

世上参学老子学术的人则贬低儒家孔子学说，儒家学者也贬低老子之道。有道是：论述的出发点不同，是难以相提并论的。老子是以“无为之道”而约束自己，以“清静之道”而自正其心。

当时，有位姓庄的先生，蒙县人，名叫庄周，曾为蒙县漆园的官吏。与梁惠王、齐宣王是同一时代的人。他的学术思想无所不包，然而其中关键本意，应归于老子之类思想。他写的书计有十余万字，大都是寓言形式。曾作《渔父》《盗跖》《胠箧》而诋毁孔子及其弟子，以阐明老子的学术思想。其中《畏累虚》《亢桑子》之类的文章，都是些空洞的语言，而无事实之事。但他善于运用离奇的言辞、指事以类比人的性情，用来讥讽儒家、墨家学徒，即便是当世的老学者，也不能自我解脱。其言多词不达意、洋洋自得而自乐，所以自朝中的王公大臣到州府的大人，都不敢器重于他。

楚威王听说庄周是贤才，就派使者持重金去聘请他入朝，并许诺要任命他为卿相。庄周笑着对楚国的使臣说："千金、重利、卿相，都尊贵无比，但先生难道未曾看见在郊外用作祭品的要死的肥牛吗？先养它数年，再给它披上锦绣，然后送进君王的家庙。在这样的时刻，即使想变为狐狸、野猪，也很难了。先生且回去吧，不要再污染我了。我宁愿游戏在污泥之中自我快乐，也不愿在国君那里受束缚。我愿终生不做官，以快我的心志啊！"

二、卷四十七·孔子世家第十七

【原文】

鲁南宫敬叔言鲁君曰："请与孔子适周。"鲁君与之一乘车，两马，一竖子俱，适周问礼，盖见老子云。辞去，而老子送之曰："吾闻富贵者送人以财，仁人者送人以言。吾不能富贵，窃仁人之号，送子以言，曰：'聪明深察而近于死者，好议人者也。博辩广大危其身者，发人之恶者也。为人子者毋以有己，为人臣者毋以有己。'"孔子自周反于鲁，弟子稍益进焉。

【释文】

鲁国的大夫南宫敬叔对鲁国国君说："请让我与孔先生去周都，以求治国之道。"鲁国国君答应了他的请求，并送他一辆车、两匹马和一位驾车的年轻小伙。待向老子问完礼义辞去时，老子送他们出门，并说道："我听说富有的人送别时，常送人以财物；仁慈的人送人时，常送人以善言。我不能称得上富贵，借仁人的名号，送你几句良言吧！有道是：'聪明到底而不知深浅的人，是喜欢议论是非的人。博学多识强于辩论，常常会危及他自身，就连小孩也会厌恶他；为人之子不应只顾及自己；为人的臣子也不应自以为是。'"孔子从周都返回鲁国后，把老子的言论讲述给他的弟子，从此孔子的弟子便稍有长进了。

除了以上两个章节外，太史公司马迁还在《史记》卷一百二十二中，引用过老子《道德经》中的："至治之极，邻国相望，鸡狗之声相闻，民各甘其食，美其服，安其俗，乐其业，至老死不相往来。"

可见作为一代名儒的司马公，对老子是何等的尊崇！这难道还不值得我们后人借鉴吗？

第二节　世俗中的老子

从太史公司马迁对老子的叙述和评价，可以看出，太史公是把老子放在人与神之间来看待的。山东的陈健先生，经过多年搜集整理，出版了《天道之祖——老子的故事》一书。此书以纪实文学的形式，细致地记述了老子从出生、少年、中年直到西入流沙的全过程。本篇将以此书为参考，简述一下世俗中的老子的生平经历。对此标题感兴趣的读者，可以细读陈健先生的《天道之祖——老子的故事》一书。

一、生而不凡

据史书记载，老子大约生于公元前571年。据说老子母亲怀老子以后，老子的父亲就远走他乡。他母亲怀孕至十一个月后，他才降生。由于他母亲体弱多病，生下老子后不久，就过世了，唯一能与老子相依为命的就是老子的爷爷。又因为老子生来奇特：不单是又胖又大、耳大出奇，且生来“白眉白胡”，故爷爷给他起名叫“李耳”，字聃，“李”因生于家门李树之下，“耳”因耳大而名。世人见他“白眉白胡”，又戏称他为“老子”。

二、秉承家传

老子的爷爷，知识渊博，德行高深，曾在陈国为官。后陈国被楚国吞并，就告老还乡。老子从小时候起在爷爷的言传身教下，不仅学到了各种礼仪、典章制度、阴阳变化、琴棋书画等知识，而且还养成了勤劳朴实、苦于钻研“自然之道”的良好品德。这一切，都为老子日后的学术体系的形成，打下了坚实的基础。

三、游学参访

随着年龄的增长，社会变革的冲击，老子越来越觉得知识的贫乏。老子的爷爷也觉得，该让老子外出求学，以便他日后好在社会上立足。于是爷爷就跟老子诉说了陈国国都宛丘的方位和地域风貌，让老子先去宛丘找寻机遇。

在去宛丘的途中，老子有幸结识了一位阅历学识都很有见地的摆渡老人。在那老者的启迪和教导下，老子更加了解了时势的艰辛和道德礼法的重要，也更加坚定了自己广纳学识、启迪世人的信心。更值得老子欣喜的是，在老者的引见下，他还结识了一位聪明质朴、勤劳能干的如意知己，她就是老子日后的贤妻——若薇。

老子在去宛丘游学时，遇上了当时颇有盛名的一代学者常枞先生的弟子，他名叫朴然。在与朴然的交谈中，他们彼此之间都得益匪浅。后又在朴然的指点下，老子毅然找到“放鹿山”上的常先生，拜了常先生为师，开始系统地研究自然生命的法理以及怎样用天地大道去造福众生、利国利民。在常先生那里求学时，老子又一次结识了平生最得意的知己尹喜。二人经常互相交谈、切磋，结下了深厚的友谊。尹喜也是陈国人，他长得魁梧、强健，平日很注重修饰礼仪。攻读之余，尹喜还喜欢

老子著书立说

拳脚棍棒。除此之外，尹喜更擅长观测星体运行及天地变化之道。他最佩服老子虚怀若谷、深究天道的奥秘的探索精神。他自觉自己与老子相比，简直是惭愧。因此，尹喜对老子几近于崇拜。也正基于此，尹喜晚年在老子路过他的关隘时，毅然请老子著书立说，阐扬“道德”之学。并在日后不久的时段里，尹喜追随老子到终南山楼观台，亲拜老子为师，求老子为其详细解说《道德经》的内涵。二人在学业完成分手时，尹喜曾邀请老子去洛阳谋职。老子因无心于仕途发展，且想去了解一下当时楚国国都郢都的政治面貌和民风民俗，于是就婉言回绝了尹喜的邀请，只身去了郢都。

四、议政为民

老子在去楚国国都郢都的路上，见到了繁华背后隐藏着的许多令人不忍闻、不忍睹的心酸场面。到了郢都后，他更加体会到了当时统治者的贪图名利、追求奢华，及给民间民众带来的极大灾难。等老子有幸见到楚国国君，并直言不讳地向楚王讲述“仁爱治国”的道理时，楚王虽略有所悟，但终究还是又一次下达了出兵蔡国的命令。老子觉察到自己的政治主张，并不能唤醒当政者的痴迷，于是就决定回归故里，抱朴守真，教书育人。

五、成家立业

当老子踏上回乡的路途，再次路过来时的渡口时，他所敬佩的摆渡老者已于三天前去世了，闻声开门的是阔别已六年之久的若薇姑娘。二人经过了细细地交谈，终于由喜爱、同情而最终结成了连理。随后二人去坟上拜祭了摆渡老人——若薇的爷爷，算是向老人作了最后的告别。

可是当老子夫妻刚忘记伤痛，喜气洋洋，一路辛劳地回到家乡后得知老子最尊敬的亲人——他的爷爷，早于两年前过世。在乡亲们的指点带引下，老子夫妻又去拜祭了老子的爷爷。但他们夫妻终究是得道之人，深刻了解天地万物的生长变化之理，所以他们很快就从接二连三地打击中走了出来，重新开始了一种崭新的人生历程。

六、传承文明

回家后第二年，若薇便生了一子。夫妻二人不约而同地给儿子起名叫“李宗”。由于儿子的出生、若薇的体弱，单凭老子和众学子，已无法维持正常家庭开销了。正当老子心急如焚之时，远在洛阳的尹喜，托人送书信于老子，让他去洛阳守藏室谋职。老子一听，万分欣喜，马上雇了一辆牛车，连同妻儿一起，连日起程向洛阳进发。

到了洛阳，老子在尹喜的帮助下，安顿好了家人。二人促膝交谈了两天两夜，又在尹喜的引见下去见了周景王的王叔姬如公。姬如公很仰慕老子的学识和为人，他从尹喜口中得知老子的所知所学后，就向周景王力荐老子，接替前任守藏史，做了周守藏室的主管文吏。老子到了周守藏室，在整理藏书的同时，阅读了大量的珍贵资料。他严谨的治学态度，不仅为当时文化史料的传播，也为自己日后的学术理论体系，提供了许多难得的佐证。但所有这些文化瑰宝，以及他的聪明才智，虽也得到了当政者的重视和赞誉，却未能被当政者所采纳，以致在日后不久，便发生了一场长达数年的王位之争。开始老子先是把儿子李宗，托人送往宋国，免得儿子去助纣为虐，残杀生灵；继而把自己关在室内，避免受外界干扰，从而一心钻研古籍典章，寻求熄灭人间战火的至理妙言。最终当老子发现这些举措都无济于事时，他毅然携妻子若薇离开了洛阳，回到了故里，重新开始了他的授徒生涯。

在老子再次返乡的第二年，若薇因病逝世。

老子怀着坦荡之心办完妻子的丧事，不久周都再次来了官文官车，接老子重回守藏室任职。老子怀着对文史资料的莫大关注，又一次接受了任命。复职之后，他对被破坏、抢劫极为严重的守藏室资料，做了大量的修复、增补、搜集工作，再一次为人类文明的传播，做出了极大的贡献。此次回洛阳，他还受到了来自鲁国的孔子的极度崇拜，并向孔子讲述了《易》理和天道法则，也为儒家学术思想的形成和传播，起到了极大的启发作用。

七、西出流沙道德播传

光阴如逝，在老子七十多岁的时候，他发现自己再也不适合在守藏室中工作了，于是老子向周王递交了回乡养老的辞呈。辞呈很快被批下来，于是老子又一次回到了他久已远离的故乡。回乡后，一位屡受他恩惠的老乡，把自己的儿子徐甲过继到老子身边，一边照顾老子，一边向老子求学。当无情的战火再一次洗劫曲仁里后，面对无情而又残酷的劫后场面，老子毅然做出“西出流沙，道德播传”的决定。

在他与徐甲老幼二人一路西行时，救助了一位患有腿疾的田姓女子。此女尊长为感谢二人的大恩，就提议将那女子下嫁给徐甲做妻，以报徐甲殷勤照顾之德。老子欣喜地替徐甲答应了这门亲事。待老子顺路去拜访函谷关的尹喜时，便把徐甲托付给了尹喜，并向尹喜讲述了日后要西出流沙、随缘传道的打算。尹喜一听，极力挽留，并请求老子把平生所悟的天地自然法理著成书册，以传留后世。老子婉言谢绝了尹喜的挽留，但是却一口答应著书立说。经过几天的辛苦写作，老子终于将平生所学所悟的天地人生至理写了出来，洋洋洒洒总共五千言（楼观石本《道德经》总 4982 字）。

蓬溪高峰山老君图

老子写完书稿，交给尹喜。尹喜阅后，万分感激和欣喜。然后一面安排给老子庆贺，一面给老子准备关文及一切路上应用之品；同时把老子的手稿，交给军中文笔高手，让他们抓紧时间，全力刻录新稿，以便老子路上随缘传道，及自己送往洛阳守藏室留藏传阅之用。几天后，翻刻完的手稿，经老子亲自审阅后，又交给了尹喜。临别时，尹喜将一部崭新的文本，连同一个精美的书简盒交给老子，以便路上传道之用。而后，全关上下众人，特别是尹喜和徐甲，依依送别老子，看着他独自一人，骑着青牛，消逝在茫茫的原野之中……

八、讲说道德

后据传说，老子离开函谷关后，一边随缘讲授“道德”，一边游览秦岭华山、骊山等圣地（作者注：在华山奇险处，有一景点叫“老君犁沟”，位于“群仙观”到“猢狲愁”之间。相传这里原来没有路，是老子驾青牛用铁犁开的，形如耕地时留下的犁沟，故名“老君犁沟”。沟左顶端有“老君挂犁处”，原来置有铁犁一张，高丈余；沟右顶端有“卧牛石”，为老君系牛之处。如今是“青牛不知何处去，’只留高台空悠悠”。此沟长约250步，有石阶近300级，过去这里是有名的险境，要手抓铁链、脚踩木桩方能通过。当地民谚专道其险：千尺幢、百尺峡、老君犁沟猢狲愁）。在游历秦都咸阳和长安后，老子又一路西行至秦岭周至县界内的终南山腹地，在此采药炼丹，讲授“道德”玄学，一时弟子无数，声名远播。

尹喜帮徐甲完婚后，先把老子的《道德经》送交周守藏室，从此《道德经》得以在周邦乃至其他诸侯国广为流传。同时尹喜又递上辞呈，准备告老还乡，精修“道德”之学。尹喜回函谷关不久，周王准了他的辞呈，派新官员接替了尹喜。正当尹喜准备西去追寻老子时，徐甲也与田姑一道，前来拜求尹喜，愿一同往寻老子，同修道德，安享天年。为此尹喜很是欣喜，于是就一同向西追寻。由于尹喜擅观天象，加上老子相貌奇特、为人和善，故一路时闻老子盛德。几经周折，尹喜与徐甲终于在终南山找到了老子。他们在一隆起的山丘上筑台结楼，一边观看天象风光，一边细研“道德”内涵。从此以后，此地就叫“楼观台”。另有一说：尹喜与徐甲一路循紫气而行，先找到陕西省鄠邑区境内的“清凉山”。到后老子已离去，待尹喜再次观气后，方始找到楼观台。

老子过世后，尹喜和徐甲把他葬于楼观台西侧的大陵山中（此山现名“西楼观”，山中有“老子墓”和“吾老洞”）。

传说老子墓中有老子的衣冠，吾老洞中则有老子的头骨。

尹喜的门人弟子还在大陵山建筑宫观，一边传道授业，一边休养生息。尹喜在探研《道德经》的同时，写了《关尹子》（亦称《文始真经》）一书，算是对老子《道德经》的最好诠释。尹喜和徐甲先后以长寿之年而过世。他们的门人弟子，为了纪念他们，分别把他们葬于大陵山老子墓左右。自此以后，终南山楼观台被改名为“说经台”，又被后世隐人、贤士称为“仙都”楼观台。

第三节　道教徒心目中的老子

我们知道，由于老子的相貌奇特、与众不同，由于他的聪明睿智、博学多识，由于他的远见卓识、平易近人，故世人都传言他是“神仙”、圣人。而老子本人却一再向世人声明自己只是一个平凡的人，一个穷追道德本源的求学者。其实，纵观老子所处的时代，应是新旧思想交替结合、各类学说百花齐放的文明繁荣期。这一点在相关的道教发展史中，在一系列的道教神话典籍中，记叙的更为详尽、更为生动。

关于人类的起源、人类的文明发展，西方的《旧约圣经》里介绍得很清楚。而我们的华夏先民，在我们的华夏文化中，也有这方面鲜明而浪漫的文字记载。多少年来，由于世俗观念的改变，文化理念的变迁，中华民族的古老文化内涵，也渐渐被时代潮流所冲淡，东方的古老文化也已渐渐地进入了人类文明的边缘……

在此，想以《中国神仙大演义》这本书为主线，系统而详细地介绍“道教徒心目中的老子”那传奇而神秘的一生。相信大多数读者在读了这部分精彩神话故事后，也定会为华夏文化的博大精深而拍案叫绝。

一、天地化生万物生成

古人认为，有形的物质，是从无形中孕育而生成的，无形状态叫“太极”。所以《易理》中有“太易”“太初”“太始”“太素”四个时期。“太易”，是未成气候之时；“太初”，是气团组合之时；“太始”，是聚气成形之时；“太素”，是地质构成之时。

起初，形、气、质虽已具备，但是还没有完全分离，所以又叫“混沌期”。此时此刻，常人是难以目视、难以耳闻、难以找到其变化规律的，因此又称“易理”。易变而为一，名“太初”；一变而为七，名“太始”；七变而为九，名“太素”。九为气变之终，一为形变开始，其中清净轻灵的物质，升腾为天；浑浊厚重的杂质，凝固为地。

三清天尊

天地既然有了分明的界限，那些含有精气的气团，便在天地感应催化下，开始孕育新的生命，从而化生出天地万物。所以天地万物也有起始、有壮大、有终了之时，这都是取法顺应天地的结果。天地是阴阳的根本，万物化生的宗祖。万物之中，最灵秀的是人，与天地并立为“三才”。虽名为“三才”，然而也不外乎阴阳五行之理。

在阴阳互交、五行错综时期，在大地中央湿热相蒸处，化生出一人。此人身材方正，面目圆润，天生智慧聪明。他经常起立四望，觉八方都低于眼帘。仰观日落月升，众星都随一大星球旋转。

忽然有一天，从大星球中溜出一道金光坠入地上，他凝视良久，发现竟是自己的同类，只是身体比自己高出一倍，遍体呈金黄色。那人高兴地俯下身抚摸着他说：“我已经观察你好久了。”隧从身边拔些衰草编成草裙，为他裹好身体，并给他起名叫黄老，并对黄老诉说降生的缘由。

那人说：“天地之数，有元有会。十二会为一元，如一日分十二时辰。日暮时天地晦冥，如元会的沉潜沦落之时；夜间时间过半，阴寒中方得阳气滋生，如元会天开之时；夜半后阴寒之气将潜伏，但此际仍然黑暗难辨，如同元会大地开辟之时。尔后阳之精化为日，从东方升而向西方坠落，名叫太阳。阴之精化为月，夜现而昼隐，名为太阴。更有许多星体，排列日月周边。渐渐天地气通，百物渐生，而人也始生。”

黄老又问天地的形体，那人回答说：“大凡物体的生成，必从胎卵开始。胎卵像圆而生于水，故水涵天外，地为天包。在外相对稳定，在内则富含生机。‘天一生水’，如人身中有血液；‘地二生火’，如人身中有真气。水火即生，则有风云雨雪施行于其间；阴阳迭相消长，日月交错运行，替代光明。故此天地有寒、温、暑、凉四时的气候变化；有东、西、南、北、中五个方位；如人的血脉精气运行于脏腑、形骸、肢节，才得以转动灵活。这是天地的形体与人体相感应的结果。天地是由太极中的清浊分化而成，人的身体必须得到人血气的滋养而存在。鸿蒙时期刚过，人道尚未奠立，哪来血气孕育？故天地以阴阳而结的元气交相辉映，先化生出你们五人于五方。”

黄老进一步问其中的深义，那人答道：“大凡物质都是生于天空，而寄形于大地，这正是所谓的‘阳施阴受’的道理。大地有石有木，名叫山；石为山的骨，木为山的标。山能宣化地的气机，化散而生万物。大地正中有一山，特别高大雄伟，就像中天的顶柱，名字就叫须弥山。山下有一泉，分流万道，奔注入冥暗低洼处，而成为外海。复有黑洋、碧海，层层围抱。再去八方的尽处，有水名叫弱水，性柔不能浮起芥子；还有一处名叫若水，如烟如雾，一派冥蒙阴晦，直接与太空虚无相接。海中包含有四大洲岛，南部的叫阎浮提，东部的叫弗于逮，北部的叫郁单越，西部的叫瞿耶尼。大地在四大洲之中。浩瀚的大海之内，如果实里面有核，卵中有黄。日月循行其旁，斜经海水的底部，上下炳照，周流无息。四洲互为昼夜，南洲南叫涨海，北洲北叫玄海，东洲东叫澄海，西洲西叫溹海，东南洋叫沧，西南洋叫清，东北洋叫泆，西北洋叫洞。五方有大山岳，是五老所化生的地方。'老'为多历日月的意思。山岳是栖息养真气的毓秀之地。北方叫沧浪，所生一人，我称呼他叫水精子；南方叫石唐，也生一人，名字为赤精子；而后木公生在东方的尾闾；金母生在西方的昆仑山。这些全是秉承造化的玄奇妙理而成，其中唯独你性情安定、质朴厚道。所以在他们四人后而化生。我把你们带入此尘寰之中，从此将出此而去，再也没有什么可劳烦我的事了。"

黄老说："出此而外，空空如无，你将去往什么地方居住？"那人回答说："包含蓄积尘寰之外的，是真元之水，其外则是纯一虚无自然之气。以我无形的'性体"进入到这样实在的真有境界，我就变化为有形的身体；如果超升到无形的环境，则我仍然返回到无形的性状。这些道理，你且记住。现在，我姑且令四老与你相合，共同赞育玄妙奇功。"说完，他用手连连指向四方，发出四声霹雷，随后顿身云外，化道金光不见踪影。黄老注目仰望了许久，心中不觉怅然若失。

一会儿，眼见南方一片赤气满空，有一人从远方飞行而来。近看此人，遍身都是红色，须发也是红色的，下身以红叶覆体，浑然如一团烈火。

黄老还未开口，那人先说："我是赤精子，安居在木石洞中，忽而闻听法雷召唤，所以前来听候命令。"黄老正在向赤精子述说缘由，忽又见东方清气浮空，一会儿弯一会儿直，向大地飞来，赤精子看到比景，高声呼叫道："木公将到了。"又指着北方天星说："黑气凝空，水精子也快来到了。"

一会儿工夫，二老相继到达。细看木公，气质清秀，形体细长，上身缠绕着绿色的苔藓丝萝，下身绑缚着苍藤薜叶；而水精子则深沉湛澈，深厚通明，用黑木皮挂体，手扶枯木杖，黄老一一与他们叙话问候，唯独觉得奇怪的是金母为何不到？

接着，木公说："天地初辟之时，以东华至真至精的阳气钟化于我，并出生在碧海之上，苍茫虚灵的土壤上；以西华至妙洞阴之气，化生出金母，栖神灵于昆仑山之中。她性情凝达寂静，道法无边。既属同源而化，哪有奉召不来的道理。"木公言语未毕，四人同见西方白气横空而来，云中只见金母冉冉而至。落地各施礼问候，大家不约定睛观看，只见她豹尾虎齿，蓬发戴胜，身披珠玉璎珞，腰系桑木长裙。木公问："你怎么才来？"金母说："我方高卧白云之上，猛被法雷唤醒，便匆匆整好装束赶来，不知有何事？”赤精子说：“道祖既然化生出我们，不想让天地空空洞洞什么也没有，所以让我们会同黄老，共兴赞助化育之玄功。”是此，三老方知黄老的名号。

三老见黄老相貌轩昂、莹煌满面，都欢喜不已，也更加恭敬。水精子说：“黄者，宽厚广大、正直光明，其德行与大地和同。道祖的命名，足以称其实际。”黄老谦虚地谢过。木公又说：“道祖造化养育我们，又都使我们有名字，我们为何不也给他老拟定个名号，以便遥尊他的名号，多少也可向他申诉一些报本之心。”

于是四老开始拟议，还未确定，黄老说：“道祖生于太虚无极之时，我们尊称他玄玄上人如何？”四老都拱手称赞说：“黄老所论太恰当了。”于是五老都跪地行稽首大礼，以谢上人化生之德。玄玄上人名号由此而来。

大家拜谢完起身，赤精子开口说：“听上人讲，天地的伟大德性是化生，万物的生长源于有，有生于无。开始以千钧之元气，大‘空洞’中的至精物质，化生出我们五人。既然受到上人的教化之恩，应当体察天地的德性，代表他为世间陶冶蒸化生物，方称得上不负造化之恩。”

有生于无

黄老问道：“生养之道，应是如何把握呢？”赤精子说：“道祖曾经对我说，用洪炉炼气，以大块真气，甄别形体；且说金、火可以分化胎元，水、木可以合化真气。现在我们以天地为炉，以造化为己任，尽我们五人的力量，自然可以锻炼成功。”

木公说：“若从‘金液炼形’之道起手，自然能‘性命相见’，‘玄牝立交’也。”黄老谦虚地说：“如此一来，全赖木公、金母主持修整此大局。”金母也谦虚地说：“我初到此处，还须黄老主导配合。”木公也欣然说：“我与你不妨叫‘木公’、‘金母’，黄老也可称为‘黄婆’。赤精子、水精子二位难道还能不相助吗？”（作者注：日后道家依此理论而创内丹一派，上述的“金液炼形”“性命相见”“玄牝立交”“木公”“金母”“黄婆”诸术语，也都常见于“内丹术”中）

于是，黄老选择须弥山峦为“丹山”，找寻到一藏风闭气的洞穴，用湿土抟了一具悬胎的釜，并用圆盖方舆覆载设位。木公用山左边的五金之精做成一个“三足鼎”，金母用西南五色土，陶冶成一个“偃月炉”（作者注：后世道家“内外丹法”，都有“鼎”“炉”之说，只是一为实体、一为虚拟而已。“内丹法”的“鼎炉”，在人体的

“中丹田”与“下丹田”之间)。水精子辟山后黑石英,渗“真一之水”(作者注:传说此“水”与当今之水大不相同,只有水精子与南海“观世音”才有)。掬贮于炉中,并安土釜于其中,把金鼎盖在其上。赤精子钻直南抟桑之木,取真火运烹其水。一霎时熏蒸逼逐,鼎内的真气,自太和中滴沉炉底,釜腹下有气透出,吸引着水中所含的精华,自然像风箱鼓动,河夷升降,满中畅美,溢外融融。五老善把握“玄关消息”(“丹功”中又称“玄关火候”)。默会“丹头”凝结,撤去鼎器固济;抱釜出视,晶光四注,七日后方始敛去(此即“内丹”形成。此“内丹”与个人所炼有所不同,因其内部可化育出肉体真人。而个人所炼,只能化生出气态之人,且其形貌与个体相同)。黄、赤、水静坐高处运神观看,金、木重立坛灶,移釜架于其上。早上怕其受寒,就在下面加些柴火;晚上怕其燥热,便施以“太乙之精”(又称甘露)。至于存神静养,涤虑忘机,处之于咸宁;守中庸而不忘,时时节制。如此“抽坎填离”,使之“既济”而至“究竟”(此即后世“内丹家”所言的“坎离既济”,又称“水火既济”。“究竟”,此处为化生出婴儿)。一岁将满,到将成就之时,彩云上朝其顶,甘露洒降胸腹。金、木二老知元丹已熟,掀开炉顶,见鼎内有二生物合抱。金母顺手抱起一物一看,原是一个“阳象婴儿”;木公举起一个一看,是“阴形姹女”(此即人类始祖,“内丹功”中的“婴儿”“姹女”为比喻)。二老大喜。

随后的日子里,二老在山中同心协力地察侍着,忽见山中飘起万缕烟雾,充塞于天地之间。起身细看,见婴儿、姹女已现出成人的法相。五老踊跃而起,相互庆祝,高兴地说:“斡旋造化、成就天人,金母、木公的功劳最大呀。”木公谦逊地说:“五气洽化,岂是我俩区区之力所能成就。”说完,五老各订后会之约而去。

二子栖息、留止山谷之中,采取日精月粹,自能洞晓天地阴阳的道理。久而久之,男女互交,胚胎始成;十月之后,生有两男,姹女以乳峰玉液抚育他们。未过几年,又生育两个女儿。婴儿令二男二女呼自己为父,呼姹女为母(作者注:父母之称,由此而来)。

时光流逝,四个儿女渐渐都长大,婴、姹乃隐而不出。四男女秉承天地,生儿育女,又生了八个子女,男女各四个。这八子女长大成人后,又结为四对夫妻。他们的父母亦是入深谷之中,与婴儿、姹女同处修身。八子或单生,或双生,甚至有三子同胞者,总共生了五十六人。如此一来,阴阳相合,自此生生不息,渐渐繁衍开来。但有生必有死,如草木的繁荣、枯萎,随着时气节令的寒暑变化。然而生多死少,故在大地的生物群中,时常可以见到擎肩相交的男女身影。

又过若干年后,黄老在须弥山顶,视察下方众生,蒸气成云,呱声于耳。人流熙熙攘攘，已成人的世界。适逢四老来山间访看黄老，并查看众人发育生长状况。

四老因言道："此间大地有了人类，然而四洲仍然寂寞。初开炉鼎时，真元之气布塞之处，凡是山林川泽间，都生有鸟兽虫鱼，唯独人不曾涉及。我们如今想让此间的人，散处四方。可惜有海水阻隔，难以渡过。"

黄老说："山后竹木参天，可用来做成筏子漂浮过海。"五老于是分别到人迹稠密的地方，演讲四大洲的景致，问他们可愿去居住？众人大都鼓掌欢呼，愿意往去；也有安于故居的，宁愿守着中土，不愿离开。由此，五老就教导愿去四洲定居的人，砍伐竹木，做成数千艘大木筏，众人彼此各扶老携幼，向四方分散而去，随着风向所往而定。又因为地形斜陷，西北方的水都从高处泻下，大筏子顺流去得多；逆行到西北方的没有多少。海中的岛屿很多，竹筏容易留滞岛边。遇此情形，就散居其上，后来成为岛上边夷诸类人群。唯独南洲污浊低下，为众江流汇聚的地方。于是到达这里的人，都爬上崖顶择地而居。

然而，本来是仰慕他乡的风景而来，等到达时，反觉得卑下简陋；欲要回去又不易往返，姑且耐着性子住下。以后又生子繁衍了后代，渐渐就习惯了那里的水土。但是最初在中土，气候中和，虽然有细雨轻风，但并无太大的寒风酷暑，即便露宿在野外也无妨。如今迁到南土，一遇到炎天烈日、雨雪严寒，就无处躲藏。最后只好选择可避风雨的地方，掘土成窟穴，晚上则休息在其中，寒冷时则深藏洞中不出。时间一长，也就习以为常。

再过了若干年后，大荒的原野上，出一巨人，身材四倍于常人。他头角峥嵘，面目奇异，肢体上长满浓密的深青带红的长毛，巨齿獠牙露出口外。他明晓天地的法则，通达阴阳的变化。当时的人称他为盘古氏，又名浑敦氏，亦称混沌氏。他见山岭崎岖难行，川水河流浩荡，彼此却阻隔不能相通，于是就教导众人在济渡津头搭起浮桥，填平冲击过的沟渠。又亲自审查山石的软硬状况，对较硬的山石，用锥凿击碎；经过一段时间的努力，终于凿开了一条险峻的山路，使闭塞的天地得以开阔（华山北峰下有混元石，相传盘古开天辟地时，此石即屹立于此）。人们可以自由出入往来。

众人都敬服他的神勇，相互传颂，并尊他为众人之主，于是盘古就应众人之请，做了三才始立时的第一代君主。盘古经常坐在高处，向众人讲述天地回旋、阴阳消长的道理。内容包括天上的日、月、星三光，地下的东、西、南、北四海。听他讲述的人，忘记了疲倦。由此而来，天、地、人三才混沌的局面被打开了。

继盘古氏以后，西北隅熊耳、龙门二山之间，有一上元夫人，不知她生于何时。

她生十三子，皆以天为姓。长子天穹，不专于劳作的过分苛求，只求淡泊自然，而民众也顺应自然而为，人民尊崇他的做事方法和道学，奉他为主，是为天皇氏。他以木纪德，定君臣之位，用三辅九翼做佐巨，负责记录天、地、人三界之事，用的都是龙凤云篆、图形之文。从此时起，‘五运”开始推广应用，人类文明得到进一步开化（道家符篆，用的就是龙凤云篆、图形之文）。

天皇既老，闻西北岷山有后土夫人，生子十一人，以地为姓，天皇乃以己之小弟阉茂、大渊献配于地氏下，曰“十二地支”；以阏逢以下诸弟日“十天干”（“干、支”如树之干支），地铿为长，兄弟俱少有圣德，于是天皇把他们兄弟也留在身边辅佐自己。地铿聪慧绝顶，他以日照为昼，月照为夜，一昼夜为一日，三十日为一月。众星循日月躔度而运行在空间。在东方有一星，十二个月方运行一次，而其间要经历寒、温、暑、凉四个时期，故此称此星的名字为岁星。由此，以日、月、星为准，有了年、月、日、时和节令气候的记载。

天皇在世一万八千岁而终，天氏弟兄共推地铿为君。铿辞不允，地氏十弟都来赞劝，地铿才答应，这就是地皇氏。以火德为行为准则，对上顺应天德，对下依凭地利，他的寿限也和天皇相同。

地皇过世后，兄弟不能胜任，互相推诿。此时，在指修山中有九位“异人”，乘云祇车，能御空驾气，是北洲郁单越周御国王的儿子。其母摩利支，西洲天竺国人，有大神通（摩利支，道家称她为“先天斗母元君”，佛家称她为“千手千眼观世音”。其九子，道家称为“北斗九星”。其中七星较亮，另二星较暗）。她出门则如艳阳高照，且能游行四海，往来印度。知周御国王辰祭，向来好善，因与他生了九个儿子。摩利支以万为姓，号泰阳。九子中，长子叫天英，以下依次叫天任、天柱、天心、天禽、天辅、天冲、天芮、天蓬。天姥（摩利支）教他们练各种法术，又见本土人民稀少，就对她的儿子们说：“你们虽然生在北方的最高处，但制化功业却在南方，可到阎浮提洲去设教化民。”

九子于是辞别天姥，驾云车向南而来，最后在指修山的南面立足。那里的乡民，见他们的云车和服饰华丽奇异，其神智难以察觉和捉摸，因此便推举天英为众人的君主，继天皇、地皇而治理天下。他以土纪德，初称九头氏，又号为人皇，以应三才之数。

人皇心想：天下这么大，不是他一人所能治理得了的，于是就和他的兄弟，乘车周游八方。他们依据土地山川高、矮、低、洼的不同，因循而治。最后把中原大地分为九州、九山、九泽、九水。

人皇既定九区，兄弟各居一方而治世化民，所以时人又称为居方氏。人皇在中区设教，宣扬文化于八方，并号令民间贤能之材，可招来身边为辅，名叫臣民，使他们各管其事。他教导万民：应尊敬君主和家族中的长辈，在上位者，也必当爱护在下的臣民；并提倡养老扶弱的德行。他还教导人们：入夜则安寝修养，白天则劳作、养生；一日的饮食，也分早、中、晚三餐，不可过饱，而导致疾病。他还说：男、女不可没有分别，应让男女自相择偶，一男配一女，不许淫乱苟合。九区遵行如一。当时万物群生，淳朴之风遍及宇内。做君主的不负王的威名，做臣民的不负臣民的尊贵。政教方面，君臣自我督促教化。男女民众，饮食也能全部自足。人皇兄弟都以教化民众为习俗，因又称九皇氏。九皇兄弟南来治世化民，他们的天寿和及天、地二皇的年龄。

继人皇后，相继治世的是五龙氏，有摄提氏、合洛氏、连通氏、句疆氏、谯明氏、钩阵氏、黄神氏、钜神氏、鬼隗氏、泰逢氏、冉相氏、盖盈氏、泰一氏（是为“皇人”）、神民氏、猗帝氏、辰放氏（是为“元皇”）。自辰放氏后，子孙历传四世，世人也开始学会制作器物，后人因此得利不少，所以又称因提纪，共历十三世。

老子出关图

因提纪后，又有蜀山氏、豗傀氏、离光氏、皇覃氏、启统氏相继治世。他们治天下，管天地，府万物，所采取的方法都是顺应天、地法则，而不去过分干预，所以万民自觉遵守宇宙法则，万物也如同在和气之中涵游，一派大同景象。

又过几百年，几蘧氏出而为王。他不专于治世，也不乱徇私情，只是存心内守，怡养自身；而对外界之事，却一点也不放在心上。当时天下的民众，已经将人皇所设定的男女婚配的法则废弛，民众白天忙于奔走采食，晚上则杂居一处，所以所生的子女，只知有母，不知有父。

几蘧氏过世后，狶韦氏做了君主。他自以为自己有“道”，可以“提携天地、把握阴阳”。他让民众自己游乐，以适己意；他还教民众挖泉水，通沼泽；堆阜山成土台，随地种植树木花草，吓得禽鸟啼叫，野兽奔走。有时他还与民同乐，佚游无度，天晚也忘归宿。与前几世的太古先民穴居野处、晚隐朝游、持生咀华、与物相友、并无丝毫杀伐之心完全不同。他们各施机智狡诈，欺凌禽兽为异类；并试着将驯善的小畜类扑杀掉，以食其血肉，甚则还想凌辱猛悍的动物；而动物也不甘就范，于是就张牙舞爪，抵角喷毒，与人为敌。人不能胜，反遭它们伤害。

韦氏传至四世，东海有圣人出而为主。他常驾天龙，可遮日月，常常栖身在石娄山顶（据考证即现今的楼观台）。他不忍心见民众受野兽侵害，于是就教人们用树木做巢穴，取薪草为褥。炎热酷暑时，则睡在树上的巢穴中；寒冷的时候，乃居住在洞穴中，并教民众用石块和横木掩塞洞口。要是在路上遇到猛兽，就可以攀爬到树上的巢穴中，以避凶险。如此一来，民众大为喜悦，因呼他为有巢氏。当时，随着人口的增多，草木果实日渐减少，人们只能半饱度日，甚至有饿死的。

有巢君于是又教导民众说："人聚的多了就可以战胜猛兽，你们为何不多聚些人进山，共同搏杀禽兽而为食呢？所猎取的禽兽，可喝它们的血，食它们的肉，用它们的皮毛，遮住前后二阴。"众人听了，于是集合有力者在前，老弱随后，各拿挺杖巨石，或徒手与禽兽相搏，或设置陷阱机关捕捉禽兽。果然觉得肥甜适口。又用禽兽的羽毛、革皮缝补成衣帽而遮体。从此以后，便多食血肉，生起雄悍、强暴的习性。有时多人为争夺禽兽，便在旷野中相互殴打，更甚者还手持杖藜相互格斗击杀。败者不服，便拉扯扭结到公道的老者处质问、论理，听老者分析、评判。那老人是有巢君所选的公正慈善者，他除了处理内部纷争外，还负责刻木结绳而记事。由于公正廉明，不许争议，如是斗殴就少得多了。此即为断讼的开始。

上古人民死后，就被举起扔入沟壑之中，而被禽兽、蝇蚋所食。人们见此惨状，常会惊得额头汗出，不忍观看，于是就用取土的器物，取土遮盖；而有功于民众的，就为他穿上厚厚的衣饰，并用薪草盖好再掩埋，此即为葬埋礼仪的开始。

有巢氏治世三百多岁后而隐，传有二世。日后又有燧人氏出生于天水。他观看天上的星辰，排列成二十八宿，分一年为春、夏、秋、冬四个节气。每节气各九十日，分孟、仲、季三个月。一次他到有"日月之都"之称的不周山远游，黎明时见到一只身披乌金羽毛、长着三足、长嘴红睛的大鸟。只见它在南山大木枝上，丁丁而啄，树木被它啄得磷然有光，将要起火，复又投奔南方而去。

燧人氏观察到空中有火，阳光照到枯木上，可以起火，于是就区别五木的特性。顺应四时的改变，以遂天之意，称为五燧。春天取榆柳，夏天取枣杏，季夏取桑柘，秋天取柞，冬天取槐檀，效法鸟嘴啄木的方法，用削尖的器物钻木，开始烟冒起，接着起火。

自从有巢氏教民巢居，还不知道吃火烧的食品；燧人氏教人用钻木取火的方法，方得以烧烤食品制成熟食，民众大为得利。又因木制器皿用起来容易渗液，便又教民众用泥土，陶冶器皿，制成瓦甑瓯瓿。从此，火的使用，逐渐广泛推广。

他还教民众在夏秋多多积柴草，冬天则烧柴草而取暖。夏天气候暖和，则教民众下池塘中，捕鱼鳖煮食。如此食物的来源更为广泛，人民更加可以度日。他还教民修结绳之政事，民众有大事，则系大结在绳上；小事则系小结，以免遗忘。并选择民间比较聪明、容易通晓事理者，先教他们建立占算时令的方法，以校正四时的顺序；指导布设天文观察台，以观天象，辅佐人间政事；指导识别禽兽、草木等万物的名称和色泽，以备民众选择使用。然后设立一处传教台，让传教者坐在台上，民众称他为师长，若有事物不明确的，便可以向师长请教，师长“传道、授业、解惑”的文明自此而始。又教导民众，在中午时分，各以所持之货、食、器物，齐集市上，以货物食品的重要程度，而互相交易。由此，交易之风始兴。

他还选用贤士，以佐政教民。其治之始，先是人民素食、露饮，欲心浅薄；后得活食血肉，欲火渐渐加炽，使男女交接无度，恣情欢乐。多致精血伤枯，形体骨髓消瘦脆弱，甚至导致痨瘵之类疾病，与之交接的人，也往往受到传染。燧皇发现这种状况，于是又再次设立法度，与先圣人皇法律合并，重兴男女嫁娶的年龄，以使民众的性情得以休息。

他规定：凡男子三十岁，可娶一女为妻；女二十岁，始嫁一男为夫，白天同食，晚间同眠。此规定，是参照天地之数而定（作者注：古时有“天地之数”为五十之说。其中，男子三十二岁而壮极，去二而不用；女子二十一岁而长极，去一而不用，如此男女岁数相加正好是五十）。法令还规定：男女非夫妻，不得淫荡。自此方有父母、兄妹、夫妻、家庭六亲观念。其治世一百六十岁而终，传世有八人。

继燧人氏之后，又有庸成氏、轩辕氏、祝融氏相继出而治世，人类文明日趋发达。

二、紫气翁出世化民

轩辕氏治世已久，欲寻贤能者让位。他听说“祝融”能通物类、谐神明，且能为民众祝说病由、解除痛苦，就传位于他，此即流传后世的《祝由科》。

且说赤精子自上次告别黄老，又经历了好几万年，忽思心萌动，就决定往须弥去见黄老。等他到时，木公、金母、水精子先已到达。黄老说：“五行各一方，一时齐集，是不是又有什么大的举动要发生呢？”赤精子拱手而言道：“人秉承‘清气’而生的，为圣为贤；秉承‘浊气’生的，为邪恶淫乱之徒。更有四洲的边缘乡民，他们的形貌特异、高矮胖瘦、种种不一，是他们的气血有偏差，还是天地的赋予影响不同？”

黄老回答说："我观察天地六合之内，凡人的性命，实在是由于上天赋予有关。至于形体有差异，或许是地域环境所导致，或阴阳气候偏胜偏弱而影响。如纯阴的地方，照井浴身，片时即可怀孕，且生的全是女子（此即《西游记》中'女儿国'的来历）。纯阳的地方埋肝藏肺，过一年就可复苏，于是就成了丈夫之国。更有三个身子而无肠，表里紧缩，胸股奇特，只有一臂。巨阳脉太盛，而致三头；厥阴脉反常，脚后跟毗连在一起。至于大人国、小人国，是地脉厚薄不同所致。早夭国、长寿国，是肾亏、肾盛不同。结胸贯胸，是身有损益；三目四目，是肝窍有余；白子黑子，是本阴阳之色；羽民毛民，是与禽兽有交；肾通耳窍，太过则会耳垂于肩；舌连心苗，略旺则舌有两尖。目聚五脏的精华，五脏之气不足，则眼目深陷眼眶内；齿属肾经的寒骨，气盛则齿硬如金石。还有手臂细长，手足特异；身材幼小，如同婴孩。黑腿红脚，是水火相互纠结于下部所致；柔弱干枯，缺乏生气，是金木之气未配于上停（作者注：此段内容从理论上看，应该成立；但现实生活中，却并不多见。神话历史小说《镜花缘》中有不少这样的故事，有兴趣的读者，不妨看一看）。以上都是略举其大概而言，我推测其道理不外乎这些。此类族人本性愚钝纯朴，良善者较多，即便有几个凶顽的，时间长了也被善化了；不像南洲的人，大多奸诈刻薄，即便间或有圣贤而治世，也难改变他们的心性。"

水精子说："道长所讲，理义甚是精细微妙。但不知南洲的人，为何比较容易繁殖，比之其他诸洲要高出十倍？起初他们散居四方的时候，到西北方的人虽少，而到如今，经历了几万年，还是不甚太多，是不是也与地理环境的差异有关？"

黄老说："四方与四时相合，四时与五行相包容。万物遇春，则发育生长，所以东方的民众，虽生得多却未能盛旺起来。万物遇夏，则畅茂舒展，如火的容易燃烧且炙热，所以人类的生长发育也极快。万物到秋天，则凋落惨淡，如同金器的肃杀变革，所以生于西方的人，生命、骨骼极其脆弱，容易夭折。万物到了冬天，蛰伏隐藏不见，如同水在地上而成冰，所以生于北方高寒地带的人生育就少。只有这须弥山周围，位居中心而兼五行之性，寒热温凉，各随其宜，所以人民生化得多，且可以长寿，可保人种常存而不致灭亡。但南洲生息繁衍太快，物类繁多，嗜欲爱好不能节制，机诈百出，善良德政因此不能兴起，所以是非日渐增加。必须得有出人头地的君主和良辅，主宰三界，提携纲维方可。"

木公说："听说南土初始有盘古开凿混沌，三皇分理三才，继而有巢氏教民巢居捕猎，燧人氏指导民众吃熟食、结绳，近世又有轩辕氏，造车冶釜，祝融氏作诵焚林。圣王贤宰，相继而兴，大规模的制作，也已初步具备，何必再劳我们的神思呢？"

黄老说："还不止此呀，如今我们所要求的是：虽有先天地开辟的'仁爱'，还应有后天地制作的'法理'。这样才能泽及天下民众，为天下后代的繁衍打下良好的根基。"

五老正谈论间，远看正南方忽然起了一道紫气，直冲上九霄云外。五老凝望此气，良久缥缈不散。又过好一会儿，才渐而散开，布一天霞光，甚是壮观。

黄老手指这片霞光说："此云气中必有大圣人出世，让我们去拜访他一下如何？"赤精子说："且让我去观察一下，若果是有道行的人，可以偕他上山，不须你亲自降临尘俗去。"黄老说："大道无先后，高者为尊长。凡是访道参玄，应当毕恭毕敬，执弟子之礼，虚心平气而求。若矜持己见，认为别人不如自己，则'道'的圣意，又怎能入于耳中呢？"四老都道："善哉。"于是一同起身，下山履海向南进发。

待至阎浮提洲，从肥土而入岐山、太华山，又由荆沅二地过云梦二泽，一路向东南寻来。忽见一处胜地，山水奇秀，为南土首推。此山有重叠的峰峦九层，崇高的岩石，四面而立。五老登上一有石室的山崖，俯视山谷，见四周瀑布竟有十几处之多。更有一泉，从山顶冲入谷中，如水帘一样细密，盘旋转折，向东流出高峰之外。五老惊叹道："这真是山川秀美、挺拔的好去处啊！"

正游览的时候，又见紫气从东方逼近而来。木公兴奋地说："紫气看来不远，人必在前，待我先去往看找寻。"众人齐声说好。

木公望气寻找，向前到一山下。此山石壁绝峭，瀑布激流声响如雷。在古涧边的大岩穴中，有一人兀自坐在那里，肩披黄叶，腰围碧草，双眼微合，若有所思。

木公大声喝道："垂老之人，还为何事而苦思冥想呢？"其人听有人叫他，猛地睁开双目，便有炯炯神光射出，他起身向木公稽首一礼，说道："焦苦思虑，恐损我的精气；一任闭目，自然守持神气而已。"

木公见他举止安详舒适，因而问他说："头发为血液的余气，手指为筋骨的余气，牙齿为骨骼的余气，内部真气充实，精华自然是显露在外表。你既然没有什么苦恼的思虑，为何头发斑白、形容枯瘦？你还说你在养保精气，我还是不信。"那人说："儿童的颜面，确实胜过老朽，白发自然逊于黑发。然而从最深处看，衰老和健壮，不过同是一个躯体，黑白本来也无二理，何必在乎躯壳皮毛的得失呢？"

木公连连点头说："道翁所讲超出常理。从此往东北方的高峰上，有四位道友在那里等候，仙翁请前往一会，简谈天地玄妙好吗？"那人欣然而应答说："我困坐在穷乡僻壤，如同游鱼游在小溪里，飞鸟栖息于幽谷中，哪能谈得上出入洪溟，抟击长空的玄妙至理。既承道友相邀，愿随前往一见。"于是二人起身转过山岩后，"紫气翁”牵一板角青牛为坐骑。木公好奇地说：“牛太肥，脚步太慢，还不如你我携手同行，你看如何？”“紫气翁”说：“此牛生于地皇治世之时，不吃生草，只是朝饮清泉、晚吸垂露，所以它外表看似慵懒，其实很强健；它的体形似乎笨重，其实很轻灵。即便日夜驱驰，亦不知疲倦。”木公惊奇地说：“这真是纯土的精化啊！我先去报知诸道友。”说罢耸身直入云中，“紫气翁”也跨上青牛随后追云而上。

木公刚到峰头，还未叙完因由，青牛早已到了山下。五老一齐降下峰头，见“紫气翁”道貌非凡，不由暗暗钦佩。“紫气翁”见了五老，也急忙下牛稽首，五老也急忙还礼问讯。

“紫气翁”正待向五老讨教，赤精子说：“下方不是谈道的地方，一同到绝顶上畅谈好吗？”

中华音乐始祖洪崖先生塑像

“紫气翁”说：“这山如此之高，道长们自然不愁向上飞登，晚辈愚钝恐怕不能步众老后尘。”黄老说：“修道之人，以道德、功行为上；锻炼、导引为次；至于变化飞腾，那是微末小道而已。”

“紫气翁”笑着说：“我们还是劳烦青牛好了。”五老谦逊地上了青牛，“紫气翁”向牛角一拍，青牛四足腾空，一会儿六人即到峰顶。他们六人在松杉荫下坐定，水精子问道：“刚才听木公所说，非常欣喜仰佩，但不知道友生于什么年代，作何称呼？还望言明为好。”

“紫气翁”说：“愚民生于天皇氏初年，颇知天然法理。凡是众人有疑难来问，便与他讲究分明。世人见我讲述精妙，就称呼我为‘万法天师’。到地皇时，又呼我为‘玄中法师’。一次有缘，得以认识此青牛，便携入深山为伴。人皇氏时，众人见我精神坚固，形体常存，虽无异于同类，却又常年昏睡，每临大事又能首先醒悟，于是又呼我为‘坚固先生’。当时的人类都穿草衣，吃草木食物，性情淡泊无为，有智慧觉悟的，很容易修行。到有巢氏、燧人氏治世的时候，人都茹毛饮血，后来烹饪熟食，人的脏腑得到火食煮灼，情欲就容易陷于淫荡，于此以来，则身体难免损亏。故而联想到，精血是神的根本，元气是神的功用，形体是神的宅舍。元神用得太多则须歇息，精过分摇动则会枯竭，元气过分消耗，则会绝尽。所以形体的生成，离不开元神；元神之所以能有所依托，是因为有元气的聚合。如果精血、精液绝尽，则元气就耗散，元气耗散则元神就离散，元神离散则形体就会死去。好比用柴草生火，柴草用尽则星火就灭了；又好比山崖，一旦溃倒，则洪水就抵挡不住。所以我知道天地自然的大道理，容易蒙昧而难以明了；性命难得而容易丧失。因此我就自号为'洪崖'，用以警诫自己不要放荡飘逸。这些都是我的一点小小体会，还望各位高真加以指点斧正。"

五老听完，拍掌大声欢呼道："这些都是金玉良言，你可真谓是先天地的精灵，若不是生于三皇之时，简直可以与我们齐名。"洪崖连连谦逊致谢。黄老又说："话虽如此，然而想出入空冥、探究天地至妙之道，还须再加磨炼，方能把天地玄妙至理，在人间发扬光大。"洪崖听到此处，深施一礼，向五老问起修身的大道。

于是五老分别为洪崖详细讲述"玄玄上人"的无上妙理，以及内丹、外丹形成的法理。洪崖本是得道长寿之人，一经提醒，顷刻大悟。赤精子又对黄老说："炼丹大旨既已明了，还须有鼎炉烹煅。何不将须弥始炼二仪的炉鼎相赠，更易成功。"黄老环顾一圈，转而对水精子说："敢烦道友一行好吗？"水精子应声跃上云端，往北而去。洪崖又问道："传说须弥大地在天地的正中，上应斗枢，往返很难。"黄老说："得道之人，目视八荒如同泥水，穷视元会前后如同瞬息烟云，何况这区区指掌之间呢？"黄老话语还未完，水精子已经抱着炉鼎下降。黄老因拱手向洪崖道："我这儿有些神图宝章，以及诸多变化飞腾的方法，已经秘藏很久，如今一并赠给你，省却你再去寻求别的修行门径。"洪崖拜领称谢。五老齐声道："且待道友内外丹成，功行圆满，再图后会之期。"于是便一齐告别下山。

传说如今南昌庐山有五老峰、青牛谷、香炉峰、瀑布泉等景观，其名就源于此。唐时的李白，还有《望庐山瀑布》一诗，写的正是此处景点。诗中写道：

日照香炉生紫烟，遥看瀑布挂前川。
飞流直下三千尺，疑是银河落九天。

五老走后，洪崖又上峰顶，拿起鼎炉放在牛背上，并跨上牛背抱住鼎，回到故居。没住几天，又考虑到，修炼真元，本来不必选择地势，然而若能得到特别好的所在更快。于是，便取起几杖等物，命青牛凌空而起（洪崖故处在今南昌城西），向东渡过大湖，有一座高山临湖滨而立，景致十分清幽，洪崖祖觉得很适合自己心意。于是从牛背上取下一应物件，并把牛放到山阳，待将诸物什布置停当后，便按方位将鼎炉安好。又在山顶凿一丹井，下通湖脉，谨慎地依照炼丹的要点，调炼火候、采觅药物、锻炼温柔。待火候已定，外丹与内丹并成，服下相合为一。从此，既修成真道，则万理自然洞达；可常竦身而入云霄，无翅而翱翔；可常潜身行于江海，无鳞而不没。有时驾龙乘鹤，上访天阶；或随心变化，下游尘世，在人间自由出入，而世人难以认识；隐身遁迹而行，而世人难以见到。每当面对清风徐徐、皓月当空、静夜良辰、美景如画的场面，想起得道的趣事，不由得拍掌大啸，其声远达四方。

洪崖老祖自思：自己已深得其中乐趣，情愿以此超度尘寰，救诸疾苦。凡是有缘相识并乐善好施之人，便为他讲明道的含义和至理，而拯拔他免入幽沉之中，还可对天地万物有很大补益。从此洪崖老祖把阐明玄理、济世度人作为自己唯一的信念，历转几十次尘劫而不疲，成为道家备受尊崇的始祖。

三、化名郁华，传道伏羲

时光流逝，又过几千年，有位伏羲氏，出而治世。

传说伏羲帝晚年，分地于万民播种，极尽地利之用，万民敬仰。而他却也不自以为是圣明，全是得益于天地易理。一天，他因想起母亲的过世，联想到人生的短暂，于是便问身边的丞相柏皇道："人的一生，如同草木的荣华；过不了多久，枯萎腐朽随之而来，不知枯朽以后，又是什么结局？"柏皇说："听说南湖边上有位叫郁华子的道者，又传说他最初叫洪崖老祖，已活了三千多岁，颇知性命的缘由、养真的法理，世人多有从他那里得到他的修身法理的，咱们要不要也去拜访拜访他？"

帝听完后，非常高兴，传话将与女娲、仓颉二人同去。正逢中央氏在八卦坛中，他常与帝一起探究宇宙天地玄机，颇有学识。听此消息，也请求一同前往。君臣正欲动身，恰巧"昆吾"铸剑成功，来向帝献宝剑，听说帝要南行访道，情愿为向导、护法。于是，帝就命柏皇在都城执政，从即日起君臣五人徒步起身而行。临出城门，群臣远送，帝命他们都早早回去。上路后，帝嘱咐中央等众人说："我们此去应虚心听受教诲，且略去些君臣的礼仪，大家呼我为'宛丘生'就可以了。"众人都称："领命。"

等到了湖边，满山谷寻遍，却不见郁华子老人，只见深沟边上有两个儿童在玩泼水游戏，帝上前问道："此地有位叫郁华子的先生吗？"一儿童抢声说："是我师父，刚往巴蜀洞（四川重庆的洪崖洞）中去了。"帝又问："何时能回来？"那童子说："少则百年后可回来。若您一定要想见，且请先进洞中安歇静坐一会儿；不然，也可到那边去访寻，全凭您的意思了。"帝回答说："既然在蜀中，自当前往拜访。"于是就辞别童子又往西行。

行到中途，见一座大山横于身前。君臣五人，毫不退缩，继续登山而行。只见此山竹木葱葱，遍麓一片翠绿。正行走间，忽见一老者独自一人，坐于棕毛铺团上，神气清爽自然。帝于是忙止步，并让昆吾上前问路，那人回答说："这里是竹山，也是去巴蜀的咽喉之路。你们到那去有什么事?"昆吾答道："听说郁华子先生善炼性修身，想去向他老人家拜求修炼的方法。"那老者又说："如此陡峭的山路，下面又有汹涌的江水，像你们这么至尊至贵的人，而去向一个山野鄙夫问'道'，不是太没面子了吗?"

帝一听老人的口气，很是惊讶地说道："我的服饰与常人没什么两样，他又怎么知道的呢？他绝不是寻常的人啊！"于是忙向前施礼道："我叫宛丘生，我们五位都是下浊愚蒙的人。远来此处，拜求高人指示修养性命的方法，不料有缘路遇，还望多多教诲。"那人扶帝坐在路边石上，其他四人也散坐在一边。那人说："'性命'二字，不能一概而论，应就修行养生的方法而论。"

帝问道："其中的道理如何说法?"老者说："修'命'不修'性'的人，常使'性灵'游散在百骸九窍，不知道何处是归宿，也不知道静定安宁的乐趣，全身的精气如汤沸火煎，一刻也不能停息，由此以来，必然导致气驰神耗、精气也无法再生；精气不能再生，性灵必然昏迷而不清醒，虽然修命，也难得长生。也有修'性'不修'命'的人，他不知'命根'是先天元气所化生，靠形体而立，因元精元神而生，元神本无一定形体，以元气为依托；元精无一定形状，以意念而为形体，虽名称状态有三种不同称谓，但它们的根本是统一的。人的主宰虽是元神，但元精元气也应当有所养护，三者互相作用，不可使它们相互离散。若不能保全形体的完美，只顾去思考虚无的寰宇，则真气必然会因之而耗损，虽欲修性灵，也是不可能达到的。"

帝听完这一席话，皱着额头再问道："像刚才这两种情况如何才能两全?"老者微笑着说："骑着牛走路不问牛在何处，谁能领悟呢？若真的要修性命，需要知道人的生命如同石上流光；又像靠近火焰的柴草，死后如同秋蝉脱壳，本性仍旧存在。只从此中领会，不要有一时转移，便可归根复本，'性命两全'的道理从中可以识见了。即使你见到郁华子先生，也是如此讲法。我前拜广成子，得其传授'灵飞'、'六甲'、'八卦镇方'的符箓，并得到修身之道，以及因袭延缓衰老的方法，如今我转授予你。"于是从怀中取出符箓并道法手册，一并交给伏羲帝。

帝起身拜谢，老者扶起说："你以木德而为王本，为五行之首，此是生生化育的先机，所以帝起于震方（东方）。你能洞彻造化的玄秘，解后世的迷惑，真是有功德于万物的明君。既然如此，你如今又何必淹留于尘世之中，而不思考返还本来呢?"

老者又对女娲说："继木德而为王的，是火德，而你是阴火，有匡赞帝功、拨乱反正的能力。"又用手指着各人所坐的岩石说："以后天地正气会有所亏损，尔等可用这些岩石来补充。”众人回视这些岩石,已见其上各显五种色光。

仓颉向前下拜说道:“愚民心易动摇,简直没有一刻的停息之时,是不是有什么病呢?”老者回答道:“这是你的道体的本性所指使。你曾观察洛水的波澜,见到龟背上的文书图文。以你的睿智和才德,定可效法流水的品性而传道德于后世,从而成为‘说文解字’的始祖。”

帝又用手指着昆吾,说道:“此子性情极其坚刚,我恐他日后会有所挫折,师长以为如何?”老者回答说:“他坚刚不屈,没人能奈何得了他,但他聚金铸剑,是从革的征象,本身恐难长寿,然而他的子孙会很多。如同老树的干被砍伐,而萌芽复从根部萌生。”(其后为夏的诸侯,有支流入西夷叫昆夷,所以世人就称人的子孙为“后昆”)

女娲塑像

最后老者回头对中央氏说:“你们五人都与五行之性相合,唯有你沉静端庄,论五行你应为中央黄土啊!因你暗合造化玄机,又岂是苟延寿限,‘地行、尸解’者可比?其他四人皆不及你。若你能进一步参研玄天法理,潜心修持道法,我可随时提携指引你。”中央氏面带庄重稽首道:“能得到道长的垂青,是弟子莫大福分,弟子愿追随您老左右。”老者大喜,拍拍地上棕团,说道:“起!起!”地上棕团忽然而起,却是一头青牛,头角峥嵘,四蹄稳健。

老者跨上牛背,中央氏紧追其后。老者说:“牛行太快,你步行恐跟不上,须找一物乘坐。”说话间,老者向东北招招手,说了声:“元龟!”忽然一阵狂风吹起,一只大龟出现在青牛身后。中央氏拜别帝与三人,跳上龟背,准备起行。

帝舍不得老者离去,手扶牛角对老者说:“有幸聆听道长所言,使我身世两忘,与性命视若统一,还望道长告知尊称,并期待日后能够再次相会。”老者乃作歌而唱道:“质彼柏皇,秋深夜长,雨微载晤具茨堂。”歌罢,拱手作别,拍青牛往南飞行,中央氏也驾龟而去(作者注:其后郁华使中央氏入嶓冢,太昊伏羲氏上具茨。中央氏改名王倪。王,一土之意;倪,俾益之意。又改名黄安。不久郁华因“华”者神采外彰，不如退藏于密，故又改名郁密子）。

帝见老者离去，惘然若失，怏怏而归。到京都郊外，群臣远接人都，回到住处，帝以所见所闻之事向柏皇请教，柏皇回答说："听说郁华常乘青牛出游，或许吾王所见，就是他本人。"帝一听，更加惊奇。起初以为性命之理既明，所以也就不再前往复求了。只可惜在竹林相见而不识其本，君臣都嗟叹不已。

帝自从接受符箓，日夜探究玄秘，已深有所得，思考"秋深雨夜"之句，自己理解道："我以木德为王，遭秋深金盛，必解脱而零落。人以我为日月之明，'雨而夜'，则日月必无光明了。然而微雨月光还可出现，当是晦而复明，我恐怕不久要过世了。"于是，遍召后妃、诸子及群臣耆老，对他们说："我不能妄荐，我死后唯推有德者立之，不要辜负天下民众的期望。"说完就去世了。

伏羲帝死后，众推女娲为帝，葬先帝于成纪最高的山南坡，因取名叫蟠冢，又葬衣冠几杖于宛丘（作者注：蟠冢，古山名。一在甘肃省成县东北，一在陕西省勉县西南。此处应为甘肃成县。宛丘，即前文中所提到的陈国国都）。

女娲继任后，因共工妒忌时政而撞天柱，使天地阴气过盛。女娲与昆吾等众斩杀共工后，就依郁华之言炼石补天。天地阴阳之气，方始得以恢复。女娲还与仓颉、柏皇得郁华的指点，而精研悟真养性之道。但因女皇运谋制敌、设法安民，不免精神耗损，只在位十五年，加上辅佐太昊伏羲氏治政之数，共一百三十岁。

四、更名太成传道南岳

女皇过世后，柏皇、仓颉皆思自己德薄，避于高山深谷中潜修不出。后有祝融氏后裔推举神农氏出而治世。他善识五谷，教民采集播种、按时收获，又制油烛、水车等器物，使民众温饱得以改善。油烛的出现，可以继日，为夜间带来光明，众民认为是祥瑞之事，故又称炎帝。他还亲尝百草，咽其汁，并细细体味所归何部，随即记下，用以治某疾病。曾经在一日之内遇七十多种毒，因交互作用，加上有调和的药物，故不致伤及身体。他总共搜集整理了三百六十五味，分谷蔬、草木、金石、土蜕等品类，用以救济苍生四百多种疾病（传说《神农本草经》一书就起源于此）。

帝的女娃，平素好修真，闻赤松子有道术，便派人去邀请。待赤松子见其女确是修道良材，便与她讲授了许多"修真"之法，并与她讲东海诸神山的胜景。那女娃因思道心切，就告别炎帝，率侍女东寻，后因海中风大浪急而葬身海底。女娃怒气冲天，奋身一跃，即随波浪而去，元神脱身，化一彩色鸟，徘徊于沙渚间。

《山海经》中有此故事：传说此鸟名叫精卫，后被西王母路过发现，知其本来经

过，便收留在身边，可以人鸟互变，而为“鸟仙”。

无独有偶，北宋时，惠州温都监女温超超，年满十六，不肯嫁人。一日，闻听苏东坡来府上做客，满心欢喜地自语道：“我的夫婿到了。”东坡在府上做客的日子里，她每日痴情地徘徊在窗外，听苏东坡吟咏，一旦室内人发觉，她便急忙离开。后苏东坡海归来，觉自己窗外经常有沙鸥鸣叫，又听温都监谈起，他的小女因思念自己而死，并葬身沙丘之事。东坡听后，很是感动，于是为她作了一首《卜算子》。其词为：

缺月挂疏桐，漏断人初静。谁见幽人独往来，缥缈孤鸿影。惊起却回头，有恨无人省。拣尽寒枝不肯栖，寂寞沙洲冷。

东坡居士的这首小令，凄惨悲凉、旋律优美、情感逼真，令人黯然心伤。郑文焯言为有所感触，自成馨逸：余以为他乃无情之人，而以上《古今词话》之言，尤为可信。若无此痴情女子，坡公何故如此感慨？虽然苏公之罪，事出无心，可温超超既爱恋苏公，何不自明心迹？为此，余用苏公之调，亦作词一首，以悼幽人、以警后世。

卜算子·悼超超

二八正芳华，姿容堪自夸。不随俗流不贪华，愿把坡仙嫁。几度观风雅，何不献香茶。为伴潇洒效司马，胜似魂无家。

书归正传：帝因思念少女日久不回，曾亲往东海寻找，良久没有结果。后有一幸存侍从回报船覆之事，帝惊惶不已，便想再寻赤松子，问此事应如何了结？有一日，炎帝步游到东门池边，见路人衰暮之景，不胜感慨。忽见远处一物浮至眼前，睁目仔细一看，竟是赤松子熟睡水上。帝上前将赤松子扶起，赤松子一边揉眼睛一边回答说：“昨晚蒙太成子同南岳主人，以及你的上祖祝融氏，下降到朱陵洞中，为庆我的师尊丹符成就，一时高兴，多饮了几杯碧玉琼浆，不觉半酣。念及日前约会，故先辞师而来。”帝发声叹息道：“吾女不能久等，而自蹈奇祸。”便将浮海之事告知。赤松子道：“躁意妄求，以致于此。若能诚心精进，终究会成正果。再者你也已年迈，应归本寻源，何苦长混尘俗之中，劳累你的元神呢？急宜省悟，后会之期不远。”言毕，又蒙眬双眼，身体渐渐坐蹲下去。帝要扶时，却变为一块大黄石，推也推不动，帝愈加觉得神奇。

炎帝思虑良久，便对身边侍卫说：“你们回去告诉我妻子儿女，就说我要独自一人前往南岳衡山寻问本来面目，让他们不要过分思念我。”群臣大惊拥住，恳请留住。帝见众人难舍，于是趁夜带药锄而去。

炎帝一路历尽艰辛，终于寻到衡山，见到赤松子。赤松子又为他引见太成子说：“此即先天一气、玄元至真、万变老君郁密子，先曾称寿广子，近更号太成子。”炎帝连忙上前深施一礼，乞求赐教。太成子说：“你是享尽富贵之人，也仰慕淡泊无为的乐趣吗?”炎帝回答说:“富贵终有尽了的时候,淡泊却可以恒久不灭。不离尘俗,安能见到上真?还望指明性命玄理。”太成子道:“我将先去,考察宛丘生的功行,且待日后有暇,再详细传你道法。”众人正闲谈之际,忽闻洞外一片哀哭之声。帝不知是何缘故,而惊问道:“深山之中,哪来这等恶声?”赤松子说:“想必是前来迎丧的使者。”帝不知其意,祝融氏说:“你想知此中究竟,可从洞口往外一看便知。”帝从洞口缝隙向外一看,见全是朝内诸臣手捧药锄大哭。帝本想开门前往询问,背后的祝融氏大声喝问道:“你既脱尘俗,何必复人?即便你真死,也不过如此而已。”帝听后,后悔不已,连忙向前谢过警醒之恩。赤松子道:“草木无知,魂魄附在上面,就可以有声响,药锄跟随你时间已久,精气便可沾染在上面,而显出你的形相。世上之人,缺乏慧眼,以假乱真,以为你已死去,又有什么可疑虑的呢?”帝听后顿悟“幻影尸解”之理.从此看破世情,自号“浮丘子”,众以“浮丘翁”称之。

五、轩辕二度问道,洪崖再号广成

又过千余年,神农氏的后裔启昆,出而治世为君。启昆(有熊君)为人刚健中正,其妃名叫附宝(又名符保),德性幽闲,有熊君(国都在熊地,即今开封新郑一带)出游,必定与她一起。一次二人一起到南岳衡山去拜炎帝陵墓,顺便访游古圣的足迹。途中,听说伏羲氏陵在蟠冢,便与附宝一同前往祭拜。一夜,二人与群臣在郊外赏光,见中天一道金色电光,旋绕在北斗枢星的旁边,众人都以为是祥瑞之兆。果然有熊君与附宝归寝后,附宝便有了身孕。怀二十有四月,紫气时常充满房舍。因诞生在有熊国南隅的古轩辕的山丘上(今在新郑,一名寿丘),于是就起名叫轩辕,名伯荼。此时彩云缭绕,众都以为是祥瑞之兆。他生来有日角龙颜,弱即能言,幼而能与众人沟通,长大后性情敦厚敏捷,成人后聪明富有智慧,且能知道幽明生死的缘故。启昆去世以后,轩辕年仅十二岁即嗣父位,又因在姬水上游长大,故又更姓为姬。他继位后,伐暴徒,兴百工,用贤良,一时之间能人辈出。不久,天下便归于太平,百姓都过上了安定的日子。

帝见天下已经太平,考虑到文字可以记述垂教,便议定亲率群臣,往请仓颉出山。几经恳请,仓颉方同意出山为史官,并开史馆,变古文为篆文,颁行天下(后世虽几经增损,然都源于此)。

又过若干年,仓颉见文字已流传于世,不弃躯壳,终究被其所累,于是就在某一天,无疾而逝。帝为具殓,过三日后择地葬在夷山。待举棺下葬时,却觉得甚是轻便。开棺一看,唯有黄金数斤,知他已借此化去。

帝有感于仓颉化形去世，因而考虑到身世无常，于是召集群臣问道："人生负阴而抱阳，食味而被色，寒暑往来交替，喜怒交相攻心，所以柔弱而多病。神农虽制方药，犹未说明其中精微，天下有谁能精确地详明呢？"有位大臣，名大鸿，他说道："炎帝曾西访泰一，方始知道'五运六气'致病的机理，至尊也应广求博访，自能有所听闻。"帝接着问道："有谁知道泰一在何处？"又有一大臣，名太常，回答说："峨眉有一隐居的贤人，修真抱道，自称'天真皇人'，世间多有往拜求问天道的，皆受益匪浅，故又称为'天皇上人'。"帝听后大为欣喜，于是携同大鸿、羲和、岐伯、伶伦等往访。以太常为向导，王冰服牛载粮。

且说帝等君臣几人，在路上因天气炎热，便登上具茨山洞避暑。帝见一童在洞口嬉笑跳舞，无丝毫忌惮之色。帝乃招手让他过来，坐在自己身边。童见帝可亲可敬，便从袖中取出一图给帝。帝展开画图一看，原是一大幅灵芝图。帝问是何意思？小童答道："这是《神芝图》，是道友黄盖子嘱我相赠。"帝又问道："你的道友，可以一见吗？"小童又道："昨天，我师父在太室山讲道，听说广成大师将要南来，浮丘翁邀师同去往拜，黄盖子也想同去，知贵人将到荒山，特令我以此相送。你闲时观玩，自可体会其中内涵。"说完，起身便想离去。帝忙牵住其草裙问道："敢劳你告知尊师和道兄的大名，好图日后见会。"小童笑道："我师父是宛丘先生，我的微名不足一提啊。"摆脱草裙，穿松林而去。

岐伯塑像

又行月余，方到峨眉，帝与众臣都居于绝阴之下，斋戒三天，然后步行走到山上洞门边，恭立门外。过了好久，有一小童出洞门来请，帝急忙整衣入内。进洞门不远，早见一道翁，满面笑容迎帝登堂，互相施礼毕，得知道翁名泰一帝便述企慕之诚心，并问人之所以致病，以及如何养生等问题。泰一逐一回答，并对帝说："你问的这些问题，你身边不乏名师，又何必舍近求远，如'握鞭寻柳'呢？"帝回头遍视诸臣说："难道其中真有其人吗？"泰一用手指着岐伯说："此子曾受学于我的好友僦贷季，深知其中妙理，为何'韬光养晦'而致你不远万里追逐风尘呢？"岐伯惶恐地回答道："非敢自秘，实在是其中的玄妙处，还未有精研啊！"泰一说："你所学的，我已深知,不必太过谦让,而误你君上求知之心。”帝又以路上所得画图问泰一,泰一说:“此是大隗至人所炼‘三一之道’,要细究其理,还须去掉一切贪婪欺诈,方可问此修身之法。你若要修行,可去拜访广成大师,或求大隗氏黄盖子做引路之人。”

帝在峨眉留住几日,泰一向其传授了许多“三一之道”入门法理。过了月余,帝便告辞回返。行至巴山,见一高山,中有茂林碧水分流左右,帝命众人休息。但见半山中飞瀑如布,崖间有洞,洞口刻古篆,乃“洪崖洞”三字,可惜众人皆不以为意。

后世北宋苏东坡曾有诗赞此山、洞,并述仰慕玄风之意。为此我特意查看《唐宋诗醇》,内有《入峡》《出峡》两首五言诗,今录于此,供参照。

入 峡

自昔怀幽赏,今兹得纵探。长江连楚蜀,万派泻东南。合水来如电,黔波绿似蓝。余流细不数,远势竞相参。入峡初无路,连山忽似龛。萦纡收浩渺,蹙缩作渊潭。风过如呼吸,云生似吐含。坠崖鸣窣窣,垂蔓绿毵毵。冷翠多崖竹,孤生有石楠。飞泉多乱雪,怪石走惊骖。绝涧知深浅,樵童忽两三。人烟偶逢郭,沙岸可乘篮。野戍荒州县,邦君故子南。放衙鸣晚鼓,留客荐霜柑。闻道黄精草,丛生绿玉簪。尽应充食饮,不见有彭聃。气候冬犹暖,星河夜半涵。遗民悲昶衍,旧俗接鱼、蚕。版屋漫无瓦,岩居窄似庵。伐薪常冒险,得米不盈甔。叹息生何陋,劬劳不自惭。叶舟轻远溯,大浪固尝谙。矍铄空相视,呕哑莫与谈。蛮荒安可驻,幽邃信难妉。独爱孤栖鹘,高超百尺岚。横飞应自得,远扬似无贪。振翮游霄汉,无心顾雀鹌。尘劳世方病,局促我何堪。尽解林泉好,多为富贵酣。试看飞鸟乐,高遁此心甘。

此诗和下一首《出峡》是嘉祐四年(公元1059年)十一月,苏轼为母服丧期满,与父亲、弟弟一同进京途中所作。他们乘船由岷江、长江而下,经乐山、宜宾、重庆,至江陵,然后路行北上。诗中吟咏了瞿塘峡一带的景物、人情,并借孤鹘横飞自得,抒发了自己被尘世所束缚的深沉感慨。其中的“彭”“聃”,即指彭祖和老聃。传说彭祖活了一千多岁,而“老聃”在此书中,还是彭祖的老师。“昶”“衍”“鱼”“蚕”,分别为孟昶、王衍、鱼凫、蚕丛,其中前二位是北宋前西蜀的亡国之君,后二位是上古时的蜀王。

出 峡

入峡喜巉岩,出峡爱平旷。吾心淡无累,遇境即安畅。东西径千里,胜处颇屡访。幽寻远无厌,高绝每先上。前诗尚遗略,不录久恐忘。忆从巫庙回,中路寒泉涨。汲归真可爱，翠碧光满盎。忽惊巫峡尾，岩腹有穿圹。仰见天苍苍，石室开南向。宣尼古庙宇，丛木作帏帐。铁楯横半空，俯瞰不计丈。古人谁架构，下有不测浪。石窦见天囷，瓦棺悲古葬。新滩阻风雪，村落去携杖。亦到龙马溪，茅屋沽村酿。玉虚悔不至，实为舟人诳。闻道石最奇，寤寐见怪状。峡山富奇伟，得一知几丧。苦恨不知名，历历但想像。今朝脱重险，楚水渺平荡。鱼多客庖足，风顺行意王。追思偶成篇，聊助舟人唱。

此段中的"玉虚"，就是传说中的"洪崖洞"。作者因受舟人欺骗，未能一睹为快，甚是后悔不已。

书接上文。且说众人在山中休养几日，然后又继续起程。路过古都，因念及神芝把晤之约，便停车驾在山下，独步上山。上到山顶，已见先有数人在此，为首二翁出迎说道："你真是守诚信的人。"便邀帝入洞，帝施礼逊坐，便求问二人尊号，方知是大隗黄盖子与宛丘子先生。黄盖子说："前次路过，托王道友馈《神芝图》一幅，你品味的如何？"帝鞠躬致谢说："承赐神芝，天真皇人说是'三一之道'，还未能得悟要旨，正待向先生求教。"黄盖子说："是精、气、神三者合而为一的法理。"帝又问其中详情，黄盖子略做分述。帝又问赠图童子，黄盖子说："他就是广成子高徒、我的道伴王倪。此人年寿不小，在太昊时，已经是苍颜，入山修道既久，转而为少，不可以童子而小看他。"帝听后，内心好是惭愧。因众仙长都有要事做，故帝只好告辞回都。又路过具茨，结帐宿于山侧。清晨，帝步行至山洞，四顾杳然，叹息而下。

帝一路失意回到都城后，便拜岐伯为天师，日夜请教治病养生之理，后作《黄帝内经》一书流传后世。

时有王冰随侍天师，后王冰得《黄帝内经》之旨，隐而不发，视之若愚，直至李唐王朝，才出山阐扬经义。

庚戌年中，帝临朝说："昔有祝融听鸟鸣作歌，以为神民；太昊制琴瑟作乐，理身心；女皇制笙簧，以通殊见；炎帝断苇籥，以协群音。今仗众等匡扶维国，也想作乐器以志盛景。"伶伦进言道："臣探发音的器物有八类：即金、石、丝、竹、匏、土、革、木。其中金革的声音鸿大而远，丝竹的声音柔而和谐，匏石的声音清而脆，土木的声音朴实厚重。各种材料随地可得，唯有良竹能和众音，但它须寻求节疏而直、干坚而圆者方可应用，恐近处未必易寻到。"风后回答说："我在中条山时，我师令我到解溪取泉水，曾见那里有修竹千竿，劲节凌云，垂枝映水，可为绝妙之材，臣愿同伶伦往取，顺便亦可往见师尊。"帝欣然应允。于是诸人带从者百余名而行。在路月余，将到中条山，风后对众人说："今我入山，将不再回都了。"伶伦等大惊失色，齐问道:"太师公为何说这等话?又为何不在帝王面前说明,让我等回去如何答复?"风后回答说:"你等只说鼎成时再会就可以了,此去大夏的西边、阮榆的北边,可得美竹。"说完,与众人作别,驱车疾驰而去。

众人彷徨叹息,过了一夜,第二日继续前行。到虬溪,见水势奔溢,隔溪谷口,果有千竿修竹。众人便造浮梁过溪,砍了数竿修竹。正欲再砍时,忽听竹林内有人喝问道:"你们想作假凤鸣,伐去这些修竹,教真凤在何处栖身?"伶伦忙止住众人不要再伐,一人步行至竹林寻找发话之人。正走间,见一人盘坐路边,相貌奇古,身穿野服,知不是寻常的凡人,忙上前拜问尊号。那人先是不肯搭理,经伶伦再三请问、赔礼才说:"我是洪崖,广成是我后辈,你们的君主仰慕广成子的道法,曾遍处访求,然而却不知我的道法简易。"伶伦本想讥讽此人几句,其人笑着说:"你们只知故弄声色为乐事,何曾有时间考虑'参悟性命'的大道理呢?"伶伦一听,正中痛处,遂急忙拜求于地,愿求为己师长。洪崖说:"教你修道法可以,但你须让你们的君主一同前来,方可传你至道。"伶伦恐他踪迹不常,再次失之交臂,情愿在竹林相陪,便令所来随从,把竹木截为数段,载在车上,即刻回都报帝,自来敦请。

众人回都,将前事一一报之于帝。帝又惊又喜,便决定带人先去拜会洪崖,再去请风后归朝。待帝来到大夏,早见伶伦来接,帝问:"洪崖可在?"伶伦回答说:"最近天天都在林中讲道,昨晚有五位老人,乘灰、黄、苍、白、玄五色鹤,邀请先生去崆峒会广成子。先生即折竹枝,化彩凤跨上,就同去了。临行时嘱咐说,帝如果来访,就告知他我们在崆峒相候。"帝又问:"崆峒共有五处,但不知是哪一处?"岐伯回答说:"我少时曾在泾水以北,见有座山叫崆峒,其间峰峦卓越,连带西北、中原圣贤多在此会聚,应该是西崆峒。"于是,帝命依驾前往。

君臣水陆兼程,过泾河而入昆仑,忽于岩石夹缝中,失却岐伯、寒衰。帝急令人往救,石遂闭合,帝令开凿,坚石如铁。帝哀泣不已,只得继续起程。

君臣几人一路问至崆峒,果见景致异常。帝让从人居于山下,独与伶伦等诸臣缓步而上。走至半山,见双松下洞门紧闭,额上横镌"广成洞"三字。帝大喜道:"今天终于得见了。"于是亲自上前叩门。稍候,有二童子开门说道:"已知你大驾降临,但师父早上去须弥山会友,归期很难说明。走时曾嘱咐转达至尊,他日再请来拜晤。"帝回答说:"我们越岭循河,往来万里之遥,宁可多守候几日,以求一见尊容。"二童说:"你既已意决,不敢屈就你,且送一信去,或许可以回来。"说完,一童进洞,取一小盒,邀帝同上一高峰,上有一大石炉。小童持信香少许投于炉中,只见烟雾腾起。一会儿,洞口有人喊道:"洪崖师回来了。"

帝以为是广成已回,急忙下了峰头,远见一道者年近半百,伶伦先拜陈说,帝知是洪崖,略述企慕之诚。洪崖说:“刚在须弥山会中黄子,忽见信香起,知贵客在门。”帝问道:“我闻须弥山在北海的北边,你如何往返的这样容易?”洪崖说:“两极之间有四大须弥,中须弥为大地,南望松桧郁然者,就是南洲的须弥山。远在极北,近在目前,这些地方都是中黄子奇迹所在。”帝急切问又问,广成子在何处。洪崖说:“他也是一位山野庸夫,少言语,一号叫‘力默子’,没有什么道德可以敬重,你何必追问他的住处?”帝心中微有恼意,以为峨眉皇人,谅不虚言。洪崖请帝入洞中,帝因天色昏黑,权且留宿。当晚黑云密布,下一天大雪,天亮尚且不停。帝心中特别焦躁,勉强与洪崖谈论。洪崖反而不涉及义理,所以愈不合帝心意,只想早早辞去。洪崖看在心里,说道:“广成在西崆峒静炼,去了也恐怕索性而回。”帝得此消息,一候天晴,便要踏雪上路,洪崖亦不再挽留。临行,赠自然之经、金丹之诀二篇,说:“这些都是清净要领,好好玩味,自得妙理。”帝接受后,谢别而去。

帝回都后,群臣迎入。帝皱着眉头说:“前者风后逸去,于路上又失去岐伯二子,只见得洪崖一人,走遍万里长途,历尽风霜冰雪,竟不得见广成仙子一面,真令人痛心。”容成公听后,惊奇问道:“风后、岐伯为经济劳心,复归山林静养是他们平素志向。但洪崖即是广成别号,可惜当面错过了。”帝回答说:“他言语不合法度,且全无道德之言,难道圣贤都是这样的吗?”容成公笑笑说:“至德之人,都不和俗理,哪能因言语浅薄而忽视他。”帝顿足痛恨道:“还是我德薄缘浅,才至于此。”从此更加广修仁德,而天下更加太平。

又过数年,帝见整日无事可做,欲精研至道,又乏名师指点,于是就将政务交给身边辅臣处理,自带一班随从,往汝河西的“中崆峒”去拜见“广成大师”。几经风寒劳苦,终至广成洞府。一小童出召,帝随至室中,远见一人高坐在上,帝俯首造谒、伏地拜求说:“久仰道长高风,有幸得拜尊颜,万望指明教诲。”广成子说:“你是俗世中至尊至贵的人,为何屈身下拜我等山野中的狂夫?”即令小童扶起。帝退立于一旁,偷看广成相貌,果是日前所见洪崖容貌,惊得不得开口。暗想自己以前许多轻侮的意态、言辞,倘若见拒不授,岂不可惜?于是又长跪谢罪道:“下民愚浊,从前在崆峒听闻至道,谁知遇而不识,只因道号有所不同,以致执古不化,还望道长海涵,不吝赐教至道的法理。”

广成子听后大喜,朗声宣说道:“至道的精微处,深广无边;至道的广大处,无穷无尽。要体察它的玄奥,你须无视无听,抱神守静,如此形神将自正,心神就会清明。长此下去,不要劳动你的形体,不要摇动你的精气,更不可思虑万千。做到了耳无所闻，心无所知，你的元神自会守住你的形体，这就可以长生了。谨慎守住内心的清净，摒弃外界的干扰，若一意刻求俗理，必导致心神衰败。至阴之气重浊，至阳之气轻浮；轻浮之清气来源于天际，重浊之阴气发始于大地。我为你指明通往上界光明的根源，那是至阳的源头；进入幽冥之门，是至阴的源头。天地各有所作用和制约，阴阳也各有所依附，慎守你的心身，则你会日渐强壮。我守纯一真元，使它常处和平境界，故我修身千二百岁了，我的形体未尝衰老过。"

随后，广成子又向帝细述"三一丹元""玄白异同"之法；并授予《阴阳经》《自然经》《道成经》等经典共七十卷，命帝择地而修。后在广成子及其门人教诲、协助下，帝终"道成"，飞升于鼎湖峰畔。

注：关于"鼎湖峰"，后人说法不一。一说在湖南洞庭湖边的青草湖边，一说在陕西三原、泾阳境内。据陕西咸阳三原政协的程金龙先生考证："传说黄帝晚年，为了把征战统一的丰功伟绩永载史册（另一说是为了永镇天下），便采首山（在今山西境内）之铜，在荆山之阳，铸宝鼎三个（陕西三原原有'铸鼎村'，现归属富平），每鼎高一丈三尺，以象征天、地、人三才，并象征太乙。鼎成，正在百姓群臣庆贺之时，忽从嵯峨山龙窟中飞下一条巨龙，下迎黄帝。黄帝上骑，群臣后宫从者七十余人。龙火速飞升而起，黄帝面带微笑，挥手向大家告别。余小臣不得上者，有的就抓住龙的胡须，有的就抓住黄帝的乌弓。因人多重量大，龙须拔断，弓坠下。百姓亲眼看见黄帝白日驾龙飞升，向西方而去。众百姓抱其弓号啕而哭，故后其处名曰'鼎湖'（原属池阳，今归泾阳）。众人商议：为纪念黄帝的恩德，决定把黄帝穿用过的衣冠、龙杖、宝剑、赤乌弓等物葬于当时名叫上郡阳周的桥山，并修筑墓冢，又名'黄陵'（在今陕西黄陵县），又用檀木雕黄帝像，在黄陵祭祀。"另据《中国神仙大演义》中说，黄帝铸鼎，应在上述的湖南洞庭青草湖边，因此地难以承载，才过华山而一路西行。对照文中所述，最终所到达的地方，似乎就是现今的嵯峨山，后鼎下沉而成"鼎湖"。

六、授道封人，易号务成

尧帝，曾率大臣西游华山，有"封人"拜迎在道边。帝见他丰神飘逸，亲扶起身，并问他的姓氏。封人回答，姓张，名令论（是时音乐废缺，至精子遣伶伦下山考证。托迹封人，假名令论）。尧帝以政治之事相问，令论回答说："愿祝圣人多福、多寿、多男子，则万民有靠了。"帝感到很惊奇，于是说："'多男子'则多惧，'多富'就多事，'多寿，则多辱，先生为何这样说？"令论说："天生万民，必授他们以执事，有何可惧？富就让人分取，有何多事？天下有道，与万物都可共生；不做无道德的事就可以得到悠闲；千岁厌倦尘世，就可以上天界为仙，身乘白云，而达上帝之乡，又有什么屈辱可受呢？”帝虽喜欢他这一番论述，但终觉是避世潜修之人的俗话，于是又问道：“你可知哪有贤才可以辅佐治国？”令伦说：“洪崖先生，道尊德隆，我年少时曾拜他为师，但他老人家踪迹无常，很难寻得见啊！平陆有位叫许由的，曾经跟我学琴，他性情高雅，或者可以任用。然而我也说不准他肯不肯俯就。”帝再问洪崖年寿、许由的踪迹，令伦说：“洪崖年已数千岁，姓氏多变，现今人都呼之务成子。许由是泰岳君的后人，年四百，隐身在阳城槐里。据当地人说，他不干净的席子不坐，不干净的食物不吃，经常人山中采药作饵，即使是草木，也要先问是否有主，而后才肯取用，一般不与俗人同路，交谈也很清高、飘逸。”

《道德经》竹简

当夜，帝请令论并榻而卧，细谈音律妙理及导引玄机。待天亮时，帝想挽留他入朝为辅，他坚辞自己菲薄无才，不堪胜任。帝不舍，与他走出华山百里之远，依依不忍离去。令论忽然心痛难耐，倒卧车上。帝忙令人借村舍调治，并亲自抚视再三。到夜半，忽然失去令论所在，帝不胜感叹，追悔莫及。

七、教化成汤，二更其名

公元前 16 世纪，成汤居住在亳州。他听说牛头山（今河南南阳与湖北襄樊交界处）有一人，目极八方，耳长七寸，好琴，常服蒲韭根。土人说他名叫务光，学识习见高远广博。成汤于是就到山上，请问治国安邦的策略。务光回答说：“兴师克伐，难免毒害万民，不是我所愿做的。”汤又问：“那么你知道，又有谁可以辅国呢？”务光回答道：“我不知道。”汤复问其他兵法之事，光不予回答。成汤不敢勉强，就连同他的徒弟仇生一同载回京都，待若上宾。

过不几年，成汤征服各部落，众推举他为君主。成汤推辞道：“我不配做君主，只有有道德操行的人才可为。”他听说卞随是高贤，于是召请他，并与他谈治国安民之策。卞随不予回答，让他做国君，他也不肯。于是成汤就想让位于务光。务光回答说："废上是不义之事，杀人是不仁之举。人们历尽万难千辛，而我独享其成，我会觉得耻辱。我听以往圣贤说过，不能推行仁义，则不能享受万民供养；没有道德的世间君主，难长久坐享其位。你名义上让我，其实是损我的德行。即便你确实是尊敬我，我也不愿受你等的约束。"过后，便约定与卞随一起逃去。后来，众人眼见卞随自投桐水不见，务光身背巨石沉入蓼水，有一条身长数尺、长有四尾的鱼背之而去。汤让位不得，只得登位为天子，改"夏"为"商"。

后来，成汤又听说务光从洛水浮出，于是派大臣天根前往造访。路上天根正遇务光，卞随也在身边，怒气冲冲地看着天根。天根向务光施礼说道："我家君主让我来向先生讨教治国之策。"务光说："你速回去，我刚与造物者游神于无何有之乡，又有何才能帮你们治国。"天根殷勤请教。务光又说："游心于淡，合气于漠，顺物自然而无私，则天下可治矣。"天根归报，汤铭之于几案上，以铭志(听务光口气，应是"务成子"弟子一流)。

后逢天道亢旱，民多患烦热病。成汤忧民太过，便命群臣遍求名医疗治。后据传闻："古时的营州碣石山(即今营口)，有位叫真行子的人，终身不曾娶妻。舜帝时名字叫作尹畴子，历经夏朝四百多年，容貌如旧，常用奇方救人，人民都敬仰供奉他。曾作《通玄经》以传授大彭，谈道德本源，在于无为而治。"成汤遣使往迎他。等到住处，见一道童，问真行子所在，童子说："师父已经到别处去，我可代师前往。"成汤见是童子(真行子化成汤)，心中甚不以为然，问他的姓氏，他说："我叫威子伯，想使心志安宁，必须以丹药沐浴其身，则内脏之火自息。"王接丹药，如法而试，顿觉心身舒坦。童也就汤药而沐浴，浴完，告辞帝王说："你照盘中所说去做，能不间断，就会精神振奋了。"说完飘然而去。

帝低头一看，见盘中水澄清见底，下有九个大字：苟日新，日日新，又日新。旁边还有四小字是"锡则子书"。汤于是把这九字铭刻于盘上，以作为自己的警语。

他认为"锡则"是道童别名，再次遣使去碣石，嘱咐务必见到真行子。使臣到了碣石山洞，已是空空无人。

回到冀州界(今河北省)，路见一人袒腹当道说："当面错过，终世再难相逢。"使臣听他话中有话，便向他打听真行子消息。那人说："真行乍老乍少，更名锡则的就是他。"使臣问他的姓氏，那人回答说："人们见我善于长啸，故称我啸父。"说完长啸一声，声震林木，转眼不知所终。

使臣回都，向成汤叙述所以，王惘然若失。从此，成汤每每自我检点过失，可谓天天"洗心革面"，终以长寿和仁慈而离世，为后世留下圣贤美名。

王母宴锡则讲道，曲仁里老子临凡

公元前1500年左右，即殷王武丁治世之时，在西王母蟠桃盛会上，宛丘生伏羲氏指着身边一形体魁梧者，问赤松子道："此道友是谁？"赤松子道："古巨神毛公，善'导出元神'之法，于是更姓名为李凝阳。可惜未得真道，公可提携教导之。"宛丘生连忙推托谦让。锡则子道祖听闻后说："'导神'固然是美事，但其中有四大不足：要炼得阳神，把握在自己，若炼得阴神，则梦影相似，此其一；神不守舍，痰占其孔窍，容易导致心志混沌，多生疾病困苦，此其二；出舍无知或遭虎狼残食其尸，元神返回，便无依托，使魂魄游荡，此其三；修真原应恬静，是非由外而起，冒险出游，与道又有何益处？此其四。有此四大不足中哪一样皆可败道，应当急速改正，另图他法修行。"凝阳听后，出位跪恳说："贱体愚浊，飞升无日，还求道君指点丹旨，解去尸壳，得潇洒自在之乐趣。今天此等大会，本不敢冒昧参与，而是专为寻求无上大道，故求赤松道长提挈到此，若蒙道祖教诲，感恩难忘。"锡则子说："你暂不可厌此躯体，我将有事于东南，俟后再会，细谈玄妙。"

泰一听到此处，忙问道："'投胎'可胜于'神游'吗？"

锡则子说："'投胎'有三，有形神俱往、与道合真、如变幻隐现游戏人间的，此为上法；有分神化气，如花木移栽，插扦枝梗，根本还在者为次等；有刚巧夺舍（躯体），产母坐蓐临生，游魂寄居其胎者为最下。我将出世脱胎，形与神混一自然，借此以示世人，其实是现身说法，以醒愚迷。"泰一环顾众弟子说："你们听着，道祖功行洪深，尚且以济世人为急务，你等怎能不努力进取呢？"群仙也都相互警戒说："微末道行，敢不深自勤勉！"自此都想行道立功，乘时降世矣。

和光同尘

会后，锡则子时乘日精、御九龙，空中辞别群仙，化一大星，突流于一小园之中。浮丘、白石、容成、一真、金蝉、善卷诸仙，也想就此降凡，辞别诸真，飞身而下。宛丘自去行事，其他仙真自还天宫洞府。

道祖虽然累世显化，而从未有诞生尘世的迹象。如今将要和光同尘，以立世教，故此先命玄妙玉女，降于善良人家。

至殷商南庚五年庚申日（约公元前1297年），方太清仙境分神化气，始寄胎在玄妙玉女腹中。玉女时年八十岁，却无夫婿，执身如玉，贞静自守。忽受此天然纯阳的精气，颜客面色更加青春年少，神色气质也更安闲。所居住的地方，四季如春，且常有祥光覆照左右，天地灵兽守卫屋室。怀胎到八十一年，也不觉长久。

至武丁三十四年（庚辰年）二月十五日，玉女梦见天开数丈，有众天真捧日珠而出，彩云缭绕其旁。梦醒后，红日刚升起，便独自一人起到涡水园中，手扳李树，对日凝想。良久，太阳光渐渐缩小，从天坠下。化为流星，如同五光十色的流珠，飞到口边，于是捧起而吞入，忽觉胸口一动，从左肋下诞生出一婴儿（作者注：后来道家便把每年的阴历二月十五日，定为道祖太上老君的诞辰）。

婴儿刚落地，就走了九步，且步步有莲花现出，又左手指天，右手指地说："天上地下，唯道独尊。我将开扬无上道法，普度一切动植众生，周游十方和幽牢九狱，度遍一切可度的生灵，让他们都成正果。并随时隐显人间，作国人的师范，最终位登太极无上神仙大道。"说完，又盘坐李树下，手指李树说："以此树当我的姓氏。"当时，太阳光芒照耀，瑞霭满空，万千只飞鹤空中盘旋，好像是在为他的诞生而庆贺。他所生的地方，在如今安徽省亳州和河南省鹿邑交界处的涡河曲仁里村，当时属苦县历乡所属。

玉女欢喜地抱起他细观，只见鹤发龙颜，顶有紫红色圆光环绕，身上透着乳白色的血液，面呈紫金色，额上日角月角隆起，大耳长目，齿疏口方，仪表堂堂。在池中洗浴时，有九条幼龙，化成九条巨鲤吸水喷淋，玉女也用双手捧水揉洗。

在龙出水的地方，后来成了九眼水井。

众人见他生而能言笑行动，都以为是怪胎，甚至有人还劝玉女父女把他活埋了。但玉女心有灵异，并不肯照他人说的去做。玉女父叫灵宾飞，名广，本是皋陶氏后人。至商朝时，父子相承，得知修身的法理。祖父庆宝，性极慈祥，年纪百余岁，常有少年姿容，常周游五岳及诸名山。忽一日，有彩云仙真下降，迎祖父升天而去。灵宾飞感父上升，更加精修至道。等到听说女儿无夫而生子，又见有圣贤体征，便命女儿用心抚养。此子待第九日，身体已变了九次，每次都是天冠、天衣，自然遮体。到六岁，自因耳大，取名重耳，字伯阳。众人因为他生下来就是满头白发，故又叫他老子，因他耳无轮，化后谥曰聃，故又称老聃。

老子自幼聪慧绝顶，等长大成人，已是身高丈二，形如古木。圣母即将他养育成人，不久其父化去，自此圣母也将归返天位。因想要向世人演示师徒授受的法理，便向老子讲授天地化育之道。经过数月问答，老子恢复了许多理智。一天，圣母对老子说："我将回返天庭，日后会有泰一元君教你炼丹的方法。"说完，就见空中有千乘万骑，五帝玉真，拥八景玉舆，迎之升天，证位无上元君。老子拜送圣母归位后，就外出远游山泽，求炼神丹。

行经崂山（属今山东青岛），果遇一位高真，乘坐身有五色斑纹的麒麟，身边有侍官数十人。老子向他问询修身养神的法理，那高真说："我是泰一元君，大道的要点，在于金液还丹之法。"于是将其中秘诀传授给老子，之后老子退隐山林，刻意修行金丹之法。

第二年夏天，又到骊山（今陕西临潼骊山）拜会元君，并谢传授修炼神丹的方法。元君说："吾为诸仙之尊，万法的宗主，传授玄灵秘术是我分内之事，你又何必谢我？"老子说："凡世民众缺乏天道知识，不到天寿，就死得很多。我见他们的亲人，捶心泣泪，很是伤悲，我想给他们一些长生神药，令他们长生可以吗？"元君说："不可以。长生之道至为重要，必须传授给大贤及有孝心、为人诚实的上善人士。因天生万物，有善有恶。善良的应当使他们长生，凶恶的则应加以降伏，不能随意给他们长生神药，令世间万物均得以长生。你已知此中道理，千万不可轻易泄漏。我将于每年的子月子日，降世选择有缘的良善者，传授道法。"说完，乘白鹿云游他往。老子于是广宣天地法理，而教化世人向善重德；又知晓神仙之道，必借助修炼方能成功，于是守真抱一，炼丹服气，终至可以乘空凌虚，出有入无，随意所达，人不能测其踪迹。他又开创了前世所没有的模范，处处救度良善之人；又常择优胜的上善之士，传以无上仙法，故日后历代都尊重他。

且说殷纣时，元老商容因劝谏纣王无功，而被罢黜归家。听说亳邑有位叫李伯阳的贤人，道德高妙，曾前往访求修身、治国的大道。老子劝他身在浊世，应慎言隐慧而求身心两全，随缘教化世人，也不愧对先祖启迪教养之恩。

八、道传姜尚，法兴西域

老子点化商容后，见殷纣无道，听说西伯侯姬昌尊老敬贤，便往西岐而去。

路途中，见一身穿褐色上衣的人在石矶上垂钓，知是一真上人转世而化生姜尚，名子牙（今陕西省宝鸡市钓鱼台风景区，有"子牙垂钓处"）。老子见面就呼叫说："姜子牙你在做什么？"姜尚举头看老子，见老子年纪虽老，却精神十足，好像曾经相识。老子说："你已迷却本性，哪能理会得了，暂且吃我一粒'觉元丹'。"说完，手拈一丹掷去，一道赤光，正投入姜尚怀中。姜尚取起吞食后，恍然大悟，顿知前世、今生因果。老子说:“你何不求仕途,而造福于万民呢？如今我想去见西伯侯,你将来也必有机遇见他。”姜尚问道:“我以何种方式作遇合的机会呢?”老子说:“你只像如今这样,仍每日直而不钩地垂钓即可。到时我先将《金篆玉文》传你,再以异兆、吉征报知明主,做你们合作创业的引见人,你就在此静候其音吧!”说完,二人便相互施礼告别而去。到了西岐,西伯侯早就听说老子大名,高兴地聘他为守藏室史。老子也屡示吉兆、异征于西伯侯(即传说中的周文王的“飞熊梦”),指引西伯侯与姜尚相见,共成立国安邦大业。

周武王时,老子见凤鸟来集,四海升平,便辞职云游四方传道,不久后即归。成王时,又再次辞职西游,历经羌番诸戎,到达哈密、大秦、伊吾庐等地,又曾往竺乾、于阗、葱岭、须刺、阿罗等国。

路经羌番大雪山时,见一人独自采樵,老子见峰崖陡峭难登,于是就假装蹒跚不能上。樵者恻然心动,对老子说:“我见您老体衰,愿背您走过此险地。”说完,不由分说背起老子就走。待过了中岭,因老子体重难耐,但还是勉强背负而行。老子被他的孝心所感动,过岭后,老子坐在岩石上问他姓名,他回答说:“我家世代是羌人,姓葛名由,住在前山深坳中,以打柴卖柴为生。”老子说:“蜀中绥山有一种桃子,四时都可食用,到那里后就可以不必谋生求食了。但绥山高大险峻,不是人的脚步可以攀登的。”说完,就用樵夫的斧子砍下一段松枝,刻成一只木羊,并教导葛由吸气使行的方法,于此就可以乘它涉险,不致蹉跌。葛由大喜,拜谢老子,告别西行,跨上木羊后,其脚步如同飞行,过崎岖山路如同平地。此时,葛由才知遇上仙真,可惜忘了问知姓名。葛由回家后,谢别邻里,便向打探好的峨眉西南的绥山而去。到后食得山桃,便身轻如燕,于是他便隐居山上清修。最终得老子弟子提携,而修成仙道。

老子在竺乾诸国,号古先生,教化各国仁义道德,当地民众又送名号为善皇。

竺乾又名天竺国(今日的印度国),地大物博。其中有一属国,名叫舍卫国。其王姓刹利,名叫白净梵王,与他的后妃摩耶氏净妙夫人都敬天好善,不喜争斗杀伐。老子在其城中住了十三年,观察到国中君民,都乐善好施,于是就想让其国国运长久,便决定大讲天地法理以教化他们。国王年已三十五岁。却无子息,经常哀求上天降福,然而一直未能如愿,于是善心就少了许多。老子怕长此下去会失“天道”,就遍体放霞光百万道,震动国中君臣,使他们都觉悟化示圣相。

老子离开天竺后,重又回到东土。此时已是周康王十八年(约公元前 1000 年)。时任馆史邓种,见老子还,就奏知康王,仍就职于史馆中。老子见天下太平,则外出讲道;天下纷乱,就隐居室中,为邓种讲述天地法理和修身之道。过数日,有位叫匡续的人，听说老子有道，便殷勤而往，礼拜老子为师。老子见他诚实好学，便一并收他为徒，常为他与邓种讲述修炼内外丹法的要旨。

九、再化铁拐李，道传关尹子

公元前950年左右，康王崩逝，此时国都老臣也大都故世，周朝道德风气也日渐衰败。于是老子就对匡、邓二徒说："如今王室势力已经衰微，我将归隐亳州故居，你等好自为之。"

老子回到故居后，由佣工徐甲操持一切俗务。

后听闻巨神氏李凝阳，居住在附近，便寻到砀山岩穴间，见凝阳与宛丘对坐闲谈，便高呼二人名号。李凝阳一见老子，顿时回忆起王母会上指教之言，连忙再次恳请指教。老子说："只要炼成'阳神'，就可以逍遥自主了。"于是就告知他修炼"阳神"的法诀。

后来，老子与宛丘有事欲往华山，凝阳定要随行，便用"元神出游"之法随往。待至第七日回山，已不见尸壳。寻到弟子家一问，原来他弟子郎令为人笃孝，凝阳赴华山方六天，不料兄长来报母亲有病甚危，郎令急想回家，又受师长嘱托，一夜辗转不寐。等到日近中午，还不见师长回转，就与兄长一起扶尸到岩前，如师父所说，提前举火焚化，回家探母。凝阳魂魄无依，回华山见老子诉说缘由。老子说："人身乃四大所聚，外形有寿尽之时，'元神'则可常存。'元神'为形体所限制，形体是'元神'的居所。我这里有炼成的'守真丹'你服用后便可随意而安，何必定求原身呢？"凝阳拜过老子，接过装有"守真丹"的葫芦说道："如今我已不求华丽的外表，只求有一个破烂的躯壳足矣。"带笑与老子下山而去。

行不多远，林中有一具饿死的躯体，凝阳用手一指说："就他可以了。"说完就从囟门进入体内，跳起四下一看，大凡视听言动，都与前身无异。待他倒出丹来服完，葫芦忽起一道金光。凝阳借金光一看，隐隐有一人，黑脸蓬头，卷须巨眼，跛右一脚，相貌极其丑恶。正在惊讶之时，老子随后拍手道："草脊茅檐，毁窗折柱，此室可谓陋甚，哪堪寄宿？"一听此言，凝阳才知，自己目前已完全失却本来面目。再想跳出，老子急忙制止他说："修道之人，当于形外求之，不可执著于形体相貌（作者注：家师也曾教导我说'修内不修外'的言论，大抵源于道祖之言）。我有金箍束你乱发，铁拐拄你跛脚，只须功行圆满，自可成就异样真相。"凝阳依言束发，以手挤两眼如环状，于是就自号李孔目，世人称为铁拐李先生。常随老子、宛丘同游讲学，度人无数。后郎令母死，先生并不记念于怀，又收为徒弟做伴。

公元前950年左右，老子一日忽对众人说："吾将要再次开化西域，结白净梵王的善果。”于是就命佣工涂甲驾车乘车而去。宛丘、铁拐闻知，忙给老子送行。送别老子后，铁拐修行更勤，后至唐朝时与钟离权一道，度吕洞宾成就正果。

当时成纪有一人，姓宓名喜，字公文，是庖牺氏的后代。起初他母亲夜寝时，梦天上降一道紫红色的彩光，缠绕在她身上，并有一体格魁梧之人跟她讲话，说完，那人便化成一小儿飞入其母口中。等到醒来，便觉口中有异香，到周成王丁巳年四月初八日(约公元前1084年)，宓喜就出生了。他出生时，有两团光球像太阳一样围绕在他身边旋转，室内一片光明，陆地自然生出朵朵莲花，光色鲜润。等到稍长，两眼常有日光射出。成人后，身姿高大文雅，手臂下及膝盖，果然有天人的风度。他喜好研究阴阳风水，善施仁德于民众，有大贤的风范，且常舍已利人，而不求名利。后东迁至解，康王举用他为大夫。他还善于观测天文地理，可以洞察天地奥秘，即便是鬼神也难在他眼前匿迹。

昭王十二年冬十月，登高四望，见东极有紫气西迈(作者注:此即“紫气东来”的典故，现在多指有好事将要发生)，宓喜自语道:“现在节令已交数九，星宿逢合，岁月变迁，过九十日后，应有大圣人经过京都。”他自思京城内地广人杂，恐怕由于行人过多而错过，心知函谷关是西出必经关口，于是就向昭王申请为函谷关的守备(作者注:后遂称关尹喜)。

尹喜到达函谷关后，坚持每夜仰观天象、占风望气。等了将近三个月，在七月十一日夜，见紫气渐逼，长有丈余，飞进关来(后灵宝有观气台)。尹喜高兴地说:“过不几天必有特异的人经过此地。”回到帐中，便告知关吏孙景说:“最近几天若有形貌、车服异常的人路过关口，不要轻易放过，可先来报知于我，我好奉迎入关。”并命兵士洒扫至关内四十里，以备迎接。

二十日甲子日，老子乘白车、驾青牛，叩关门想要出关，孙景忙令兵士飞报尹喜。尹喜高兴地说:“我如今方得拜见圣人了。”随即穿戴好，以迎接天子之礼，跪地叩头邀请说:“愿上人暂留神驾。”老子谢礼，并回答道:“我是个贫贱的老人，住在关东，田地却在关西，如今想到关外取柴草，你因何而要留我。”尹喜听罢，再度稽首说:“我早知大圣人当来西游，已劳神等待几十日，还望您务必暂留少息。”老子又说:“我听说有位古先生，曾经开化过竺乾诸国，他善入无为之境，因此不负劳苦，想去向他问道。如今经过你的关口，你何必非要强留我。”尹喜回答说:“我观大圣人神姿超凡，是上天的至尊之主，边夷小国何必您屈足往就，万望不要再推辞。”老子又说:“你是如何未见我面，而知我根本的。”尹喜回答:“去冬十月，天理星西行过昴；到今春，暖风三次吹来东方的真气，状如龙蛇向西飘来，这些都是大圣人出游的征兆,所以我知道必定会有天真上人过关啊!”老子怡然笑道:“善哉!你能预知我,我也早知你啊!你有通灵神变的预见能力,可以广度世人啊!”尹喜听老子有允意,于是再拜而问道:“敢问神人姓氏,不知可以告知吗?”老子说:“我的姓氏渺渺无期,从劫初至今,难以尽言。我如今姓李字伯阳,世人都叫我为老子。”

尹喜就在官舍内,设座供奉、侍养老子,每次都行弟子礼问候。老子对尹喜说:“我在东土,尚没有正式传人,知道你命中应该得道,如今方为你而停留。”老子知尹喜夫人庄氏,也崇道好施舍,就在关中停留百余日,尽传他们夫妻内外修炼与度世的方法,其中包括内外丹药、治病养性、绝谷变化、役使鬼神等术。尹喜每次听完。便回到书房整理成书,总共整理了九百三十卷,符书七十卷。

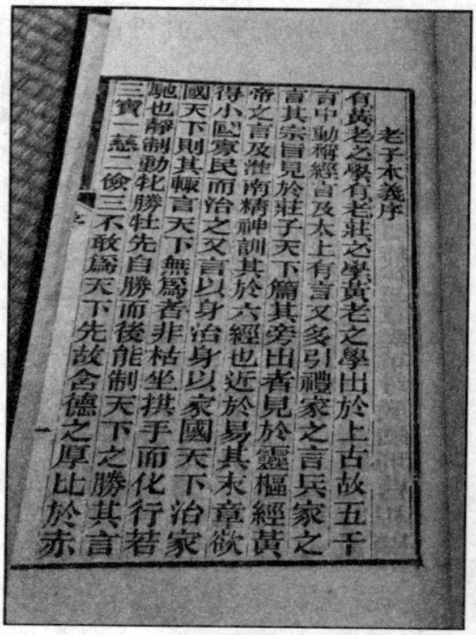
老子本義序
有黃老之學有老莊之學黃老之學出於上古故五千
言中動稱經言及太上有言又多引禮家之言兵家之
言其宗旨見於莊子天下篇其旁出者見於靈樞經黃
帝之言及淮南精神訓其於六經也近於易其末章欲
得小國寡民而治之又言以身治身以家國天下治家
國天下則其輒言天下無爲者非枯坐拱手而化行若
馳也靜制動牝勝牡先自勝而後能制天下之勝其言
三寶一慈二儉三不敢爲天下先故含德之厚比於赤

《老子本义》书影

老子传完道法后,将要继续西行。他的御客徐甲,从小就被雇佣,当时约定每日雇金百钱,到关时总计欠徐甲一百三十万钱。徐甲见老子要辞官远行,就来向老子索要雇金。老子说:“我去西海诸国回来时,会用安息国的黄金计价还你。”徐甲答应了老子的约定,出关放牛到野外。老子为试他的真心,用“吉祥草”化成一美女,走到徐甲放牧的地方,并用言语挑逗徐甲。徐甲被她的举止体貌所迷惑,就答应愿娶她为妻,并与她长相厮守。见老子急要出关,于是就违背前约,决定再次向老子讨要雇金。但又怕受老子奚落,于是就托人写了诉状,告发老子。

尹喜接到诉状后大惊,忙去拜见老子,诉说缘由。老子召来徐甲对他说:“你随我二百多年,为何一日负我?我以前雇佣你,是因为官卑家贫,没有奴仆,所以用‘太玄清生符’救度你,你才会有如今的光景,不然,你早就该死了。你为何不念及我的长生之恩,却来告发我?你真令我失望啊!”说完,将手一指,其“太玄清生符”便从徐甲口中飞出,上面丹符、文字如新,徐甲立即成了一具枯骨。

尹喜见此大惊,忙叩头不止,请老子将徐甲还生(作者注:陕西省周至县终南山楼观台“说经台”上的“启玄殿”,有徐甲侍立、尹喜身着官服叩求老子之像,便是此情此景的再现)。老子又将“太玄清生符”投向白骨,那符即从尸骨口中飞入,徐甲立即又从地上爬起,复生成人。老子又对徐甲说:“我说‘安息’、是比喻我心身有安歇处；说用‘黄金’还你，是想以‘金丹大道’度化你。今见你贪财好色，见利忘义，又岂肯化度。”尹喜以二百万钱还徐甲，令他自去。徐甲听说那女子是“吉祥草”所化，惭愧不已，反有留恋之意。老子又对他说：“你若能从此觉悟，好好把持身心，日后或可再见。”

徐甲拜过了老子，怏怏退身而去（作者注：后徐甲渐悟世理，终寻至周至石楼观，拜尹喜为师，精修至道；继而得老子点化，修成正果。后秦始皇东游时，改名徐市，又名徐福，与老子的门徒安欺生、焦先度化秦始皇不成，便以人海寻求“长生不老药”为名，带五百童男女及当时一切应用之物，出黄海过日本海而到当今的日本群岛。然后就平原广泽处，让五百童男女各自婚配，结成夫妻。并命百名工匠，置造宫室、衣服、器皿以为居处，还教其耕种蚕桑。日后生息繁衍，自成一国，古称东瀛，即今日本国）。

尹喜自见徐甲死而复生，对老子更是倾心不已。

一日，老子具以大道说：“道生万物，德化群生，所以万物各有其形，各自形成一定的群体；如是万物就必须遵循天道，而自谋其德。”尹喜又向老子请教应遵循的法理和戒条，老子说：“我有道德五千言，过几日当赠送于你。”于是尹喜备好文书之类用品，就告辞退却。

二日后，尹喜再次往拜老子，老子将写好的道德五千言递给尹喜。尹喜看后惊喜地叹道：“彩云的舒卷，鸟禽的飞翔，都在虚空自然之中，所以天地变化不停，圣人的大道也就没有止境啊！”因而命书名为《道德经》。并命军中官吏，于静室中焚香摹刻，以便送往京都史馆，而留传于世间，造福万民。

又过几日，老子对尹喜说：“我再次郑重地告诉你，我尝试过要点化竺乾国的万民，前些日子跟你谈起的‘古先生’，就是我在西域的化名。如今我将返神于天宇，归入无名之乡，我要去了。”

尹喜叩头请求，留自己在他身边做侍从。老子说：“我将游行在天地之间，宇宙之内，无边无际，你将随我，又如何能做到？”尹喜说：“即便是人火赴渊，下地上天，身成灰粉，丧失性命，也愿追随左右。”老子笑着说道：“你能有此言行，已合乎天道法理，日后自能成就天际真人。然而如今你受道时日尚浅，还未能具备通天彻地的神通，又怎能随时变化、出入空冥呢？你还须精修内外功行，待身体能与自然融为一体之时，方可与你一道行化诸国。”说完，就自驾青牛起身。尹喜见不能挽留，遂步行送至石楼山。老子又将《道德经》中的五千余言，一一指明要理。后又在后山炼“飞升神丹”，七日而成，便与尹喜同服（作者注：今陕西省周至县楼观台有“说经台”，后山“石楼山”上有炼丹处，世人称炼丹峰）。尹喜服过神丹后，便有飘飘欲飞的感觉。老子又对尹喜说：“你且照我所授，刻日修炼，千日之后，可到蜀中青羊之肆寻我。”说罢，纵身空中，坐云华之上，面放五彩光明，洞照十方，冉冉而没。尹喜眼望云霄，泪流满面，留恋不已，再回头一看，青牛白车也没了踪迹。

昭王十四年四月，一日忽江河泛涨，山川震动，有紫气贯空，遍及四方。尹喜拜送老子离去后，就以老子所教“理国修身”的方法，去掉奢妄之心，摒弃一切欲念，全面叙述《道德经》的内涵，并删编成三十六章，名叫《西升经》。复又摒绝人事，三年之内，内外功行俱备，又将所授诸书，以内修法旨解注，使其内涵更臻于完备。共著书九篇，名为《关尹子》（后世又名《文始真经》）（作者注：现今楼观说经台，有《文始真经》石刻，并有《古楼观风景图》）。

十、化度天竺，拔宅西蜀

再说西域竺乾舍卫国摩耶夫人，于前辛卯年（即前文提到的康王十八年）见霞光陡起，感而有孕，怀二十二年不产。

至癸丑年（约公元前919年），老君升座，见时度已至，因在夫人夜寝时，从兜率天降神，乘日精投入摩耶口中。摩耶梦见一六牙白象，夫人欣然喜悦，张口吞于腹内，时四月八日夜半（作者注：如今世人把阴历四月初八日定为“佛祖”诞辰日），左手攀枝，婴儿剖开右肋而出，夫人却并无伤害。生时大地震动，五色光气贯于太空。落地后便周行七步，回顾四方，分二手各指天地，作声如狮子吼般说：“两大之间，独我为尊。”时有二龙神降，一吐冷水，一吐温水，沐浴金躯。复又放大智光明，照十方世界，地上涌出金色莲花，捧拥其足，头上毛发皆卷曲，名叫“悉达多”。自小有大威德，专一清净。等到年长，不愿统治国民，想要外出访求道法，父母苦苦挽留劝止他。

母生悉达多后两年，复生一子，叫那竭。悉达多以为王嗣有了继承人，于是就立志离俗，常自言当向何处寻师。后游观于四门，见众生生老病死的情状，更加深了求道信心。于是趁半夜，偷偷出了城门，外出云游访道，时年已十九岁。在外求学四年，稍有长进。后听说东土有位金蝉子，号曰燃灯道人，得安定之道，便不辞劳苦，三年始到达中原，其时已是穆王已卯二十一年（约公元前942年）。

访到嵩山后，又说在泰山东的梁山，于是又再次前往寻求，终见燃灯道人（佛门称南无燃灯上古佛）。燃灯为之讲道十三天，终于大彻大悟，而得其“真道”。后辞别燃灯，游滕、泗二水，并在雪山留宿一夜，因见“尼山”灵秀所钟，心知中国文采已盛，于是就回归西方兴教，自号释迦牟尼（言必能广施仁爱，照彻幽暗寂寞）。回到西域后，他先同诸外道日食麻麦。经历六年，以“无心意、无授行”而尽摧服诸外道，常住耆阇崛灵鹫山雷音寺中。又曾历试邪法要，示诸方便，发诸异见。

己酉年二月八日，释迦牟尼已三十三岁，身长倍于常人，而面相常现光明，神通变化自在。经常发觉悟之心，教化训导万物，造福众人。人们都争相敬仰皈依他，故称名号曰“佛”（即觉悟之意）。其设教，大抵言生生往复之类，说万物都有过去、现在、未来三世，识性不灭，凡是为善、为恶，必有报应。又有五戒，即杀、盗、淫、妄、贪，大意与仁、义、礼、智、信相符。释迦治世教化四十九年，乃至天龙、神鬼并来听法，弟子多有正果者。

东土周穆王辛丑四十三年二月十五日（另说十月初八，约公元前920年），佛对他的弟子摩诃迦叶、阿傩说：“我今背痛，欲入‘般若涅槃’。”（译言“灭度”，华言“常乐我事”）说完即往熙连河侧娑罗双树间，自然有宝床从地涌出。世尊坐上，泊然寂寞。后在火葬时，“三昧真火”升起，其身化为“舍利子”，迦叶分散给四方信众供养，迦叶又同诸弟子追忆叙述佛祖以前授道言辞，缀成文字，共得十二部《真经》。

事后，众弟子每当想起佛祖辞世，再也无从听其言传身授，听说老佛毗婆尸，从前曾放弃王位，修道于东土白翟的清凉山，得备大智慧光。于是，迦叶等齐到其住所，询问佛祖化去因由。毗婆尸说：“解脱‘色身外相’，却不昧‘元灵性光’，你们的佛祖何尝不在？”于是指引众人到灵鹫山顶。众人到山顶，远见佛祖垂眉趺坐，众弟子悲从中来，个个呜咽连声，俯拜岩下。佛祖微笑着对他们说：“你们何必执著于色身！”大众觉悟，顿生欢喜之心，起立侍于左右，共同参悟长生大道。

老子分神化气于西土之后，于甲寅年（约公元前918年），又从太微宫分身，降生于蜀国大官李氏的家中。在此之前，先命青牛化为青羊，色如青金，常在所生婴儿的身边，玩耍无厌。忽一天，青羊无故失去，婴儿啼哭不止。家人命童子到处寻觅，最后在市井中寻到。

尹喜谨记老子千日约会之期，就于丙辰年（约公元前916年）去蜀界（今四川省成都市），问遍当地居民，并无“青羊肆”这个地方。偶见一童牵羊而过，尹喜自思道：“圣师的约会，难道在此子身上可有着落？”于是上前问道：“小哥将牵羊何往？”小童答道：“我家夫人生一孩，爱玩此羊，丢失已两日。今日方才寻到，正想回家交还。”尹喜立即上前嘱咐道：“望你代为转告夫人的公子，就说尹喜来了。”童子回家如言转告，婴儿立即整衣而起说：“速令尹喜前来见我。”尹喜刚进院内，其家庭宇忽然高大，地上涌出莲花宝座，儿也化成数丈白金之身，光明如日，顶有圆光，头戴七曜金冠，着华服披五色绫罗斗篷，坐于莲座之上。

举家见之,都大为惊奇。儿曰:“我是老子,‘太微天宫’是我真宅;‘真一元炁,是我真身;我降太和之气、降精耀魄为人,主客相附,有何奇怪。”尹喜万分欢喜,上前稽首说道:“弟子不图富贵,但愿常侍天颜。”老子说:“我以前留你于世,是因你居世已久,深染人间爱欲。初受经诀,恐未能克尽玄功,是以等你在此。今见你保形炼色,已造真有妙境;面有神光,气透太微,已达‘解形合真’的地步了。”于是便敕召三界众真,一时即至,都前来稽首听命。青羊也化为山丘之大。于是老子携着尹喜及众家人,腾空而起(今四川省成都市有“青羊宫”,此即老子“拔宅飞升”处)。

老子带众人飞升天宇后,先引尹喜朝见五老、上帝、四极诸真,又往拜“玉清元始”。元始授喜“玉册金符”,位为无上真人,赐号文始先生,令居二十四天王之上,统领八万仙士。尹喜拜谢而退。自此常飞腾虚空,参与侍卫龙驾。其家长幼二百余口,喜用“挟山超海法”,即时风雨晦冥,拔已所居之宅,飞迁到西戎仇池山顶。此山天生斗绝,壁立千仞,石角外向如盘状,唯一门可通。上有平地方圆二十余里,中有良田百顷,羊肠盘道有三十六回环之多。

老子又会同尹喜,游观八极之外,并同度西域流沙胡域。胡人专务杀掠,老子于是就做五木樗蒲,教胡人掷之(即骰子,古都以木为五枚,后人以骨为六枚)。有雉、犊、枭、卢诸般颜色,以赌胜负为乐,使他们不至于专心于兵刃杀伐。又西游龟山,为王母讲《清净经》,喜从省太真,共食碧桃紫梨(穆王初年又回中原)。

尹喜从弟名轨,字公度,居唐郡之南,少时喜学天文谶纬。闻知其兄尽得伯阳道法,能致知格物,造化众生,便来事师兄尹喜。尹喜就教他服食黄精花,并授诸道经,凡百余篇。尹轨问其中要旨,尹喜答道:“其中内容为天、为命、为神、为玄,合而为‘道’。”轨即得所传,遂自称尹道士(“道士”一词,由此而来,即参研天命、炼神化虚、与道合一的修真之士)。

后闻知兄长“登真”而去,遂至“文始拔宅”处,结盖草庐,“养气修真”,专修“上道”,不想他往。道成后,传道家“文始一派”,度人无数。

文始从游西域还时,老子将所携竹杖赠给他说:“这是你太祖宛丘所赠之物,自我入关西来,先生预知后昆有好道者求我,故借‘竹杖’以喻‘嘱仗’,如今转付给你,若有可度者,当即超拔他于污泥之中,不要有负你先祖的美德。”

文始拜受,首度从弟尹轨升天,引朝上帝。上帝嘉其好道,赐号太和真人,职守“杜阳宫”长,下统行仙僚属。轨受敕命,仍居下界立功,练就神丹十余筒,济度有缘,使文始一派,更为卓著。

十一、教化冯长，语警长桑

周宣王十二年（约公元前816年），时任“柱下史”之“萧籀”，骊山人，世号史籀，能写大篆，为人明达，颇识天文。宣王很是喜爱他，每次外出，都与他一起。

壬子年（约公元前806年），姜戎抗命，宣王率军亲征，结果兵败。宣王不听诸臣劝阻，仍想兴兵再举征伐，于是史籀幡然欲去。此时馆外有二客见访，籀揖进一看，知非等闲之人，忙施礼请教姓氏，那老者说叫李伯阳，年壮者说叫邓种。伯阳又说：“我二人是史馆旧主人，今见你行色匆匆，还望如实告知因由。”籀倾心告知说：“我屡观人间世态，又参照观看天象，断定不出二十年，必有战乱。所以打算趁现在还太平，先自隐退，寻求养生之法。”伯阳说：“明哲保身，诚是美事。”又对邓种说：“你与他先同隐洛南，投奔公子伦处，我想在此再游戏几年。”于是籀把“柱下史”的职位，又向朝中重臣举荐给老子，自己遂改名冯长，字延寿，意思是逢老子为师长，而将从事摄生长寿之道。

一日，老子在回史馆路上，见一童朱衣散发，边走路边歌唱道：“巾金巾，入天门。呼长精，吸玄泉。鸣天鼓，养丹田。”

老子一听，知是“长桑公子”所编歌词，内容是有关“存思采养”的内炼功法，于是就招手唤童子问他由来。童子回答说：“是我师长桑君所教。”伯阳回视，果见长桑公子随后而来，于是就邀进馆一叙。

长桑君说：“我南游桂林后，复游东南诸胜，到邛洲深土，拜见南极赤真人，真人以‘荧惑小儿’在南方做狂，就赠给我为行路童子。初入华夏之南，恐以火临火，亢旱多灾，就在荆蛮接壤处，一日开井九十九口，稍制其威。又带此儿去南海，听说普陀落迦岩潮音洞中有一位女真人，商时在此修道，已得神通，悟彻三昧因果，发愿欲度世间有缘男女。常以丹药及甘露水济人，南海人称她为慈航大士，因此前往拜访。大士教我以饮‘甘露法’，又赠我号，并说桑能治病。”

老子听后感叹道：“天乙皇人的慈悲之心真是可叹可敬啊！”老子又问长桑君将去何地？长桑君指着小儿说：“此小儿能先知世事，并作谣语以作日后之应。若人能警省修德，也可转祸为福。如今想与他遍游四方，宣扬您的道德之言，以提醒愚蒙。”

老子说：“你能医人的疾病，也当能医国家的颠危。周室不久将有女戎之乱，你可令荧惑小儿警其君主，使他早有预防，或许可以挽回国之气运。”长桑唯唯听命，与荧惑告别老子西行而去（作者注：此处的长桑公子即一代名医扁鹊的师父长桑君；而慈航大士即天乙皇人转世，道家称为慈航道人，佛家称为南海观世音菩萨）。

再说史籀冯长，自别老子后，就与邓种一道，边游边向洛南进发。行至中岳，夜宿山下，清晨上山采药，山半有童迎入洞府。乃至召见，正是宋国公子伦。原来，公子字"玄德"，不喜繁华，专心向道，常栖至陕西周至石楼观，服食黄精二十年。周厉王时（约公元前850年），知老子归亳州故居时，便前往拜师求道。得"真经"及"丹符"后，便避入嵩山，有六个玉面童子，轮流侍奉。他能知人未来吉凶，能飞步凌波。或变化成禽兽，以试人心善恶。猎人追逐，常只离五十步，善于射箭的，却也不能射中。还常与病人同寝，醒后病人即痊愈。年九十岁时，上帝遣仙官下迎，授为"太清仙人"，分司中岳诸事务，辅佐"中极黄元大光含真真君"，化育众生。是时已是癸丑年秋，互相施礼见面后，邓种为二人互相引见，因都是同门，故此都很敬重。

冯长因是刚入师门，听邓种介绍公子伦的修道经历，甚是敬仰。彼此虽是同门，但毕竟公子伦"得道"在先，故仍以师礼相待。真人笑着说："你本上古朱襄氏，天帝命人下界整理史籍，今既功德圆满，何必谦恭谨慎到如此地步。"于是一口气诉说了《丹经》五十篇，又恐记忆不全，又为朗诵两遍。冯长听后，洞然畅晓。第二日，又将老子所授《隐修道书》转授于冯长。从此以后，冯长就专心修习内外丹法。丹成服食后，容颜益加年少，并用所授法术丹方，救人无数。

到平王庚寅年春（约公元前751年）老君敕将吏万骑，下迎封为"西岳真人"，辅佐"素元耀魄大明真君"，常在华山救治教化世人。

十二、道传孔儒，仁义治世

公元前553年，周灵王在位。群仙医人间历经劫难，却无治世真君应运而出，故相约往崆峒拜会老子。浮丘生闻知群仙此举，也急忙赶往聚会。

到时，老子正在分说缘由。只听老子说道："周德甚盛，福祚绵远，其国运虽渐渐衰弱，但天子风范尚存。如今所议应主此运的，应是创'万世文教'的宗主，并不是拥有天下将士的人间帝王。东岳真君推举大庭氏赤松子的道德，北岳真君推举长桑君的才略，西岳真君曾推荐祝融与我弟子的仁义。众人都以才德浅薄为托辞而避之，如今我的弟子浮丘生也这样说。我考虑到广野水精道君，道德渊博，深不可测，定可当此大任。故此约定赤精子、木公、金母三老，同往须弥山往会黄老，然后入北海敦请。"

浮丘生问："此老南来，将化生在哪个诸侯国？"

老子说："综观当今列国，鲁国最为和平，又为礼乐之邦，水精子托生，将选在鲁国孔氏家族。其祖上曾为宋主，有一祖名熙，熙生弗父何，何让位于其弟厉公，故世为宋卿。后改孔姓，历世都有贤德。”说完，即命苍龙神女守其门户；五岳之君，预备迎其真元；“四元之老”护其“元神”，以备诞生之期。布置妥当，同赤精子仙人驾车御风而去。浮丘生也别过老子，径去中岳聚会，准备迎真。

第二日，老子降临，对浮丘生说：“我知你在此，所以来此一会。”浮丘生便问“水精子道君”托生的事。老子说：“五老都约我同去，直送到邹邑，等他降生后始回。黄老又托我资益他的道学，警省他的本来。再得一善乐者入周都，方可维持礼乐，不致失传。”浮丘生问道：“老师此去，仍寄迹于周京吗？”老子回答说：“当然。鬼臾区说晋为盟主，求我弟子伶伦做伴（因都曾为黄帝辅臣）同去，继后赤松大庭也投晋国，观其气运。只玄女与岐伯所去不同（作者注：后玄女收徒越女，岐伯转世为范蠡）。他们说，五霸兴后，运势将在吴、越，想往观二国的行事，施‘抑强扶弱’之力。诸子各已先去，我也将动身前往了。”（作者注：以上区区数语，尽泄春秋、战国时势——战乱与文明并兴，推动人类历史向更高阶层发展）

周灵王己酉月十五丙辰日（作者注：《史记》作庚戌年十一月庚子日），即公元前552年（作者注：《史记》则是公元前551年），水精子在众仙真的陪同护卫下，托生于邹邑曲阜尼丘山南山石窦峰（作者注：又名空桑）山洞中。他生有异质，像牛一样的厚唇，像虎一样的手掌，肩宽背厚，顶门状如反宇（中低而旁高）。其父孔纥说：“此子头如山丘，又秉尼山的灵气而生，就叫孔丘，字仲尼吧！”

丘三岁时，父纥故，葬在鲁国东部的防山上。家居阙里昌平乡（作者注：今具体地址无从查考）。六岁时，同一群小儿嬉戏，常将俎豆排列成“礼”字，众小儿也仿效他排列，长辈都为之惊奇。一日有一红衣道者到其门上，跟他谈论“立身行道”的话题，讥讽他说：“我知你有济世安民的胸怀，何不从我学医？况且古时的圣君贤辅，孝子仁人，没有不留心于此方面的，因为这样能体悟天地的至德啊！”丘说：“医道虽也是仁义之术，然而却是小道，济度世人岂能周全？”道者又问他的心愿，丘回答说：“效法尧、舜，恪尽君臣之道。因为仁义是万世的根本宗旨，我将尽力去发扬。”道者由衷感叹道：“你的道德标准太大，然而当今天下却难以接纳，你又能奈何？”于是飘然而去。此道者正是浮丘生，见水精子不昧本来，便回嵩山，以告老子。

周景王十八年（公元前527年），老子弟子伶伦与鬼臾区，同往周朝京都往拜老子，后伶伦随老子身侧，而鬼臾区则归隐溪谷中，以便随缘度世。

后有齐人孙膑（乃孙武子的孙子），少时喜学五艺，闻听周国阳城山名鬼谷（即今河南登封市）中有隐士（遂名鬼谷子），颜面常如少年童子，学识渊博，于是就背负行李前往拜师学艺。路上遇到魏国人庞涓，便结为兄弟，一同前往。将近三年，庞涓闻听魏国招聘文武贤才，就辞师下山，被魏国聘为上将。后孙膑临行时，鬼谷先生将一本书交给孙膑说："这是你的祖上所著兵书，你当好自为之。"后来孙、庞二人反目成仇，上演了一场"围魏救赵"的好戏。继孙、庞二人后，又有苏秦、张仪，先后拜鬼谷子为师，再次上演了一场精彩的历史大戏。

话接前言。敬王元年（公元前519年），时孔丘已三十三岁，身高九尺六寸，众人都称他为长人，力能推城关之巨门，但他却不以力勇而闻名；平素有圣人的德行，勤学不倦。

孙膑像

丘年十五岁时，鲁国国君即敬慕他的声名。十七岁时，大夫孟厘病重时，告诫他的儿子何忌说："圣人有明达道德的，即便不曾显达于当世，也必有通达世事的才华。如今孔丘虽年少，但好礼重仁，你应当早早拜他为师。"孟厘过世后，何忌就与其弟孟适（因居南宫，故又名南宫适，字子容）拜孔子为师，学习礼义之学。

丘年十九，娶官氏为妻。二十岁，入仕鲁国为委吏。二十一岁为乘田（专司农业的官员），此年生一子，鲁昭公以鲤鱼下赐，丘为显鲁君之宠，因而给儿子起名为孔鲤，字伯鱼。后丘听说乐师襄善于抚琴，就往拜为师。与语片时，襄避席而说道："你是圣人降世，我哪敢做你师长！"丘退归后对南宫适说："我听说周都的守藏史老聃，通晓礼乐的根源，明达道德的归宿，实是我的良师啊！我如今将去往拜他。"南宫适传言鲁国国君，国君就赐车马侍从，让南宫适等陪丘同去。

丘一行到周朝京都后，先使弟子子贡前往探求。等到见面还未来得及问候，老子就对子贡说："你的老师名叫孔丘，须相从我三年，而后方可教导道德之道。"

子贡回去叙述经过后，丘就执弟子之礼觐见拜谒。

老子待他以宾客之礼，让他坐于蒲团之上，南宫适等侍立在身侧。丘坐定后，起身再拜，以性命之理问道："我听说天地生人和万物鸟兽昆虫，各有奇偶气分不同，而凡人却不知其中情由。只有通达宇宙玄奥的人，才能道出其中本源，还望先师赐教。"

老子说："天生于一，地生于二，人生于三，三三为九，九九八十一。一主日，日数十，所以人怀胎十月而生；八九七十二，偶以为奇，奇主辰，辰为月，月主马，故马怀胎十二月而生；七九六十三，三主斗，斗主狗，故狗怀胎三月而生；六九五十四，四主时，时主猪，故猪怀胎四月而生；五九四十五，五为音，音主猿，故猿怀胎五月而生；四九三十六，六主律主鹿，故鹿怀胎六月而生；三九二十七，七主星主虎，故虎七月而生；二九一十八，八主风主虫，故虫八月而生；其余的动物各从其类属。比如鸟生于阴湿处，而又离不开阳光，所以都是卵生。至于蚕食桑叶而不饮水；蝉饮露水树汁而不食；蜉蝣不饮不食；介鳞夏食而冬藏；四足的动物没有羽翼；带角的动物没有上面的牙齿；白天生的像父，夜晚生的像母，这些都是至阳主牡、至阴主牝的道理。这就是人和万物性命之理的概况。”（作者注：老子这一段话，义理深奥，难以意会，有待科学界、哲学界进一步探研，这与“进化论”的观点有着本质的区别，至今还是个难解的谜团）

孔丘又问：“‘大礼’何如？”老子说：“民众赖以生存的根源，在于有礼义的约束。没有礼义，就不能节制、侍奉天地的神灵；没有礼义，就没有办法辨别纲维常理。有了礼义，君子以此为众人尊敬的对象，然后才能主动地以他的能力，教化百姓，并节制他的生活，使他们的行止合乎天地自然之道。”孔丘听后，稽首领教。

而后，孔丘又想访乐理于苌弘，老子说弘因谏君王而被杀。丘听后很是惋惜。老子又说：“我有徒，姓张（实是伶伦），也长于乐理，你可向他请教。”于是丘就往拜伶伦而去。

日后，老子又邀丘游历郊区祭祀等场所，向丘讲述“明堂”的法则，审查宗庙朝廷的建制制度。孔丘听后，喟然叹息说：“我自至今日，方才知道周公的神圣之处啊！”

孔丘师徒留周十二日，知周德之衰，临行时叹息道：“幸甚啊，我如今才算大长见识！然而道德之学又为何如此难以推广呢？”

老子说：“善于言论的，都偏向于辩解；自以为聪明的，又都偏向于言辞的编纂。你能谨记此两种弊端，则天道就可以广为流传了。”

丘临行时，老子与伶伦束装送出二十里，对孔子说了“大智若愚，慎言谨行”的临别赠语（详见前《史记》中有关章节），孔子再拜而谢过。

而后，丘又问老子说：“我师将何处安身？”老子说：“东周王气已尽，当世也再无明达世理的贤主出世，我将归山自养天年。”

丘又问：“何时可以再见？”老子屈指算后说：“直至周朝灭亡，我们将再会于须弥山上。”丘想问其详，老子微笑不答，与伶伦向南而去。

丘返回鲁国后,诸弟子问见老子的状况,丘三日没曾开口。

后子贡觉得奇怪而再三询问,孔丘才有了老子"其犹龙邪"的言论(详见前《史记》章节)。自此孔丘的道学日发高深,远方都来求学(后世君主为纪念孔丘的仁德,在孔丘讲学处,建立庙宇)。

十三、法传诸子,讳武兴文

周敬王六年(公元前514年),军师孙武佐"行人"(帝王官名)伍子胥、吴王阖闾伐楚功成,便请回罗浮山伴师亢仓子。回山后,闻东皋公皇甫讷谈起"一真道人"高明之处,便约好同往濮上拜寻。

原来世间所流传的一真上人,即齐始祖太公姜尚,原是上清老君之徒。几百年间往来江汉,常为渔翁,不留姓名。时栖于葵丘濮水之上,专心研究"玄微",因此托名辛研(一名辛钘,钘音刑),字"计然",意思是所"计"皆自然之道。曾在晋国与诸公子行游,后又往拜老子,得闻道德五千言,著《通玄经》十五篇,又名《文子》。归纳本意,不外乎太上老子"道德'之言。书中历陈"天人之道"、时变的取舍,可谓集万古于一篇的佳作。

二人寻至濮上,见渔舟和一真本人,便请求指点道术及未来。计然告知孙武杀伐太重,仁德有亏,不该助暴君杀戮百姓,若长此下去必遭杀身之报。

孙武忙问:"可有办法补救?"计然教以重修仁德,拜访名师,终可补救,尚可名列仙阶。孙武稽首谢过。

东皋也问自己前程。计然说:"得到正人君子为师友,大道可成。"东皋问何人可当自己的师友,计然又说:"青溪鬼谷子可为师,郑国列子可为友。"东皋说:"鬼谷仰慕日久,不知列子是何由来。"

计然回答说:"先是狄人,名马丹,曾为晋献公的'木正,(相当于谋士)。献公灭狄,又杀恭太子(申生),马丹便遁去。赵宣子时,马丹乘车又入晋都,晋灵公想重用他,见时还不及行礼,忽有讯风刮起,马丹入回风中而去。至今北方人还敬他为神。尝十几次往拜关尹子问道,每次都被辞退而出。但其矢志不改,终感动尹真人,收其为徒,先后向其传授延年驻世之法。丹如法修持,道心益定,道法日高,可御风而行。后又往亳州拜见老子,得传以道德五千言,故改名御寇,隐居郑国的圃园之中,四十多年无人认识他,曾著书八篇,号《列子》(后名《冲虚经》),弟子皈依日渐增多。"

东皋听罢,很是欣喜,与孙子拜别计然后,便改名墨翟,因曾在蔡为史官,故又号曰史墨。后来，墨翟在老子及其弟子帮助下，终改矜持之心，走上修身治国正道。孙武也终归罗浮山随师修道，终老山中，不复出山逞杀伐之勇（归隐后著《孙子兵法》，又名《孙子十三篇》，此书后经鬼谷子之手而传与其后人孙膑）。

话说老子初与伶伦东归周都，伶伦有事去仙华，老子就独自来到莱子国。因为莱夷之人不明孝道，便分身化气投身到老莱家为子。

他性情极为孝顺，年七十尚不言老。常穿彩衣为戏，或弄鸡鸣于身侧，抑或假作跌倒做婴儿啼哭样，以逗父母发笑。双亲都年百余岁而终。

二老过世后，莱子恪尽孝礼，邻国都学习他的孝道。著书十五篇，言道家之用。孔丘曾听闻他的言论而戚然改容，自惭不如。

莱子以崂山为养寿之地。齐国战乱时，与妻子逃耕于郢之蒙山阳。有人知莱子隐于此，便告知楚王。楚王亲乘车驾往迎他人朝为辅，被莱子婉言谢绝。后隐江南，几年后，又归亳州，更名老丹氏（据仙史所记，老子有子孙后人，也是此世之事）。

时陈人亢仓子，姓庚桑名楚，来拜学十年，遍得老子真传。学道有成后，退隐毗陵的孟峰（详细地址不详）。好饮酒，能预知未来，弟子甚多。后又退隐罗浮山（今广东省罗浮山）以兵钤授齐人孙武，与蒙人庄子交游，志趣相合。著书九篇（后名《洞灵经》），其要旨不外乎修真抱朴、内养修行之法。

在亢仓子引见下，庄子拜老子为师。庄子名周，约生于公元前369年。其先祖楚国人，是楚庄王之后，生于宋国睢阳郡蒙县，曾为蒙县漆园吏。所学法理，必追根溯源。

他曾夜间梦为蝴蝶，飞舞于园林花草间，意态甚是舒适，醒时尚觉两臂栩栩飞动。他觉得很奇怪，且以后常有这种梦象。一日听老子讲《易》，闲暇的时候，便把此梦告知老子。

老子解释说："这是你的前因啊。鸿蒙刚判之时，一白蝴蝶吮吸百花的精华，采日月的灵气，得以长生不死。后游瑶池偷采蟠木花蕊，被王母司花青鸟啄死，精灵不散，托生于世间，故你的道心甚是坚固。"

庄周听后，如梦方醒，于是又问："人生在天地之间，应以何为受用之基？"老子说："须从第一着迷处放下。待六根渐净，则道念便可滋生，到时自然受益。"

此时庄周已年近五十，始看破世情，方知以前四十九年之错。老子知他有慧根，便以道德五千字真诀倾囊相授。庄周秘密诵习修炼，便能出神变化。后即弃职，辞别老子，云游到齐国。

有位叫陶朱公的，与庄周谈话很投缘，遂成益友。又到楚国，为惠王尊为师长。后又听说老子将要人周观察时事，便随老子游览。

回归亳州后，庄周问老子："成王时问周公国运，言历三十世，七百年，我今观其历数不足，难道是占卜有错吗？"老子说："周室东迁，王纲陨坠，如今虽有国名，已无其实了。"

随行至梁州，有阳山人杨子名朱，曾经受业于老子。但他性情鄙吝，不肯以一毫之物济人。老子厌恶他这种性情，今路遇此人，本不想再搭理他，然杨朱却执弟子礼参拜于道边，并欲言又止好几次。

老子长叹一声："我开始以为你小心谨慎，是个可教之人，今见你如此不堪教化，真令我失望。"朱子很是心虚，膝行请问自己的过错。老子说："你凡事斤斤计较，谁肯与你同居；太过于清白，反而容易招致羞辱；你无大的德行，尚且自满、不可一世。老虎野豹的锦纹，猿猱的灵敏智巧，这些都是招致射猎的原因啊！"

朱子听后，戚然恳请道："人羡慕我有学识，我日久便生自满之心。今闻师长警戒，愿痛改前非，随从师长游学。"

老子对身边的庄周说："我要一人轻身入周，你且与此人做伴，互相学习。"杨、庄二人领命，送了老子一程，然后分手南行而去。

周安王末年（公元前 376 年），老子至周都，改名儋，前往会见安王说："历世都有史官，今此职久废，不可不恢复。"安王说："我也有此意，就由先生继任吧！"

至烈王二年（公元前 374 年），秦献公遍访贤才，听闻周太史儋有过人的智慧，就向烈王请命，迎儋至秦国。三日后，秦献公向儋拜问去年天空下黄金沙原因，史儋正坐而回答："周国与秦国，都是黄帝后裔，这是始合的缘由；孝王封非子号秦嬴，这是分离的开端；分离五百年后当再合起，合后十七年而又有'真王'出而为'霸主'。天帝心喜秦地，故降金雨。"秦献公又欲再问详情，儋闭目不言，献公只好退去。第二日再请，已不知儋的去处。

再说庄周与杨朱，往南游过沛州后，复北上到齐国。齐威王闻听庄周大名，便亲自召见了他。因与杨朱言语不合，故杨朱便避去。

田齐族中，看重庄周人品，乃招庄生为婿。周曾娶楚女，生子叫庄跃。楚女亡故，便把儿子跃寄养邻家。继娶宋女，因有过错，被逐出家门。如今又娶田氏，共同居住年余，迁往越地藐姑射山莲花洞。

时有辽东人丁令威，初名丁固，自幼喜好访道。听说庄周的声名，便不远万里从之游学。庄周见其心诚，便将修道要旨告知于他。因惦记在楚国的儿子，便迁回故居灵墟，闭门著书研习道法。

后访得浮丘翁在黄山，于是带丁令威往访，彼此常一起谈道，受益匪浅。后将丁令威托其教诲，自己携妻归还宋国，隐身在曹州南华山，写书不息。自命书名为《南华经》，共三十三篇，后世又名《庄子》。

一日，庄周偶游山下，见荒冢累累，一坟封土未干，旁坐一缟衣少妇，举扇向坟连扇。庄周觉得很奇怪，就上前寻问缘由。

妇人含羞说道："冢中是我先夫，生时互相恩爱，遗言曾说，土干以后，我方可嫁与他人。"庄周戏谑说："我愿助你一臂之力。"

妇人忙下拜言谢，并把扇子交给庄周。庄周举扇一挥，坟土顿时变干。妇人连连拜谢，起身飞跑而去。庄周甚是感慨，悠悠一人，独自回到家中。

到家后，庄周把此事说给田氏，田氏责怪那女子是不良之辈，而庄周则说这是人之常情。田氏认为庄周是在讥讽自己，于是愤然发誓说："我若背弃妇道，当不得好死。"不几日，庄周忽得急病而逝，田氏很是悲伤。

殡殓数日后，有一少年来访，说是楚国王孙，特来向庄周学道。听说先生过世，便到灵前下拜。后又想留住在舍中，诵读庄周所留遗书。田氏见其年轻貌美，便欣然留住。半月内，田氏竟然忘记给庄周下葬。

又一日，田氏偷问其老仆，知王孙未曾婚配，即请他为媒。王孙恐被世人议论，田氏说："先不举行成婚大典，就无事了。"于是除去素服，准备成婚。王孙忽然笑指棺柩说："先生复活了。"田氏回头再看王孙，即是亲夫庄周所化，羞愧万分，晚上自缢而死。

庄周次日见状，就用空棺盛殓其躯，盘坐在棺旁，手敲脸盆而歌道：

大地无心兮生我与伊，偶然邂逅兮一室同居。

人之无良兮生死情移，真情既见兮不死何为。

噫嘻！我非伊夫兮伊非我妻，大限既终兮各自分飞。

此即"夫妻本是同林鸟，大难来时各自飞"的典故由来。

歌罢，取火焚烧了草庐，便遨游濮水，垂钓自乐，再不留恋尘世。世人传说，庄周因此轻生厌世，最终死于公元前286年。

公元前254年，老子过陕河之滨，又化名河上公，度泰山崔文子，又名野子。老子先赐给他服食前不久王母蟠桃会上所留蟠桃，后又教其金丹真旨。崔文子伏地称谢后，便觅地潜修而去。

十四、汉文帝问道，河上公授经

公元前166年，时乙亥年秋，汉文帝闻听朝中大臣屡次上报"神仙玄秘"之事，于是也开始相信世间确实有隐世的神仙，从此效法仙家，习练"静坐守气"的方法；并勤俭节欲，以保精气。国政之余，还常读《道德经》，但又不能全通其中要理，听说有一老者结草庐在河滨上，自称河上公，很有道法，文帝便派使臣持经书前去请教。

汉文帝画像

河上公对使臣说："道尊德贵，只可当面阐述，不可无缘而语。你家主公若真好道，可让他亲自前来。"使臣回报，文帝即幸造庐请问。

到时，河上公闭目端坐，二侍者旁立他左右，不迎也不答。

文帝见状，略显不高兴，对河上公说："域内有'四大'，王居其中'一大'。你虽有道，还是我的臣民，如何这般高傲？无论富贵贫贱，生死皆在于我。"公拍掌大笑，从坐上跃起，冉冉出户，如彩云一般，离地面百余丈，二侍者也随着起于云中。河上公俯首而说道："我如今上不在天，下不居地，还是你的臣民吗？你还能左右我的贵贱吗？"其声如同洪钟。文帝目睹这一切，方信是神人，忙稽首施礼谢罪。河上公见文帝心有悔意，立即收身成数丈说："我每世都要出世，但每世出世身份都不同，为试世人道心而已。"

河上公又用手指右边一人说："此人是太原的王探，字养伯，常颂道德五千，默会其中内涵；知会名利与身体事少，而'道'才为'德行'根本。后我传授他《黄庭》内修的方法，以及变化换景之法，如今已证仙位为黄庭真人。"复指左边一人说："此人是王探的徒弟李翼，所研习的也只有《道德经》。因能默默探究'谷神玄牝'的要旨，洞晓太易阴阳之理，如今已是神游方外，心神一动则天地皆知，现已授西岳仙乡位。他们都是自修而成，并非假借外力而得。况且'道'在细微处，在旷野陋室，并非全在华庭高宇。那些圣人大都是'守一'而知天下，利用闲暇之时，随缘坐而论道。"说完，令一侍者捧《素书》两卷，转授给文帝说："我著此经以来，一千七百多年，只传三人，你是第四个。你熟记此书，则所有疑难可全解。不必我再多言，但谨记切不可随意给小人看。我将南入五溪设教而去。"一会儿，云雾晦冥，天地相合。待走出河滨，复如来时景象，但已不见河上公众人。

文帝怅然而返。看《素书》内容，与《道德经》章句相仿，皆清净道德之义。文帝用其中言论，做政治指导，从此国家治安、民众生活日益改善。公元前156年，文帝时年四十七岁，因病而逝。

纵观汉文帝的一生，虽未长寿，但政绩卓著。因为他并没有细究其中的养生方法，可谓是喜好“道德”而又不修“道德”的典范，与成语“叶公好龙”极为相似。即便如此，也比那些残暴刻薄的暴君，不知要好出多少倍。最起码他对推动社会发展，对人类文明的继承发扬，是有很大贡献的。

在此，笔者想再补叙一笔：老子为柱下吏时，曾娶妻生子（即化生莱子一节）。其十三世孙名宗，在魏国为上将，因为有功，被封于段干，因此曾以段为姓。宗子注，生段言。言的玄孙名瑕，在汉朝为官，后迁家到齐地。瑕的儿子解，为胶西王印的太傅。王印与诸王起兵，解力劝不听，恐祸及自身，于是弃家避去。后遇老子，得承真法，遂携全家隐于亳州流星园故居，并改回原姓李。

十五、归隐五溪，语示京房

公元前80年，汉昭帝知京房擅长易理，曾往聘请。京房记师之言，未及应允，帝便将其门人琅琊人梁丘贺招聘进宫以侍左右。

京房是赵地人，少时师从河东焦廷寿研习易理。居有三年，廷寿见其不求内在机理，长叹一声说：“得吾道法而最终亡身的，是京生呀！”

他给人说事，好于议论灾变，把卦分成六十四卦，更加上日、月用事，开始以风、雨、寒、温为征候，加以占验。

后听说河上公隐荆门五溪口天齐山，就去拜河上公，深研易理数年。于是更加掌握了《易》经要旨。临行，河上公对京房说：“凡学《易》之人，应当先审查自己的进退存亡机理，如今你不追求自己的日后微细前途，只以占验灾异为业，这是研识《易》的末技啊！你日后可要细细思量我这番话语。”京房唯唯而退。

归后仍细研易理，以钱合三才之理，用来代替蓍草，以掷钱而起六爻。又以纳甲起卦，分宫定六亲，可知人吉凶，后果因直言祸患而遭杀身之祸。

十六、《道德》垂世，乱时化民

公元8年，内臣王莽废汉帝，自立国号为“新”。

时下学子，对老子《道德经》之学，更加推崇。

当时有占卜者严君平，名遵，临印人（即舜时严僖降世），与唐都、洛下闳、尚长三人，同拜老子弟子鬼谷为师。唐、洛二人喜学算术，严僖学卜易。严、尚更为交厚。

尚长，字而平，朝歌人，常寓于亳州。性情崇尚中和，喜好研探《道德经》《易》。

家境贫寒，少存粮。他为人推算运程，能自足衣食即可，有人多送银钱，常返还其人。王莽的大司马王邑，寻访他多年。待寻到，想把他推荐给王莽，他坚决不肯。后怕招祸，便隐于家中不再出门。当读到《易》中“损、益”二卦时，喟然长叹道：“我已知富不如贫，贵不如贱，但却不知如何才能‘致之死地而后生’。”

严君平则平时卖卜于成都。见人之子，就讲说孝道；见人之弟，就讲说兄弟和顺的道理；见人的臣子，就讲说忠君的至理。每天找他的人很多，赚够百钱左右，能够自养就知足了。平时喜读《易》，且常细究《道德经》微旨，有《道德指归》行世。

十七、天师承道，创立法统

公元 34 年，汉光武帝在位时，汉留侯九世孙张道陵出世。

七岁时，遇一老人，称河上公 授《道德经》。捧归诵习，便通晓其中大义。及至年长，知识日丰，博采综合《五经》《坟》《典》以及天文地理、河图洛书、谶纬等秘籍，为一代大儒。常往来吴越，从他而游学者多达千余人（作者注：当时天目山南三十里，西北八十里，都有讲堂，今杭州“神仙观”，余杭“通仙观”，都是当时讲道的所在）。

道陵常思量功名利禄对身心无益，于是修炼“长生之道”于阳羡山。后听说西洞庭有“羽士”曹洞玄，隐于林屋洞侧马城宫中，深明道法，于是与他论道探究。又自浙江淮河、河洛而进四川，得炼“形合气”之书，炼成“辟谷法”。

道陵四十七岁时，汉章帝下诏封为“方正”，道陵不受；后又征诏为“博士”，也不赴朝。初居阳平山时，得贞女雍氏为妻，始生一女，名文姬。第二年，继生子衡，字灵真。三年后，又生子权。几年后，又生三女。

一日西行，道陵见灵奇山（又名鹤鸣山）上有石鹤，闻它鸣叫，就会有人得道。道陵刚居此地，石鹤忽鸣。有一蜀人王长，素习天文，通晓“黄老道学”，慕名来拜为弟子。后又与王长移居云锦山（又名龙虎山），修炼“九天神丹”，丹成即具神通。

公元 132 年元宵之夜，太上老君降灵奇山道陵石室中，道陵忙跪拜迎接。

老君告知道陵，不久将有鬼师率鬼兵作乱人间，因道陵平日功德未著，故授予《正一盟威秘录》《三清诸品经》九百三十卷，《符箓丹经》七十二卷以及“三五斩邪”雌雄二剑，都功玉印一枚，另有衣冠、玉简等物，嘱他加紧时日修炼。修成后，将鬼师、鬼兵降服，押赴各地拘治关押，以分人、鬼疆域，保众民、生灵平安。说完即腾云而去。

道陵遵老君法旨，百日功成。于次年七月一日，在蜀中青城山设立法坛，将八部鬼师尽皆降服。

后老君再度降临，对道陵加以褒奖，并指出他杀伐太过，有伤上天好生之德，嘱其再广传道法，多积阴功，以补往昔过错。于是，张道陵便广收门徒，并时常云游天下，降伏妖邪无数。

永寿元年正月七日（公元155年），老君降临成都，命道陵往拜，领授秘录。道陵到成都参拜老君后，老君说他已经功德圆满，将道统传及世子后，次年即可正果飞升仙宇。道陵回山后，将老君所授《三洞经箓》、斩邪二剑、玉册、玉印，授长子张衡，并告诫说："我有幸遇太上老君亲传大道，此文总统《三五步罡》《正一要法》之枢要，世世一子继吾道脉，不得妄传。"衡深施一礼，接过诸品，转身而去。

又年九月九日，上帝遣使者持玉册，授正一真人之号，证佐三天辅元大法天师，夫人为上真东岳夫人。道陵领玉册后，候至中午，群仙、侍从尽至，真人遂同夫人以及王长等侍从，在玉女引领下乘黑龙、紫舆飞升而去。

后世称张道陵为张天师，门下弟子为正一道，历代都有传人，教化世人无数。此派法脉，与后文的少阳派（包括全真派）互相启发，成为道教两大中流砥柱，为中华文明的发展起到巨大的推动作用。

十八、少阳袭教，正阳受丹

汉灵帝建宁三年，即公元170年（己酉年），西番入侵（一名乌思藏，即吐蕃）。本羌属，总共有一百多个种族，散处在河湟、江岷间（即川、藏、陕、甘一带），常骚扰汉的边境，中郎将钟离简举荐其弟钟离权。灵帝应允，便拜为大将，命其率兵往征吐蕃。

权的先祖是雍州渭城人（即今咸阳），父名章，因征讨北方胡国有功，封为燕台侯。权诞生时，白昼有一长人，自言是上古黄神氏，当托生于此，说完便步入卧房。从人见异光数丈如烈火，侍卫都有所惊觉。当日是四月十五日，生下时不哭不闹也不食。到第七日，从床上跃然而起说："我当身游紫府，名标玉清（一作玉京）。"其声大如洪钟。生得口厚额广，形状如同三岁小儿，其父爱如珍宝。他的出生，惊动代州五台山（今山西省五台山）南坡紫府的一位上古高真。

西汉末年（约公元25年），东园公以为易号游行，于事无补，便立志欲效法洪崖老祖，受胎入俗，从而在人间广立功行。于是便游行民间，最终选中渤海青州（今山东青州）王氏一族。六月十五日将产时，紫气烛天，光华映红半个墙壁。生来有奇异之表，从小仰慕真人风范，取名为诚，字玄甫。后听说自己诞生时的异迹，又自取道号为东华子。

一日适逢西王母往东海探望东王公木公（号曰白云上真），见玄甫异于常人，运目细观,便知因由,高兴地说:"原是天宇谪凡仙人啊!"于是把他引入洞府之中,将老子所赠《青符玉箓》《金科灵文》《大丹秘诀》《周天火候》等,尽传于东华子。他感激万分,经过三年精心研习,尽得其中奥妙。

丹功成后,秉谢王母,便退居在"昆仑紫府"左边的"烟霞洞",颐神养颜。日久便于洞外结庵自居,篆额为"东华观",以便随缘度人。后静极思动,便迁往代州五台山之阳的"紫阳洞"。

他在人间已历世二百多年,毫无衰老之象,并时常阐扬玄门宗旨,尽意发挥其中妙理,广积阴功,玄德感动上天。天真派使臣赐号东化帝君,继而又封尊号为紫府少阳君。一日忽见祥光发于近地,忙出洞府详观。知是光发于燕台侯府,便往府上索儿相见,看后大为欣喜,只是良缘未至,便拂袖而去。

此小儿自幼能分清学问深浅,故其父起名叫权。等到成人,脸如红丹所涂,俊目美须,身高八尺,官至"谏议大夫"(相当于现在的国务院计经委)。其兄钟离简,自知不如,便让侯爵于其弟。又逢国家有难,便举荐其弟为将,奉诏北征。

朝中有位叫梁冀的官员忌妒他,尽挑老弱残卒,共二万人,让他带领。钟离权心中十分愤怒,本不想出行,又怕违背君王命令,只能怏怏率兵而去。不料,刚到前沿阵地,羌人乘夜劫营,军士便四散而去。

钟离权十分骁勇,单骑杀出重围,奔山谷逃去。但因夜黑,路又不熟,便迷困山中。偶见深林处有灯光透出,走近一看,见一胡僧,体挂草衣,垂头趺坐在灯下。钟离权牵马叉手,将失利之事告知胡僧。胡僧听后,起身携权向前行了数里,到一村庄,用手一指说:"这是少阳真君成道之处,你可在此歇息。"说完就别离而去。

钟离权不敢惊动庄中之人,屏息站立很久,忽听有人言语说:"此人必是碧眼胡僧饶舌引来。"(道家《内经图》中有"碧眼胡僧手拖天"一景,实是接引之意)

权侧目一看,见一老人披白鹿裘,扶青藜杖,亢声而前说:"来的莫非就是汉将钟离权?"权忙应声道:"正是小将。"老人又说:"你为何不寄宿山僧的住处,而偏来光顾我这老朽茅屋?"权大惊,知是世间异人,刚脱虎狼之穴,如今忽又起求仙驭鹤之志,忙伏地拜求度世的方法。老人忙扶他起来,将老子所间授的《长生真诀》《金丹火候》《青龙剑法》等,如数传于他。

权拜谢领受,便请问师长姓氏,老人说以后再会时自知。又问山僧姓名,老人回答说:"是黄龙诲机。"

权告辞出门,回头再看庄居,忽然不见了踪迹。转而思念朝中兄长钟离简,恐因自己兵败而牵连降罪,于是偷回洛阳,暗入兄府,哭诉兵散败回缘由。钟离简安尉说:“罢,如今梁氏肆恶,朝政日渐紊乱。我早已不想立于朝堂,倒不如弃官不做,同修仙道。”于是趁夜逃出侯府,避人华山三峰之中。

权以所得之道法,尽授兄长参悟。自己又改名觉,号和谷子。又束双盘髻,穿槲叶,自称天下都散汉。

一日权东游泰山,遇华阳茅真人入朝东岳,便伏道拜迎,恳求修仙道要。茅君见其心诚,扶起一路同载。到山宴饮时,茅君对他说:“你根气深厚,不是平凡之人,何愁真道难得。”茅君复将李真多所传“太乙刀圭”“火符真诀”相传,并对他说:“学仙的人,以阳气为主,你当号为正阳。”等权听说有上仙王君也在山上,就请代为引见。见到王真人,正是那夜所见山庄老人,权忙叩头再拜。细问修炼法要,东华子又传以《贞元永命要诀》,鼓励他积极上进,必成真有望。如此,钟离权才洞晓玄玄妙理。

告退后云游至鲁地,住在邹城修炼一年多,又入崆峒山拜谒老子。老君听其自序缘由,便将《道德经》赐予,并赐号为云房,又特赐丹药令他食之。此后,钟离权道业大进。

辞别老子后,权又在紫金峰会见四皓,方知本师乃东园公诲机,是夏黄公所化生。四皓又各以玉匣秘藏真诀相赠,便告别而去。

云房归华山后,见兄钟离简已将所授真诀练就,即与兄共服剩余丹药,二人遂能升天入地。云房日后常在晋州羊角山驻足(即今山西中条山中),想以道德度世,遍访有缘之人。

在日后的岁月里,他先后结识李凝阳(铁拐李)、张果老,并度化八仙中的另几位,得道成仙。至唐末,又度化由东华子所化生的吕洞宾,演化出一段“师徒互度”的神仙美谈。

至宋末,又与吕洞宾于终南山中,度化陕西咸阳大魏村的文武双状元王喆(字知明,后又改名德威,字世雄。因生于九月初九重阳节,故又称王重阳)。

重阳成道后,奉师命创立“全真教派”,并在山东宁海(今威海)一带,收徒七人,即马钰(丹阳子)、丘处机(长春子)、王处一(玉阳子)、谭处端(长真子)、刘处玄(长生子)、孙不二(清净散人)、郝大通(广宁子)。后世称其名为全真七子。

王重阳仙逝成道后(陕西鄠邑区祖庵镇有“重阳宫”,内有重阳真人衣冠墓),七真各创一派,度化世人无数。其中以丘处机、郝大通名声最大,功德也最高。

流传于宋末元初时有一句话叫“龙门、临济遍天下”。意思是说当时丘处机所创“龙门派”的弟子和佛门“临济派”(属于佛门八大流派中的“禅宗”,其始祖是印度僧人菩提达摩，而“临济派”创始人是六祖慧能的弟子）的弟子，几乎遍于天下。即便到如今，在道教“全真派”中，弟子最多的也还是“龙门”“华山”两派（其中“龙门派”的发祥地是陕西省宝鸡市陇县的“龙门洞”：“华山派”的始祖是郝大通，而“老华山派”的始祖则是后文所这的陈抟老祖）。可见钟离权、吕洞宾，以及上溯到洪崖祖、老子及其弟子尹喜，在终南山、华山一带的影响是何等深远。

十九、道传三国，誉名朝野

三国时，琅琊（山名，一在安徽滁州，一在山东胶南）于吉，其父祖辈世代都会些小道术，平生不杀生。于吉从小便随祖辈精心研习，更超于前人。一日游行在曲阳流水上，有幸得到《老君道书》一百多卷。回家后，精心修炼，术法益加高明。老子曾两次想降世度他，又因他曾犯“杀戒”，故派弟子寄《一百八十大戒》于他，并传他《养生化形金刀尸解之法》。后因往劝“小霸王”孙策，教其少犯杀戮，反而被孙策指为妖言惑众，并当街斩杀示众。多亏老子传有《养生化形金刀尸解之法》，才不至于魂归荒野。

像于吉这样修炼有成的仙人，犯了杀戒，尚须以身相还，俗人又怎能幸免？可见修习《道德经》仁爱思想的重要性，是何等不容忽视。

另有吴主孙权，晚年颇好神仙、僧道，曾多次与张昭谈论神仙之事。有骑都尉虞翻言说：“那些都是死人，被世人强说为神仙。世上哪有仙人存在？”孙权听后大怒，远迁翻于交州，后又再迁往苍梧猛陵，终因劳碌而死。

权听说大臣阚泽善黄老学说，便召他询问《阴符》《道德经》二经宗旨。阚泽回答说：“昔日许成子（容成公）、原阳子（浮丘翁）、老子、庄子，都修身自玩，放畅心志于山谷，整日洗涤其心志，使自己归于淡泊之中。汉景帝以黄帝、老子义体最深，便弃孔、孟诸子之经不用，而始立《道学》，敕令朝野上下都习诵传论，故而国势得以中兴。”于是孙权采纳阚泽意见，常令泽讲究经义，稍得其中趣味。其后又专心从事内养长生之道，所以得享高龄而终（生于公元 182 年，卒于公元 252 年，死时七十一岁。这在当时的帝王中已是高龄之年了。古有言云：人生七十古来稀）。

汉章帝末年，公元 88 年四月初八（是年戊子年），丹阳句容葛玄（又名葛孝先）降生。他自幼习炼“道术”，年六十时，还未得“真道”。桓帝时，日游天台山，遇老子授《上清灵宝大洞诸经》，归后精习，于是道法日进。

后师从徐太极学相法，从左慈受《九还丹液仙经》。复与丁令威入阖皂山（在今江西省境内）修炼，自是道行日高。

吴主孙权闻知有道法，遣使招进宫中，日夜陪伴论道谈玄。吴主很是敬仰，直至吴主寿终，才离朝归隐而去。后在民间度人无数，自创阖皂山“上清派”法脉。

二十、德及两晋，流芳乡野

公元279年，晋侯司马炎伐吴获胜，吴主孙皓降晋，晋国统一中原，时为西晋。

公元290年，晋帝司马炎由于极度荒淫，以致刚五十五岁就积劳成疾而死。

时有陆云、陆机两兄弟，才识渊博，在民间收授弟子无数。后经朝臣张华引荐，补二人为朝中参议。

陆云年少时，一日访友，想借宿一友人家，因天黑迷路，幸见草木中有亮光，便寻至一家住。至屋所，见一少年风姿优美，引进客舍后，便促膝而谈。言谈间，陆云觉那少年学识远胜于己，特别论及“老、庄”时，辞致更为深远，使之受益匪浅。待天晓辞归，到友人家里说起，友人说此地数里之内并无人家居处，陆云便与友人同往复寻。等待寻至原处，却是王弼的坟墓。

从此，陆云玄理更进一层，与人谈论之时，总能引人入胜。后在乡间常指点言论“天人合一”之论，所注《道德经》，指点之间，义理极为致密，于是珍藏身边，时常翻阅研习，教人无数。

西晋末、东晋初，因国君荒淫无道，不思民众疾苦，导致朝中内乱不断。故有道有识之士，多栖寓山林避世清修，或设馆授道以警化世人。

时有宿儒郭璞，字景纯，闻喜（今地界不详）人，平素喜好研习经术，而不善于辩论。他的诗词文赋，名冠当世；且善识古文奇字，尤其是阴阳算术，更是当世一绝。

有位姓郭的老者，游历时路经此地，暂居河东静养，精于卜筮之法。郭璞甚是崇拜，因而拜之为师。

郭公，名文，字文举，河内人。喜游名山，常忘归返。父母逝后便不娶妻，隐居华阴石室中。有太和真人尹轨降室（尹喜弟，老君的弟子）教授“冲举飞升”之道。

郭公问道：“真道并非随便可求，我如今这么容易得到，不是太简捷了吧？”真人正色而言道：“你这是什么话，‘道’不是浪得虚名的学问，须有仙缘宿根的人，才能有机会得到。你如今不知其中缘由，我且为你详细解释。”接着又说道：“你在东汉时，名叫郭文，原名文举，当时居在此地山林中。因家境贫穷，不能尽孝道于母，还要分食母亲食粮，故此想掘地自埋。在用镢头锄地时，忽得赤金，上有红字：‘天赐郭孝子’后得以孝敬终生。你今世漂此虚灵清爽之气，姓字不改，所处之地离此也不远，而且性情更趋于幽静寂寞，你若不是前世面目，今生岂能有如此巧合？我受老子命教授与你，并度扶风梁道士，你为何反而怀疑我？”郭公听后，很是惭愧，忙伏地谢罪，并感谢点化教导之恩。真人扶起，叮嘱鼓励几句后，便飞空而去。

郭璞听闻郭公经历，愈加敬仰师尊。郭公将《青囊经书》九卷连同青囊一并交与郭璞。郭璞更想求导引修炼之法，文举教训他说：“你酒色成性，不善于保护身心，目前还不能探知这方面的玄理。”

老子塑像

郭璞辞归后，细研诸书，于是洞晓天文地理、卜筮图谶及禳灾转祸之法。其准确率之高，即便是前朝的京房、管辂，也不能与之相比。

晋王闻其名声远播，就遣使招为参军。郭璞见朝中阴阳政秩错乱、刑狱繁兴，曾上书劝谏晋王应广施仁政、整顿朝纲、罢黜奸臣、匡扶正德。晋王连声称道，过后却并无作为。不久晋帝便遇害而死，郭璞趁机北游而去。

后郭璞游历民间，指点庶士官民疑惑无数。终因屡言屡中而遭帝王及官吏所忌，而遭杀身。

再说郭文举，因避洛阳陷乱，而避地终南。遇同门梁谌，于是共购丹砂，作丹为饵。梁谌，字考成，即上文尹轨尹真人所提扶风道士。元康年间（公元291年后，东晋元帝在位），郑思远、傅凌、白仲都三人同游雍州、凉州（今甘肃、宁夏一带），施符为民治病除灾，并精研阴阳之术。

大兴三年（约公元320年），老子命尹轨下降楼观，传授“炼气隐形法”和“水石还丹术”。梁谌就带一二得意门人隐居终南山中，食气吞符，安闲自在。后文举来会，到处搜集丹砂修合，终至丹成。服食后，能飞行变化，目视地中之物，耳听百里声音。’

一日梁湛忽对门人说：“有朋友召呼我去南峰。”于是辞别文举，顶冠整衣而出。一会儿云气迷绕，不见其身形，只听到鼓乐之声响彻云霄。

梁谌飞升后，文举便辞别楼观南行，随缘度化世人无数。后于戊子岁（公元388年，东晋孝武帝时）尸解于鳌亭山中，有《老子经》二卷（即《道德经》）用绳裹悬在屋梁上，可见他在世时不曾少读此书。

另有书圣王羲之，爱会稽（今杭州一带）山水佳秀，便在兰亭修禊赋诗；常守老子的警语，身处静定之中，把握运笔轻重，以擅长书法闻名。

时有山阴道士管霄霞，喜好养白鹅。见他写字时的神态，甚是欣喜悦服，便问羲之说："能为我写《道德经》吗？若肯，当以群鹅相赠。"羲之欣然应诺，代写完毕，带一笼鹅而归。羲之的一笔"鹅"，由此流传于世间。

公元390年左右，因谢玄离世，便以殷仲堪为荆州刺史。

殷氏有学识，善清谈，常自言："我三日不读《道德经》，便觉舌根强直不舒。"

一日他在江边时，见上流有一棺飘至身边，以为是无亲人的棺木，便命左右随从收归岸边，并着人择地安葬。十日后，门前的水沟忽立起一堤岸，一位自称叫徐玄伯的说："感谢你的恩惠，特来相谢。"殷仲忙问这堤岸主何吉凶，玄伯说："水中有岸为洲，君当为州官了。"

后来果是如此，可见修持《道德经》的益处。

二十一、乱世救民，教化愚盲

公元424年，北魏太武帝拓跋焘继位。焘平素喜好道术，常置道士千人，下诏设立天师道场。

光禄大夫崔浩，起初不喜老、庄哲学，并对拓跋焘说："这些言论，都是矫妄之说，不近人情。老聃习礼，仲尼拜他为师，又岂肯写这些术数之类的书籍，以败坏自己的声名、扰乱先王的政治法度呢？"他也不信佛教，说："何必敬奉这些胡邦的乱神呢？"

魏主左右的人，诋毁崔浩谤讪道、佛，焘帝怕犯众怒，便命崔浩将公务转交其弟，本人仍留京城，以便随时咨询政务。魏主对崔浩的主张，虽未全部采纳，但实际上已渐渐奉行。

崔浩，字伯渊，武城人，皮肤白皙如女子，博学多才，工于心计。曾自称才过张良，退隐后便以修身养性而验证老、庄之说。

北魏初，有嵩阳的道士寇谦之，字辅真，昌平人（今北京昌平区），常寄身在许昌（今河南省许昌市），年少时多有求道之心，曾入泰山精心磨砺数年。一日，得真人成公兴来语以太丹要旨，随后就随其入居嵩山。成公兴让他吞食丹药，他以为是用剧毒的丹砂炼制而成，便内心惧怕而走。成公兴念其励志苦修而不得真道，怕他退志，便分给他一粒炼成的神丹。谦之领受后，仍不敢即服，仍想积功立行于世。后听龙虎山张真人有济世的方法，便又历尽艰辛，往龙虎山拜求指点。张天师被其诚心所感动，亲降斋坛传授，于是谦之便以符章救治疾苦，往往灵验非凡，谓之“新科符”。

转而东至会稽（今浙江杭州），王凝之拜求为师。谦之对他说：“你神清骨俗，不适合学道，但若能勤修政事，反而可以身心安泰，并使民众安居乐业。”凝之执意拜求，谦之勉强赠《阴符》一册，令他着意修省。

谦之又曾游幽州、冀州一带（即今河北一带），民众赖以救治者上万，北方都称他寇天师。

过几年，谦之又南游沅临辰溪。麻阳有齐天山（层峰高出云表，天气晴朗时秀丽之色愈加离奇迷人），心知其中必有异人。访求之际，幸遇河上公，所讲修道过程，与成公兴大略相同。退归后细细研深，一年多便有所觉悟，始肯服食成丹。

崔浩随军征战至洛阳，闻知嵩山有寇道士，修张道陵法术，能辟谷轻身，就率道众一千多人到山上访问，好几日竟不得相见（谦之故意避之）。

等还平城后（今河南省平顶山市），有代州人李谱文，曾遇神人授《图湖南箓真经》，因无法辨认其中文字，听说崔浩博古通今，便呈上令浩观之。崔浩也只识其大概，难测其中渊微，便记录其中经文，以原本归还，并说：“近世有寇公，精通道法，你可前往咨询。”

谱文斋戒百日，捧经箓入嵩山，即得以相见。寇回视经书说：“你寿命不长，注明此经需二十年，难以轻易阐扬，只有期待来世再发扬其作用。”

谱文听后，怏怏拜别。回来后将情况告知崔浩。不几日，谱文果然去世，崔浩独自一人继承这门法术。闲时以所记经箓细细推演其中方略，并演绎成书集。其内容不外乎“修真养元”为内在要领，“征战政治”为外在要素，书与《阴符经》《素书》义同。后将此书献于魏王，魏王听其经历，也很器重，召回崔浩为他详细分解，始明其中内涵。于是拓跋焘一改以前霸道习气，一边内习导引，外以柔顺和平战略而平定内外战事，最终使魏国日渐强盛。（作者注：这即是《道德经》及其学术思想的“柔”能胜“刚”的一个范例，也是崔浩由“诽道”到“信道”，后到“研道”的一个过程）

另有南国曲阿人王纂，起初居住在马迹山为道士，为人仁厚，不太明达人间俗理，人都以为其是蠢材。

适逢东晋末年，兵荒疠疫不断，城野死亡之人遍地都是。他便在静室中焚化表章，以告玄苍，接连三夜泣告不停，后终见天光下降，有群仙队仗、天兵天将簇拥太上老君下降院中。

道君告知他说："你怜民心诚，着实值得嘉奖，故我亲自下降，传你《神化》《咒神》二经，你只需照经行事，即可驱散疠疫鬼气，拯万民于水火之中。"又赠《三五大斋》诀于他，并告诫说："你只需勉而勤行，阴功克成之日，真仙之阶就可攀登了。"说完千乘万骑，向西北天空而去。

此后，王纂就按经品斋科，广行道法于江南一带，疫毒之气便被镇定消除，万物生灵，又恢复了生机。随后，有姓唐的道士来访，与之同入函谷关而去。南方奉行他的道法而蒙受福报的，多得难以计数。

公元509年，北魏宣武帝时（时为己丑年），有辰溪县滕村（离当时辰州百里，今不详何地）居民文通，见野猪偷食他的庄稼，便举弩箭，射中此猪。猪流血而逃，文通循血迹追到天齐山。

去数里，进一洞穴中。行三百多步，洞中豁然开朗，内有数百家居在此中。再看所射中的猪，已归入村人圈中。

一老叟花白胡须，持杖出门说："你就是射中我猪的人吗？"文通说："此猪侵犯我的田地，所以射它。"那老翁又问道："那你夺蹊田的牛，不也是重罪吗。"文通很吃惊，老翁足不出户，又怎知自己以前的过错？自是羞得无地自容，忙稽首谢罪。

老翁说："过而知改，便是无过。此猪前因，也当有此报。"便唤文通到厅上就座。文通看见十数个书生都带章甫，穿缝掖衣，有一博学多识之士，独卧一竹榻之上，面南而谈老子。西斋上有羽衣黑帻者十几人，相对弹一弦琴，五声自然。老翁呼一童子倒酒待客，文通饮至半醉，四体悄然自得，舒适无比，累意全消，且不觉饥饿。再看其墟陌人事，与外面并无区别。徘徊想留在此，老翁派小儿送出，并令坚闭门户，不再放人进来。

文通想辞行，便问小儿："你平日都做何事？"小儿回答说："那边西斋各位闲客，是避夏难而来。厅上的书生，奉上帝命，先后来听《易经》。独坐谈老子的，是河上公啊！我是汉末山阳人王辅嗣，又名弼，到此请问不通的易理。起初在此关开门栓，在此已十纪（一纪十二年，十纪则一百二十年），方蒙招进内，传授易理，得门生之列，间或领受守门候客之职。"随后，文通又问南北二地气运和当今人物的善恶曲直，王弼一一做了回答。问者听后，大感钦佩惊讶。

待送至洞口，文通又殷勤再问后会之期，少年含糊不答。文通再见弩箭时已经朽断，回家一打听，已过十二年之久，家中亲人业已丧尽。见他平安而归，全村人都

很惊疑。

第二日又与村人寻到穴口，见巨石塞住，烧凿俱不能有丝毫痕迹，只得扫兴而归，自叹无缘。

二十二、父子崇道，陶君悟德

公元502年，梁武帝萧衍登基，遣使征召陶弘景进京。

起初，陶弘景隐于茅山，得杨、许二君真传，遂登高守静，愿与物绝。齐高帝时，曾与萧衍到固安福全山北，拜访修身治国之道，故萧衍与弘景交情甚厚。萧衍的国号，还是陶弘景所拟定。

陶氏很佩服张良的为人和才智，所以喜欢隐居山中，著书立说，研识药草，观天占地，修道炼丹。曾纂《真诰》《隐诀》，注老子等书二百多卷，又著《太清经》（一名《剑经》），阐发修道所得。国家每有大事，萧衍必先请他入京，或派使臣特意进山咨询，当事人都称他为山中宰相。后得《神符秘诀》，认为神丹可使道法速成，但苦于无法调配诸般药物，于是萧衍便给黄金、朱砂、曾青、雄黄等物。乃至丹成，色如霜雪，服后便觉体轻如叶。梁武帝服后也甚是灵验，于是对陶氏更加礼遇恩重。

后，武帝年老多病，便立三子萧纲为太子。萧纲自幼敬道，常集侍臣亲讲“老庄之学”，并自号玄圃先生。

公元550年，萧纲即位，号简文帝。他早仰慕陶弘景威名，只是以前无缘畅谈，登位不几日，忙命使臣召请陶弘景进京。陶弘景身穿葛服进入后堂，与他谈了数日方才离去。但萧氏虽好学，魄力、威势、德行却不足以服众，在位刚两年，就被朝臣所制，终被迫害而死。

纵观萧氏父子二人，虽皆好老、庄玄学，但却荒淫奢侈，好杀伐，不修仁德，致使朝纲紊乱，奸佞之臣四起，终致杀身之祸。这或许也是陶弘景，为何只做山中宰相的原因。

由此而观，“崇道”，还应“行道”，只说不做，不如不说。“叶公好龙”式的“好道”，不但不会有好结果，甚则反受其害，惹祸上身。

再说陶弘景，初隐茅山时，有下士桓闿（字清远），性情沉静谨慎，往来投师。陶氏见他勤劳朴实，便留他做执役法童，在山辛勤十余年。

一日，陶氏忽见二仙童引一白鹤自空而降，忙上前迎接。仙童相视一笑说：“我们奉太上法令，召请桓先生赴会。”陶君心想，自己门人并无姓桓的。待招齐众弟子一问，才知执役法童桓闿是唯一姓桓的人。陶君便问他：“你平素都修哪一种道法？”闿说：“我平日只修师尊所教‘默朝太帝’之法，一修九年，今将上天领受恒济真人的职位。”陶君即想拜他为师，桓闿坚决不允。陶君又说：“我行教、修道也算是够精勤的了，或许是有了什么过错，才留在人间多年。希望你飞升上界后，替我试探一下，日后有机遇告知我。”桓闿满口应承，于是换了天衣，驾白鹤升天而去。

三日后，桓闿又下降陶君内室说：“师尊阴功极多，但所写的《本草》一书，多用虻虫水蛭，因伤物命太过，一纪后方能解体离世，职司蓬莱都水监。”

弘景便用草本之类药物代替诸生物，著《别行本草》三卷，以赎以往过错。果于十二年后，尸解飞升而去。

二十三、道兴李唐，感应万方

公元618年，李渊建国号唐。

公元620年（庚辰年），晋州的吉善行请见秦王李世民，自言曾在羊角山见一白衣老父说：“你替我传话给唐天子，我是老子，是他的先祖。如今应当以火德继王，他可知自己是木之子吗？不要认为自己是土德，百年后火才化土呢！”

世民听后，以厚礼谢过。班师回朝后，将此事告知李渊，于是改国旗为红色。李渊还下诏在山下立“宗圣观”，内供老子像，并派专职道士和官吏侍奉，还专程与李世民来“宗圣宫”视察、祭拜（作者注：此观即今陕西省周至县楼观台宗圣宫。在楼观台说经台碑廊内，有《大唐宗圣观记》碑石）。

公元650年，唐高宗李治即位。公元655年乙卯冬，立武氏“媚娘”为皇后。

武后为独揽后宫大权。此后，宫中屡见王、萧为祟。高宗便避居东都洛阳，并下诏奉请世袭张天师大设斋醮。张天师因喜清虚静养，便举荐松阳叶法善。

叶法善（处州人），字道元，四代修道，喜以阴功密济世人。及奉敕命召请，便欣然入宫。他十五岁时，游诸名山洞天，中毒将死。后见一青童说：“天台山苗君将你救起。”后拜谢奉道而去。又曾师事青城山的赵元阳，学《遁甲》方术。一次在游历括苍山的白马山石室时，遇三人，都穿锦衣、戴宝冠，对他说：“奉太上老君之命来密告你，你本太极紫微左仙（即三国时的左慈），因校录仙籍不勤劳，被贬降人世。你应速速立功济世救民，辅佐国主，当功满之时，即可仍复前职。太上命我们把《三五正一》之法传授于你，你可勤于修炼，日久便能神化无比。”

法善进宫后，朝廷便恢复了安宁。法善谨记三神人之言，复请游历人间，广积阴功，济世救民。

公元705年，唐中宗李显即位，封韦氏为皇后。韦氏掌权后，私通武则天的侄子武三思，大开杀戮，剪除异己，闹得满朝怨气、鬼祟频出。后幸逢法善回京，武三

思因忌讳法善,便流窜到南海广州一带。

法善安顿好皇宫冤魂后,又乘白鹿,自海上而至龙兴观。后,又至洪州西山隐修。

公元710年(庚戌年夏),中宗感念叶法善相救之恩,便遣使召他进京,此时叶法善仍在洪州养神。前三月九日,又见括苍山三神人降,传太上法令说:"你还须辅助我的子孙'睿宗'和'开元圣帝',不能始终隐迹山中,而忘怀你几世的重任。"几日后,果有使臣来召见回京。

后韦后与安乐公主合谋,将中宗毒死,随即又想害相王李旦,赖法善从中保护,阴谋未能得逞。

相王三子李隆基,暗聚骁勇将士,合谋斩杀韦后及其党羽,迎请相王李旦即位,此即为睿宗,并改国号为景云元年,立隆基为太子。

睿宗自幼雅好道教,即位后便下诏寻访遗隐之士,咨问养生治国之道。法善上言说:"天台山司马承祯,是位有道高真。"并详细陈述说:"他的师父潘师正,贝州宗城人。起初与临沂王轨、吴江的双袭祖,一同拜王法祖为师。后王轨道成。便与袭祖随师法祖隐居西岳,后又迁到九嶷山。袭祖与师法祖飞升后,潘师正继为观主,此时承祯方与其兄远从嵩山赶来,拜师正为师。不久又与弟子迁往茅山太平观。常诵《道德经》,静炼年久,道业渐成。一日与二弟子登上深水环绕的高山,化成三只白鹤冲天而去。"

又继续说道:"司马承祯,字子征,洛川人。博学多才,善书写篆书,且自为一体,有金剪刀书的美名。他常以三种字体写《道德经》,并勘正文字。拜潘师正后,得传'辟谷导引'等修身方法,其他法术也无不通晓。后潘师正又将从陶弘景处所学'三五正一'之法,全部传于他。后司马承祯辞师远游名山,喜天台山玉霞峰风光秀丽,便在山上筑层轩而居,自号白云子。则天皇帝多次征召他入京,始终不肯出山。"

睿宗听完后,甚是仰慕,便遣使往求进京。司马承祯知是叶法善所荐,便欣然应聘进京。于是睿宗便向他询问"阴阳术数"诸方面的学问。承祯回答说:"《道德经》中说'为道日损,损之又损,至于无为'。"帝君回答说:"理身能做到'无为',已是高明之谈;理国也做到'无为',又如何说法?"承祯回答:"一个国家,好比人的身体。老子曾说:'留心于淡,和气于漠,顺物自然乃无私焉,而天下理。'《易》中说:'圣人者。与天地和其德。'是知'天不言而信,无为而成',无为之旨,理国之要。"(作者注:有关这方面的言论,将在下篇对《道德经》的相关注解中加以详细论述,

在此就不加以注释）

帝君喟叹道："广成子教黄帝的言论，可见不是妄谈之作。"本想加封他高位，司马执意不肯。几日后便请归山静养，走时帝君赐以名琴而去。

公元712年，李隆基即帝位，尊睿宗为太上皇。第二年，改号"开元"（此即上文中所提的"开元圣帝"）。在叶法善等人的扶持佐治下，曾使大唐一度海内富安，人民安居乐业，犯罪减少，人口增多，史称"开元盛世"。

开元十三年（公元725年），素有"诗仙"之称的李太白，在江陵（今湖北省江陵市）与羡慕已久的司马承祯有幸相遇。此时李白年方二十四岁，长得仙风道骨，仪态不凡，且诗词造诣已臻化境。

二人相见，都兴奋万分，互相赞叹不已。已是玄宗帝胞妹玉真公主仙师的司马承祯，当着公主之面，极力称赞李白有"仙根仙骨"，并言其"可与天仙神游于八极之表"。同时，这位"书圣"对这位"诗仙"的诗文，也是赞不绝口。能受到三代"帝王之师"的"一代高真"的如此夸奖，李白心胸大为开朗，由此也引发了求仙修道、随缘济世的人生追求。

因传说其母夜梦长庚星入怀，而生于剑南昌明的青莲乡（今四川省江油市；另一说是西域的碎叶城，即现今的哈萨克斯坦境内），故又自名为李长庚，号青莲居士（道家言称：是东汉时岁星东方朔被贬下凡，故自称谪仙）。

李白年少时，颇好侠义之风，喜纵横兵战之术。在学业方面，曾因枯燥乏味几乎辍学。后在河边见一老妪，正在汗流满面地磨一铁杵。李白很是惊奇，便向前寻问缘由。老妪说："我在磨针啊！"李白又问："这么粗的铁棒，何时才能磨成针呢？"老妪说："只要功夫深，铁杵也能磨成针。"李白受其精神所感染，便生上进之心（道家言称：此老妪乃"西王母"，又称"金母"所化，特来点化李太白）。忽一日，李白"梦笔生花"，于是才思泉涌，名声大震。

开元二十九年闰四月二十一日，唐玄宗夜梦老子对他说："吾是汝远祖，吾之形象可三尺余，今在京城西南一百余里，时人都不知年代之数，汝但遣人寻求，吾自应见。汝当庆流万叶，享祚无穷。吾自度其时，今合与汝与兴庆中相见，汝亦当有大庆。"（此段内容节选自：陕西省周至县楼观台说经台碑林中的《老君显见碑》）

后玄宗皇帝如约派人前往寻求，果然在山上掘得老子玉像一尊，并迎归兴庆宫中供奉（此像现存陕西历史博物馆，现在道家所供老子像，多仿此而做）。为张扬其盛，遂下旨告谕全国，并因此改年号开元为"天宝元年"。

公元742年（即天宝元年），玄宗以陈王府参军田同秀为"朝散大夫"。在此以前，田同秀曾对帝君说：“曾梦‘玄元皇帝’（李渊封老子的名号）告知：有一些灵符，埋藏在尹喜故宅，让玄宗遣使往寻。”后果在地下寻到。从此以后，玄宗对道祖更加尊重。

此时，叶法善常居景阳观，勤行修炼。四方有灾患时，常求他前往救治，每次都是迎刃而解，东西二京受箓为弟子的，多达上千人。

有位贤士叫李签，叶法善与他当面交谈，见他有将相之才，便把他举荐给玄宗帝。后李林甫等多方排挤，李签便辞职归隐，寻求出世之道。后得骊山老母传授《黄帝阴符经》，并详加解释。李签得经细悟，终修成真仙而去。

李白画像

同年，李白在玉真公主和近臣贺知章引见下，被玄宗诏传进宫。传说李白进宫那天，玄宗帝亲降车辇步迎，并以七宝床赐食于前，且亲手调羹。当玄宗问及如何亲政治国时，李白答以文为主、以武为辅、以智而求胜的文武纵横之术。玄宗听后，大为赞赏，立即封李白为“供奉翰林”，职务是草拟文告，陪侍皇帝左右。闲暇之余，玄宗帝对李白的诗词也是赞赏倍加。

一日，适逢高丽（今朝鲜国）一属国来京上贡，言称带来“三宝”，若能识别并降伏，则日后仍然对唐称臣；否则，便将自立为王，且限定时限为一个月。其“三宝”，一为挑战奇文，二为奇异圣兽，三为骁勇武士。首先是那封奇文，满朝文武大臣，竟无一人能识。最后，玄宗把目光投到李白身上，国舅杨国忠也上前殷勤求说。李白看了杨国忠一眼，上前从宦官高力士手中接过挑战书，毫不犹豫地一口气读完。等李白读完后，高丽使臣甚是赞赏，满朝文武却大为愤慨。

那使臣又让玄宗帝写回书。玄宗帝知李白“斗酒诗百篇”的习性，便命高力士传御酒。李白成心要调教高力士和杨国忠一伙奸臣，便开怀畅饮。饮完，他略带醉意，请求玄宗帝让高力士为自己脱靴，让杨国忠磨墨，并还要高力士捧墨，这样才能写好回书。玄宗帝正在用人之际，就欣然答应了他。于是，在二人的“殷勤”照顾下，李白酣畅淋漓，一挥而就。

李白写完后，朗声读给高丽使者听。大意为盛赞唐朝的强大；也警告派使臣的这个高丽小国，不要“轻捋虎须、以卵击石”，而给民众带来灭顶之灾。玄宗听后，大快心意，文武群臣也大声叫好。那位使臣则在众人的叫好声中，吓得满头出汗。

随后的日子里，李白看了驯兽的演示，并观看了高丽武士的表演，基本做到了心中有数后，便向玄宗皇帝举荐自己前不久所收的一位文武全才的弟子。此人就是日后复国重臣郭子仪。在李白的精心指导下，郭子仪不负众望，一举降伏猛兽，并打败高丽国武士，保住了大唐的威严。

连续三件事，使玄宗帝对李白更为赏识，但却惹恼了杨国忠和高力士一帮奸佞小人。在二人排挤下，李白赌气写了一首有意归隐的诗文。谁料玄宗看了诗文，在高力士和杨国忠的怂恿下，竟真的将李白赐金放还。

从此，李白再也没能走进皇宫。不仅如此，因安史之乱，他还受到牵连而遭受牢狱之灾。最终在朋友周旋下，方脱离险境。几经周折的李白，怀着对政坛的极大愤慨，最终彻底离开官场仕途，从而完全跻身于仙道之中。

上元二年（公元 761 年），六十出头的李白因病返回金陵（今南京市）。此时，他的生活已是相当艰难，万不得已只好投奔在当涂做县令的族叔李阳冰。第二年，李白把文集整理好交给李阳冰后便与世长辞，终年六十二岁。

另据《中国神仙大演义》说：李白重病时，有一相貌贫寒的乞丐闻讯前来探望。李白抱病出迎，见后方知是神交已久的“仙医”许宣平。宣平饮以仙酒，李白即刻清醒。后宣平告辞说：“日后当于蓬莱相见。”说完，飘忽不见。第二年，李白饮游湖上，见水中有巨鲸游动，便倾身倒于水中，巨鲸迎之，忽腾空而起，飞升而去，见者皆欢呼致意，故有“骑鲸客”之称。

公元 743 年（癸未年），在群仙蟠桃大会上，太上老君因念及不久后人间将遭受天地劫运中的“百六灾劫”，便对群仙说：“我观世人多习恋恶业，不信‘福善祸淫’之说，实因不知‘有感而应’的妙理。我有《感应篇》一卷，想以此流行人世。世间民众，只要改恶向善，即可避劫消灾。长久不辍，日日行持，尚可登天宇而成天真。”说完命群仙传观并记忆在心，以便降世度人时传化世间万民。会后，即有上界高真下世传经化民。从此，《太上感应篇》一经也如《道德经》一样，成了流传世间的一本“救世真经”，备受道教界甚至佛教界推崇。

在古时候，世间有重男轻女的习俗。建中元年（公元780年），唐德宗李适在位，时“校书郎”李端的从事谢寰有一女。名叫自然，从小性情怪异，从来不食荤腥带血的食品。七岁时，母亲为了让她能识字糊口，便把她送到尼姑庵，不久因有疾而回。而后她母亲又把她送到尼姑慧朗处住了十个月，因不习惯又回到家中。平素喜言道家趣事，且言辞语气清高飘逸，大有仙真之风。

自然家住大方山脚，山顶有老子古像。自然从母游玩时，每次见面，总要飘然下拜，从未放弃。平日常诵《黄庭》《内篇》《道德经》等经，后从书中看到说食用稻米等类饭食，容易使腹中生虫。于是便多次饮用皂荚汤，果见腹中诸虫都泄出。从此，体轻目明，只以柏叶、松籽、黄精、首乌等为食。一年后柏叶也不再食用，九年后连井水也不饮用。自以为修仙大道人世间难遇，便想到蓬莱往拜真师。于是自备舟楫入海，历涉洪涛巨浪，丝毫也不动摇。后感神人言语说：“蓬莱隔着三千里弱水，连一粒芥子尚且难浮，你又怎能到达？域内天台山上，有位叫司马承祯的道长，名已注册到天仙丹籍中，此人可为你的良师。”自然就返回域内，后终在玉霄峰见到司马承祯。得司马指点真诀后，便告辞回家默默修持。贞元三年（公元787年）三月，在开元观访到绝粒道人程太虚。太虚传以《道德经》《紫虚灵宝录》等秘法。七月十一日，上仙杜使降于石坛，以符三道，令服。服后即觉身心舒坦。此月十五日，王母令仙女下迎，飞升而去。

公元819年（己亥年）正月，唐宪宗听闻，凤翔府法门寺塔内有“佛骨舍利”（即今陕西省宝鸡市扶风县法门寺），相传三十年一“开光”，开时则岁丰人安，次年应是开光之年。宪宗帝听后大悦，便遣使率僧众迎请。一时之间，消息传开，王公、士民争相瞻奉施舍，唯恐不能福及；有的倾家荡产；更有甚者，竟燃烧项臂供养。然而，刑部侍郎韩愈上书极力陈述其中弊端。宪宗帝大怒，命令宰相，将降极刑于韩愈。后得众臣极力恳求宽免，宪宗才稍泄愤怒，把他贬为潮州刺史。

韩愈有一侄子，名湘，字清末，自幼父母双亡，由韩愈抚养，视为亲生，对他期望很高。但此子自幼不好读书，偏喜饮酒歌乐。一日到洛下省亲，因仰慕“云水之道”（即仙道），从此不归，自号元阳子，不想婚娶，而童真不漏。

一日，回家探望，适逢韩愈寿诞，因而在酒席宴间演示“瞬间花开”仙法。待鲜花开放时，却见花瓣中有“云横秦岭家何在，雪拥蓝关马不前”十四字。众人见后大惊，忙问是何预兆。韩湘不言，只是劝其叔父日后在朝中应慎言为上。宴后，便告辞寻师而去。

等到韩愈被贬行到商山，泥滑雪深，心中很是抑郁。正在危难之际，忽见韩湘迎头立于马前，拜起劳问，扶镫接辔，仪态很是殷勤疼爱。第二日，云开天晴，便亲自送韩愈到邓州府地。然后告知韩愈说：“因为家师洪崖老祖在此不远处炼丹，不能久陪，须到师尊处奔走劳逸，还望叔父路上多保重。”韩愈早听“洪崖”大名，便问湘子说：“神仙真的可以做到吗？大道真的可以访求吗？”湘子回答说：“得之在于心诚，失之在于心疑。”韩愈想起花中的诗句，已是深信湘子之言。临分别时，湘子取一粒丹药化开，递给叔父说：“服后可御潮州的瘴气。您到潮州后，只要励精图治，勤政爱民，不久就会被重召京师，莫愁无回天之力。”说完，就飞入丛林，忽而不见了踪影。

一年后，韩愈果被召还京师。一日，听家中宴客说起华山的险峻风光，便奋勇而上，一览无余，心中便生离世幽隐之想。待下山时，却心悸目眩，急得发狂痛哭，便投书山下，与家人永诀（今华山苍龙岭有“韩愈抛书处”）。邑令百般周折，方才把他接下山峰。

回家之后，因而成疾。韩湘见其时限将近，便回家探视，并对他说：“我从崆峒山而来，老祖洪崖命我来召见你。”韩愈笑着说：“真有其事吗？”便到内室沐浴而卧，待家人再进去探视时，已无气息（道家曰尸解成仙）。

唐景福二年（公元 893 年），唐朝政治日渐腐败，战事频繁，民不聊生。国子司业谭峭字景升，颇好涉猎经史，其父起初训导他以进士为主业。而谭峭却偏好“黄、老诸子”以及周穆、汉武等《列仙内传》。后告别其父，往游终南山，自此尽兴而游，不再有归返之想。其父派人往追，在山中寻见，将其父教化训责的书信给他看，看后他回书信给父亲说：“前朝茅君也贵为人子，不也辞父学仙而去吗？我很仰慕他，也想像他一样，希望能有所际遇。”其父看回信后，就不再强求他了。

谭峭后师嵩山道士，学得“辟谷”养气之法。之后，又与辽东人董凝阳，遇玄白先生授以“养生求仙”之道。其夏服黑裘，冬穿绿布衫，卧雪中数日，身上尚且气出如蒸笼。其父很想念他，常令书童四处寻访，并寄钱帛。他收到后，回书安慰父母，并将衣物、钱帛转赠穷苦人。后又与施肩吾、马自然、杨云外等有道之士，共居南岳。炼丹既成，服之入水不濡，跨火不灼，且能隐形变化。过几年，转迁青城山，著书立说，传道学子。并将在终南山著就的《笠天化书》留世（后世又称《齐丘化书》《谭子化书》）。其说与“老、庄之说”极为相似，分道、术、德、仁、食、俭六化。

又过几年，见朝纲倒置，国运将终，便无意留恋于世，就与好友相继蜕化而去。后人为纪念他的功德，将他与庄子、列子、文子（一说辛研，名计然；一说崔文子）三人，并列供奉于陕西周至楼观台说经台大殿之东侧，世称“四子”（称谭峭为谭子）。

二十四、诸子阐道，辈有贤良

公元960年正月（农历庚申年），后周大将赵匡胤，陈兵陈桥，众将士黄袍加身，共举为王，国号“宋”，命手下将士，遍告各郡国藩镇。时老子门徒陈抟，乘驴游华阴，闻帝登基，拍掌大笑道：“天下自此可以安定了。”不久，便又接到太祖的召请，邀其重续前几年所订的约会，陈抟婉言谢绝，留书信于使臣，悠然而去。

庚午年春（公元970年），又征处士王昭素，问治世养生之道。王回答说：“治世莫不如爱民，养身莫不如寡欲。”太祖将他的言论书在屏风上，又下诏修前朝二十七座陵墓。一时之间，民心为之大振（古往今来，世人对祖墓很是敬仰，宋太祖此举，对笼络民心而言，确实是高明之举）。

公元976年，太祖病逝，太宗赵炅继位。因思当年陈抟“相面论王”之言，再次下诏奉请陈抟进京。后陈抟应诏至都，太宗想封其官职，抟不愿领受，只求一静室。于是帝便赐居“建隆观”，月余后即辞还山。尔后各地祥瑞之兆频报，统一中原的大业也逐渐完成。宋真宗在甲寅春（公元1014年）正月，御驾亲临亳州，拜谒老子于太清宫，并赐尊号为“太上老君混元上德皇帝”，回京后还大赦天下，除死囚外，均减刑三级（自此，“太上老君”这个称呼，响遍神州大地）。

壬戌年（公元1022年）二月，真宗病逝，赵祯即位，史称宋仁宗（传说自幼喜赤脚游玩，冬夏不顾。仙经中说，是玉帝殿前赤脚大仙转世。如今道门中人，也有一年四季赤脚修行之人）。

仁宗自幼喜好“黄、老”等仙道典籍。即位后曾想求访仙真，又怕遭群臣非议。想起先帝曾召汉天师之后张正随，于是遣使臣前往诏请。

嗣教真人张乾曜，端静少言，立志内修，应召入京后，帝问冲举升仙之事。张天师回答说：“你这样做并不能有助于‘天道’的推行。陛下应返之以朴实，行止节俭，那么天下就会和平。您的神圣功德，能泽及万物苍生，则您就离‘天道’不远了。”

仁宗听后，很是赞赏，赐号澄素先生，并诏其子见素进京，封为“监军主簿”（相当于总参谋长）。后知见素无意于仕途，便以卫尉寺丞休官，隐居东湖，子孙于是定居于此。

仁宗自从受天师点化后，更加崇信儒、释、道三教。曾与群臣讨论道：“儒尚道德、释尚虚无、道归真常。三教之理，统归于‘道’，‘道’乃至尊。”并传《尊道论》一书留世。

在仁宗的倡导扶持下，一时之间，朝中上下，以及民间，尊道崇德之风盛行。后有八仙中的曹国舅（曹彬之后）、何仙姑都出于此年代。

宋末，全真教派创始人王重阳，在钟离权、吕洞宾、李凝阳的指点教导下，首开三教合一、佛道双修法脉。

其后的传人伍冲虚（明嘉靖三十二年，即公元1553年生；羽化于明崇祯十三年，即公元1640年），江西南昌人，幼时家贫，致力求学上进，精习“性命之理”。明晓佛家“三昧真谛”。后拜师于全真教龙门派高道曹还阳、李泥丸、王昆阳。苦志修持二十年，得道成真。他的《仙佛合宗语录》《天仙正理直论》二书，后经柳华阳推演（其详细生卒年不详，据相关资料考证，应主要生活在清乾隆年间，即公元1733年至1796年间），遂创内丹“伍柳派”。

此派本可归于北宗全真派，但在炼养修持上，又有较大区别，而后世学者又多、门庭极盛。故世人有伍柳派之称。与“北宗丹法”相比，此派较为烦琐，并且以“修气脉”与“小周天”功夫为主，参照佛理及禅定功夫，说理浅易，指点详明，玄机奥语，多加直指。但细究其中主要理论，还是多以《道德经》《庄子》以及钟、吕、王重阳、丘处机等大家要语为主要炼养思想。可见，仁宗皇帝对后世的影响有多大。

仁宗后，宋室历代帝王，崇道礼佛之风代代未曾稍减，致使贤士、名人辈出。其中史籍中有名可查的有：赵普、曹彬、吕蒙正、种放（陈抟的弟子）邵雍、王钦若、欧阳修、宋祁、晏殊、范仲淹、狄青、文彦博、包拯、王安石、苏轼、程颐、程灏、周敦颐、秦观、黄庭坚、林若素（陈抟的弟子）、宋江、姚平仲（钟离权弟子）、岳飞、关肇（关云长之后）、张九成、朱熹、杨万里、范成大、辛弃疾等。

上述诸人，或精忠为国，救民水火；或励精图治，造福万民；或著书立说，启迪世人；或修身养性，广化世人。综其因由，都是受教于儒、道、释三教，其中特别是儒、道二教影响最深。正是华夏文化的两股主流思想，对社会发展所做出的巨大贡献。

二十五、归结至道，万古名扬

话说仇池真人文始真君，因五胡乱晋时，失于救济，故被谪降凡间。由于上述原因而导致金人扰宋，此虽是“天数劫运”所致，然刀兵所经之处，难免要伤及无辜众生。于是指示群仙，极力营救。经过众仙时时留心，终致域内无枉死之鬼，道路流离无横死之人，仁人巧获生全，孝子也被曲为荫庇。那些忠烈之士，捐生殉难的，被引归天道；贞节之女，誓死保全德操的，也被度入仙阶。

纵观天下，域内已是南北休兵，一派和平繁荣景象。

文始真人于是向老子类叙群仙功德。太上道祖听后很是欣慰，便命传集东、南、西、北以及本山洞真，齐往域内各仙山，邀集老子门徒以及能承流宣化世人的，都来汝山报功复命，并传示日后度世方略。此日是丁亥春三月十八日（即公元1167年），时南宋孝宗在位。

不经几日，群真陆续到齐，其中太上老君嫡传门徒七子：文始关尹子、通玄辛文子、洞灵亢仓子、子林壶丘子、正名尹文子、冲虚子列子、南华蒙庄子。

老君流派十人：鬼谷子、杨朱、墨翟、士成绮、柏矩、元阳子、伯杨童子、匡续、蔡琼、南荣。

灵感救世者十九人：杜冲、宋伦、安期生、路大安、姑射老叟、刘翊、于吉、刘惇、王纂桓、寇谦之、梁谌、韦善俊、叶法善、傅仙宗、侯道华、刘从善、王仙君、贾善翔等。

道承真系四十人：王方平、茅蒙、若士、李意期、张道陵、冯长、李少君、魏伯阳、张景雷、张申、刘政（即刘向）、孙博、左慈、介象、介琰、刘景东、郭延灵、寿光、何述、罗先期、石帆公、宫九、施存、葛玄、尹思、尹轨、樊中和、女仙李元一、刘纲、樊云翘、东陵圣母、李靖、王烈、郑思远、李虚中、张秦、李保真、林通远等。

传世度世五十二人：刘海蟾、姚坦、周亮、曹浑成、许蜡、茅盈、朱璜、王谷神、皮玄耀、折象、王长、刘划、薄姑延、徐市、郭文举、许穆、陈惠度、牛文、侯于章、陈宝炽、李顺兴、侯楷、张法乐、王轨双、袭祖、陈道冲、潘师正、司马承祯、张氲、汪华、吴筠、薛季昌、翟法言、刘无名、李含光、许洒岩、应夷节、金可记、熊德融、王璨、叶藏质、酆去奢、聂绍元、许仲源、谭峭、陈抟、陈景元、刑和璞、刘元道、边洞元、马自然、龚元正。

老氏羽翼七十四人：乐臣公、盖公、曹参、桓谭、严遵、阚泽、阮籍、王弼、王羲之、阮修、孙思邈、陆希声、李德裕、白居易、欧阳修、罗文彦、苏轼、苏辙、秦观、邵雍、叶梦得、杜光庭等。

孙思邈画像

要语警世者二十七人：涓子、长桑公子、鹤鸣真人、孙登、左元泽、杨羲、陶弘景、李凝阳、薛道光、陈泥丸等。

觉言度缘者二十一人：钟正阳、司马季主、吕纯阳、王重阳、张紫阳、施肩君、蓝养素、王栖云、石杏林等。

老君见诸真高徒都会集一起，便令众人

各自诉说修法所得。众真一时无心理准备,都惊愕不语。

于是老君又说:"你等不必紧张,就说你们保存的道德五千言。其后注解的共计有六十多种版本。虽说原本都一样,但言及'道德'宗旨,理解的却各有不同。从修内角度理解的,比如后赵的佛徒图澄;从治理国家的角度理解的,有晋时的羊祜、杜预;从调理身心角度而理解的,有魏国时的松陵山人,梁时的陶弘景,齐时的顾欢;从通晓事物变化内涵理解的,有苻秦时的鸠摩罗什、僧肇、梁道士窦略;从注重玄学奥理角度理解的,有晋时的孙登,梁时道士孟智、周藏、张玄静,陈时道士诸糅,隋时道士刘进善,唐时道士成玄英、李荣、黎元兴等;从阐明虚极无为之道入手发挥的有:魏时的何宴、钟会,晋时的王衡;还有以清虚玄妙为出发点而注释的,如汉时的严遵、管辂、徐子平等;以无为为出发点注解的,如晋时的张嗣、唐时的卢氏、刘仁会等;纯以道德仁爱为宗旨注解的,如张玄静、杜光庭;以非有非无为宗旨注解的:如梁武帝。以上各高贤,虽然修持的方法各有不同,但最终的结果是殊途同归。还望各位畅所欲言,不要有所顾虑。"

众真人听后,便各理思绪,先后阐述对《道德经》的理解,以及对与《道德经》相关的其他修真法典,比如《易》《参周契》《修真篇》《悟道集》等的理解。

最后,老君对众真诸徒说:"《道德经营》理学不在一时,而在万世,你等各著所得,定可扩大弘扬儒、道之教,真可谓是后世亿万苍生的洪福啊!"

一真上人又问道:"金人争占中原,是因赵匡胤背弃盟约,杀侄而又害李后主,伤残天理,故令伊君愤遣赤龙,降生北边,转而攻取宋室江山,拘禁赵估、赵桓,以惩其咎。今其子孙已绝后,而继宋统南为王的,属德芳、德昭的后人。张浚本可复国,但秦桧力持和议,戕害忠良,岂不可悲?"

中有徒子中元说:"适逢玉赦,岳氏忠良,已升天界,权奸肆恶,永受三涂之苦。赵匡胤及其子孙统治宋国,历经一百六十八年(公元 960—公元 1127 年),金人入主中原,其数也将相当,但理学儒修,恐怕要绝传了。"

老君说:"这不足虑。金既占其地,必用此地之人辅政。但金人好杀,荼毒太甚,将来必加倍受报于蒙古。"

有徒弟虚靖起身而问道:"金与宋之战,争国复仇,但不知蒙古与金国,又是何等因果?"

老君说:"这也是赵姓子孙,流浪到北陲,赞谋南伐。然而其国运并不长久,自有'真主降世',将他的子孙驱出中原。到那时,天下就会重新清净安宁,细算起来,其时日并非遥远。你等当广施仁爱,加以济度,弘扬道德,化育万民。"

众真都称:“愿领教诲法旨。”随后,群真各自回转仙山洞府,随时度人。

继南宋以后,金元之际,受道儒文化思想的影响,相继又有一批贤君、贤士、忠臣、良将、贞姑、烈士,出而治世化民,救度苍生。这些人分别是;奇渥温铁木真(又称成吉思汗)、岳珂、太微仙君、白玉蟾、张成大、萨守坚、忽必烈、文天祥、赵道姑、韦十一娘、郑册、金桑、张可大、李景、刘基、铁冠道人、张三丰等。有关他们的史实和传奇经历,在此就不再赘述。

二十六、古为今用,再造辉煌

公元1368年正月(农历戊申年),朱元璋即皇帝位于“应天府”(今江苏省南京市),国号“明”,此即前文老君在群仙会上所说的“真主降世”。

朱元璋大兴仁义之师,平定中原及边夷后,便大兴道、儒玄风古礼。

甲寅年冬(公元1374年),明太祖注释《道德经》成册,并作序言,其中有言说:“此经是万物的根本,帝王的老师,臣民的宝典,并非只是为仙家道士辈所流传。”在明太祖朱元璋的推崇倡导下,华夏文明之风再度兴起。

明末,由于几位君主盲目崇信神仙巫术,以致误国害民,相继英年早逝。清入关后,大杀宗教之风,自此,以《道德经》为首的治世强身诸般经典,不是深藏宫中,就是暗行民间。一时之间,能通晓其奥理的人也就很少了。

清朝中晚期,由于东西方列强和周边列强的野蛮侵略,中国封闭的文化禁锢被打开,一些先进的西方文化思想流入中国,而我国传统文化精髓,也被入侵者几乎洗劫一空。在这次中西方文化交流冲突中,我们的民族虽然付出很大代价,但终于“睡狮猛醒”,在中国共产党的英明指导下,最终走上了“古为今用、古今结合,自力更生、奋发图强”的强国兴民之路。

小　结

一个民族常有一种天然的浪漫思想与天然的经典风尚,个人也是如此。道家哲学为中国思想的浪漫派,孔教则为中国思想的经典派。

确实,道教是自始至终浪漫的:第一,主张重返自然,因而逃遁这个世界,并反抗掠夺自然之性而负重累的孔教文化;第二,主张田野风光的生活、文学、艺术,并崇拜原始的淳朴;第三,代表奇幻的世界,加缀以稚气的质朴的“天地开辟”的神话。

中国曾被称为是实事求是的国度。直到如今,“实事求是、勇于创新”仍是时代的主流。但大家不得不承认，在大多数人的内心世界里，仍然还存在着富有中国人特性浪漫的一面。这一面或许比现实的一面还要深刻，且常常随处潜存于他们的热烈个性、他们的爱好自由和他们随遇而安的生活之中。这一点常使外国旁观者为之迷惑不解。跟林语堂先生的想法一样，我也认为这正是中国人之所以不可限量的重要特性。我们身边的每一位，可以说仍不同程度地生活在“孔子礼教”之下，倘若没有感情上的抑或是精神上的救济，仍然是不能忍受的。所以“道教”是中国人的“游戏姿态”，而“孔教”则为“工作姿态”。这就容易使大家明白一个道理：每个中国人，当因成功发达而得意的时候，都是儒教徒；而失败的时候，都是道教徒。道家的“自然主义”，以及由此而派生出的“宿命理论”，就像一服“镇痛剂”，常常用来抚慰创伤的人的灵魂。

林语堂塑像

再者，老子觉察到了人类智巧所带来的危机，在《道教徒心目中的老子》一篇中，曾多次提到这方面的话题。正因为人们往往“弄巧成拙”，所以老子一再强调“无知”是人类的最大福音。

老子也觉察到了人类劳役的徒然，故又教人以无“为”之道，所谓节省精力而延寿养生。由于这一个意识，便使“积极的人生观”变成“消极的人生观”，它的流风所被，几乎遍染全部东方文化。

在我们国家有个习俗：每当劝服一个强盗或一个隐士，使之与家庭团聚，而重负俗世的责任时，常引用孔子的哲学理论；至于遁世绝俗，则都出发于道教的观点。在中国文学中，这两种相对态度常被称为“入世”和“出世”。有时此两种思想，会在同一人身上发生争斗，以期战胜对方。即使一个人一生的不同时期，或许此两种思想也会此起彼伏。如梁溯教授、黎遇杭先生，他们起先一是佛教徒，一是道教徒。曾经与尘界相隔绝。后来恢复宗教政策，恢复佛道哲学文化，二人又都重新组织家庭。

有人认为，以孔子为代表的“儒教文化”，和以老子为代表的“道教文化”，是相互对立的两种不同哲学体系：认为老子哲学是“消极的处世观”，而孔子哲学是“积极的进取观”。其实，这种理念完全是错误的。

从我以前的有关《老子的传说》的三个标题篇章中可以看出，孔子哲学是源于老子哲学的。唯一不同的一点是老子哲学更注重于对事物本质的认知和发挥，侧重于开挖自身和自然的人生价值；而孔子的哲学则偏重于外在的表现和修饰，利用人们的“从众”和“尚美心理”，从意识形态上去引导人们济物利生、广施仁爱，从而满足个人和所在生命群体的整体利益。

归根结底，这两种哲学思想的目的都是一样的，即“我为人人，人人为我”。只是所采取的方法和手段不同而已。可谓是一个重“标”，一个重“本”。而细究起来，道教哲学似乎更高明一些，颇有些“标本兼治”的味道。

凡是经常接受中医治疗的人都知道，当一个人有内在疾病时，中医大夫往往从体内某些穴位着手施治；而当一个人有外在疾病时，中医大夫又往往让人吃中药，从内脏治起，此即中医学中所说的“标本兼治”法则。从本篇第三章节“道教徒心目中的老子”一章中也可以看出，古时许多优秀的医学家都是源于道教学派。比如远古时的神农氏，中古时的黄帝和岐伯，春秋战国时的神医扁鹊的师父长桑君，晋时的道士陶弘景、葛洪，三国时的华佗，唐时的王冰、孙思邈（道家奉为药王）、李靖等。

其实，在人类文明还不发达的时候，道教文化更多的是以“自然科学”的身份显现的，是华夏历代先民智慧和文明的结晶。其核心思想是“阴阳五行学说”，和由此而衍生的“太极八卦”“河图洛书”理论，最终集大成的是“天人合一论”。

其中“阴阳五行学说”和“太极八卦”理论，与当今物理学、生物学中的“阳粒子”，遗传基因中的“生物链”，以及各种重要“激素”的兴奋、抑制机理，竟是那样的吻合；对某些中草药的作用机理，以及配伍功用的把握，远远超出现代科学的范畴；而利用朴素的辩证思想为指导，所制造的看似笨重，实则灵敏度极高的天文、地理、探测、监控仪器，也几乎达到了现代科学水准（如东汉张衡的“候风地动仪”，还有我国一直使用的“古历纪年法”等）。

而“天人合一论”的应用，更是遍及人类生活的方方面面，诸如在中医中药学、养生学、建筑学、兵战学、政治体制学、天文学、历法学、预测学、丧葬立法学等诸多学科中，都不难找出这种框架模式。可谓与当今社会的“宇宙全息统一论”，有异曲同工之妙。

再深一步说，古代人心目中的“神”的概念和“鬼”的概念，与现代人是有所区别的。在古人眼里，“神”即“示”“申”，是指示引申的意思，是古人对有特别智慧，善于观察、发明的人的尊称；而“鬼”是对自然界不可及、不可知，比较阴暗、难以捉摸的人或自然现象的统称。“神”是阳的一面，可以给人类带来光明；而“鬼”是阴的一面，可以给人类带来灾难。

所以，在中国人的内心世界里，都有“见神”欣喜、“见鬼”心惊的潜在心理。在此我还想说的是，当一个人完全进入恍恍惚惚、与天地自然合为一体的状态时，是真的可以感知到一些平日所感知不到的来自自然或生命本体的奇妙景象的，甚至可以做到一些平日根本无法做到的事情。

在《道德经》成书的那个时代里，一个人要想很好的生存，不充分利用自然因素、不注意保存自身身体素质、不具备真知灼见、不善于摄生自养是很难做到身心安泰、长寿而终的，更不用说发挥自身潜能、造福众生。

而老子的一生，无论是从世俗角度，抑或是从道教神话角度而论，都是生活得很成功的。

纵观历朝历代，古往今来，有多少圣贤名人、仁人志士，通过研究、体悟《道德经》而找到了自己的人生目标和轨迹，从而实现了自己的人生价值，造就了个人辉煌的人生。

第三章　老子考证

第一节　老子的出身及师承

关于老子的出身和师承,人们一直不甚清楚,前文所举,大多是出于臆测,有的甚至是出于某种目的而有意捏造,可信者不多。我们根据有限的史料,对老子的出身和师承作一考察。

一、老子姓氏考

从汉代以后,学界依据《史记·老子韩非列传》,一般认为老子姓李,名耳,字聃。一说名重耳,字伯阳。至于他为什么又叫作"老聃""老子",解释则多种多样。我们根据有关史料,认为"老"和"李"都是老子的姓氏。

(一)前人对老子之"老""聃"的解释

既然《史记·老子韩非列传》说老子姓"李",为什么从先秦开始,人们又总把他称为"老子"呢?而且在现存的先秦典籍中,为什么看不到老子姓李的记载呢?这是研究老子者应该回答的问题。对于这一问题,前人有不同的答案。

1."老聃"是字、号

有不少学者把"老子"或"老聃"解释为字、号,这些解释之间也有细微的差别。唐人成玄英《庄子疏解》认为"老聃"是"外字":

老君即老子也。姓李,名耳,字伯阳,外字老聃,大圣人也。

所谓的"外字",就是另外的字。唐张守节《史记正义》引张君相的话说:"老子者是号,非名。"还有一种说法,"聃"是谥号,《列仙传》说:

老子,姓李,名耳,字伯阳,陈人也。……谥曰聃。

《列仙传》认为“聃”是老子死后的谥号，但没有解释“老”。

以上这些解释都只说“老聃”是字、号，但没有说明这一字号的含义。郑玄在《礼记·曾子问》的注释中说：

老聃，古寿考者之号也。

按照这一说法，似乎古代寿命长的人都可以号“老聃”，然而事实上号“老聃”的只有老子一人。因此郑玄的解释还不能服人。

关于“聃”字，还有一种很常见的解释，即耳长而大。《说文解字》说：“聃，耳曼也。”而“曼”，就是长大的意思。因此后人就说，老子之所以号“聃”，是因为他耳朵长大，是对他外貌形象的一个描述。后来不少老子塑像都体现了这一点。

2.“老子”是号，“老子”是考教众理、化育万物的意思

唐张守节《史记正义》引张君相的话说：

老子者是号，非名。老，考也。子，孳也。考教众理，达成圣孳，乃孳生万物，善化济物无遗也。

张君相的话是说，老子的“老”是“考”的意思，但“考”与“老”的近似义是衰老、老年的意思，而张君相却把这层意思的“考”理解为考察，另外再加上一层意思——教育。那么“老”就成了“考教”。“子”本来是古人对男子的尊称，是从五等爵位借用来的，而张君相把它解释为生养、化育的意思。“老子”的含义就是考察众理以教育百姓，从而达到化育万物的目的。很明显，张君相的解释是望文生义。

3.“老”是年老的意思

《史记·老子韩非列传》“正义”引《玄妙内篇》说：“李母怀胎八十一载，逍遥李树下，乃割左腋而生。”《太平广记·神仙第一》引《神仙传》说：“或云母怀之七十二年乃生，生时，剖母左腋而出，生而白首，故谓之老子。”因为老子在母亲体内生活了七八十年，所以一生下来就满头白发，于是就起名“老子”。这种说法显然是带有神话色彩，更不可信。

4.“老”是老子的姓，“李耳”是小名，意思是“小虎儿”

我所见到的资料，最早是《神仙传》说“老”是老子的姓。《太平广记·神仙传第一》引《神仙传》说：

或云其母无夫，老子是母家之姓。

《神仙传》的作者是葛洪，而葛洪用“或云”二字，说明在他之前，就有这种说法了。这种推测较接近事实，但未必就是母家之姓。

孙以楷先生也认为“老”为姓，而“李耳”则是老子的小名。他在《道家文化寻

根》中说：

老子姓老，不姓李。所谓李耳，只是老子的小名字。扬雄在《方言》中说："虎，陈、魏、宋、楚之间，或谓之李父；江淮南楚之间，谓李耳。"为什么老虎被称作李父或李耳呢？方以智在《通雅》中有一段解释。他认为人们把虎唤作"狸儿"，因为音近，就变成了"李耳"。老聃可能生于公元前571年，他的小名叫老虎，相邑一带方言作李耳。到战国时出现李姓，小名李耳在传说中变成了老子的正式名字，而"聃"反而成了字或谥称。

至此，我们可以说老子…… 生于公元前571年，姓老名聃，小名李耳（小虎儿）。

孙先生的这一论断虽有一定理由，但只能是推测。因为扬雄距老子时代已经有五百多年了，我们很难用五百多年后的方言去印证老子时代的话语。何况老子是陈人，而扬雄时陈地人把老虎叫作"李父"，而不是"李耳"。实际上，孙先生开始也只是说"老聃可能生于公元前571年，他的小名叫老虎"，有了"可能"二字，就显得比较客观。但紧接着的一段就去掉了"可能"二字，变成了"至此，我们可以说老子……生于公元前571年，姓老名聃，小名李耳（小虎儿）"。一个"可能"存在的事实，口气一变而成为铁定的事实。很明显，这中间有一个不合理的跳跃。

5."老聃""李耳"是"长耳朵老人"的意思

钱穆先生更发挥自己的想象力，把"老聃""李耳"解释为"长耳朵老人"。他在《庄老通辨》中说：

然则司马迁史记何以又说老子名耳字聃，姓李氏，好像确凿有据呢？其实老聃只是寿者的通称。说文："聃，耳曼也。"诗鲁颂毛传："曼，长也。"长耳朵是寿者相，所以说老聃，犹之乎说一位长耳朵的老者。亦犹后人说一位白眉毛的老人般。古书又有称续耳、离耳的。初学记引韩诗："离，长也。"可见续耳离耳同，还是长耳朵，在庄子也只是说孔子曾去见了一位长耳朵的老者就是了。但后人穿凿，便把离耳又转成李耳，于是变成老子名耳字聃姓李氏，确凿有名有姓了。

钱先生的意思是："老"是年老，"聃"是长耳朵，"李耳"是"离耳"的讹传，"离"也是长的意思，而"长耳"是长寿者的外貌体征。因此，无论是"老聃"还是"李耳"，都是"长耳朵老人"的意思。读这段考证文字，不像是在读学术著作，而好像是在读小说。作者的联想力很强，但毕竟只是联想，很难服人。

6."老"与"李"为一声之转，同为姓

高亨先生《〈老子正诂〉前记》说："亨按老李一声之转，老子原姓老，后以音同变为李，非有二也。"高先生认为古时"老"和"李"同音，所以后人就把"老"写作

"李"。高先生虽然在下文做了论证,但只能备其一说,似难成定论。

7."老子"与"老师""老先生"义近

吴龙辉先生提出:"老子"的含义与今天的"老师"义相似。他说:"老子既不以'老'为姓氏,又不以'老'为名字,但却以'老子'见称于后世,这是很值得研究的。在先秦文献中,老子本来称作'老聃'。'老子'是战国中期黄老学派的发明,与诸子蜂起和稷下学宫'列大夫'的出现有密切关系。'老子'的意思和'老师'有些相似。师中资格最老、水平最高者为'老师',子中资格最老、水平最高者为'老子'。黄老学派借这个名字来推尊他们的学术先师,以便压倒其他诸子。"这一看法也是言之有理、可备一说的。甚至可以说,如果老子的确不是姓老的话,那么吴先生的推断大约就是最为合理的。

北大校园的老子塑像

(二)"老"和"李"都是老子的姓氏

我们认为"老"为老子的姓(可能也是氏),"李"为老子的氏。用后世比较含糊的话说,"老"和"李"都是老子的姓。我们做出这样的判断,主要有以下几个证据:

1.按照先秦对思想家称呼的惯例,"老"应该是老子的姓氏

先秦有许多思想家,人们对他们的尊称基本都是姓氏后面加"子",如孔子、墨子、孟子、庄子、荀子等等。"老子"这一称谓也不当例外。在先秦及汉初的作品中,如《列子》《庄子》《韩非子》《吕氏春秋》《韩诗外传》等等,都称其为"老聃"或"老子"。据我所掌握的资料,第一个指明老子"姓李氏"的是《史记·老子韩非列传》,但《史记》的其他地方也多称其为"老子"。这就是说,在先秦,没有人说老子姓李,而称其为老子或老聃,实际上这就意味着先秦时的人认为老子姓老是一般性常识,不必过多解释。

2.先秦贵族一般都有几个姓氏,老子应不例外

如果不是《史记·老子韩非列传》说了一句老子"姓李氏"的话,后世大概会自然而然地认为老子姓"老"。由于《史记》这句话,于是后人便认为老子姓"李",而对"老"做出其他各种各样的解释。出现这种情况,是因为后人的思维受到自己所处时代的文化环境的限制:每个人都只有一个姓,既然《史记》明确说老子姓李,他自然不可能姓老。然而,这种思维方式并不符合先秦的实际。

秦汉以后,人们往往姓、氏不分,而在先秦,特别是春秋以前,姓和氏是有区别的。《通志·氏族略序》对此有明确的考证:

三代之前,姓氏分而为二。男子称氏,女子称姓。氏所以别贵贱,贵者有氏,贱者有名无氏。……姓者所以别婚姻。……三代之后姓氏合而为一,皆所以别婚姻,而以地望明贵贱。……虽子长、知几二良史,犹昧于此。

《通志》说得很清楚,先秦时的贵族有姓有氏。而实际上,当时姓氏的使用是很不规范的,这表现在两个方面:一是一个人可能有几个姓氏,二是人们有时称姓,有时称氏,并非男子只能称氏,而不能称姓。时代越靠前,姓氏的使用越混乱。《左传·襄公二十四年》记载晋国执政范宣子对自己姓氏的介绍:

宣子曰:"昔匄[范宣子名—匄]之祖,自虞以上,为陶唐氏,在夏为御龙氏,在商为豕韦氏,在周为唐杜氏,晋主夏盟为范氏。"

仅据这一记载,范宣子一个家族,先后就有五个氏。孔子也是如此。孔子是商王室后裔,本为子姓,后来借用先祖孔父嘉的名,以"孔"为氏,后来姓氏不分,于是人们就泛言孔子姓"孔"。屈原与楚王同姓,据《史记·楚世家》记载,他们的先祖季连是吴回之子陆终的第六个儿子,"季连,芈姓,楚其后也",但季连的一位后裔叫鬻熊,因鬻熊辅佐周文王而出了名,于是鬻熊的后代又以"熊"为氏,他以后数代子孙分别叫作熊丽、熊狂、熊绎,熊艾……,仍以"芈"为姓,而屈原又以"屈"为氏,《楚辞补注》引《元和姓纂》说:"屈,楚公族芈姓之后。楚武王子瑕食采于屈,因氏焉。"这就是说,屈原的先祖至少有芈、熊、屈三个姓氏。这种现象,也体现在秦始皇的身上。秦始皇叫嬴政,据《史记·秦本纪》说,这个姓是舜赐给他的祖先大费(一说即伯益)的。再到后来,秦王的另一位祖先造父因善于驾车而深受周穆王的宠爱,"缪[穆]王以赵城封造父,造父族由此为赵氏。……以造父之宠,皆蒙赵城,姓赵氏"。正是因为这个原因,嬴政又叫赵政:"秦始皇帝者,秦庄襄王子也。……及生,名为政,姓赵氏。"这就是说,秦始皇既叫嬴政,又叫赵政。这样的事例极多,我们不需一一列举。

通过以上事例,我们知道,先秦的人是可以有几个姓氏的。明白这一史实,我们就可以说,“老”是老子的姓(也可能依然是氏),“李”是老子的氏。

3.先秦时“老”是一个姓或氏

我们说老子姓“老”,还有一个证据就是“老”在先秦已经是一个姓氏。至于这个姓的起源,《通志》说出自老童:

《风俗通》:“颛[项]帝老童之后。”

老童又叫耆童、卷章,相传为颛顼之子,《史记·楚世家》说为颛顼之孙:“楚之先祖出自帝颛顼高阳。高阳者,黄帝之孙,昌意之子也。高阳生称,称生卷章,卷章生重黎。重黎为帝喾高辛居火正,甚有功,能光融天下,帝喾命曰祝融。共工氏作乱,帝喾使重黎诛之而不尽。帝乃以庚寅日诛重黎,而以其弟吴回为重黎后,复居火正,为祝融。”《史记集解》说:“徐广曰:‘《世本》云老童生重黎及吴回。’谯周曰:‘老童即卷章。’”《通志》依据汉人应劭《风俗通》,说老氏一姓是老童的后裔。应劭为汉代人,他的记载可能有一定的根据。即便应劭的说法属于臆测,但先秦时“老”已属姓氏确是事实,因为先秦史书中记载有姓老的人,如《山海经·大荒西经》记载有“老童”,《左传·成公十五年》记载有“老佐为司马”。另外还有老莱子、老阳子等,后人也认为他们姓老。

4.《史记·老子韩非列传》也已经间接地说明了“老”为姓,“李”为氏

如果我们能够仔细地体会司马迁的用词,可以说他已经告诉读者“李”是老子的氏。我们对比一下司马迁对孔子、老子关于姓氏的介绍:

孔子……字仲尼,姓孔氏。

老子者,……姓李氏。

前面提到,孔子本姓子,后以“孔”为姓。需要我们注意的是,司马迁在介绍孔子的姓时,说是“姓孔氏”,也即以“孔氏”为姓。同样,司马迁在介绍老子的姓时,说是“姓李氏”,也即以“李氏”为姓。如果严格地按照古人的说法,“李”只是老子的氏,而且“老”也不一定就是他的姓,很可能也是他的一个氏。

5.关于老子以“李”为氏的由来

老子既然姓老,为什么《史记》又说他“姓李氏”呢?也就是说,老子的“李氏”是从何而来的呢?古人对此有不同的解释:

第一,“李”为老子母家姓。《史记·老子韩非列传》“索隐”引葛玄的话说:“葛玄曰:‘李氏女所生,因母姓也。’”《太平广记》引《神仙传》也记载了这一说法:“其母感大流星而有娠,虽受气天然,见于李家,犹以李为姓。”意思是说,老子虽然禀受天然之神气而生,不同凡响,但毕竟是出生于李家,所以就跟随母亲姓李了。

第二，生于李树下而取“李”为姓。《太平广记·神仙第一》引《神仙传》也记载了另一种说法：“或云老子之母适至李树下而生老子，生而能言，指李树曰：‘以此为我姓。’”

第三，老子祖先世代为理官，后又得济于李树，故改姓李。《新唐书·宗室世系》记载说，李氏出自嬴姓，是颛顼高阳氏的后代，历虞、夏、商三代，世世为大理，以官命族为理氏。至纣之时，老子的一位祖先叫理征，字德灵，为翼隶中吴伯，以直道不容于纣，得罪而死。其妻陈国契和氏与其子利贞逃难于伊侯之墟，食木子得全，故改理为李氏。因为这个原因，老子便跟着姓李了。根据这一记载，老子的姓氏又有了不同的说法，即老子祖先本姓嬴，因世代为理官，便以“理”为氏。后因逃难时食李子得救，又改为以“李”为姓，以示感恩。实际上，“理”与“李”在古代是谐音通假的。

关于老子的姓氏，由于缺乏足够的证据，无论哪一种说法，都只能是一种推测，只是这些推测，有的更合理一些而已。我们所持的观点，当然也只能是一种推测，至于真相究竟如何，还有待于进一步的研究，甚至需要新的史料面世。

二、老子出身考

老子本人的身世尚不清楚，关于老子的家族渊源，就更是难以理清线索。所幸的是，《北史》对老子的家族渊源有一个大致的记载：

李氏之先，出自帝颛顼高阳氏。当唐尧之时，高阳氏有才子曰庭坚，为尧大理，以官命族，为理氏。历夏、殷之季。其后理征字德灵，为翼隶中吴伯，以直道不容，得罪于纣。其妻契和氏，携子利贞逃隐伊侯之墟，食木子而得全，遂改理为李氏。周时，裔孙曰乾，娶于益寿氏女婴敷。生子耳，字伯阳，为柱下史。

《北史》的作者是唐初李延寿，其撰写工作实际上从其父李大师时即已开始。李延寿父子认为自己是老子的后裔，所以在《序传》中有以上追述。《新唐书·宗室世系》采纳了《北史》和《元和姓纂》的一些内容，对一些细节又有所补充：

李氏出自嬴姓，帝颛顼高阳氏生大业，大业生女华，女华生皋陶，字庭坚，为尧大理。生益，益生恩成，历虞、夏、商，世为大理，以官命族为理氏。至纣之时，理征字德灵，为翼隶中吴伯，以直道不容于纣，得罪而死。其妻陈国契和氏与子利贞逃难于伊侯之墟，食木子得全，改理为李氏。利贞亦娶契和氏女，生昌祖，为陈大夫，家于苦县。生彤德，彤德曾孙硕宗，周康王赐采邑于苦县。五世孙乾，字元果，为周上御史大夫，娶益寿氏女婴敷，生耳，字伯阳，一字聃，周平王时为太史。

下面的文字还很长，主要记载老子以后的世系。根据这段记载，我们可以把老子及其前的世系列出如下：

帝颛顼——大业——女华——皋陶③——益——恩成……理征——利贞——昌祖——彤德……（彤德曾孙）硕宗……（硕宗五世孙）乾——李耳。

唐王朝把老子视为自己的先祖，当然会重视老子的世系研究。这个世系是残缺不全的，其中肯定有误传，但也有可信之处。可信之处至少有四点：

第一，李姓出自理官。在古代，“理”与“李”通用，狱官既叫“司理”，也叫“司李”。《管子·法法》说：“皋陶为李。”另外，先秦的外交官员叫“行理”，而“行理”又可写作“行李”。这些都可为明证。

第二，老子出身于贵族。老子出身于贵族的说法是更为可信的。他能够在周朝廷当柱下史（史官），掌管国家的图书、礼仪、占卜等事，绝非一般的知识分子，更非平民。而要想具有比较渊博的知识以胜任史官的职务，在春秋时期，出身平民的人是基本不可能做到的。

第三，说老子的父亲李乾在周任上御史大夫，这一点也是可信的。我在没有读到这一史料时，脑子里就经常出现这样一个疑问：老子为什么能够到周朝廷任史官？老子的父亲也许不叫李乾，当的也许不是上御史大夫，但老子的父亲在周任职的事实却是可信的，老子甚至从小就跟着父亲生活在东周都城洛阳，因为只有如此，老子才能受到很好的教育，才能十分熟悉周文化，才能当上周的史官。我们这样讲，虽然只是猜测，但我认为这是一种完全合理的猜测。

第四，唐人考证老子的出身，应有一定的古籍作为自己的依据。我们这样讲，是基于两点考虑：一是唐人能够看到我们今天已经看不到的古籍，特别是以皇室之力，其所搜集到的古籍会更全面。二是唐皇室做出自己是老子后裔的判断，必须拿出古籍作依据，不然就不能取信于天下，甚至会贻笑大方。现代学界有一个共识：唐皇室认老子做先祖是为了抬高自己的出身地位。我们不否认唐皇室的这一目的，但我们同时也应承认，唐皇室做出这一判断，应该会是十分谨慎的，绝非是草率为之。因为我们还必须考虑到古人对祭祖是十分的重视，一般人也不会错认祖先，更何况皇室！《礼记·曲礼下》说：“非其所祭而祭之，名日淫祀。淫祀无福。”唐王朝如果没有一定的史料作根据，能够公开进行如此的“淫祀”吗？

正是因为这一说法比较理性化，所以后来许多李姓人和其他一些文人愿意接受这一说法。如宋代罗泌的《路史》说：皋陶为理官，故而有了理氏。至纣时，皋陶的后裔理征为翼隶中吴伯，与纣不合而死。理征娶契和氏，逃难至伊墟，为李氏。李与理通，《周语》“行理以节逆之”，孔晁本作“行李”。昔晋文公命李离为李，以为皋陶之后，并其证也。老子为皋陶之后，而《唐书》乃云老子生于李下，而以为姓。或云因乱食苦李，而得姓。或又以为饥饵木子而姓之，均是荒诞。罗泌的这一记载与《北史》《元和姓纂》《唐书》大同小异，但他在文中又批评《唐书》的部分记载属于荒诞，说明他当时也有另外的古史料作依据。我们还应注意的是：如果说唐人编造老子的世系是出于政治因素，没有任何史料证据的话，那么宋人（包括《新唐书》的作者）是不会予以承认的。

另如宋元之交时的赵孟頫，他也认为老子为皋陶之后。他在《赵郡李氏世谱》中记载说：老子是颛顼皋陶的后裔，因为皋陶担任大理一职，所以后人就以“理”为氏。再到后来，由于先祖在逃难时，靠吃李树果而得以生存下来，为了感恩，就把“理”改为“李”。老子之所以成为陈人，是因为他的先祖契和氏是陈国女子，所以在商末动乱时，就逃到了陈。这篇文章还很长，下面一直记载到宋元时期李氏的情况。在所有的有关老子家史的记载中，这些记载无疑是最具理性的，没有任何神秘色彩，读起来也还使人感到合情合理。赵孟頫是宋元之交时的人，他写的这些史实自然是来自李氏的家谱，而李氏的家谱自然是来自唐代的这些记载。

比赵孟頫稍晚的著名文人虞集也写了一篇《高唐李氏世谱序》，对以上说法提出怀疑。他说：

《高唐李氏谱》一篇，李处恭所自撰也。……李氏之谱曰：“李氏，嬴姓。自咎繇世官大理，为理氏。由利贞食李逃生，为李氏。”盖难征矣。

这段记载有两点值得注意：一是说明了当时的李姓人家大多愿意接受这一看法。二是虞集已经指出这种说法是否准确，无法印证，明确表示了怀疑态度。

三、老子老师考

老子的思想渊源出于中原文化，这一点，我们在下文要详细阐述。这里我们把有关老子师承的一点有限材料梳理一下。关于老子的老师，许多说法只能视为传说，我们就把所见到的有关资料罗列于下，哪一种说法更接近于真实，读者择焉。

（一）老子的老师是常枞

常枞，古时又写作“常从”。《汉书·艺文志》记载当时还有“《常从日月星气》二十一卷”，颜师古注释说：“常从，人姓名也，老子师之。”看来常枞也是一位史官，负责观测天文。二人是师生这一说法最早见于《文子·上德》：

老子曰：“学于常枞，见舌而守柔，仰视屋树，退而因川，观影而知持后，故圣人虚无因循，常后而不先。譬若集薪燎，后者处上。”

杜道坚《文子缵义》本无“曰”字，开始第一句话为“老子学于常枞”。《文子》不是伪书已经逐渐得到学界的公认，既然《文子》不是伪书，我们也就没有必要怀疑这一记载的可靠性，因为文子是老子的弟子，他对自己老师的师承关系应该是有所了解的。后来的《说苑·敬慎》对二人的师生关系和"见舌而守柔"的经过做了详细的记述：

常枞有疾，老子往问焉，曰："先生疾甚矣，无遗教可以语诸弟子者乎？"常枞曰："子虽不问，吾将语子。"常枞曰："过故乡而下车，子知之乎？"老子曰："过故乡而下车，非谓其不忘故耶？"常枞曰："嘻！是已。"常枞曰："过乔木而趋，子知之乎？"老子曰："过乔木而趋，非谓敬老耶？"常枞曰："嘻！是已。"张其口而示老子曰："吾舌存乎？"老子曰："然。""吾齿存乎？"老子曰："亡。"常枞曰："子知之乎？"老子曰："夫舌之存也，岂非以其柔耶？齿之亡也，岂非以其刚耶？"常枞曰："嘻！是已。天下之事已尽矣，无以复语子哉！"

老子自称为弟子，可见他与常枞确实是师生关系。《说苑》的编者虽是汉代的刘向，但他只是把古代的材料编辑整理一下而已，这段史实的来源，显然不是《文子》，应该是另有依据的，因而也有一定的可信度。

（二）老子的老师是商容

古代有不少书籍都说商容是老子的老师，《淮南子·谬称训》记载：

老子学商容，见舌而知守柔矣。

《世说新语-德行》注引许叔重的话说：

许叔重曰："商容，殷之贤人，老子师也。"

据《史记·殷本纪》和《史记·周本纪》记载，商容是商纣王时的贤臣，据说他原是商朝典乐之官，懂得礼容（礼仪），故名商容。纣王时，因不满苛政，商容弃官隐太行山中，周武王灭纣后，"表商容之间"。关于商容的事迹，《韩诗外传》卷二记载说：

商容尝执羽籥，冯于马徒，欲以化纣而不能。遂去，伏于太行。及武王克殷，立为太子，欲以为三公。商容辞曰："吾尝冯于马徒，欲以化纣而不能，愚也。不争而隐，无勇也。愚且无勇，不足以备乎三公。"遂固辞不受命。

商容的身份、遭遇、思想的确与老子很相似，但问题是，商容是商、周之交时的人，老子怎么可能同他是师生关系呢？这有两种可能，一是这一记载带有神话性质，因为后来的一些道家、道教学者认为老子是长寿神仙，但问题是，既然是神仙，又何必向凡人学习呢？二是历史上有另外一个商容，这个商容才是老子的老师，由于纣王时的商容太有名了，所以后人混淆了二者。还有第三种说法，说这个商容就是《文子》和《说苑》中讲的常枞。

(三)老子的老师是容成公

《列仙传》记载说：

容成公者，自称黄帝师，见于周穆王，能善补导之事，取精于玄牝。其要谷神不死，守生养气者也。发白更黑，齿落更生。事与老子同，亦云老子师也。

容成公是传说中的神仙，据说他擅长房中术，《后汉书·方术传》记载的汉末方士甘始、东郭延年、封君达、冷寿光等，都是修习容成公的御妇之术而得以长寿的。虽然《列仙传》记载容成公时说的"玄牝""谷神不死"等在字面上与《老子》有相似之处，但把一个方术家说成是哲学家的老师，总使人难以相信，也难以接受。更何况这个容成公是黄帝的老师，在时代上与老子相距甚远。

谷神不死

另外，历史上还有叫容成氏的，《庄子》和《淮南子》中多次提到一名传说中的圣王叫容成氏，有人说容成氏就是容成公，而有人说不是。俞樾对容成氏的身份进行了考证，得出结论说："合诸说观之，容成氏有三：黄帝之君，一也；黄帝之臣，二也；老子之师，三也。"也就是说，历史上名叫容成氏的有几个，其中有一位容成氏，也可能是老子的老师。

第二节　老子与陈文化关系考

从司马迁一直到今天的学者，基本上都认为老子是楚国人。特别是现在的学者，把老子思想视为楚文化的一个重要组成部分，用楚国的政治、经济背景来阐述老子思想产生的原因。而这些看法是完全错误的，老子是陈国人，不是楚国人。老子的思想与陈国文化息息相通。

一、老子是楚人这一错误看法产生的原因

历代学者之所以把老子视为楚国人，其主要原因是司马迁的《史记》说老子是

楚人："老子者，楚苦县厉乡曲仁里人也。"从那以后，此说几成定论，其实这是一个误会。

裴骃为《史记》作"集解"时说："《地理志》曰：苦县属陈国。"而司马贞的"索隐"纠正说："《地理志》苦县属陈国者，误也。苦县本属陈，春秋时楚灭陈，而苦又属楚，故云楚苦县。"其实司马贞的辩驳是没有意义的，因为两人的观点并不矛盾，裴骃虽然说"《地理志》曰：苦县属陈国"，但他并没有否认苦本属陈、后属楚这一事实。《元和郡县图志》卷七也有两条记载：

鹿邑县，本汉郸县地，春秋时鸣鹿邑，属陈国。

真源县，本楚之苦县，春秋时属陈，后为秦所并。……乾封元年，高宗幸濑乡，以玄元皇帝生于此县，遂改为真源县。

这里说的鹿邑县和真源县都是指老子的故乡。鹿邑与真源是邻县，由于行政区划的不断改变，老子的故乡有时属鹿邑，有时属真源，但无论哪个县，春秋时都属于陈国，只是后来陈被楚灭掉而并入了楚国。于是有人说，陈国后来被楚国灭了，所以老子应是楚国人。这一观点是不能成立的。道理很简单，商朝被周灭了，我们不能因此就说商汤、商纣等人是周人。同样的道理，我们不能因为陈国后来被楚国吞并了，就说此前的陈国人也都属于楚国人。老子究竟是陈人，还是楚人，这就要看老子在世的时候，陈国是否还存在。

据《左传·宣公十一年》和《史记·陈杞世家》记载，宣公十一年（前598年），楚乘陈内乱，举兵灭陈，但就在当年，楚王在申叔的劝告下又恢复了陈。而这一年老子还没有出生。陈的最后灭亡是在孔子去世的那一年（前479年）。老子是孔子的师辈，又很早去周做官，陈国灭亡时，老子很可能已经不在人世。这一切都说明，在老子主要活动时期，陈国还存在，他的家乡属陈国管辖，因此，准确地讲，老子应是陈人，不是楚人。

我们说老子是陈人，还有一些旁证：

第一，《列子·周穆王》明确记载老子住在陈国：

秦人逢氏有子，少而惠，及长而有迷罔之疾。闻歌以为哭，视白以为黑……。杨氏告其父曰："鲁之君子多术艺，将能已乎？汝奚不访焉？"其父之鲁，过陈，遇老聃，因告其子之证。老聃曰："汝庸知汝子之迷乎？今天下之人皆惑于是非，昏于利害。……"

秦人逢氏的儿子有病，逢氏到鲁国去求医，路过陈国时，遇到老子，二人有一番关于逢氏之子是否真的有病的谈话。《列子·仲尼》也记载："陈大夫曰：'吾国亦有圣人,……老聃之弟子有亢仓子者,得聃之道,能以耳视而目听。'"这说明《列子》的作者把老子看作陈人,他的一些事迹发生于陈国,弟子也在陈国。

第二,《庄子》多处提到老子,从来没有讲他是楚人,而说他生活在沛,沛距陈很近,当时沛不属楚。

第三,司马迁说老子是楚人,说明他在使用地理名称时是不够审慎的,或者说是当时人们使用地理名称时的一种习惯。如庄子本是战国宋人,但在汉代,原宋国土地划为梁国,所以后人又称庄子为梁人(见《隋书·经籍志》《经典释文》等书)。另如秦汉之交时的陈胜、吴广、刘邦等,他们的家乡在春秋时都不属楚国,而他们起兵后都自视为楚人,这是因为战国时,他们的家乡先后被楚国兼并。汉代人说某某是某某处的人,很类似我们今天讲某个古人是河南人或湖南人一样,用的是现在的地理名称。我们说司马迁用的是汉代地理概念,还有一条确证:据《读史方舆纪要》卷五十说,苦县在春秋时并非县治,至汉才置县,而《老子韩非列传》却说老子是楚国"苦县"人,"苦县"很明显是汉代的地理概念。《后汉书·郡国二》对此也有明确记载:

陈,……苦,春秋时曰相。有赖乡。

春秋时期,"苦"不仅不是一个县,而且连"苦"这个地名也没有,"苦"当时叫作"相"。李贤等人在"赖乡"条下注释:"伏滔《北征记》曰:'有老子庙,庙中有九井,水相通。'《古史考》曰:'有曲仁里,老子里也。'"②这里说的"苦""相"就是老子的故里。这段记载就进一步说明,司马迁说老子是楚人,用的是汉代的地理概念。

二、陈国的文化传统与老子的出现

任何一个伟大思想家及思想流派的出现,是与其所处的政治、文化环境息息相关的,文化沙漠里突然冒出文化绿林的事情不可想象。而陈国的传统文化气氛最适合于培养出像老子这样的思想家。

(一)陈国与周的各方面关系都很密切

老子是一位文化修养极高,而且又熟悉周礼的史官,《庄子》记载了许多学者向他求教的事。《史记》也讲孔子曾单车适周向老子学习周礼:

孔子适周,将问礼于老子。

鲁南宫敬叔言鲁君曰:"请与孔子适周。"鲁君与之一乘车,两马,一竖子俱,适周问礼,盖见老子云。

《庄子》中记载孔子向老子请教的事情就更多了。孔子从小就学习、研究礼仪,成年后还需向老子求教这方面的事情,可见老子对周礼熟悉的程度。《礼记·曾子问》就记载了这么一件具体的问礼之事：

孔子曰："昔者吾从老聃，助葬于巷党。及堩，日有食之。老聃曰：'丘，止柩就道右。止哭以听变，既明反，而后行。'曰：'礼也。'反葬而丘问之，曰：'夫柩不可以反者也，日有食之，不知其已之迟数，则岂如行哉？'老聃曰：'诸侯朝天子，见日而行，逮日而舍奠。大夫使见日而行，逮日而舍。夫柩不蚤出，不莫宿，见星而行者，唯罪人与奔父母之丧者乎！日有食之，安知其不见星也。'"

日食是非常罕见的，抬着棺材走在半道遇上日食的情况就更罕见了，然而有关对付这种罕见情况的礼节，老子都了如指掌，并能讲出一番道理来。考虑到楚国在春秋时代尚被中原各国视为蛮夷，而楚国也以蛮夷自处："[楚君]熊渠曰：'我蛮夷也，不与中国之号谥。'""楚曰：'我蛮夷也。'"楚国不通中原礼仪，甚至与周王朝相互敌视，因此，一个地道的楚国人是不可能精通周礼并被周天子任命为史官的。而陈国是周文化气氛最为浓厚的国家之一，它的始封祖是舜的后代胡公，而胡公的夫人就是周武王的长女大姬。《汉书·地理志》《括地志》两书记载说：

陈本太昊之墟，周武王封舜后妫满于陈，是为胡公，妻以元女大姬。妇人尊贵，好祭祀，用史巫，故其俗巫鬼。……吴札闻陈之歌，曰："国亡主，其能久乎！"

陈州宛丘县在陈城中，即古陈国也。帝舜后遏父为周武王陶正，武王赖其器用，封其子妫满于陈。

这些记载告诉我们，遏父是舜的后裔，由于他为周朝建立了功劳，周武王便把他的儿子妫满（又称胡公）封于陈，还把自己的大女儿大姬嫁给了妫满。大姬实际上是以天子之女的身份下嫁给诸侯，而且还是一位没有多少实力的诸侯。因此在她嫁给妫满后，就成了陈国的实际统治者，这就从功业和血缘关系两个方面拉近了陈与周文化的距离。大姬的陪嫁品中肯定有许多典籍和文物，她对祭祀、史巫的爱好使陈成为一个有着重视史巫、重视文化传统的国家，而这些文化传统自然与周文化是一致的。这样的国家养育出像老子这样的思想家，也就不足为奇了。

我们顺便要提到的是，一直到春秋时期，陈与周的关系依然密切。《左传》记载，庄公十八年，"原庄公逆王后于陈，陈妫归于京师，实惠后"。也就是说，春秋时的周惠王娶陈国君主的女儿陈妫为妻，这就是历史上的周惠后。惠后宠爱少子叔带，曾赶走了周襄王，使周朝一度陷入混乱。后来在晋文公的帮助下，周才恢复安定。惠后以陈君女儿的身份嫁于周王，而且还对周政治产生如此影响，这无疑进一步密切了陈与周的各方面关系。

（二）陈国具有深厚的无为思想传统

无为思想是老子的主要思想原则之一,影响极大。关于无为思想的起源,张岱年先生在《中国哲学大纲》中说:"无为的学说,发自老子。"这话并不十分确切,因为无为之风是陈国的老传统了。《论语·卫灵公》说:

子曰:"无为而治者其舜也与?夫何为哉?恭己正南面而已矣。"

根据这一记载,舜应该是无为思想的最早提倡者和实践者,而陈国的始封祖妫满就是舜的后代,可见出生于陈国的老子在思想上与舜有着渊源关系,他竭力主张无为与陈国的传统文化密不可分。

(三)老子重"水"思想与陈国属"水德"的关系

人们很早就注意到老子特别重视水之德,老子认为"上善若水"(八章),"天下莫柔弱于水,而攻坚强者莫之能胜"(七十八章)。类似的言论,《老子》中比比皆是。过去,有人认为出现这种情况,是因为老子是楚人,而楚地多水,故多以水喻。直到今天,仍有学者坚持这一观点,孟修祥《荆楚文学的"水"特征》说:"荆楚,水乡泽国也,诞生于斯的文学,具有水的柔性,水的灵性,水的奔放与浩瀚。……人体现着自然,文学亦体现着自然。……《老子》《庄子》本是诗化的哲学,以具体生动的形象言深奥的哲理,诗意浓厚。但老、庄在阐明其思想观念时亦多以水喻,……可见老庄尚柔弱的哲学思想观念之形成与湿地文化因素有密切关联。"这种说法似是而非,因为老子不是楚人,即便是楚人,这种说法也很牵强,难道北方的水还不足以使老子取喻吗?孔子、孟子不都是北方人吗?他们不是也多次在赞美水德吗?

至于老子为什么重"水",《左传》与《汉书》等史书已经为我们提供了间接的答案。《左传·昭公九年》记载:

夏四月,陈灾。郑裨灶曰:"五年,陈将复封。封五十二年而遂亡。"子产问其故。对曰:"陈,水属也;火,水妃也,而楚所相也。今火出而火陈,逐楚而建陈也。妃以五成,故曰五年。岁五及鹑火,而后陈卒亡,楚克有之,天之道也,故曰五十二年。"

为什么裨灶认为陈属水呢?先秦时期,有五德终始的说法,他们认为,每一个朝代都与五行相配,如炎帝为火德,黄帝为土德,少昊为金德,颛顼为水德等等。关于颛顼,《汉书·律历志》记载:

颛顼帝:《春秋外传》曰,少昊之衰,九黎乱德,颛顼受之,乃命重黎。苍林昌意之子也。金生水,故为水德。天下号曰高阳氏。

陈国的国君是舜的后裔,而舜又是颛顼的后裔。《汉书·律历志》引《帝系》说颛顼生穷蝉,五世而生瞽叟,瞽叟生帝舜。所以《汉书·五行志》说:"颛顼以水王,陈其族也。”既然陈国国君是颛顼的后裔，陈国自然也属于水德了。

子产死于公元前522年，孔子死于公元前479年，子产是孔子的前辈，与老子基本同时，而裨灶自然也是老子同时代的人。这一事实就说明了一个问题，“陈属水”的观念在当时是一个熟为人知的观念。老子是一位思想家，又是陈国人，他对这一观念应该比一般人更熟悉。《孔子家语·五帝》就记载了老子论述五德终始的言论：

季康子问于孔子曰：“旧闻五帝之名，而不知其实，请问何谓五帝？”孔子曰：“昔丘闻诸老聃曰：‘天有五行，水、火、金、木、土，分时化育，以成万物，其神谓之五帝。古之王者，易代而改号，取法五行，五行更王，终始相生，亦象其义，故其生为明王者，死而配五行。是以太皞配木，炎帝配火，黄帝配土，少皞配金，颛顼配水。’”

这说明，老子对陈国属水德这一点认识得非常清楚，那么他大力提倡水德也就不足为奇了。

老子重视水德的另一个原因就是当时陈国实在是太弱小了，这个弱小的陈国又处于大国之间，西有秦、晋，南有楚，东有齐，就连远处东南的吴国也时常前来讨伐问罪。这就使陈国不得不以“柔”的方式来应对各国。然而老子却从另一个角度看到了“柔”的好处，提出了“柔弱胜刚强”的主张。再加上当时的周属于火德，而水克火，代替火德的自然是水德，这就是老子大力提倡水德、且自信柔弱胜刚强的主要原因所在。

当然，儒家也重视水，这是因为水的确可以用来比德。老子如此重视水，与此也有很大关系。再考虑到以上所述原因，老子重水就可以得到更合理的解释。

（四）陈国具有浓厚的隐逸之风

从《诗经》中还可以看出，陈国是一个隐逸之风较浓的国家，因为《诗经》中唯一完整的、也是中国现存最早的一首隐士诗，就出自《陈风》，这首诗的题目是《衡门》，正文如下：

衡门之下，可以栖迟。泌之洋洋，可以乐饥。

岂其食鱼，必河之鲂？岂其娶妻，必齐之姜？

岂其食鱼，必河之鲤？岂其娶妻，必宋之子？

这位隐士诗人认为，简陋的茅舍之下，完全可以栖身；潺潺的清泉，可以使人忘却饥寒；吃饭不必美食，娶妻又何必美女！朱熹曾评论这首诗说：“此隐居自乐而无求者之词。言衡门虽浅陋，然亦可以游息。泌水虽不可饱，然亦可以玩乐而忘饥也。”诗中所表达的这种隐居遁世、知足常乐的思想与老子的思想也是丝丝相扣的。老子出自陈国，而第一首隐逸诗也出自陈国，这不能仅仅视为一种巧合。《史记·老子韩非列传》说："老子，隐君子也。"出隐君子的国家，自然也出隐逸诗歌。

我们花笔墨考证老子的国属，并不仅仅只是为了证明一个历史事实，而且还因为这个问题的澄清对于研究老子的思想具有重大意义。弄清了老子的国属，就会使我们不再局限于"道家属于楚文化"这个狭小的而且是错误的小圈子里去审视老子的思想，而是能够使我们从更大的文化背景，也即周文化背景中去考察老子乃至于道家思想产生的原因，这对于整个中国思想的研究都是有益处的。

第三节　老子归隐故乡考

司马迁《史记》说老子辞职后，"至关，……莫知所终"。后人解释说这个"关"是指函谷关，再到后来，又有人说是散关，真是"越扯越远"，于是老子辞官之后出函谷关（或散关）西去，莫知所终，就成了两千多年来的学术定论。事实上这种说法是不可信的。我们认为老子辞官之后虽然有过短暂的西游，但其主要时间是在故乡陈国从事授徒讲学活动，从而在以陈为中心的地区建立了具有重大影响的道家学派。

一、老子去西域的说法不可信

司马迁只说老子辞官后"至关"，应关令尹喜之邀，著书上下篇，并没有说明这个"关"是什么关，在什么地方。一直到了南朝，裴骃才在《史记集解》中说：

《列仙传》曰："关令尹喜者，周大夫也。善内学星宿，服精华，隐德行仁，时人莫知。老子西游，喜先见其气，知真人当过，候物色而迹之，果得老子。老子亦知其奇，为著书。与老子俱之流沙之西，服具胜实，莫知所终。"

这就是说，老子西去流沙的最早记载见于神仙家言。这段记载也见于今本《列仙传》，书中还说老子生于商代，"积八十余年，《史记》云二百余年。……后周德衰，乃乘青牛车去，入大秦"。后来，唐代的司马贞在为《史记》作索隐时也说："李尤《函谷关铭》云：'尹喜要老子，留作二篇。'而崔浩以尹喜又为散关令，是也。"唐代张守节作"正义"说："《抱朴子》云：'老子西游，遇关令尹喜于散关，为尹喜著《道德经》一卷。'"

《列仙传》的作者，有人说是刘向，有人说不是。即便是刘向所写，《列仙传》也

只能看作天方夜谭类的神话,不可据为信史。仅就以上有关老子和尹喜的记载,就有许多常识性的错误:

第一,如果关令尹喜是周大夫,那么他所看守的关口就不可能是函谷关或散关,因为散关处于今陕西省的西部,在春秋末年,这里属于秦国土地。函谷关在洛阳的西边,但也属于秦国所有。秦国怎能让一个"周大夫"去为自己看守边关呢?

第二,既然老子是生于商代,那么在他西去的时候,就不可能只有八十余岁,或二百余岁,而是五百岁左右。这显然是神话。

第三,《列仙传》说老子到了大秦国,大秦是指罗马帝国。《史记·大宛列传》提到罗马帝国,但不叫"大秦",而叫作"黎轩",《史记索隐》说:"《汉书》作'黎靳',《续汉书》一名'大秦'。"可见"大秦"这一名词出现较晚。东汉和帝永元九年,西域都护班超派他的属官甘英出使大秦,中途遇海而还。以朝廷之力,去大秦尚且困难重重,更何况老子已是垂暮老人,坐的是老牛破车,如何到得大秦,即使到了,信息又是如何传回来的?

茅山老子雕像

现在的学界一般认为,是东晋的道士王浮在此基础上,又作《老子化胡经》,说老子到了西域,教化了佛祖释迦牟尼。其实,老子化胡的说法,至少在东汉后期就已经出现,《后汉书·襄楷列传》记载,襄楷在给桓帝的奏章中说:"或言老子入夷狄为浮屠。"而襄楷也是一个知识不多而又敢信口开河的人,同篇接着记载说,他断言"古者本无宦官,武帝末,春秋高,数游后宫,始置之耳"。先秦时就有宦官,秦朝也有，武帝前的西汉也有。这说明他不仅没有弄清先秦的历史，甚至连自己所处的汉代历史也不清楚。可以说，老子西游化胡的说法是以讹传讹。

总之，不仅老子化胡的说法是虚妄的，就连他去西域的说法也是绝对不可信的。我们的看法是，老子辞官之后，首先是回到自己的故乡，后来可能由于楚国的北侵，使老子移居到沛，最后又到了国力强盛、足以与楚国相抗衡的秦国。

二、老子晚年回故乡授徒讲学

在春秋战国时期，无论大国小国，都设有自己的关口，东周国也不例外。因此，尹喜所看守的关口虽然无法确定究竟是哪一个关口，但基本可以肯定它是东周的一个关口。春秋末年，东周的地盘已经不大，因此这个关口也就在洛阳周围，而绝不会是什么散关。老子走出东周的边关以后，回到了自己的家乡授徒讲学。关于这一点，我们有以下证据：

第一，细读《史记·老子韩非列传》，可以从中找到老子回到故乡的蛛丝马迹。司马迁在文中说，后人传说战国时楚人老莱子和周太史儋就是春秋末年的老子，这虽然只是附会，但这一传说至少可以说明这样一个问题：即当时的人和司马迁都不认为老子出函谷关到了异族地区，不然，这个附会就不会产生了。时人和司马迁都认为：老子的确是回到了自己的家乡，但究竟是很快就去世了，还是一直活到了一百六十余岁，甚至二百余岁，那就无法确考了。

第二，《史记·老子韩非列传》说老子的儿子宗当了魏国的将军，封在段干。接着，“宗子注，注子宫，宫玄孙假。假仕于汉孝文帝。而假之子为胶西王卬太傅，因家于齐焉。”这个记载在细节上可能有误，但它大致上给我们提供了这样一个事实：即老子后代的活动范围基本是在魏、齐一带，而魏、齐都是在老子故乡的周围。这一事实从侧面说明了老子辞官后是回到了故乡。如果说老子辞官后，独自一人远游西域，而把自己的家属送回或留在故乡，似不合情理。

第三，《列子》《庄子》等有关典籍明确记载老子辞官后回到了自己的故乡。《列子·仲尼第四》记载：

陈大夫聘鲁，私见叔孙氏。叔孙氏曰：“吾国有圣人。”曰：“非孔丘邪？”曰：“是也。”“何以知其圣乎？”叔孙氏曰：“吾常闻之颜回曰：‘孔丘能废心而用形。’”陈大夫曰：“吾国亦有圣人，子弗知乎？”曰：“圣人孰谓？”曰：“老聃之弟子亢仓子者，得聃之道，能以耳视而目听。”

这段记载的下文还很长，主要讲鲁君听到这件事以后很惊奇，就把亢仓子请来，并把亢仓子讲的道理转述给孔子听，“仲尼笑而不答”。这段记载说明老子的确是在陈国教授过学生，不然，陈国就不可能出现一位与孔子基本同时并几可与孔子抗衡的圣人亢仓子。过去，不少学者说《列子》是一部伪书，现在，这一根据不足的说法基本得到了否定。我们认为，《列子》的这一记载基本是可信的。

另外，《列子·周穆王第三》还记载说，“秦人逢氏有子，及壮而有迷罔之疾。闻歌以为哭，视白以为黑，尝甘以为苦，行非以为是”，其父很着急，在别人的建议下，他就去鲁国寻找能够治疗此病的多艺君子，结果在路过陈国的时候，遇到了老子，老子对他进行了一番教导。把以上两则记载结合起来，更能说明老子在出名后的晚年，曾生活在自己的故乡。

《庄子·天道》对此讲得更清楚：

孔子西藏书于周室，子路谋曰：“由闻周之征藏史有老聃者，免而归居，夫子欲藏书，则试往因焉。”孔子曰：“善。”往见老聃，而老聃不许。

孔子想把自己整理的图书藏于天子的图书馆中，于是就去找曾在该馆工作过、现已辞官在家的老子帮忙，结果道不同不相为谋，碰了一个钉子。这段记载中的老子“免而归居”，明确说明了老子离开东周之后回到了自己的家乡。关于老子居住的具体地点，《庄子·天运》中也有记载：

孔子行年五十有一而不闻道，乃南之沛见老聃。

这一记载说明老子辞官后曾在沛地居住过。沛在今江苏徐州一带，与老子的出生地很近。因为《庄子》多次谈到老子居沛，所以有学者就说老子是沛人。钱穆根据以上材料，就得出结论：“这是说南方沛县人。”孔子到沛去见老子，只能说明老子当时住在沛，并不能说明他就是沛人，正如孔子到周向老子问礼，并不能据此就说老子是周人一样。

《庄子·天道》甚至记载说老子晚年的生活还有点奢侈：

士成绮见老子而问曰：“吾闻夫子圣人也，吾固不辞远道而来愿见，百舍重趼而不敢息。今吾观子，非圣人也。鼠壤有余蔬，而弃妹之也，不仁也。生熟不尽于前，而积敛无崖。”

对于这段话，虽然后人在个别字词上的解释不同，但总体理解没有分歧：老子不爱惜粮食，家财无数，而且聚敛不已。我认为这一记载基本是可信的，第一，《庄子》是以赞美的口气描写老子的这种做法，认为老子思想境界很高，超越于万物之上，万物归之而不辞，真正做到了“大廉不嗛”。第二，老子多年在周朝做官，后来又有一批弟子,因此他完全能够过上如此富裕的生活。第三,老子虽然多次讲过轻视富贵甚至不要富贵的话,但我们不要忘了,说和做是两回事。

有人说《庄子》一书多为寓言,不可信。其实我们也不要忘了,庄子除了使用寓言之外,还使用了重言和卮言。而重言就是引用历史上的真实故事来佐证自己的言论。比如《庄子》书中记载了许多孔子的言论,似与真实的孔子有不少出入,但它记载的有关孔子的籍贯、年代、生平以及他的弟子姓名,基本上是符合历史事实的。《庄子》说孔子到陈国(或沛)去向老子请教,这完全可能,因为《史记·孔子世家》记载孔子多次到过陈国,而且在那里停留的时间很长。

我们认为,《庄子》中有关老子的记载是合乎情理的。特别是关于老子的去世,《庄子·养生主》中有一段记载:

老聃死,秦失吊之,三号而出。弟子曰:“非夫子之友邪?”曰:“然。”“然则吊焉若此,可乎?”曰:“……向吾入而吊焉,有老者哭之,如哭其子;少者哭之,如哭其母。彼其所以会之,必有不蕲言而言,不蕲哭而哭者。”

这则记载说明老子的确是死了,虽然我们不知道他去世的具体地点。老子还有许多学生,他生前即受到当地居民的爱戴,不然,在他死后,不会有这么多的人前去吊唁。我们再看后人对这一段的解释:

老君即老子也。……当周平王时,去周,西度流沙,适之罽宾。而内外经书,竟无其迹,而此独云死者,欲明死生之理泯一,凡圣之道均齐。此盖庄生寓言耳,而老君为大道之祖,为天地万物之宗,岂有生死哉!

庄子说老子虽然是一个深受大家爱戴、非常了不起的学者,但他最终还是同我们一般人一样去世了,而后人却说老子是一个远渡流沙、不生不死的神人,两相比较,谁的记载更为准确、更为可信,就不言自明了。

三、道家在陈国周围兴起说明老子晚年回乡授徒讲学

从老子创立道家学说开始,一直到西汉初年,道家学派一直活跃在以陈地为中心的郑、宋、齐一带,而不是西域,这一现象也有力地说明了老子晚年回到了家乡,不然,这一地区道家学派如此兴盛的原因就无法得到合理的解释。

在老子家乡西边不远的郑国,出现了一位道家著名学者列子。过去有人曾怀疑列子存在的真实性,但这一观点现在已被学术界否定,因为《战国策·韩策》《庄子》诸篇、《吕氏春秋·不二》等对列子的生平思想都有明确记载。关于列子的籍

贯，刘向为《列子》作序说："列子者，郑人也。"《列子》第一篇《天瑞》一开始就讲："子列子居郑圃，四十年人无识者。"这说明列子主要生活在郑国，《列子》所记载的有关列子的活动也主要发生在郑国。列子是郑国人，这一点无可怀疑，但其故里的详细地址已不可考。好在郑国不大，我们可以假定他是郑国国都新郑（在今河南新郑一带）附近的人，而新郑距老子家乡很近。

在老子家乡北边不远的宋国，出现了另一位更有名气的道家学者庄子。庄子的故里在哪里，目前学术界主要有两种说法：一种意见认为在今河南商丘附近，另一种意见认为在今安徽蒙城。其实这种分歧完全是由于各地争名人而造成的，不该成为一个学术问题，因为只要弄清楚庄子属于战国时代哪个国家的人，这个问题就迎刃而解了。最早记载庄子国属的是《韩非子·难三》，该文明确讲庄子是"宋人"。其他如《淮南子·修务训》的高诱注、刘向的《别录》、班固的《汉书·艺文志》、张衡的《髑髅赋》等等，都认为庄子是宋人。可以说，在唐代以前，没有人对此提出异议。如果我们承认庄子是宋人，也就等于承认庄子的故里在现在的河南商丘。因为在战国时代，安徽蒙城不属于宋国。而且安徽蒙城当时也不叫"蒙"。当时宋国叫"蒙"的地方只有一个，即在今天的商丘附近。商丘在老子故里北边约二百里处。

在老子家乡东边的齐国，道家影响更大。在那里，虽然没有出现像庄、列那样的大家，但在稷下学派中形成了一个具有相当声势的道家学派，其中有不少人在道家学派中也占有十分重要的地位。

齐宣王时，就有一个名叫颜斶的道家人物，他处处以道家的思想来指导自己的生活，《战国策·齐策》记载，他在齐宣王面前说明士为贵、王为轻的道理时，就曾引用过老子的话，他说：

> 故曰："无形者，形之君也；无端者，事之本也。"夫上见其原，下通其流，至圣人明学，何不吉之有哉？老子曰："虽贵，必以贱为本；虽高，必以下为基。是以侯王称孤、寡、不谷。"是其贱之本与？

这段话中的第一处引语虽然不是出自《老子》，但与老子思想是相通的。至于第二处引语，则是《老子》中的原话。而且《战国策》的作者在评论颜斶时说："知足矣，返璞归真，则终身不辱也。"也是把颜斶看作道家人物。

一直到汉初，道家学派主要活动地区仍然在齐。我们看有关记载：

1.曹参任齐相时，受当地道家人物盖公影响，施行无为政策。后来，这一政策影响到了全国。

2.张良于陈齐间的下邳遇道家人物黄石公，受《太公兵法》。

3.“田叔,……其先,齐田氏乜。叔好剑,学黄老术于乐钜公。”

4.[齐相]召平曰:‘嗟乎!道家之言“当断不断,反受其乱”。’遂自杀。

5.“陈平,阳武[古属陈国]户牖乡人也:少时家贫,好读书,治黄帝、老子之术。”

这么多的道家人物出现在以陈为中心的地区,充分说明老子在故乡有过一段相当长时间的授徒生涯,总观老子的生平经历,这段授徒经历又只能发生在他退隐后的晚年。因此我们可以断言:老子归隐后回到了故乡,而不是到了西域。

四、关于老子入秦及死于秦的说法

我们不认为老子到过西域,但到过西边的秦国进行过游历还是可能的。春秋战国时期,士人周游天下是常见的事情,而且老子西游也能在古籍中找到一些记载:

尹文先生揖而进之于室,屏左右而与之言曰:“昔老聃之徂西也,顾而告予曰:有生之气,有形之状,尽幻也。……”

阳子居南之沛,老聃西游于秦,邀于郊,至于梁而遇老子。

老子故里·鹿邑太清宫

《列子》说老子到过西边,但没有讲具体地方,而《庄子》则明确说老子是去秦国。秦国在中原的西边,故曰西游,后来关于老子游西域的传说大概就是从这里演绎出来的。这两部书都有一个值得我们特别注意的地方,那就是:列子、庄子都认为老子是从陈国一带出发到秦国(《列子》曾记载老子在陈讲过学),而不是直接从周的都城洛阳出发。

有一种说法,认为老子最后客死于秦国。首先值得注意的一条记载出自《庄子·养生主》:

老聃死,秦失吊之,三号而出。

这位去吊唁老子的秦失的生平籍贯,我们一概不知。但有人推测,此人之所以叫秦失，就是因为他是秦人，由此可见老子大概是死于秦国。《水经注》卷十九《渭水》说：

水出南山就谷，北经大陵西。世谓之老子陵。昔李耳为周柱史，以世衰入戎，于此有冢，事非经证。然庄周著书云：老聃死，秦失吊之，三号而出。是非不死之言。人禀五行之精气，阴阳有终变，亦无不化之理。以是推之，或复如传。

《水经注》的作者郦道元已是北朝人，他也是根据传说写下这样一段话，他自己对于那座大陵是否老子陵也持不肯定态度。顺便说明的是，按照《水经注》的记载，老子陵处于槐里县，也即今天陕西省兴平市。

也有一些其他古书说老子死于秦国、葬于槐里：

至于李叟，称道才阐二篇，名位周之史臣，门学周之一吏，生于厉乡，死于槐里，庄生可谓实录，秦佚诚非妄论。

盛序老非大贤，取其闲放自牧。不能兼济于天下，坐观周衰，遁于西裔，行及秦壤，死于扶风，葬于槐里。

老子生于赖乡，葬于槐里，详乎秦佚之吊，贵在遁天之形。

鄠县柳谷水（面）西，有老子墓。

如果老子的确离开自己的故乡到了秦国，那么他去秦国的原因，我们也不妨来推测一下。据《史记》的《楚世家》和《陈杞世家》记载，楚灵公八年（前533年），楚公子弃疾率兵第二次灭陈，直到五年后，弃疾弑灵公自立为王，为了取得诸侯的支持以稳定自己的统治，便又恢复了陈国。而这一时期，正是老子中老年时期，也许他此时已经归隐回到陈国，因遇上国家残破，所以才不得已背井离乡，先到沛居住，最后去了秦国。当然，这只能是推测。至于老子死亡地点的这些记载，其真实性我们也无法判断，只能存疑。

对于老子一生的大体经历，我们可做如下描述：老子早年入周为官，辞官之后，回到了自己的家乡一带收徒讲学，其间曾到秦国及其他国家旅游过，最终死于秦地，当然，也许是死于故乡一带。

第四章　老子之术

第一节　老子术之源流

一、《尚书》是《老子》的源头

庄子是《老子》思想的一个"流"，但又与《老子》有所不同；黄老思想也是《老子》思想的一个"流"，但它是条"主流"，与《老子》思想较为贴近；而法家，虽不能说完全是《老子》之"流"，但却与《老子》有相通之处，受《老子》某些思想的影响；而《老子》与道教，我们将在下一篇《老子与〈老子〉之演变》中去做些探讨。因此，从"源"来说，这里仅从《尚书》《易经》《孙子兵法》做某些探索。过去以为《孙子兵法》比《老子》成书晚，实际上《孙子兵法》要比《老子》早几十年。所以《孙》《老》的关系需要专题研究。而"流"，曰于《老子》语焉不详的"无为"论，为黄老学派发扬光大，可谓道家理论中最精彩的部分，故而专辟一章。而对诸子的影响，仅就某些方面做一些简单的剖析，并且大多局限于先秦，至多不过西汉。由"源"及"流"这两头，印证《老子》的主题：老子术。同时也可以进一步考证帛书《老子》的某些文字、论断。由此也可以看看《老子》是不是世界上最早、最为系统的政治道德与领导学。

下面就先分析《尚书》之于《老子》的影响，看《老子》是不是《尚书》的继续。

笔者认为《尚书》《易经》，还有《诗经》是老子思想的源头，而《尚书》则是主要源头，《易经》不过是个小源头。

孔子整理删定《尚书》，必然要熟读与研究它。《尚书》的基本内容是君臣谈话记录、君王文诰,而作者则是史官。作为史官的老子,研读《尚书》是本职,用的功夫自然不少。《荀子·劝学》说:“《书》者,政事之纪也。”《老子》不也主要是言治道吗?把《尚书》与《老子》做一比较,即可看出两者之相通及后者对前者的继承、改造与发挥。也许能够这样说:《老子》是《尚书》的春秋战国部分,只是它没有可献之君,当然也未经君王认可,后来只得流传民间。下面对两者作一简单比较(尽量避免各章已谈过的),看能否得出这一看法。

(一)稽于众,舍己从人

《老子》不谈“仁”,更不谈“泛爱众”“兼爱”,而只是向君人者提出一个简单的要求:“圣人恒无心,以百姓之心为心。”(今本《老子》四十九章。此处系引帛书《老子》文字,下引同)即要以百姓之意愿为意愿,以百姓之是非为是非。其实这思想源于《尚书》。从《尚书》今文看,最主要有下面两篇:

天聪明,自我民聪明。天明畏、自我民明威。达于上下,敬哉有土。(《皋陶谟》)

老天的聪明,来自老百姓的聪明;而老天的显善惩恶,也是从老百姓之所喜所恶中得来的。天与民是相通的。谨慎啊!有国土之君。

古人有言云:人无水监,当于民监。(《酒诰》)

当时还没有发明镜子。所以以水为镜——“监”也,照也。即不要在水中察看自己,应当在民意中照自己,要上畏天下畏民。

而古文《尚书》中类似的思想就更详细了。但是能否引用和比较这“伪书”“晚书”呢?经反复考虑,笔者认为可以。第一,即便全系伪书,作为晚于《老子》的思想,不也是可以比较的吗?只不过它不再是《老子》思想之源了。第二,“有从古籍中辑出的部分,则应该认为是真的”(金景芳、吕绍纲《孔子新传》第179页),或者“不妨看作古文《尚书》的西晋辑佚本”(钱宗武《今古文尚书全译》序)。第三,东晋也有个孔安国(《晋书·孔愉传》附载)。陈梦家的《尚书通论》(商务印书馆1957年版)反复论证《尚书·孔传》,乃东晋孔安国书,初非伪作,后人因其名而误认为西汉孔安国撰,世遂以为伪书。第四,即便是“伪书”,也应该是有所据的。既然承认尧、舜、皋陶的思想能流传下来,那么禹、伊尹等人的思想也有可能保留至今。所以,我们将古文《尚书》的基本思想,依然视为《老子》前的思想。

在古文《尚书》中,《大禹谟》的“稽于众,舍己从人”,与“以百姓之心为心”是一回事。考虑众人的意愿以为己愿,这并不是件轻松的事,很难。从《大禹谟》看,要从多方面做,才有可能舍己从人。(1)“惠(顺)迪(道理)吉,从逆凶,惟影响”,

即顺从道理就吉，顺从邪恶必凶，这是立竿见影的事；(2)“疑谋勿用，百志惟熙”，不做可疑的事，各种思虑应该宽广；(3)“毋违道以干百姓之誉，罔弗百姓以从己欲”，不要违背正道去谋求百姓的赞誉，不要违反百姓的愿望去顺从自己的欲望；(4)“无怠无荒”，不懈怠、不荒废；(5)“儆戒无虞，罔失法度”，防备没有预料的事，不违法度；(6)“野无遗贤”，“任贤勿贰，去邪无疑”；(7)“无稽之言勿听，弗询之谋勿庸(用)”；(8)“正德、利用、厚生、惟和”，端正德行、便利用物、富足人们的生活，凡此三事配合进行；(9)“不矜”“不伐”，不骄傲、不夸耀；(10)“畏民”“可畏非民”。对于君人者来说，有什么比人民更为可敬可怕的呢？有了这些才能“稽于众，舍己从人”。

怎样以百姓之心为心，《老子》说得不多。一是要在“天下 愉歙焉”，或“欲欲焉”。愉歙与欲，都是吸、喝之意。吸喝些什么？自然是百姓之意愿了。再就是“为天下浑心”。这不是要人民混混沌沌，而是请“为天下”的人“浑心”。出于私心地为天下，如果是符合民愿的，问题不大，一旦逆民愿违背自然，那就害天下了。还有就是润物细无声还是大喊大嚷地“为天下”？前者就是“浑心”的，后者必然变味。“为天下”的人，他们身居高位，他们好逞才斗气，往往践踏人民之意愿，搞顺我者昌，逆我者亡，若此心不浑，也难以以百姓之心为心的。

从《大禹谟》之论要详于《老子》看，晚出是实。但我们又相信，这里也有大禹的思想。即使全系伪托，不也可以看出《老子》是一位舍己从民的倡导者吗？

(二)“明德”与“玄德”

老子最大的贡献是德。他看到在位的统治者未必有德，有德的未必在位，同时在位而又有德者，其德未必纯，未必一以贯之。同时《老子》试图将《尚书》中的“明德”，引向无名之德——玄德。

今文《尚书·皋陶谟》，是舜与大臣讨论如何实行德政治理国家的记录。皋陶提出了“九德”，即：“宽而栗，柔而立，愿而恭，乱(《尔雅·释诂》：“治也”)而敬，扰而毅(扰，《孔传》：“顺也”)，直而温，简而廉，刚而塞，强而义。彰厥有常吉哉！”译为白话即是：宽厚而又谨慎，柔和而又坚定，忠实而又恭敬，有治才而又认真，顺从而又刚毅，耿直而又和气，坚强而又符合道义。发扬这“九德”，必然永保吉祥。

《老子》自然熟知“九德”。根据历史的反复，他认识到这“九德”，虽然很好，但还缺乏一种作为内心约束的德，如果出乎钓名，或者为了利与权而“德”的话，那么必然生伪，引起争乱。所以，《老子》好像想把“明”德变为“暗”德、“玄德”。这也许可以概括为“七而”“十如”之德吧？

什么叫"玄德"?《尚书·舜典》即有"玄德升闻"。这"玄"即潜行、潜修、不宣。《老子》许多章实际上都在谈玄德,而公开提出"玄德"的只有三个章,细加体味,就知这"玄"非指玄妙,而是指隐而不宣。一是六十五章专谈愚民的"玄德"。因为愚民是不能公而开之的,必须隐而不宣地进行,这才叫"玄德"。二是五十一章谈天道的"玄德",即天的隐而不宣之德。老天何曾宣显夸耀它的生、畜、长、养之德呢?三是十章谈"爱民活国"的"玄德"。这"玄德"是指爱民活国者之德要隐而不宣。另外老子曾在四个章中反复地提到"为而弗恃(或"弗志")也,生而弗有也,长而弗宰也",所以我们将其称为理想的、高标准的"三而"之"玄德"。

再就是五十七章"四而"之德——方而不割,谦而不刺,直而不绁,光而不眺。

老子在四十一章的后半部分,又设计了一种谦下、内敛、自隐无名之德。

上德如谷,大白如辱,广德如不足,建德如渝,质真如输。

结论是:

道褒无名,夫唯道善始且善成。

德行高尚却虚怀若谷,洁白光彩而好似卑辱,恩德广布而好似不足,建立功德而好似怠惰,质真纯朴而好似混浊。道,总是褒奖安于无名的,像道那样安于无名,才能善始善成。

再就是今本《老子》四十五章之"五如"之德了:

大成若缺,其用不弊(最成功的好似有缺有毁的,它的作用才不会败坏);大盈若盅,其用不穷(丰满充盈的却好似细小的,它的作用才不致穷尽);大直如屈。大巧如拙,大赢如绌(最充裕的好似不足)。(简本还多了一句:"大成如偃":大成功之后,言语反而显得笨拙迟钝了。)

老子之时已先后出现了拓地千里、并国数十的侯国了。但是他们总是好景不长,"其兴也勃,其亡也忽"。如果大成之为君、为政者,在大成之后看到与"成"俱生之"缺""弊""毁",做到若缺、若盅、如屈、如绌,自然会"不弊""不穷"的。显然这"五如"之德不是对已经诚惶诚恐的小民的说教。

可见《老子》大大扩展了"九德"。他担心有意之"明德"会变味,因此用无名、自敛、谦下加以调补,使"明德"进入一个高深的层次——"玄德"。

(三)左右惟其人

"左右惟其人"是《尚书·咸有一德》中伊尹告诫太甲的话,但没有展开。而《太甲下》(古文)则说细了:

与治同道,罔不兴;与乱同事,罔不亡。终始慎厥与,惟明明后。

采取与治世同样的做法，没有不兴盛的；采取与乱世同样的做法，没有不败亡的。自始至终谨慎结交人。才能成为英明之“后”——君王。

到了《周书》，这种认识又进了一步。可能作于周穆王之《冏命》(古文)说：

惟一人无良，实赖左右前后有位之士。匡其不及，绳愆纤谬，格其非心。仆臣正，厥后克正；仆臣谀，厥后自圣。后德惟臣，不德惟臣。

这是说君王(“后”)侍从、左右臣下对君王影响很大。匡救君王的不及、错谬，克服他的邪心，很大程度要靠君王左右的人。群仆近臣正，他们的君王才能正；群仆近臣谄媚，他们的君王就会自以为圣哲。君有德在臣下，无德也在臣下。这些话似乎有点过分，但很有道理。

《老子》是否也有类似言论？有。二十三章曰：

故从事而道者同于道，德考同于德，失者同于失。同于德者，道亦得之；同于失者。道亦失之。

可惜今本《老子》这段文字是与“稀言自然”“飘风暴雨不终朝”这些不同的论断混为一章的，因此文义模糊。所谓“同”，即同志同友协同之意。《易·文言》：“同声相应，同气相求。”《国语·晋四》：“同德则同心，同心则同志。”因此这段文字也是讲慎同慎交的。孔子说过：“莫友不如己者”，这是对弟子而言的。对于国君同样有友同的问题。《吕氏春秋·观世》有：“不如吾者吾不与处，累我者也；与吾齐者，吾不与处，无益我者也。惟贤者必与贤于已者处。”据说，这是所谓周公旦的话。因此《老子》上面那段文字的意思是：凡是志事于行道的人同于道者，德者志同于德者，失道之人同于失道之人。同于德者，可能得到道；与失道之人相协同，必然失道。

(四)向谁进言

《尚书》对谁讲话，一清二楚。《老子》是对谁的进言，应该也说得极明白。但是，“《老子》乃人生哲学”“处世智慧”，以至“兵书”诸论，把本来毫无疑义的问题弄得莫衷一是了。看来，《尚弓》与《老子》的比较，即可澄清此事，

1.“图难于易，为大于细”以及“多易必多难，是以圣人犹难之，故终无难矣”

这些可谓无人不宜之理，老子最初似乎只是想对圣人、人主说说这个最简单的道理的。

《大禹谟》：“后克艰厥艰，臣克艰其臣，政乃乂(治也)，黎民惠德。”即君王要把当好君王看得很难，臣也把做臣看得艰难，国家才可能治理得好，黎民百姓才能得到恩惠。

《太甲下》:“天位艰哉!”在天子这个位置上真是难啊!又说:“无轻民事惟艰。无安厥位,惟危。”即别看轻老百姓的劳事,要时时想到它的艰难。不要认为天子之位安稳,要时时看到它的危险。

《君陈》(古文):“图其政,莫或不艰!”

《君牙》(古文):“厥惟艰哉!思其艰以图其易,民乃宁。”

这些统统是说,要把为君、为政及民事看得“莫或不艰”!唯其如此,才能“政乃治,民乃宁”。《老子》的话则是“成其大”“终无难”。如果把自己看得无所不能,把天下事看得轻而易举,异想天开,那可糟了。

2.“民之从事也,恒于其成事而败之,故慎终若始,则无败事矣”

今本《老子》六十四章一开头即为“民”字,似乎对民而言,其实不然。今文《尚书·君奭》有周公的一段话:“惟乃知民德亦罔不能厥初,惟厥终。祇若兹,往敬用治。”这就是说:只有你召公知道人民中开始时没有不好好干的,我们不仅开始时要好好干,而且还要一直做到善终。我们一定要认真搞好这件事,要自始至终地恭敬地把它治理好。

而古文《尚书》这方面的言论就更多了:

《太甲下》:“慎终于始。”(《老子》言“慎终若始”,与其只差一字)

《蔡仲之命》:“慎厥初,惟其终,终以不困;不惟其终,终以困穷。”

即谨慎事物的开始,也谨慎它的结尾,最后不会困迫。到了最后不再谨慎了,那终局必定困迫。

由此可见《老子》理论的源头以及进言的对象都与《尚书》是一致的。

3.老子“无欲”的说教是对谁进言

《尚书》的“无欲”二字,可能最早出现于今文《皋陶谟》:“无教逸欲,有邦兢兢业业,一日二日万机。”治理国家的人不要贪图安逸,不要有私欲。要兢兢业业,因为情况一天天千变万化。“政事懋哉!懋哉!”政事要勤勉啊!勤勉啊!而对于老百姓之欲,既肯定又节制。《仲虺之诰》说:“惟天生民有欲,无主乃乱。”天生下老百姓就有七情六欲,如果天下没有君主,天下就会乱起来。对于君主来说,自然也有七情六欲,但他的权、利、名、色,无不超标准地充分满足,如果他再欲求不已,那更会使天下乱得一塌糊涂,又有谁来制止君王的多欲呢?所以《老子》提出了“无欲”,用来遏制君王的欲望膨胀。

4.《老子》二十四章首句就是“吹者不立”

所谓“吹者不立”,即吹嘘夸大是站不住的。而“吹”的表现是自以为是(“自是”)、自我标榜(“自见”)、自我夸耀(“自伐”)、自高自大(“自矜”)。它的结果将是是非不清,耳目不明,反而无功,难以长久。这些话固然也适用于一般人,但从《尚书》来看,它首先是对国君的训诫。《大禹谟》:“不自满假”,即不自满于虚假夸大之中。这与“吹者不立”岂不是一码事?《大禹谟》又说:“汝惟不矜,天下莫能与之争能;汝惟不伐,天下莫能与汝争功。”这里连行文也与《老子》相同。

5.修身

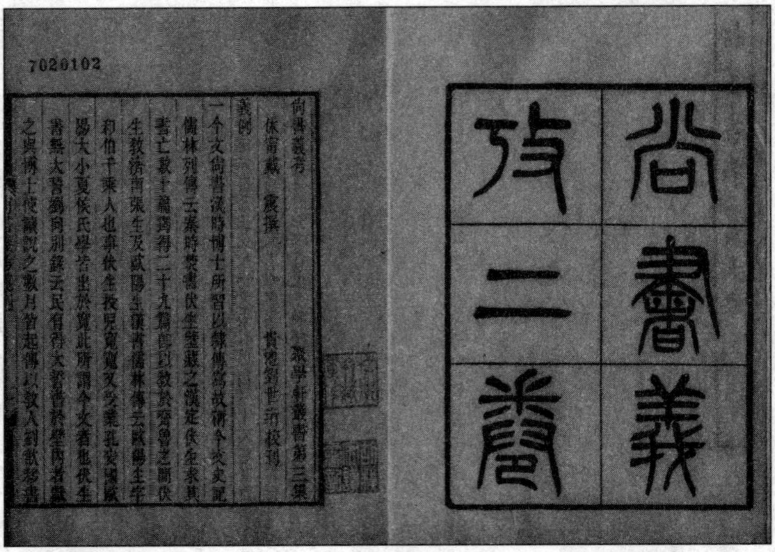

《尚书》书影

《尚书》中的修身主要指君王而言。《皋陶谟》认为德政的三件大事是:“慎身”“知人”“安民”。而“慎厥身,修思永”是首位的。皋陶建议大禹谨慎自身,将自身的修炼坚持终生,坚持永久。那“惇叙九族,庶明励翼,迩可远,在兹”,使九族淳厚顺从,使贤人勉力辅佐,由近及远,完全在于君王从自我的慎身、修身做起。所以《太甲上》也有“修其身”、永不懈怠之教,希望太甲勉之。可见《老子》中修之身、修之家的言论也是对侯王、为政者而言的。

总之,《老子》与《尚书》性质相同——言治道,进言对象一致——君上、圣者。但是东汉以后,老子成了“教主”,《老子》变为宗教经典,加之避祸的需要,它的主要进说对象变模糊了,逐渐使它成为约束人民的诫条,成了儒家社会伦理道德的补充,这当是《老子》所始料不及的吧!

(五)《尚书》可断《老子》之疑

今本《老子》有许多千古之谜,单靠帛书《老子》尚不能破谜,但《尚书》可以决疑。

1.“善者不多”论

帛书《老子》有两句话:“善者不多,多者不善”,这是今本《老子》所没有的。虽然孔子、文子、墨子、庄子、尹文子……均有类似观点，但没有《老子》之前令人信服的史料，而《尚书》中却有。今文《尚书·无逸》有一段周公旦对殷商三十一位君王的评论。他说：除了中宗、高宗、祖甲三位商王恭敬谨慎地治理政事，不贪图安逸，“能保惠于庶民”外，其他的君王“生则逸，不知稼穑之艰难，不闻小人之劳，惟耽乐之从。”因此，不要说治国惠民了，连自身也没有长寿的。这是不是“善者不多”论的来源？

可见，《老子》确有“善者不多，多者不善”之论，它是《老子》政治哲学的基础。第一，是“无为”的出发点。“生则逸”“惟耽乐之从”的君主，昏庸得够可以了。他要“有为”，社会怎么受得了？最好“无为”“不言”吧！第二，与“绝学无忧”“绝仁弃义”“绝圣弃智”有关。“善者不多”群，恐会以仁义圣智谋私害民的。第三，为了“自知”“知人”、修己、治世。如果每一个人都已善良贤能，何需再修？

2.不是啬其精神

过去将“治人事天莫若啬”，释之为“统治人民，侍奉上天，没有比吝啬精神更好的”。其实这是个大误会。它不仅与《老子》同时代人如子产、孔子、孙子等人的主张大相径庭，而且也与《尚书》的大量记载相背离。如：

《太甲》有关于成汤“昧爽丕显（天未亮），坐以待旦”的记载。

《康诰》有“恫瘝乃身，尽乃心”，即是要劳身苦形，尽心尽力之教。

《旅獒》有周武王“夙夜罔不勤”——从早到晚，无不勤奋的记载。

《周官》记载周成王的话“今予小子，祗勤于德，夙夜不逮”。

《君陈》追述周公，“惟日孜孜，无敢逸豫”。而《同命》有段周穆王的话：我“怵惕维厉，中夜以兴，思勉其愆”——我很恐惧，以至半夜起来，思虑怎样避免过错与失误。

可见治人事天者要吝啬精神，根本不是《老子》本意。楚简《老子》证明“治人事天莫若啬”乃“给人事天莫若穑”之误，即治理人民、侍奉上天，没有比务农更重要的。《老子》重农思想重见天日，而《尚书》的为政要谨慎勤奋的主张，更使《老子》的疑案大白。

3.多闻数穷，不如守于中

今本《老子》为“多言”，不是“多闻”，而“中”则被释为“虚静”。是不是如此？值得研究。《论语·尧日》：“尧曰：咨尔舜，天之历数在尔躬，允执其中……”不仅尧，而且舜、禹也以此相传，别的不讲，唯独一个中字，而且还得牢牢掌握——“允执”。今文《尚书·吕刑》凡八用“中”字，公正适当也。这也不是“虚静”。如果再比较一下与《老子》相通的《管子·白心》:“若左若右,正中而已。”“有中有中,孰得乎中之衷乎?”这更说明《老子》之中与“中庸”之中是一回事的。

还有不少。比如今本《老子》七十二至七十九章,如果以帛书《老子》的分章文字为准,再对照《尚书·康诰》。就可以看出《老子》是在新的历史条件下,发挥了《康诰》的思想,企图用以解决春秋战国的政治危机,并且也是“慎罚”思想的发挥。这我们已在前文第二十一章做了论证,这里从略。

(六)《老子》对《尚书》的发展

《老子》较之《尚书》的政治思想,增添了哪些内容呢?

第一,大大发展了“德”。看到“德”的不纯、不一、变质,从而提出内敛无名之“玄德”。

第二,在“道”——规律法则上,提出宇宙本体、万物本源,《老子》有开创奠基之功。

第三,佚失之《尚书》多于现存之《尚书》,其中当有不少关于仁、义、礼等方面的东西,这才会有《老子》对仁、义、礼的怀疑、忧虑、否定。

第四,提出世袭君主及卿大夫的“无为”与“安守无名”的主张及顺应自然的倡导。

第五,《老子》首倡愚民,返璞归真;提出一套对待智者的方略,如“不上贤”“使夫智者不敢弗为而已。”

第六,在军事、战争、外交方面,《老子》的思想较之《尚书》有了大发展。

第七,开创了我国古代的“见知之道”(认识论),提出一系列辩证思想。

第八,提出一系列净化、静化、淡化统治的领导术。就是在为政的方略方面、权谋方面,《老子》也增添了不少新内容。

在养生养性等方面,老子亦有所贡献。

如果说“孔子成《春秋》,而乱臣贼子惧”(《孟子·滕文公下》),那么,《老子》著书上下篇,则是侯王圣者鉴。《老子》与《春秋》一样,皆“天子事也”(《孟子·离娄下》),都是出于“绳当世”的政治需要。原想献给堪当其献的为君、为政者的《老子》,但是东周之颓丧,使《老子》不能找到这样一个可以呈献的为政者。后又想西入秦,藏之深山,留待其人,孰知出关逢关令尹喜索著,于是付诸其人,流传民间,竟成了一部民间私人著作。是否如此?但求聊备一说。

二、《易经》对《老子》的影响

《老子》主要的政治思想均能在《易经》中找到雏形。《易经》的变易观也影响到《老子》。而《易经》《老子》的写作目的、进言对象也有其相通点。帛书《易之义》更能说明这些问题。

孔子老而好《易》,“居则在席,行则在囊”。子贡十分困惑,问孔子,夫子教导弟子:“德行亡者,神灵之趋;智谋远者,卜筮之蔡(占卜)。”弟子问孔子:现在您何以老来好《易》? 孔子回答的要点是:(1)“前祥而致者,弗祥而好也。察其要者,不诡其德”。(2)“《尚书》多阏矣。《周易》未失也,且有古之遗言”。(3)“求其德而已矣,吾与史筮同途而殊归者”。(4)《易》“有君道焉”(见帛书《要》,《道家文化研究》第三辑,下同)。这与孔子“不语怪力乱神”的态度以及《论语》《史记·孔子世家》的记载相吻合,也说明孔子在年老之前并不好《易》。《老子》也是“不语怪力乱神”,不信帝神创造说的。但不同于孔子的是《老子》的史官身份。这决定了他必须研究了解《易》。因为史、卜、筮、祝这几种人“每每是相兼相通的”(李学勤语),甚至“《周易》这个典籍的编纂出于史官”(朱伯崑语)。而孔子所说的那几条理由,无一不完全适用于《老子》。因此《老子》当比孔子更早更多地接触与研究过《易》,并从中吸取营养。所以早就有人指出:“老子思想的渊源,有不少出于《易》。”此章拟分析一下《易经》可能在哪些方面影响到《老子》。

(一)《易经》《老子》的写作目的

如果说《老子》只是对君人者的进言,目的在“无为”而治,那么《易》的对象及目的就宽得多:一切卜筮的人与事。但是《易》的主要(或重要)对象、目的,依然是君人者与为治的人。

《易》有16次提到“王”,如“或从王事”“王三锡命”“王有三驱”“王用享于西山”……它在强调王的重要性;有三次提到“大君”,如“大君有命”(《师》卦)、“武人为于大君”(《履》卦)、“大君之宜”(《临》卦),显而易见,“大君”与“王”同义;13次提到“大人”:“利见大人”“用见大人”“大人否”……在《易》中,“大人”与“王”似乎同义,也是一种统治人民的人。除此而外,即是大量之“君子”,这“君子”自然不是平常人,也是君人者甚至往往也指“王”。如果再加上以“龙”喻君之处,那就更多了。这些尽管不像《老子》中大量的“侯王”“社稷主”“天子”“三公”“圣人”那样清楚,但考虑到《易》源于远古,非出自一朝一代一人之手,且是一种筮史文化,它的对象要广泛得多,所以就难免有这样模糊的词句了。但是人们仍不难看出,它的写作目的往往是针对王,从利于治出发的。如果说《老子》乃“历记成败存亡祸福之道,然后知秉本执要,清虚以自守,卑弱以自持”的结果,那么,《易》虽属筮史文化,但在神秘色彩下,同样融入了各种各样的吉、凶、得、失、祥、灾、进、退、刚、柔的变易之道。或者说,卦辞爻辞之中也包含着“成败存亡祸福”之道。帛书《易之义》及《要》的两段话,大概可以说明这一点的:

子曰:《易》之用也,殷之无道,周之盛德,恐以守功,敬以承事,智以避患……(《易之义》)

故《易》,刚者使知惧,柔者使知刚,愚人为而不妄,毂(榖)人为之去诈。文王仁,不得其志以成其虑,纣乃无道,文王作,讳而避咎,然后《易》始兴也。(《要》)

这岂不说明《易》与《老》的出发点是相通的吗?后者撩开前者迷信和神秘的纱缦,从中吸取自己的思想资料。

(二)“夬夬”与“其邦夬夬”

这里先从帛书《老子》的一句话谈起。

今本《老子》五十八章有句“其民缺缺”,但是帛书《老子》此句却是“其邦夬夬”。一是“民”成了“邦”,二是“夬”取代了“缺”。究竟孰是孰非呢?“夬夬”又是什么意思呢?如果用《易》来释疑,即可迎刃而解,一则可以证明帛书《老子》正确;再则还可说明今本《老子》的妄改,掩盖了《老子》一个重要思想——它也是源于《易》的。

帛书《老子》之“夬夬”,看来出自《夬》卦,或许还有《履》卦。

先看《夬》卦。照《系辞下》的说法:“上古结绳而治,后世圣人易之以书契。百官以治,万民以察,盖取诸《夬》。”也就是说,治理政事,察明事理,往往得取自《夬》。那么这“取诸《夬》”,是取正面之经验,还是取负面之教训?看来是吸取教训。因为:第一,《彖》曰:“夬,决也,刚决柔也。”第二,从爻象看,清人陈梦雷的《周易浅述》说:“以爻䷪论之,五阳在下,长而将极,一阴消而将尽。五阳决一阴,故名夬也……以五阳去一阴,其势似易,而圣人戒备之词,无所不至……”第三,再看爻辞,从初九、九三到九四,大都是不吉有伤之象,而上六则干脆是:“无号,终有凶。”即君王的号令无法行之于国,其国终于破亡。总而言之,这一卦只指出凶的一面,没有指出成功和吉来。显而易见,这“取诸《夬》”是什么意思就很明白了。

再看《履》卦。履者,行也,履行也。“九五:夬履,贞厉”。王弼注曰:“得位处尊,以刚决正。故曰‘夬履,贞厉’也。履道恶盈,而五处尊,是以危。”这也许简单了点。孔颖达之《周易正义》曰："夬履者，夬者，决也。得位处尊，以刚决正，履道行正，故夬履也，贞厉者，厉危也。履道惠盈，而五以阳居尊，故危厉也。"所谓"五"，即九五，指居帝位。可见如将"夬履，贞厉"译成白话，那就是刚愎过分地履行它，占问有危险。《老子》的"夬夬"是不是这个意思呢？

不过上面的引证与解释都是单个"夬"字，而作为"夬夬"这个复合词来看，在《夬》卦中出现了两次：其一，"九三：……君子夬夬独行"。这"夬夬"，高亨释为"行事果决又果决"，周振甫译为"急急的样子"。其二，"九五：苋陆夬夬中行……"苋，当作"萈"，即细角山羊。高亨释为："山羊在路中间跳得很欢很欢"（《周易大传今注》，下引同）。所以，《老子》也可能是从这个意义上去使用"夬夬"这个词的。

至此，我们大致弄清了《老子》"其邦夬夬"的出处和含义了，即"他的邦国会果断又果断，匆忙又匆忙"。

这样我们就回到帛书《老子》这句话的上下文上，来看看《老子》究竟想说什么：

其正闵闵，其民屯屯；其正察察，其邦夬夬。祸，福之所倚；福，祸之所伏……

这里帛书《老子》之"正""闵"，不是今本《老子》之"政""闷"，含义不一样（对此笔者已在上面第二十章专门做了分析），按照帛书《老子》的文字以及上面对"夬夬"的分析，那么上面这段引文，是不是在说：

（对能否）以正临国，常怀忧虑，人民就谨慎仁厚；对正道治国一味标榜，他的国家就会果断又果断，匆忙又匆忙。祸，依傍着福；福，藏伏着祸……

如果再联系《老子》之上章（今本《老子》五十七章）与此章的下文来看，那意思更完善了。前章提出"以正治国"，此章之"正"即接此而来。前章之"正"指的是无（私）为，无事（不以己事扰民）、无欲、好静。此章之"正"是后面的方、廉、直、光。对这些"正"，必须常怀忧虑，唯恐不正，如此这样，"正"才能保持，并且不变味；如果一味标榜，大吹特吹，那么君王就会刚愎自用，急急忙忙。祸福是相联的，它是没个定准的。治国本该以正不以奇，但一旦刚决又刚决，又往往会"正复为奇，善复为妖，人之迷也，其日固久矣"。所以结论是："方而不割，廉而不刺，直而不肆，光而不眺。"可见，帛书《老子》是正确的。老子某些思想源于《易》，却又高于《易》。

（三）"潜龙勿用"与"无为"

《周易》的首卦是《乾》。卦名就是指天。其卦辞、爻辞总共才七十余字，几乎都在说"龙"："潜龙勿用""见龙在田""或跃在渊""飞龙在天""亢龙有悔""见群龙无首"……其他文字也大都关系到"龙"。那么这"龙"究竟指喻什么？难道它仅仅指一种神异的动物，而没有任何隐喻吗？显然这是不可能的。

也许是知而不言，或不便、不能明言，《彖》《象》《文言》都含糊其辞。因此，闻一多认为"龙"是天上的"龙星"(《周易义证类纂》)。马融曰："借龙以喻天之阳气也。"(《周易集解》)而更多的是不做引申，龙即是龙。值得庆幸的是：帛书《易之义》《二三子问》……出土并公布了。它也许可以使《彖》《象》《文言》《系辞》中"龙"的含糊之义变得清晰，即"龙"是喻君王的。而"潜龙勿用""或跃在渊""亢龙有悔"，似乎是"无为""好静""不争"的雏形。下面我们将帛书有关理解，分别抄录分析如后。

1.初九：潜龙勿用

在帛书《二三子问》中，此作"寝龙勿用"。

孔子曰："龙寝矣而不阳，时至矣而不出，可谓寝矣。大人安失(佚)矣而不朝，言苟在廷，亦犹龙之寝矣，其行或不可用也。故曰寝龙勿用。"

改"潜"为"寝"，似乎有其用意。"不朝""在廷"，自然是指朝廷的"不朝""勿用"，这是否有点"无为"的意思？帛书《易之义》对"潜龙勿用"有两种解释：其一是"匿也"；其二是"言其过也"。看来之所以潜、匿，是因龙容易产生过错，即"龙"之用的过错。它比喻人君自用、有为之过。所以高亨说："潜龙比喻人(君?)隐居不出，静处不动……不可有所作为。"这些岂不类似"无为"？

如此再看《文言》下面的论述，就清楚了。

潜龙勿用，何谓也？子曰：龙，德而隐者也，不易世(不为世俗所转移)，不成名，遁世无闷，乐而行之，忧则违之，确乎其不可拔，潜龙也。

这不仅看清了"无为"的含义，而那"不成名""遁世无闷"，还是一种"无名"(不求名)的思想。

2.见龙在田，利以见大人

帛书《二三子问》："卦曰：'见龙在田，利以见大人。'""孔子曰：'□□□□□□□□□□□嗛(谦)易告也，就民易遇也。圣人君子之贞也，度民宜之，故曰，利以见大人。'"可惜有九字掩损，但仍可看出，龙与圣人、君子有关。

帛书《易之义》："'见龙在田'，德也。"这与《象》所说的"德普施也"意思相同，只是范围有别罢了。而高亨的解释就更通俗了："龙出现于田中，比喻王侯、大夫活动于民间……"在这里"龙"直接是指王侯大夫了。

3.或跃在渊，无咎

《易之义》的解释是："隐[而]能静也。"

《象》则说:“‘或跃在渊’,进无咎也。”

“在渊”之龙,自然是潜隐静处的。人君的潜隐与静处,或在潜隐静处中的“进”,当然也是无害的。这岂不像老子的“好静”“无事”吗?

4.亢龙有悔

《二三子问》:“易曰:‘抗(亢)龙有悔。’孔子曰:‘此言为上而骄下,骄下而不殆者,未之有也。圣人之立正也,若遁(循)木,愈高愈畏下。故曰:亢龙有悔。’”这虽说是进行勿骄与谦下的说教,但可见“龙”已经是“为上”“圣人”了。

《易之义》:“亢龙有悔,高而争也。”此其一。其二,“亢龙有悔,言其过也。”

《象》曰:“亢龙有悔,盈不可久也。”

《文言》:“亢龙有悔,穷之灾也。”“亢之为言也,知进而不知退,知存而不知亡,知得而不知丧,其唯圣人乎?知进退存亡而不失其正者,其唯圣人乎?”

这里讲“龙”用之害,而且讲一当“龙”变得“亢”“高而争”,那么因其过错而带来的穷困与灾害以及认识上的片面性错误就会接踵而至。

上述种种,不能不使人们想起《老子》之名言:“我无为而民自化,我好静而民自正,我无事而民自富,我无欲而民自朴。”(五十七章)这也许受到“龙”之“勿用”“在渊”“有悔”的某些影响吧?

(四)临民之术:恩、威、慎、谦

老子虽说“处无为之事”,但五千言《老子》,主要还是言治言君临臣民的。在这方面,它同样受到《易》的影响。

1.临之以恩,临之以威

《临》卦的“临”与《尚书·顾命》中的“临君用邦”之“临”是一个意思,是讲国君君临统治臣民之“临”。

初九:咸(感)临,贞吉。

九二:咸(威)临,吉,无不利。

九三:甘临,无攸利;既居之,无咎。

前一个“咸临”,即感临,以恩德感化之道临民;后一个“咸临”,乃威临之误,或者就是以“刑威”临民,因为《象》接着的解释是:“未顺命民也”,即人民不顺从君上的命令,敢于违抗,所以要临之以威刑。这两项相辅相成,所以都是“吉”,甚至“无不利”。而“甘临”之“甘”,读钳,即用钳制的办法临民,是无所利的,但是如果担心人民疾苦,则没有害。这几点与《老子》是相通的。“民之饥也,以其上取食税之多也”,“民之难治也,以其上之有以(私)为也”,“实其腹,强其骨”,“毋厌其所生。

毋闸其所居”，不堵塞其生路，不要打断人民安居乐业……如此等等，不就是一种“感临”“恩临”吗？而“大威至”“勇于敢者则杀”，“为奇者吾得执而杀之”……不就是一种“威临”吗？

顺便提一下，老子的愚民主张，是否多少受一点《蒙》卦的影响？“六五：童蒙。吉”。《象》曰：“童蒙之吉，顺以巽也。”不懂事的孩童总是那样纯朴、柔和、百依百顺。人民愚昧无知不也一样柔顺听话吗？

2.如临虎尾，如履薄冰

为政临民，如临深渊，如履薄冰，这是老话题。《易》与《老子》都用不同的语言比喻、告诫君人者。

《履》卦之“履”，就是指行动、践履、为政。如果每办一件事，都像要踩到老虎尾巴那样战战兢兢，小心谨慎，虽危无害（“履虎尾，不咥人，亨”）。而如果心襟坦白，无私无欲（“素履往”），而又行为谨慎，考虑周详，则大吉（“履虎尾，愬愬，终吉”）。如果瞎了一只眼，跛了一条腿，还想去踩老虎尾巴（“眇能视，跛能履，履虎尾”），那非被虎咬不可：“咥人，终凶。”比如，“武人为于大君”，就是这样。《老子》的“古之善为道者”，他们“豫啊，其若冬涉水；犹啊，其若畏四邻；涣啊，其若冰将释……”不也是一种“履虎尾”或临渊履冰那样的谨慎为政临民的说教吗？

3.谦以自牧，尊而光，万民服

《谦》卦，䷎艮下坤上，“艮为山，坤为地，山体高，今在地下，其于人道，高能下，下谦之象”（《周易集解》）。所以卦辞是：“谦，亨。君子有终。”有终者，好结果也。而爻辞则统统是吉利的。无论是谦而又谦的君人者（“谦谦君子”），还是有名望而谦（“鸣谦”）；无论是有功而谦（“劳谦”），还是明智而谦（“执谦”），都是吉的。即便是用“谦”的态度进行“征伐”，“行师征邑国”，也是“无不利”的。为什么呢？《象》似乎做了回答：第一，“中心得也”；第二，“万民服也”；第三，“不违则也”；第四，“征无不服也”。真是吉莫大焉。而《彖》则有一个总结性的论述：

《谦》，亨。天道下济而光明，地道卑而上行。天道亏盈而益谦，地道变盈而流谦，鬼神害盈而福谦，人道恶盈而好谦。谦，尊而光，卑而不可逾，君子之终也。

《老子》自然不可能知道《彖》《象》是怎样说的。但是《老子》对《谦》卦自然烂熟于心，可能也知道天地鬼神人，绝不会喜欢自高自大，而是助益那谦下的。《老子》一书虽未提“谦”，但谦下却贯串全书。从“不德”“若缺”“若盅”“若诎”“若讷”“以下为基，以贱为本”，自称孤、寡、不毂、不自伐、不自矜……到比较高深的“无为”“不争”“无名”“绝圣弃智”“绝仁弃义”……无不包含谦下的精神，《老子》

的主旋律就是君主的谦下、侯王的谦下。他已把谦下发挥到了极致。

可见,在临民为政的最主要点上:恩、威、慎、谦,《尚书》《易》《老子》完全相通,而且《老子》是受到《尚书》与《易》之影响的。

(五)上明晰的政治思想

《易》的许多政治思想,由于卦辞爻辞的过于简单,所以含糊不清,更何况还有神秘与迷信的掩盖。而在《老子》,则是明晰的,可以看到《易》对它的影响?

1.俭

《老子》三宝之一的"俭",其雏形也似乎在《易》。《节》卦卦辞曰:"节,亨。苦节,不可贞。"节,俭也。"苦节",以节俭为苦,所占之事不可行。而《象》则加以发挥:"'苦节,不可贞',其道穷也。天地节而四时成,节以制度,不伤财,不害民。"节俭乃是防穷、不伤财,不害民之道。因此,"六四:安节,吉;九五:甘节,吉"。那些安于节俭、视节俭为甘甜的,都是遵行不害民之道的,所以都是"吉"的。可见《老子》很可能是由"节"发展到"俭"的。

2.功成身退

帛书《老子》甲本这句为"功述身退",帛书《老子》乙本作"功遂身退",《文子》等作"功成名遂身退"。《老子》这个倡导似乎也与《易·遁》有关。遁者,退也,隐也。看来这个卦是赞美某种退隐的,主张观察时势,及时退隐。"初六:遁尾,厉。"即做退隐的尾巴,隐退得太迟,有危险。"九四:好遁,君子吉;九五:嘉遁,贞吉。"无论是功成名就之时的"好遁",还是受到嘉奖庆贺之时的"嘉退",都是"吉"的。而"上九:肥(飞)遁,无不利"。即退隐一如鸟飞之速,见机而去,不俟终日,那是"无不利"的。《老子》是否用"功述身退,天之道",来概括发展了《易》的上述思想呢?

3.行不言之教

《坤》卦卦名即"地"。地何言哉?"六四:括囊,无咎无誉。"扎住口袋叫"括囊",比喻不说话。不说话,自然不会招来祸害,但也不会招来什么赞誉。而《易之义》则有两种不同的解释:

功遂身退

"括囊,无咎",语无声也。

有口能敛之，无舌罪。言不当其时则闭慎而观。易曰："括囊，无咎。"子曰，不言之谓也。

显然，这深化了《易》的思想。一是都不再提"无誉"了；二是前者指言而无声，后者则是不语。前者似乎是对君上而言，而后者所指对象似乎太宽泛了。语而无声是说，话不外扬，尤其是不成熟的话；而不言则是干脆不说，免得生出过错。一般人用此护身处世，而对君人者则是告诫。由于《老子》是对侯王的说教，所以直接提出了"行不言之教"。因为对绝大多数侯王来说，生长于深宫，不知稼穑之难，不知小民之苦，以致见少识浅，所以最好是"不言"。如此方能少出差错，少闹笑话，也免得有人奉迎讨好惹是非。

4.损益之道

帛书《要》中特别强调损益之道：

孔子接搯（诵读）《易》，至于损益二卦，未尝不废书而叹。戒门弟子曰：二三子！夫损益之道，不可不审察也，吉凶之□（门?）也。益之为卦也，春以授夏之时，万物之所出也，长日之所至也，产之（?）宣也。故曰益。损者，秋以授冬之时也，万物之所以老衰也，长夕之所至也.故曰产。道穷□□□□□□□□。［益之］始也吉，其终也凶。损之始凶，其终也吉。损益之道，是以观天地之变，而君者之事也。

损益之道，是以观得失矣。

这是用四时变化来深化《易》中两卦的思想。《损》卦是取损下益上之义，即如《彖》说的：减损下面，增益上面，这是上面推行的道理。虽说必要，但是有时又得"损刚益柔""损盈益虚"。《象》则补充道：损下益上要"惩忿窒欲"，即制止任意，堵塞贪欲。而《益》卦则说，筮遇此卦，"利有攸往，利涉大川"，即有所往有利，渡大江大河有利。为什么呢?《彖》说："益，损上益下，民悦无疆；自上下下，其道光大。"真是极力鼓吹益下。因为这样做，所损者小，所得者大，小损得大益，虽损实益。《易》的上述思想，可能也反映在《老子》七十七章中，它批判"损不足奉有余"，希望那有道的人，能"损有余以奉不足于天下"，并且这些有道的人，"为而弗有，功成而弗居也，若此，其不欲见贤也"。可见，这似乎补充了《易》的损益之道。

5."同人"与"以百姓之心为心"

《同人》卦之卦名，即赞同应和他人。其卦辞曰："同人于野，亨。利涉大川，利君子贞。"赞同应和的人一直达到乡野，自然是大大有利的。而其爻辞则比较了不同之"同"：

初九：同人于门，无咎。

六二：同人于宗，吝。

上九：同人于郊，无悔。

同于门外之人、城郊之人，只是无咎、无悔，而仅仅同于宗庙之人，就有困难了。这就表明邦国大事只靠宗族的力量是不成的，还要同邦国乃至天下人民的意志相通相同，才是有利的。这是否有点与“以百姓之心为心”的意思相通呢？

6.“大壮”与“天下皆谓我大”

《大壮》卦的卦辞曰：“大壮，利贞。”大者，强壮也。贞者，正也。“正”是“大”的条件，只有正之大，才有利；不正之大则无利。《彖》曰：“大者，正也，而天地之情可见矣。”这是否意味着，不正之“大”非“大”也。《象》曰：“雷在天上，君子以非礼弗履。”这又给“大”加了条限制：“礼”。《老子》的六十七章似乎又做了补充：“天下皆谓我大，似不肖。夫唯大，故似不肖。若肖，久矣其细也夫。”要是天下都说我壮大、伟大，恐怕不像，因为唯有我伟大（或因为人们唯唯诺诺地说伟大）所以不像。如果像的话，那早已渺小了。

（六）通反、弱之变

孔颖达说：“《易》者变易之总名，改换之殊称。”此乃至理。六十四卦，无不是动与变，对立的动与变。这些深深地影响《老子》的辩证思想。

《泰》卦：“无平不陂，无往不复。”宇宙间没有只平不陂者，也没有只往不复者。而《象》则补充道：这是天地之法则。这是否与老子强调事物“反”“弱”的一面有关？

《否》卦：“九五：休否，大人吉。其亡其亡，系于苞桑。”高亨训“休”为“怵”，或是“怵”之误；“系”借为“磬”，坚固之意；苞，茂也。这段爻辞的意思是：“常恐惧否运之到来，则能勤勉谨慎，君人者吉。那些说我将亡我将亡的人，其人其国坚固一如茂桑。”所以，《系辞下》才说：

危者，安其位者也；亡者，保其存者也；乱者，有其治者也。是故君子安而不忘危，存而不忘亡，治而不忘乱，是以身安国家可保也。《易》曰：“其亡其亡，系于苞桑。”

《老子》没有重复《易》的话，却有许多类似的思想。“祸莫大于无敌”（非“轻敌”），也许是最好的概括。“天下皆知美为美，恶已；皆知善[为善]，訾（恣）不善矣。”如果只知美而不知美中之不美，只知其善而不知善中之不善，或不知美、善可能向不美不善转化，那就是放纵不美不善了。只知伟大而不知渺小，只知胜利而不知失败，只知正确而不知错误，只知光荣而不知耻辱，那么伟大、胜利、正确、光荣将

会向反面转化。

又如《蹇》卦。蹇,难也,跛足,难行。一方面正如《象》所说的:“蹇,难也,险在前也,见险而能止,知矣哉!”但这只是一方面。另一方面,“初六:往蹇来易”,去时难来时易。“九五:大蹇朋来”。明,钱币也。极端困难之后,钱财来了。这又指出了先难而后获,由难变易,《老子》的“难易之相成也”,也许是在概括这种思想吧?

再看《困》卦,其卦辞曰:“亨,贞大人吉,无咎,有言不信。”即通顺。占问大人吉,无害。不过这个时候有话要说别人也不信。当然这“亨”是有条件的。《象》曰:“险以说,困而不失其所,亨。”即处险不惧反以喜悦待之,虽困却不失其所,这样才能通顺。如果不乐观,又失其所以,就难以“亨”了。而《象》又说:“泽无水,困。君子以致命遂志。”也就是说,虽遇其困,但从困中看出它的通与变,舍命完成其志愿,如此方“亨”方“吉”。

以上种种对于《老子》的“反也者,道之动也;弱也者,道之用也”的思想形成,显然是不无助益的吧?

最后,有必要谈谈《易》之全面与《老子》之“片面”。帛书《易之义》有两段论刚柔动静的“子曰”:

万物之义,不刚则不能动,不动则无功,恒动而弗中则□,此刚之失也。不柔则不静。不静则不安。久静不动则沉,此柔之失也。

子曰:易之要,可得而知矣。乾坤也者,易之门户也。乾,阳物也。坤,阴物也。阴阳合德而刚柔有体,以体天地之化。

这两段“子曰”,讲动也讲静,讲刚也讲柔,何等全面!而《老子》似乎只讲柔、静,几乎不提刚、动;即便提到也是间接的。比如谈天道,他说:“道生之、畜之、长之、遂之、亭之、毒之、覆之。生而弗有也,为而弗恃也,长而弗宰也。”这里虽有动与刚,却不明言,而结论只是“弗有”“弗恃”“弗宰”。可见《老子》在这里根本不可能谈什么“自强不息”,而只讲类似“厚德藏物”的话。这岂不是“片面”“非辩证”吗?但是,如果看到“老子著书上下篇”,是对王侯君人者的进言,而王侯已居于刚、动、盈、阳、高之位了,所以对他们只说柔、静、虚、阴、下,也就是可以理解的了。那不是片面,同样是辩证的。之所以如此,对象不同也。如果对于八月骄阳,还要他们“自强不息”,岂不赤地万里吗?

可见,《老子》承《易》,通“反”“弱”之变,示“反”“弱”之变。

三、《老子》对《孙子兵法》的借鉴

1997年第五期《历史研究》，发表了何炳棣先生的《中国最古私家著述：〈孙子兵法〉》，该文经过多方面考证，得出结论《孙子兵法》早于《论语》《老子》。过了三年，何炳棣又发表了《〈老子〉辩证思维源于〈孙子兵法〉的论证》，更明确论断："《孙》为《老》祖。"两篇大作振聋发聩。对于先秦思想史来说，是个"地震"。如果此说成立，会引发先秦思想史"板块"顺序的重新组合、重新认识。可惜这两篇文章并未引起足够的关注，"目前，《孙子兵法》的春秋属性尚未引起国际上足够的注意和研究"，拙文接着何院士的话题，比较《孙》《老》之思想相通处，看《孙》《老》的孰先孰后。

（一）"兵家圣典"是否先于"政家圣典"？

如果细查《史记》，会发现那里确有某些《孙》早于《老》的记载：

第一，成书时间记载确凿。《孙子列传》："孙子武者，齐人也，以兵法见于吴王阖庐，阖庐曰：'子之十三篇，吾尽观之矣。'"可见，孙子见阖庐之前，《孙子兵法》十三篇已经撰就。孙武见阖庐，事在公元前512年。如果孙武与孔子年龄相差不大，那么其时孙武不过四十岁左右。第二，家学渊源基础深厚。孙武出身将门。其祖为将军，伐莒有功；其庶祖田穰苴更是大名鼎鼎的大将与著名军事理论家，令晋、燕师闻风丧胆；其战术列入《司马穰苴兵法》中。第三，有著书的充裕时间和经济条件。公元前532年，孙武为避难由齐逃到南方吴国，曾身为贵族，无生活之忧虑。孙武在吴国深居达20年之久，直到512年他才见到吴王阖庐。十三篇当是他20年闲居心血的结晶。也是他先祖庶祖及前人成果的发展。所以《孙子兵法》乃"孙武之手定"，不像诸子之文"皆出没世之后，门人小子撰述成书"。当然十三篇在进呈之后，孙武自己及后人会对其有所损益。第四，"君人南面术"决定了必须研究军事理论。《史记·老子列传》虽然没有说明白老子其人是谁，《老子》成书于何时，但从出土不久的楚简《老子》看，今、帛本《老子》，并非出于一人成于一时，再从《史记》详记老子之世系族谱看，尤其从"老子之子名宗为魏将看"，《老子》成书于战国，也就是成书晚于《孙子兵法》一百多年。而《论语》成书于公元前420年左右，已成共识。可见孙武根本不可能去研究尚未问世的孔、老著述。更谈不上孔、老对《孙子兵法》的影响，那么，孔、老有无可能受《孙子兵法》的影响呢？孔子是不屑于研究军旅之事的。《论语·卫灵公》曰："卫灵公问阵于孔子。孔子答曰：

'……军旅之事,未之学也。'明日遂行。"但作为史官的老聃或太史儋,则另当别论,史官的职务决定了他们必须记载并且研究军旅方面的事,何况春秋战国以来,战争越来越频繁,治国与治军本来就密不可分。再说作为一代思想家、宗师,作为"君人南面术"的设计者,岂有不研究《孙子兵法》之理?细读与仔细比较《孙》《老》,不难发现《孙》对《老》的影响,《老子》对《孙子》有借鉴、有改造,并且还有某些移植。这里又有这样一个问题:上面说的《老子》是指五千言的帛、今本《老子》,而二千言的楚简《老子》是否也同样如此呢?楚简《老子》下葬年代在战国中期偏晚,它有无可能是春秋时老聃传下来的作品呢?它有无可能影响到《孙子兵法》呢?孙武的军事哲学,有无可能受楚简《老子》政治哲学的启发呢?看来不可能,楚简《老子》之成书,不可能早于孙武见阖庐时的《孙子兵法》,此其一;其二,"老子修道德,其学以自隐无名为务","老子隐君子也",他不可能很早就著书立说,即使有著述也不可能广为传播。正像很难从《论语》,从新近出土的简帛佚籍中看到孔子读《老子》,受到《老子》的影响一样,孙武也是不可能从楚简《老子》中吸取营养的。不过,这个结论能否成立,还要对《孙》《老》加以比较。

(二)从基本战略相通看《孙子》与《老子》

为政与用兵,政治辩证法与军事辩证法的某种相通、相似、相合,在《孙子兵法》《老子》中表现得很充分。这种相通,有直接的启发,也有间接的影响,还有的是不谋而合。所以在基本战略问题上,我们只提相通,还不敢说死谁影响谁。

《孙子兵法》强调用兵要自身先立于不败之地。"先为不可胜,以待敌之可胜。不可胜在己,可胜在敌"(《计》)。所以必须首先致力于使自身"不可胜",立于不败之地。同样为政治国也有"先为不可胜"的问题。今本五十四章(下只注章数)称:"善建者不拔,善抱者不脱,子孙祭祀不绝。"因为当时的国家是一姓一族以宗法血缘关系为基础的国家,"子孙祭祀不绝"就不只是子孙继嗣的问题,而是国家存亡的问题,国家不亡,就必须解决"不拔""不脱"的问题,而首先是国君的"不拔""不脱"之建。如果国君多病多灾、性情乖僻、自身难保,就谈不上为政治国,保持(抱)国家了。其次是国君家庭宗室的"不拔""不脱"之建。如果宗室不和乃至谋篡逆,还有"妻为敌国,妾为大寇",也难谈国之"不拔""不脱""不绝"了。所以《老子》说,"善建""善抱"的原则,首先要"修(治)之身""修之家",然后再"修之乡""修之邦""修之天下",使自身立于不败之地。

《孙子兵法·计》又说:"道者,令民与上同意也,故可与之生,与之死,而不畏危。"为政治国也有"令民与上同意"的问题:"圣人无恒心,以百姓之心为心。"(《老子》十九章)即有道之国君、执政者,没有自己固定的意愿,而以百姓的意愿为意愿。这比起“令民与上同意”之“令”,自然更会“与上同意”的。从这一点看,《老子》尤胜于《孙子》,似可证明《老》之后出。

《孙子兵法·地形》曰:“视卒如婴儿,故可与之赴深渊,视民如爱子,故可与之俱死。”孙子没有提“仁”,只提视卒视民如子,而且兵民连提。同样,治国也要视民如亲。《老子》说:“我恒有(㮚)三宝之,一曰慈,二曰俭,三曰不敢为天下先。”《老子》还说:“夫慈,以战则胜,以守则固。”(皆帛本文字,下同,今本六十七章)战与守,既是军事,也是政治。看来老子、孙子在一唱一和。“慈”即“视民如爱子”,它是发自自然天性,没有社会政治性,它是一种对民、对卒、对下属有如慈母之于儿女一般的理解与爱护。唯有如此,国君、为政者才能“俭”,才不敢争先恐后地拿人民去建功立业、争名夺利。这样人民才会与为政者同生死共患难。

水,是孙子借以比喻用兵制敌的理想物。《孙子兵法·虚实》曰:“夫兵形像水,水之形,避高而趋下;兵之形,避实而击虚。水因地而制流,兵因敌而制胜。故兵无常势,水无常形。能因敌变化而取胜者,谓之神。”同样,水也是老子借以喻政说教的理想物。“上善若水。水善利万物而有静(帛本),居众人之所恶,故几于道矣。”(今本八章)孙子只是以水比喻用兵之无常势、无常形。而《老子》则是在更深的层次、用水喻政、喻君。水对于人、对于万物之恩惠何其深重啊,但水却默默无声,从不显示自己的恩德,更不索取任何回报。在这一问题上,《老》也对《孙》的主张有所发展?

“知彼知己,百战不殆”,这已是众所周知的名言了。《孙子兵法·攻谋》接着说:“不知彼而知己,一胜一负;不知彼,不知己,每战必殆。”《老子》强调“知人者智,自知者明,胜人者有力,自胜者强”(今本三十三章)。这里“知人”虽先“自知”,并不是说“自知”次于“知人”,实际上《老子》仍然是强调“自知”的。比如他一再倡导侯王以孤、寡、不穀即无德之人、少德之人、不善之人“自称”“自名”;又如他的“善者不多,多者不善”,就是提醒侯王、为政者、为学者“自知”的。如果王公真的以此自知自识自省自律,国家岂不少去许多过失与灾难吗?如果《老子》之“自知”源于《孙子》之知己,或有感于《孙子》,岂不是青出于蓝而胜于蓝吗?

更重要的是孙子、老子都重视从全局来观察、考虑用兵与为政。孙子对于用兵,是统观全局,从整体出发的。《孙子兵法·计》:“兵者,国之大事,死生之地,存亡之道,不可不察也。故经以五事,校之以计而索其情:一曰道,二曰天,三曰地,四曰将,五曰法。”这里“道、天、地”是基本的、决定性的,“将”与“法”必须遵从。而

"将"与"法"在军事上的重要性同"王"在政治上的重要性同样是关乎全局的。《老子》说:"道大、天大、地大、王大。国中有四大,而王居一安。人法地,地法天,天法道,道法自然。"(二十五章)显然老子将道与自然看作是最基本的,是决定天、地、人、王的。这里《老子》在抬高王,但是意思很清楚,王必须以天、地、道、自然为效法的榜样,服从天、地、道,更服从自然。同时《老子》将王列为国中"四大"之一,也是自然经济位居压倒优势的封建国家的一种需要、一种必然,这正如将之于军一样。这就是从全局考虑为政。这里可以看出,《孙子》这种思想是与《老子》相通的,而且似乎《老子》站得更高。

(三)从战术、策略相通看《孙子》与《老子》

《孙子兵法·军争》说:"善用兵者,避其锐气,击其惰归,此治其气者也,以治待乱,以静待哗,此治心者也。以近待远,以逸待劳,以饱待饥,此治力者也。""待哗"固然要"以静",避其锐,待其乱,待其远、劳、饥,也都需要通过"静"来实现。也就是说,用兵常常通过坚守吾方之"静",然后伺机打击敌方之惰、乱、哗、远、劳、饥。在你死我活,瞬息万变的战争条件下还强调"静"。在和平环境中的治国也有类似问题吗?《老子》再三强调"好静""清静可以为天下正""静为躁君"……因为静可安、可定。对于自然经济为主的古代,这太重要了。同时还可以以静观动、以暗观明、以静观变;又可以静治心、遏欲、治身、治家。静在为政中的重要性,比用兵要逾出百倍。

《孙子兵法·九变》说:"无恃其不来,恃我有以待之;无恃其不攻,恃吾有所不可攻也。"《老子》则说:"祸莫大于无敌。"(六十九章)思想与行动上处于无敌状态,初则失去警惕与戒备,进而"近亡吾宝",必然削弱乃至丢弃慈、俭等法宝,这就距国亡身灭不远了。这与孟子所说的:"无敌国外患者,国恒亡"是一个意思,也与孙子上述思想相通。《老子》在同一章里说:"吾不敢为主而为客,不敢进寸而退尺。"即我不敢挑起战争,而宁愿作应战的准备。不敢打敌不来、敌不攻、我主动的如意算盘,而作敌来、敌攻、我被动的防备。这样才能"两军相若,则哀者胜"。《老子》谈政治,一如谈军事。

《孙子兵法·作战》说:"兵贵胜,不贵久。""兵久而国利者未之有也"。久,必然"百姓之费十去其七",公家之费"十去其六"。同样,《老子》一再说:"兵者,不祥之器也,非君子之器",只有"不得已而用之"(三十一章)。不得已用兵时还要"铦袭为上",铦,锐利也;袭,轻装也突然袭击。锐利且又轻装袭击,自然也会得到"速"与"胜"之效果的。

《孙子兵法·军争》说:"军无辎重则亡。"同样,"君子终日行不离其辎重"(二十六章),君子者,君王也,军队的最高统帅,不论走到哪里,不论白天夜晚,都不能离开辎重、警卫。《孙子兵法·火攻》曰:"主不可以怒与师,将不可以愠(生气)致战。"《老子》曰:"善战者不怒。"老子之弟子文子说:"忿无怒言,怒无作色,是谓计得。"(《文子·上德》)意气用事、个人英雄主义、一触即发、火冒三丈,对于用兵是致命的弊端,同样对于君主专制主义条件下的为君为政也是个自杀式的弱点。

不仅如此,《孙子兵法·军争》所说的"军争之难者,以迂为直,以患为利"。《老子》说:"曲则全,枉则正,洼则盈,敝则新……"也是说的同一道理。同时老子用在为政为君上,可谓登峰造极:"欲上民也,必以其言下之;欲先民也,必以其身后之"(六十六章),"圣人退其身而身先,外其身而身存,无私而能成其私"(七章),"圣人之能成大也,以其不为大也"(三十四章)。圣人之所以能够变得伟大,是因为他不自以为伟大……如此等等,不就是"以迂为直"的极致吗?难道不是胜于《孙子》的地方?

《孙子兵法·行军》对于识别敌军外交辞令有两条精彩的结论:"卑辞益备者,进也;辞强而进驱者,退也。"译为白话就是:敌军使者言辞谦下而部队却加紧备战的,是企图向我进攻;敌军使者言辞强硬而部队又向前逼近的,那是在准备后退。《老子》则说"正言若反"——正话反听,或正面的话含有反面的意思。毫无疑义,这两种论断相通,但后者之所指、后者之精练,都超越了前者。

以上很难说一定就是《孙》影响了《老》,如果说《老子》的作者,比孙武经历过更多更大的历史教训的结果,但《老》有所借鉴于《孙》,则是大致无误的。

(四)从"诡道"的移植看《孙子》与《老子》

何炳棣的两篇论《孙子兵法》的文章,提到老子之愚民与欲擒故纵之权谋,乃出自《孙子兵法》。其一,何文说:"《老子》把《孙子》愚兵的理论和实践提升扩大到愚民"。《孙子·九地篇》曰:"将军之事,静以幽,正以治。能愚士卒之耳目,使之无知;易其事,革其谋,使人无识;易其居,迂其途,使人不得虑。帅舆之期,如登高而去其梯;帅与之深入诸侯之地而发其机,焚舟破釜,若驱群羊,驱而往,驱而来,莫知所之。整聚三军之众,投之于险,此谓将军之事也。"《老子》则说:"故曰:为道者,非以明民也,将以愚之也。夫民之难治也,以其智也。故以智知邦,邦之贼也;以不智知邦,邦之德也。恒知此两者,亦稽式也。恒知稽式,此谓玄德。玄德深矣、远矣!与物反矣,乃至大顺。"(六十五章)不仅如此,《老子》更提出:"不上贤,使民不争;不贵难得之货,使民不为盗;不见可欲,使民不乱。是以圣人之治也,虚其心,实其腹，弱其志，强其骨，恒使民无知无欲也；使夫智［者］不敢弗为而已。则无不治矣！"（三章）军事机密与战争取胜的需要，使孙武提出"愚士卒之耳目""若驱群羊"。《老子》的愚民理论，显系事后的发展。《老子》明确指出愚民的关键第一在不尚贤，第二在使那群智者不敢胡来。真是抓住了要害！由此也可以看出《老子》乃为后出吧！

其二，欲擒故纵。《孙子·计篇》曰："兵者，诡道也。故能，而示之不能；用，而示之不用；近，而示之远；远，而示之近；利而诱之，乱而取之，实而备之，强而避之，卑而骄之，佚而劳之，亲而离之，攻其无备，出其不意。此兵家之胜，不可先传也。"《老子》三十六章的："将欲拾之，必姑张之；将欲弱之，必姑强之；将欲去之，必姑兴之；将欲夺之，必姑予之……"岂不与《孙》同出一辙而略高一筹？

那"为无为，事无事，味无味"，套用上面孙武的话说，岂不就是"为而示之无为，事而示之无事，味而示之无味"？要不然，臣下的逢迎讨好，闻风而起，"上有所好，下必甚焉"，"上一下十"的规律发挥作用，岂不会把事情弄糟？何况还必须瞒过敌国的窥探呢？《孙子兵法·虚实篇》曰："形兵之极，至于无形。无形，则深间不能窥，智者不能谋"，即用兵的极致在于迷惑敌人，不露一点真迹，连埋藏得很深的间谍也不能窥测到实情，即使很有智谋的人也无法设谋。《老子》的"为无为，事无事，味无味"，不也有类似的考虑吗？《老子》说的：国家的权道机制运行是不可以昭示于众的，更不可假借于人，即"国之利器不可以示人"，它已经大大超过《孙子》的战争谋略了。

（五）从防止"奇正之变"看《老子》对《孙子》的改造

从楚简《老子》看，老子承认"势大象，天下往"，即权势盛大，实力雄厚，能够使天下归从。但老子并没有任何兵家法家的任势、造势、"执柄以处势"的主张。《孙子兵法·势篇》："凡战者，以正合，以奇胜，故善出奇者，无穷如天地，不竭如江河。""战事不过奇正，奇正之变，不可胜穷也。"《老子》哪里会不知道这些理论？同时也必定会承认和肯定"以奇用兵"，而且还肯定对待政敌也会用奇。但总的却是力主"以正治国"，反对"奇正之变"，以及把任势、造势用在为君治国上，这对于本来就是战争体

《孙子兵法》书影

制与军国一体下的各国显然是十分正确又十分艰巨的。那么《老子》所谓的“以正治国”是什么呢？它不是什么仁义、兼爱、泛爱众等，而是极简单的几条：

以正之邦，以奇用兵，以无事取天下。吾何以知其然也哉？夫天下多忌讳而民弥贫；民多利器而邦家滋昏；人多智而奇物滋起；法物滋彰而盗贼多有。是以圣人之言曰：我无为而民自化；我好静而民自正；我无事而民自富；我欲不欲而民自朴。（五十七章）

什么是“正”？正即是为君和统治阶级的治国不为私而为（无为），不为私事而事（无事），不为私欲而欲（无欲），不为一己权力功名扰民动天下（好静）。药方很简单，真能办到，必定能避免以奇治国临民的。《老子》说了上面这段话后，紧接着就提出防止“正复为奇，善复为妖”的一套方略，可惜它被今本《老子》严重模糊。按照帛本的文字，非今本的文字，其原文如后：

其正闵闵，其民屯屯；其正察察，其邦夬夬。祸，福之所依；福，祸之所伏。孰知其极？其无正也？正复为奇，善复为妖，人之迷也，其日固久矣。是以方而不割，谦（非“廉”）而不刺，直而不肆，光而不眺（非“耀”）。（五十八章）

人们熟悉“祸，福之所依；福，祸之所伏”。其实这个论断是为下面的“正复为奇，善复为妖”的论断作铺垫的。《说文》：“复，行故道也。”所以这两句话的译意是：“正道复归于权诈，善良复归于邪恶。”祸福是相依相伏的，同样，正与奇、善与妖也是会相互转化的。《老子》的这个论断正是接着上面“以正之国，以奇用兵”而来的。怎样“以正之邦”呢？即为国为民，不从私利出发，这即“正”。而所谓“以奇用兵”，用今天的话来说，就是善于创造作战方式，善于选择敌人想不到的攻击时间，善于选择敌人想不到的主攻方向，善于使敌以奇为正，以正为奇。能否“以奇之国”呢？显然不能使用对付敌人的办法来对待自己的人民，而是要“以正之邦”。但是祸福相通，福祸转化，为国以正不以奇，但为国者出于私心私欲的作为，又往往会以奇不以正，借用兵诡奇之术，正复为奇，善复为妖，也就是将兵不厌诈，变为政不厌诈；将兵以诈立，变为政以诈立。这样，就会把正确变为谬误，善良变为邪恶，正道变为诡诈，伟大变为渺小，光明变为黑暗。“人之迷也，其日固久矣。”《老子》开出了防止正复为奇、善复为妖的方略有三：第一，就是上述的无为、无事、不欲、好静。第二，帛本的文字是：“方而不割，谦而不刺，直而不肆，光而不眺。”（今本为“廉而不刺”“光而不耀”，误）《说文》：“眺，晦而月见西方谓之眺。”夏历月底，本来见不到月亮，但此时月亮出现在西方，超常之意。与今本之“耀”字含义不同。译为白话即“方正而不生硬固执，谦虚而不伤害别人，直率而不肆无忌惮，光亮而不超常超前”。第三，按照今本《老子》的文字，"其政闷闷，其民淳淳，其政察察，其民缺缺"，它被译释为："政治宽厚，人民就淳朴；政治严苛，人民就狡黠。"（陈鼓应：《老子注译与评介》第293页）但是按照帛书《老子》的文字，"其正闵闵，其民屯屯；其正察察，其邦夬夬"，译为白话就是："［对能不能］以正为国，常怀忧虑，他的人民也就会谨慎仁厚；对以正为国一味标榜，他的国家就会刚愎自用。"显然帛本正确，应依帛本。所以《老子》此章防止以正治国变为"以奇治国"的主药是：对以正治国常怀忧虑，唯恐不正，这样，"正"就能保持不变味。如果一味标榜，大吹特吹，那么，君国就会变得刚愎自用，超前超常，急急忙忙。《老子》说：福祸是相联的，它是没有定准的。治国必须以正不以奇，而一旦刚愎自用，又往往会"正复为奇，善复为妖"。所以这两句话，也可以理解为："正，奇之所依；善，妖之所伏。"可见，作为军事哲学的《孙子兵法》，当然只能从用兵出发，强调"奇正之变，不可胜穷"，而作为政治哲学的《老子》，主要谈的是为君、为政治国，虽然也承认"以奇用兵"，但更强调的是"以正治国"。上述两章及其他有关的章说明《老子》为防止"正奇之变"可以说是殚精竭虑了。由此也可以看出《老子》是如何从《孙子兵法》那里汲取营养的，意在防止移军于政的种种弊端。总之，从防止奇正之变看，《老子》后出，而且是后来居上！

（六）《孙子》先于《老子》倡导"无名"

王弼用"本在无为，母在无名"概括《老子》。极准确！因为无为必无名，无名方能无为。所谓"无名"之"名"，它与"名可名，非恒名"，"无名，天地之始"的"名"不同。后者指认识、概念、称谓等，而《老子》更多的"无名'"之名是指毁誉、荣辱、功名之名。无名即安于无名、不求名、更不争名。孔子曰："君子疾没世而名不称焉"（《论语·卫灵公》），还说"君子去仁，恶乎成名"。孟子也说"耻没世而无闻焉"。庄子、韩非子等都说过同样的话："凡人之有为也，非名之则利之也。"这些说的是一般人。而对于侯王来说，则是另外一回事了：必须安守无名。是谁首倡无名？自然不是孔子，也不是老子的首创。首创权看来当属孙武。其《地形》篇曰："进不求名，退不避罪，唯人是保，而利合于主，国之宝也。"说的是将帅在决定进与退，战与不战，不能以一己之名望为转移，而应唯人是保，国家利益至上。如果搞个人英雄主义，贪功冒进，死打硬拼.不顾人民与士卒的死活，那非吃败仗不可。而侯王的地位比将帅更特殊，更重要。将帅之上有国君，中有同僚，下有将士的牵制，而侯王则手握各项大权，几乎不受任何制约，而他的声誉与荣耀，地位与权力，已经至高至上。居此高位，不安守无名，不守朴守静存真，反而求名争名，好大喜功，急功近利，那会怎么样呢？"楚王好细腰，国人多饿死"。侯王好名，奉承、讨好、吹捧、加码的会蜂拥而上。不用说，它必然给侯王个人进而给国家带来困扰，结果又必然使人民遭灾受难。所以《老子》一书直接间接进行无名说教的多达四分之一。如帛本首章首句就是“上德不德，是以有德”，有德而不以为德，自然也不以德钓名争名。并且按照帛书《老子》的排列，再按照帛本的文字，其最末一章就是将《老子》之说教总括为“侯王守无名”：“道恒无名（道永远无名、更不求名），侯王若守之（侯王如果能像道那样安守无名），万物将自化（万物将会然归化）。化而欲作（万物归化之后贪欲又会再度发作），吾将镇之以无名之朴（我就用无名去镇静它，使它再回到质朴上来）。镇之以无名之朴（用无名去镇静贪欲，使它回到质朴上来），夫将不辱（那侯王就不会遭到困辱）。不辱以静（侯王不遭困辱就可以宁静），天下将自正（天下自然就会太平安定）。”这自然是无数君王求名求荣取辱、使国家人民遭灾受难的历史教训总结，也可以说是对孙武“进不求名，退不避罪”等军事思想的发展。

（七）《孙子》与《老子》比较的启示

孙、老思想方法上的相通还表现在深刻的辩证思想上，他们都能同时把握事物对立的两个方面及其相互依存、互相转化的关系。一个是从军事方面提升战争的经验。一个侧重于政治、提炼政治历史经验。他们分别形成各自的军事哲学与政治哲学。对此，何炳棣已有深刻的分析。这里不再重复了。

《孙子兵法》现今已被译成数十种文字，成为中国和世界兵家的必读书，甚至还被国内外的企业家所运用，这说明军事哲学的某些东西是超时代、阶级、地域的。它所总结出的某些规律对于任何社会、任何阶级、任何国家，都有参考乃至实用价值。政治哲学、伦理道德的阶级性、时代性、地域性与军事哲学有所不同，但是也有许多精湛的思想超越时代、超越阶级、超越国度，像《孙子兵法》那样具有普遍意义。尽管《老子》的一些思想确属糟粕，或者早已过时，但大部分仍具有长久的生命力和借鉴价值。遗憾的是《老子》被人们认识和运用的程度远不如《孙子兵法》。当老子成为“太上老君”，变成“教主”之后，《老子》被称之为《道德真经》，同时为了：适应政治与宗教的需要，它的篇次遭颠倒、章次被调整、分章结构被压缩、某些文字被篡改了。《老子》本来就是“辞称微妙难读”的，这一来它的政治哲学面貌更模糊了。它需要根据简帛古本《老子》进行研究、复原、“破译”与“开发”。相信有一天，像兵家圣典《孙子兵法》那样，政家圣典《老子》也会以其本来面目再度重现于世，继续跨越国界，走向世界；同时也会为我国从政者所认识，所学习，成为中华民族古代灿烂文化的伟大见证之一。

四、道家的“无为”论

老子之“无为”观念，到战国时已发展为系统的“无为”论。在战国时代及其以后不仅道家竭力倡导“无为”，就连大儒家荀子、董仲舒也主张君道无为。但他们并没有把“无为”视为与“有为”势不两立的对立物，而是视为“有为”的重大条件与必要补充。固然在道家的“无为”理论中，有一些回到元荒时代的“无为”思想，但就其主体而言，“无为”论是与“治”的手段、方法紧密相联的。

(一)“无为”论形成的历史文化背景

我国“无为”论的形成，有其特定的历史背景。

1.世袭制的产物

“无为”论的产生与开展，是与君主世袭制和世卿世禄制弊病的暴露与展开紧密相关的。

夏、商实行家天下。王位的继承，或兄终弟及，或父死子继，到了西周，完善了分封制、嫡长子世袭制。至此，以宗法血缘关系为基础的家天下国家体制，已趋于完备。这种国家体制，是适应生产力低下、小国寡民时代的。不过它先天性的缺陷也是难以避免的。到了春秋时代.情况发生了变化。由于铁器及牛耕的推广，使大量垦殖成为可能，且有利可图。于是，争夺土地与劳动力的兼并战争逐渐升温。西周时“千八百国”，至春秋战国时只剩下百余、数十、十几个了。战争这块巨大无比的“验金石”，充分暴露了世袭制度下侯王公卿的无能与昏庸。不然何以“亡国相继，杀君不绝”呢？血缘关系承袭制下的侯王公卿，生于深宫，长于妇人之手，养尊处优，不仅很难贤明，而且大多“知识甚缺”“见闻甚浅”“体质甚弱”，低能低智。比如春秋历二百四十余年，鲁国经历了隐、桓、庄、闵、僖、文、宣、成、襄、昭、定、哀十二君，其中三君是被弑或弑君即位的，昭公在位三十二年，八年出亡在外，最末之定、哀二君已徒具君名了。其他哪一君堪称贤明之君？就算鲁襄公吧。按照《谥法》：“因事有功曰襄，辟土有德曰襄”，襄公四岁即位，三十四岁死，单看这两个年龄段，其功其德可想而知。如果再将君主世袭制与世卿制度做一点比较，那么，前者之弊病更甚于后者。世卿制上有国君，左右有同等的或体现君主意志的卿大夫，多少还有一定的机制促其向善向明，而世袭君主制连这一点可怜的机制都没有。师保制度及内忧外患只能对个别国君起到促进作用，而其他条件大都是使国君向惰、向奢、向骄、向昏、向淫，乃至向暴的。其言难违，其欲难逆。即便有某种礼制成规企图制约君王，但又往往被盈廷的唯诺与谄谀所抵消。因而大多数侯王皆沉溺于放恣与骄淫失道之中。不仅其道德、知识、能力低下，而且其体质差、寿命短、夭折者众。让他们去安国治民，岂不大成问题？在无可奈何的情况下，可靠而简便的办法就是请他们“无为”“不言”，因为他多言多做多错，少言少做少错，不言不做不错。这就是《老子》“行不言之教，处无为之事”（二章）以及“为者败之，执者失之。无为故无败，无执故无失”（六十四章）的来由。胡适说：“大凡无为的政治思想，本意只是说，人君的聪明有限，容易做错事情，倒不如装呆偷懒，少闹一些乱子吧！”（《中国古代哲学史》第二篇）这些应当是“无为”论形成的基本原因。

2.君道有为弊端丛生

进入战国时期，兼并战争愈演愈烈。世卿世禄制终于被战争冲击得支离破碎，随时可以任免官吏的县制、郡制、军功制以及君上的“卑辞厚币以招贤者”和来自下面的游说自荐，使得世卿制名存实亡，只留下尊荣的虚名，他们“食税不治民”。办实事的、有为的，是那些能者、勇者及贤者，而世袭君主制依然如故，它是不能用“尚贤”“招贤”来取代的。如果用选贤任能的办法来取代君主世袭制，就会国家大乱，自取灭亡。因此君主世袭制得以维持并安然无恙。由于兼并战争的需要一再加强君主专制，需要由君主统一控制“文武威德”，即控制行政权、军权、惩罚与赏赐权，只有这样才能使举国上下一致，也才能有效地对待内外之敌，适应频繁的战争需要。但是，这并不能改变世袭君主制下多数君主平庸无能的事实，同样存在着君道无为的客观需要。不仅平庸之君、幼君、昏君宜行“无为”，即便是圣君明主也宜“无为”，否则其弊端是无法避免的。这有两方面的原因。首先，人君的欲望无穷，而且他的欲望，他的作为，又往往是与人民的欲望和作为相对立的，是势难两全的。君主为了满足私欲的作为，就会损害人民的有为，牺牲百姓的利益，乃至不顾人民的死活。《管子·权修》说：“地之生财有时，民之用力有倦，而人君之欲无穷。以有时有倦养无穷之君，而度量不生其间，则上下相疾也。是以臣有杀其君，子有杀其父者。”其次，即便君民同欲之为，封建国君的有为，也会带来副作用，乃至带来祸害灾难。这里有必要将道家的主要论述列举如后：

(1)上有所好，下必甚焉。

《淮南子·说山训》：“上求材，臣残木；上求鱼，下干谷；上求楫，而下致船；上言若丝，下言若纶；上有一善，下有二誉；上有三衰，下有九杀。”

《管子·七臣七主》：“楚王好细腰，而美人省食；吴王好剑，而国士轻死……”

《淮南子·主术》：“上多故则下多诈，上多事则下多态，上烦扰则下不定，上多求则下交争。"

(2)君有为,臣以顺从保官、以阿主求幸。

《吕氏春秋·君守》说:凡奸邪之人必"因主之为"。凡事顺从国君,"舍其职而阿主之为。阿主之为有过,主无以责之。人主日侵,而人臣日得。"《淮南子·主术》说:人主好自为,臣下便会用"无为持位,从君取容,藏智而不用。"出了问题"反以其事推委其上",君王智愈困,任愈大,数穷于下,行堕于国。何足以为治?

(3)有为则谗生,有好则谀起。

《文子·上仁》曰:"人君之道,无为而有就也,有立而无好也。有为即议,有好即谀。议之可夺,谀即可诱。"如"齐桓公好味,而易牙烹其子而饵之;虞君好宝,而晋献公以璧马钓之;胡王好音,而秦穆公以女乐诱之"。结果是国乱而亡。因此,所好外露,人则以好钓之,以致受制于人。

(4)主有所好,失之在好。

由于"上有所好,下必甚焉"。所以必然是君有所好,失之在好。人主好刑,则有功者废,无罪者诛;人主好仁,则无功者赏,有罪者释;主好智,则违背客观规律而任虑;君好勇,则简备轻敌自负;君好赏赐,则无定分(一定的分寸),上无定分,下之望不止,若多赋敛,则与民为仇,成来怨之道。

(5)不利掩愚藏拙,损神化。

人们心目中的君主,乃是天选神定,必是生民中聪明、睿智、出类拔萃者。国君好发议论,亲自动手,就不能藏拙,容易露出破绽,招致轻视,不利神化。还易于上当受骗。只有无为,才利于神化。

上述弊端的根源就在君主专制及其政治文化习俗。第一,照《管子·法法》的说法,人君操臣民之生、杀、富、贵、贫、贱之"六柄",主导一国之政治、经济、教化,它决定了臣民必须唯上是从。第二,用《管子·君臣上》的话说,人主之位,乃"独立无稽者",在封建法理上,国君独立,不受任何人稽查。臣民对于君王的所作所为,不能抱怨,不能指责,甚至连议论也往往招来杀身之祸。第三,由于臣民之政治生命、经济利益逐级操纵于上一级,因此承上为佳,忤下惹祸。造成层层绝对服从。第四,春秋战国时代忠孝传统观已深入人心,这也决定了人们的忠顺。何况忠顺与迎合又能趋利避害呢?因而,上述弊端是难以避免的。国君要有所作为,只有"无为"可为,"无为"才能保持清醒,减少失误,并将上述弊端置于可控的限度之内。

2.无效的有为,有害的有为

君道有为,弊端丛生,不等于说臣道有为就没有弊病了。战国时代的为臣、为将者，大多是儒、墨、法、道、兵诸家的信徒或子弟，他们是随时可以任免的将相与各级官吏，不再是世袭之职了。为实现其抱负，他们倡导仁义、力行耕战、变法维新、著书立说、百家争鸣，使得战国的经济、政治、军事、文化生机勃勃，出现了我国少有的黄金时代。这自然是人们奋发有为、自强不息的结果。但是庄子和他的学派，看到了另一面：仁义的虚伪，有为的无效与有害，从而对当时的儒、墨极尽"剽剥"之能事。这个"剽剥"，是从"天下之善人少，不善人多。圣人之利天下也少，而害天下也多"(《庄子·胠箧》)这样的认识出发的。因为道德完善的人是少数，所以"捐仁义者寡，利仁义者众"(《庄子·徐无鬼》)，为仁义献身的少，而以仁义为手段从中谋私利的多，因而"仁义"成了"不善人"谋权、谋利、谋名的工具，圣人的"仁义"就成为无效的、有害的有为了。

(1)变成"骈拇"(脚趾相连)、"枝指"(六指)、肉瘤、疣子式的仁义

"连无用之肉，树无用之指"，是一种非正常的累赘。(《骈拇》)

(2)名为人实利己的仁义

伯乐相马，天下闻名。但他剪毛削蹄，打烙印，带马笼头扎勒绳，是为了让马顺从他的主人。前有马嚼，后有马鞭，难道为马？有一种仁义，也相类似(《马蹄》)。所以往往"爱民者，害民之始也；为义偃兵，造兵之本也"(《徐无鬼》)。"无私焉，乃私也"(《天道》)。仁义兼爱乱了质朴之人性。

(3)水行用车、陆行用舟式的有为

《庄子·天运》说："夫水行莫如用舟，而陆行莫如用车。"如果把船放到陆地上推着走，那是不行的。古与今之差别，犹如水上与陆地，有人推行仁义，"蕲(求)行舟于鲁"，幻想用西周的治理办法来治理当今社会，就像水行用车、陆行用舟一样行不通。

(4)为之仁义以矫之，则并与仁义而窃之

圣人之仁义本为治乱安民，矫枉扶正，但却常被人用以窃国。田成子杀齐君而盗其国，所盗者岂独齐国？并与圣法而盗之。小国不敢非，大国不敢诛，虽有盗贼之名，却安若尧、舜(《庄子·胠箧》)。所以"仁义，几且伪哉"，近于虚伪，或者就是一种钓饵："仁义者，钓饵也，投之于江，浮之于海，万物纷纷，孰非其有？"(《淮南子·淑贞训》)

(5)拔苗助长式的仁义

《庄子·在宥》说："人皆喜之同乎己，而恶人之异于己也"，并且还以"出乎众为心"，极想超群出众才称心。于是揠苗助长发生了。用孟子的话说："天下不助

苗长者,寡矣。助之长者,揠苗长也。非徒无益,而又害之。"何不遵顺自然?

验之历史,此类无效、有害乃至灾难性之有为,屡见不鲜。但是庄子未免走得远了些。在他看来,圣智仁义兼爱等等有为,只能使"民心竞"使"民心变",变得相伪相争,无休无止,天下不得安宁,人们"莫得安其性命"。因此,只有绝圣弃智、绝仁弃义、绝巧弃利、绝学无忧,社会恢复到三皇五帝之前的元荒时代,天下遂获安宁。自然、历史不可能采纳这类因噎废食的主张,这种主张如果称之为反历史而动,也似无不可。但也应该承认,这种揭露,也是一剂清醒良药,它有益于治人者的道德修养,在某种程度上,利于真正推仁行义,而使"有为"不走样,不变质。

正是在上述历史文化背景下,"无为"的理论形成、展开、深化了,至西汉时则成为比较系统完备之理论。

(二)几种含义不同的"无为"

"无为"二字极简单,但是它的含义却很广泛:

1.复古倒退式的"无为";

2.无私欲、无私为、不妄为之"无为";

3.君道无为,臣道有为;

4.作为人君者的道德修养的"无为";

5.长生养生式的"无为"。

这只是道家的几种"无为",还不包括法家式的"无为"(如韩非的"明君无为于上,群臣竦惧乎于下";"以暗见疵"——暗中窥视臣下忠奸的"无为")。因此章只谈及社会政治思想上的"无为",所以长生养生式的"无为"略而不论了。只谈前四种"无为"。

1.复古倒退式的"无为"

《老子》幻想回到结绳而治、小国寡民的时代,这自然是消极的"无为"。但这不过是幻想,他并不想认真去实行,否则他就不至于认真详细地提出他的治术了。而《庄子》不少篇章的消极无为则是认真的、全面的。

"茫然彷徨于尘埃之外,逍遥于无事之业"。庄子的意思就是要抛弃社会、超脱于世俗之外,忘记得失利害。他把任何社会进步都当作机巧、诈为,一概拒绝,认为这些东西只会破坏"全德"。

在庄子看来,天地间充满杀机,人世间也极其险恶,何不"居无思,行无虑",不藏是非善恶,不尚贤,不使能,"上如枝标,民如野鹿"。而国君最好是"去国捐俗",离开国家,抛弃世俗。因为"国乃君之皮",由于这张诱人的"皮",引来多少麻烦,带来多少灾难，君王被蒙被骗、被篡被杀，“皮之为灾甚矣”！何不“去之乃泰”？

孔、墨之类，也请精神上“无为”吧，“绝学捐书”“削迹捐势”“去功与名，还与众人同”。辞其交游去其弟子，逃于大泽，衣裘褐，食菽粟，人兽不乱群，入鸟不乱行（《山木》）。

在《老子》及黄老学派那里，“无为”是一种达到有为的手段。而《庄子》的一些篇章，“无为”成了目的：舍弃一切文明与文化，回到原始状态。“居不知所为，行不知所之，生不知所以生”，浑浑噩噩，逍遥自在，悠然自得。显然，这样的“无为”是巨大的倒退。在战争频仍的战国时代，自然有人要求对他们实行“务息其说，务灭其徒”的强硬措施。但是，庄子的愤懑与孤傲又是可以理解的。他的超脱，齐物我，同生死，一寿夭，超利害，哀乐不入，不厌贫困，不求荣达，全生保身，听其自然……对于淡化人们的名利欲、权欲、情欲，又不无清凉作用。身逢乱世时，也确有苟全性命的功效。

2.无私心、无私为之“无为”

《老子》一方面说无为，另一方面又说“治大国”“取天下”“托天下”“为天下”……这不就是最大之“有为”？且不管文子是不是老子的弟子，他对“无为”的解释，应该说是完全符合老旨的：

老子道德经幢

何谓无为者？非谓其引之不来，推之不去，藐尔不应，感而不动，坚滞而不流，卷握而不散。谓其私志不入公道，嗜欲不枉正术，循理而举事，因资而立功，推自然之势，曲故不得容，事成而身不伐，功立而名不有。（《文子·自然》）

如果可以浓缩一下，“无为”即在为中无私志、无嗜欲。《淮南子·诠言训》似乎点明私志、嗜欲的内容，并且把“无为”的范围扩大了：

何谓无为？智者不以位为事；勇者不以位为暴；仁者不以位为患，可谓无为矣。

在因循自然、顺势循理、从民之愿的作为中，不掺私志私欲、不图名、不谋官、不居功、不自大、不以己私害公道、枉正术，这就叫“无为”。这种“无为”，主要指人臣、学子，自然也适用于国君，但对国君还有更高的要求。

3.君道无为、臣道有为

人生而有欲，饮食男女，物质与精神的需要，无不要用“有为”去谋取，怎么能够“无为”？连《庄子·徐无鬼》也说知士、辩士、察士、“招世之士”“中民之士”“筋力之士”“勇敢之士”“礼教之士”、农夫、商贾、百工、庶人……统统不能“无为”也，并且其有为“终身不返”，一辈子不可能收手，这是不能改变的。所以道家首先明确将“无为”界定在君道上。《管子·心术上》说国君殊形异势，他的地位太独特了，应该行“不言”“无为”之道。《管子·明法解》说：“君臣共道，乱之本也。”就连《庄子·天道》也说君臣不能同德同道，此乃“不易之道”。

上无为也，下亦无为也，是上与下同德。上下同德则不臣。下有为也，上亦有为也，是上与下同道。上与下同道则不主。上必无为而用天下，下必有为为天下用，此不易之道也。

那么，君与臣怎样“异道”？

《管子·君臣上》：“道也者，上之所以导民也，是故道德出于君，制令传于相，事业程于官。……有道之君，正其德以莅民而不言智能聪明。智能聪明下职也，所以用智能聪明者，上之道也。”

《管子·明法解》：“人主者，擅生杀，处威势，操令行禁止之命，以御群臣，此主道也。人臣处卑贱，奉主令，守本任，治分职，此臣道也。”

《庄子·天道》：“本在于上，末在于下。要在上，详在于臣。”

《吕氏春秋·知度》：“无智、无能、无为，此君之所执也。”

《淮南子·要略》：“臣以自任为能，君以用人为能；臣以能言为能，君以听言为能；臣以能行为能，君以能赏罚为能。所能不同。”

如果将上述主张，用一简图加以对比，也许就能一目了然：

君道	臣道
用人	自用
无事、逸乐	事事任劳
知人	知事
明道、正德	守职、守德
无智、无能、无为	有智、有能、有为
本在上、要在主	末在下、详在臣
能听、善听	能言、善言
审令、审赏罚	善于拟令、行令

可见这样的君道、臣道，近似君臣分工了。如此之“无为”，不过是以无为为。它是对臣下有为的制衡与补充。

4.“无为”是君人者的道德修养与方法

“无为”还是一种道德说教，并且主要是对国君的说教。同时它还是一切君人者的方法，用句时髦话来说是领导艺术。其基本内容是：

(1)则天法地，效法自然

天地大自然是无为的，又是无所不为的。因此君人应该以天地大自然为宗准、为榜样。

《老子》五十一章：“道生之、畜之、长之、育之、亭之、毒之、盖之、覆之。生而弗有，为而弗恃，长而弗宰。”(帛书《老子》文字)高亨认为这是《老子》最高的政治思想。

《管子·心术下》：“若天然，无私覆；若地然，无私藏。私，乃乱天下之祸也。”“圣人一言以解之，上察于天，下察于地。”

《庄子·天道》：“夫帝王之德，以天地为宗，以道德为主，以无为为常。”

《郭店楚简·语丛一》：“知天所为，知人所为，然后知道。”

天地大自然不仅是无为无不为的，还是均平与不均平、仁慈与暴戾的，更重要的是它是无私的、公正的。所以一切君人者首先必须学习它的公正无私、无偏无倚、无已无欲无恃。其次是服从客观规律，因时而动。其三，“功盖天下似不自己，鳌(碎)万物而不为戾，泽及万物不为仁”。功劳与暴戾都出于自然与无私，出于不得已。其四，“光耀天下，复反无名”。

(2)虚心谦下，宁静因循

只有如此才能做到“无为”，才能获得真知，变得耳聪目明。

《管子·心术上》：“毋代马走，使尽其力；毋代鸟飞，使弊其羽翼；毋先物动，以观其则。动则失位，静乃自得。……虚其欲，神将入舍，扫除不洁(私欲，私念)，神乃留处。”“洁其宫，开其门，去私毋言，神明若存。纷乎其若乱，静之而自治。”

即不代臣劳，不干预其职能，扫除自已的私心及成见，不为主观好恶所左右；复杂混乱的事物，静而不扰，自会澄清，这样那神灵将会留驻。

(3)以不知为道，以奈何为宝；因而不为，责而不示

《管子·形势解》说：人主自智，“不因圣人之虑，矜奋自功，而不因众人之力”，必然事败祸生。所以要因圣、用众，“而不自与焉”。或者如《吕氏春秋·分职》所说的：“令智者谋，令勇者怒，令辩者语。”如何做到这一点呢？那就是“以不知为

道,以奈何为宝”,群臣自会献计、献策、献勇、献力的。

(4)国君的道德修养是首要的、最重要的

《老子》的“我无为而民自化,我好静而民自正,我无事而民自富,我无欲而民自朴”(五十七章)中的“我”即国君,国君的无私为(无为)、沉静、不以私事私欲(无事无欲)扰民,这样人民自然就会化、正、富、朴的。不过《老子》之“我”太含糊,后来道家不再讳言他们设计的道德首先是为了国君。

《文子·上德》:“主者,国之心也,心治则百节皆安,心扰则百节皆乱。”

《管子·君臣上》:“主身者,正德之本也。”“治官化民,要在上。”

《管子·心术下》:“心安则国安,心治则国治。”

所谓的“修齐治平”,首位是“修”。而“修”的首位又是君、是帝王,如此才堪称“国之本”。因为在道家看来,真要发扬仁义道德,还必须从根本上着手,首先得保持国君、统治阶级在履行仁义道德上的诚朴、无私无欲,然后才能形成人民的纯朴无伪。《管子·七法》说:“实也,诚也,厚也,施也,度也,恕也,谓之心术。”心术者,主术、君术也。国君首先要在诚朴厚实上下功夫。如果君人者的“仁义”不是建立在纯朴诚实的基础上,而是私心重重,“内多欲而外施仁义”,臣民就会变本加厉地为追求名利而履行仁义道德,结果会变得更虚伪。所以道家倡导君人者修身养性,正心诚意,则天法地,静心寡欲,见素抱朴。因臣下之为,用臣下之力,既可延年益寿,又可神通六合,德耀天下,何乐不为?劳心伤神,身荷重负,亲躬万机,祸害丛生,何苦耳?

(三)“无为”的意义

中国历来政体单一,君主制度早熟。春秋战国时代,兼并战争规模之大,为时之长,是古代世界绝无仅有的。战争的结果,使得君主专制与专制主义的统治方法得以强化。所以看起来“无为”论的主要目的在于约束君权,防止滥用权力,避免暴君暴政,减少失误,杜绝国君的瞎指挥。但“无为”论毕竟只是一种说教、一种理论。国君可以听,也可以不听。“无为”论中也含有反历史而动的部分,不乏糟粕。但它的主体是专制君主的君道无为,它是企图减弱和避免集权利于一身的君主的种种失误。与其说“无为”论是想限制国君的独裁,不如说是为了限制国君的私欲膨胀,即约束国君的私欲、私事、私心、私为、私智。而“无为”论的另外一种企图是淡化和限制为臣者、为学者的功名权力欲,少些假公济私;不搞揠苗助长,更不要“藏仁以要人”。当然这也不过是一种曲折的道德说教。如果国君真能够这样“无为”,为臣、为学者也能够这样“无为”,那么对于国君是不难收到少犯错误、少上当受骗之益的；而对于为臣、为学者，也就会少些违反自然的无效的有为、有害的有为；而对于社会，则会避免灾难性的有为之害，从而有益于封建社会的稳定。而这种稳定又是有益于自然经济的恢复和发展的。文景与贞观之治，是再好不过的正证；秦皇、汉武的多欲政治，又是再好不过的反证。所以，对于无限制的君主制来说，“无为”是一种进步，也不失为封建国家长治久安之策。因此，《管子》把“无为”视为理想之治与道纪：“无为者帝，为而无以为者王，为而不贵者霸”；“必知不言无为之事，然后知道之纪”（见《管子》之《乘马》《势》《心术上》）。苏轼、王安石认为：“庄子盖助孔子也。”庄子尚且助孔子，何况道家其他人物？

五、发展改造了“善者不多”观

汉武帝独尊儒术、罢黜百家之后，尤其是宋明理学之后，孟子的性善论才“一统”了天下。但先秦时并非如此。那时居绝对优势的，一是“善者不多”观；二是《尚书·大禹谟》的“人心惟危，道心惟微”论，即人心是易私趋危的，道心是很微妙而难以为人们所了解和掌握的。这两种论点实质上是一回事，它对先秦诸子的人性论观点起到诱发引导的作用。

第一，《墨子》在《老子》看来是“善者不多”的首论者，是否由此诱发了性善、性恶论及无善无恶论的争论？

第二，庄子学派从出世方面发展了《老子》思想，进而对人心、人情、世态炎凉进行了淋漓尽致的揭露，由此得出回到三皇五帝以前的元荒时代的结论。

第三，黄老学派从治世方面发展了“善者不多”论，并且改造了它的立足点与目的。

第四，法家——主要是韩非在黄老学派及荀子性恶论的理论基础上，通过剖析君臣、父子、夫妇、主佣等关系，将“善者不多”论形象化、动态化，由此构筑他专制主义的理论。

事实上诸子都大大发展、深化、改造了“善者不多”观。这些思路历程，可否大致勾画一下呢？

（一）“善者不多"观与人性的论争

战国时，战争白热化，“杀人盈野，杀人盈城”时常出现。这自然推动诸子对人的研究，以此扩大视角，从各方面“知人”，而在认识上它与“善者不多”观是有着某种联系的。首先本书十五章已经说到了《墨子·法仪》认为为君、为学、为父母这三类人都是“仁者寡”的。显然这是“善者不多”观扩大了视角(为父母者),指出了道德属性(仁者)。其次,从人性的争论来看是否由此而发?如果说《墨子》之论还可以看到《老子》思想的某种印迹的话,那么人性的争论,似乎就与孔、老的思想无关了。其实不然。孔子对人性的看法“性相近,习相远”是中性双向的。既可近于善,亦可进于恶,既有善的因素,也有恶的可能。《老子》同样如此。尽管他没有明言,但是他的“赤子说”,即赤子的无欲、无私、无为、无饰,自然也可能引向性善论;而他的“大道废”“有大伪”“六亲不和”“不知足”……又可推向性恶论。可见性善性恶、可善可恶、无善无恶……诸论争,当与孔子、《老子》思想的某个环节相通。战国时,道家、法家有各种不同的“善者不多”论,证明老子的“善者不多”论已有所传播。但此论语焉不详,人们很难弄清它指的是什么。因此很容易引起怀疑与诘难。比如老子的“无欲”“少私”,是对为君、为政者的说教,如果以为是某种泛论,人们就会认为《老子》把私与欲一概认定为“不善”了。因而会问,对于为政者的私欲膨胀,损民利己,欲望无穷,固然是不善是恶。但对世人来说,生存之欲,饮食男女之欲,趋利避害之私,能否视为不善或恶呢?是否基于如此认识,告子提出了“生之谓性”,“食色,性也”。生存食欲这类欲求,无所谓善或不善,它没有这类道德属性。因此产生了“无善无不善”论。由于“文武兴则民好善,幽励兴则民好暴”,因而又产生了“可善可不善”论。世硕、密子贱、漆雕开、公孙龙子进而提出“人性有善有恶”论(《论衡·本性》)。孟子则从心理角度出发,认为每一个人都有“善端”:恻隐之心,仁之端;羞恶之心,义之端;辞让之心,礼之端;是非之心,智之端。只要努力扩充善端,即可达于善,从而得出性善论。看起来,告子、世硕、孟子等是对“善者不多”论的怀疑与否定,而实际上是对“善者不多”观的补充与改进、发展与深化。比如孟子所谓的“善”,只是善的萌芽、可能性。仁义礼智之“端”,并不等于仁义礼智,不等于既成之善。要达到“善”,还需要改进自身的修养,反复地教化,同时社会法制不断地予以督促与保障。在道德尚不完善方面,孔子、《老子》、孟子是一致的。总之,“善者不多”观,在知人方面,起到了诱发促进的作用。

大道废焉

(二)庄子对“善者不多”观的发挥

庄子不仅继承了《老子》的思想，而且把“善者不多”论发展到愤世嫉俗、悲观出世的程度。这是与孔子、《老子》不同的。

一方面，庄子在许多篇章里追忆着、留恋着远古至德之世，他认为那时民性自然朴素，“彼民有常性，织而衣，耕而食，是谓同德。”“一而不党，命曰天放。”哪里有什么善与不善？“夫至德之世，同与禽兽居，族与万物并，恶乎知君子、小人哉？同乎无知，其德不离；同乎无欲，是谓素朴，素朴而民性得矣。”(《庄子·马蹄》)自从有了利器，有了圣智仁义礼乐，世德愈衰，民德愈薄。因此，《庄子》的某些篇章，描画着人心、人情。另一方面，庄子把“善者不多”论发挥得淋漓尽致，无与伦比。《老子》的“善者不多”，是希望统治者自知其不德少德，想促其向善向德。而庄子的“善者不多”结论，则是不与统治者及其出谋者合作，他“剽剥”儒墨圣智，“剽剥”为政者，暴露他们的心态私欲。下面只从几篇文章中摘选一二，即可说明。

其一，《庄子·胠箧》曰：由于“天下善人少，不善人多”，所以“圣人之利天下也少，而害天下也多”，因为“不善人”将圣人之仁义道德用以谋取私利，所以“害天下也多”。

其二，《庄子·徐无鬼》又说：“捐仁义者寡，利仁义者众，唯且无诚，假手禽贪者器。”为仁义献身者少，以仁义谋取私利者众。一旦无诚意，贪婪之徒就借用仁义这个工具，沽名求利钓天下。

其三，在《庄子·盗跖》看来，连孔子也是“矫言伪行，以迷天下之主，欲求富贵”的盗首——“盗莫大于丘”。而黄帝也不是什么“全德”的人，其他更不在话下，“尧不慈，舜不孝，汤放其主，周公杀兄，齐桓公纳嫂……”至于世之所谓的贤士、忠臣，也是些看重名节而不能“全真”的人，其实他们与被杀的狗、乱跑的猪、讨饭的乞儿并无太大的区别。而“人之情”是什么呢？那就是“目欲视色，耳欲听声，口欲察味，志气欲盈”。庄子催生了荀子的性恶论。这些也正是“绝仁弃义”“绝圣弃智”，乃至“焚符破玺”“掊斗折衡”“钳杨墨之口”的理论根据。

其四，《庄子·列御寇》《庄子·在宥》进而论人心——社会的心态。在《庄子·列御寇》中，有段借孔子之口说的话：

凡人心险于山川，难于知天；天犹有春秋冬夏旦暮之朝，人者厚貌深情。

层层伪装掩盖着真情，使得知人比知天还要难。这当然不会是孔子的话。《庄子·在宥》还有段借老子之口的话：

老聃曰：汝慎无撄人心。人心排下而进上，上下囚杀。绰约柔乎刚强，廉刿雕

琢,其热焦火,其寒凝冰,其俯仰之间而再抚四海之外,其居也渊而静,其动也县(悬)而天,偾骄而不可系者,其唯人心乎?

真把抽象已极的人心给写活了:千万不要触犯人心。人心遭受压抑就低声下气,受了推崇就趾高气扬;有时象泥淖般柔弱,有时又如此克刚胜强;它热时猛于火,冷时寒于冰;人心变化之快,俯仰之间已及四海之外;平静时一如深渊,急切时像暴风。世间最难以捉摸的,莫过于人心。"世态炎凉,人心莫测"之语,莫不源于此?

其五,《盗跖》《山木》揭露性情之另一面:"人卒未有不兴名就利者。彼富则人归之,归则下之,下则贵之。""人伦之传则不然。合则离,成则毁,廉则挫,尊则议,有为则亏,贤则谋。不肖则欺……"孟子只看到人有辞让、恻隐、羞耻、是非之心的一面;而庄子却看到人趋利、向名、趋炎附势、妒忌、欺诈的另一面。

庄子的结论是悲观弃世的。在他看来,回到三皇五帝前的元荒时代才是出路。其荒唐与深刻并存!

(三)转变了立足点及目的的"善者不多"观

其他道家法家也继承了"善者不多"观。

《管子·侈靡》:"贤者少,不肖者众。"

《韩非子》:"人之情性,贤者寡,不肖者众"(《难二》)。"今天下无一伯夷,而奸人不绝于世"(《守道》)。"贵仁者寡,能义者难"(《五蠹》)。

但是,他们的立足点、所指、目的,已大不同于孔子、《老子》,也不同于庄子。试以《尹文子》为例,其《大道上》曰:

今天地之间,不肖者实众,仁贤者寡。趋利之情,不肖者特厚;廉耻之情,仁贤者偏多。今以仁义召仁贤,所得仁贤万不一焉。以名利召不肖,触地是焉。

因而引出一条重要的结论:

名利治小人,小人不可无名利。

如果说,孔子、《老子》主要是站在学者立场看待统治阶级,而《尹文子》却完全是站在统治阶级的立场上看待人民。"仁贤者寡"已将为国、为政者排除在外了。《逸文》还有一段对话,很生动:

宣王不言而叹。尹文子曰:"何叹?"王曰:"吾叹国中贤寡。"尹文子曰:"使国悉贤,孰处王下?"王曰:"国悉不肖可乎?"尹文子曰:"国悉不肖,孰理王朝?"王曰:"贤与不肖皆无,可乎?"尹文子曰:"不然。有贤有不肖,故王尊其上,臣卑于下,进贤退不肖,所以有上下也。"

不论善与不善，必定“尊于上”，不论贤与不肖，必得“卑于下”。这说明尹文子完全是从国君出发的。他的“善者不多”观，已经完全没有国君自谦自知的含义，而只剩下尊君的意向了。《管子》、荀子、韩非子的“善者不多”观的含义也与尹文子一模一样：向统治者献上御臣治民之策。

（四）“贤者寡”的种种常情

韩非的“贤者寡”，即自觉的“贵仁”“能义”之人少。他认为仁贤属于高层次的道德，不是每一个人都能办到的。对于绝大多数人来说，是利害决定他们的行为与善恶。所以他摒弃泛论人性，避开善恶之争。直接具体地剖析君臣、父子、夫妇、主佣等人与人的关系。下面只将《韩非子》的主要论点、史料、事例分三类抄录于后，不加任何分析，即可一目了然。

1.人之常情——趋利避害，好逸恶劳

安利者就之，危害者去之，人之常情也。（《奸劫杀臣》）

利之所在，皆为贲、育（大力士）。（《说林下》）

凡人之有为也，非名之则利之也。

夫严刑者，民之所畏也。重罚者，民之所恶也。（《心度:》）

好利恶害，夫人之所有也；喜利畏罪，人莫不然。（《难三》）

民之性，恶劳而乐佚。佚则荒，荒则不治。（《心度》）

民固服以于势，寡能怀于义。（《五蠹》）

赏足以劝善，威足以禁暴。（只要重赏重罚，）君子与小人俱正。（《守道》）

2.人们总是服从自己的利益——“皆挟自为心”

人为婴儿也，父母养之简，子长而怨。子盛壮成人，其供养薄，父母怒而诮之。子父至亲也，而或谯或怨，皆挟相为而不周于己者。（《外储说上》）

舆人成舆则欲人富贵，匠人成棺则欲人夭死。非舆人仁而匠人贼也，人不贵则舆不售，人不死则棺不买，利之所在也。（《备内》）

父母之于子也，产男则相贺，产女则杀之，此俱出父母之怀妊。然男子相贺，女子杀之者，虑其后便，计之长利也。（《六反》）

有夫妻祷者，而祝曰：“使我无故而得百束布。”其夫曰：“何少也？”对曰：“益之，子将以买妾。”（《内储说下》）

这组事例说明不论至亲，或者路人，是利益决定着他们的喜恶与取舍。

3.利他是以利已为出发点的

王良爱马，越王勾践爱人，为战与驰。医善吮人之伤，含人之血，非骨肉至亲

也，利所加也。(《备内》)

父之所以欲有贤子者，家贫则富之，父苦则乐之；君之所以欲有贤臣者，国乱则治之，主卑则尊之。(《忠孝》)

雇佣耕耘，主人供美食，多付酬，“非爱佣客也”，为的是深耕熟耘；佣客尽力干活，精工细做，也“非爱主人也”，为的是多得酬，吃喝好。

行事施予，以利之为心，则越人易和；以害之为心，则父子离且怨。(《外储说上》)

君以计畜臣，臣以计事君，君臣之交，计也。(《饰邪》)

欲利而(尔)身，先利尔君；欲富而家，先富而国。主卖官爵，臣卖智力。(《外储说下》)

庄子“剽剥”的是儒墨圣者，韩非似乎在“剽剥”人。剥去忠孝仁义等面纱，令人赤裸暴露于人前。虽令人难以接受，却也无法否认，誉之为善、贬之为恶均不妥。韩非置善恶于不论，只是面对事实。同时韩非高明和辩证的地方在于，他既看到一般，也看到个别；既看到常态，又看到变化，从而动态地、发展地看人知人。

人虽好利恶害，但也有人“破家而丧，服丧三年，大毁扶杖(消瘦，扶杖后起)”。民虽畏严刑，但也有那么些人，刑罚与奖赏都不能对他起作用。行为正直，“不目逃，不色挠”，以致敢“怒于诸侯”。人虽然是贪生的，但亦不乏忠臣、义士、孝子，“轻犯矢石”，尽忠尽孝尽义，献出生命亦在所不惜。所以，在一定的条件下，人是会变可变的。

(1)古之民与今之民在变

古之民愚朴敦厚，故可以虚名取；今之民智慧狡诈，故自用不听上。(《忠孝》)

古之易财，非仁也，财多也；今之争夺，非鄙也，财寡也。轻辞古之天子，难去今之县令，权、利、势，厚薄之实异也。(《五蠹》)

(2)丰年与饥年之民在变

饥岁之春，幼弟不食；丰岁之秋，疏客必食。非疏骨肉而爱过客也，多少之食异也。(《五蠹》)

(3)安危情况之下人心在变

安则智廉生，危则争鄙起。奔车之上无仲尼，覆舟之下无伯夷。(《六反》)

(4)严威之下民心也在变

母之爱子也倍父，父令之行子者十母；吏之于民无爱，令之行于民也万父。母积爱而令穷，吏用威严而民听从。(《安危》)

严家无悍虏，而慈母有败子。(《显学》)

虽然韩非看到了个别、看到了变化，但是他主张应该从一般、从常态出发。《难二》曰：“孝子爱亲，百数一也。”《显学》又说：“自直之箭，自圆之木，百数一也。”固然有人舍生取义，但毕竟那种高尚的道德，只是极少数人所能办到的。绝不能把希望、把政策建立在没有几个人能办到的基础上。为治者必须“用众舍寡”，从绝大多数人出发，以绝大多数人的“自为心”、趋利避害心为前提，制定自己的政策。

既然“人皆挟自为心”，“人皆喜利畏罪”，因此必须利用“自为”之心，“正明法，陈严刑”，“明赏设利以劝之，严刑重罚以禁之。陈其所畏以禁其邪，设其所恶以防其奸”(《奸劫弑臣》)。

既然“民固服于势，寡能怀于义”，那么就必须“赏莫如厚，使民利之；誉莫若美，使民荣之；诛莫若严，使民畏之；毁莫若恶，使民耻之”。这叫“赏誉同轨，非诛俱行”(《八经》)。

由于“刑胜而民静，赏繁而奸生”，“刑胜，治之道；赏繁，乱之本”。所以必须以严刑峻法为主，以赏辅之，“刑九赏一”(《心度》)。

而上述各点还必须遵行一条总的原则，即：

利所禁，禁所利，虽神不行；誉所罪，毁所誉，虽尧不治。(《外诸说下》)

凡令、禁、赏、罚，必须符合绝大多数人的利益，要是是而非非。倘若违背人们的利益，颠倒是非黑白，任你严刑再严刑，迟早也是“不行”“不治”的。

如果说，“亡国相及，囚主相望”以及统治阶级与士子们易私难公的现实，形成了《老子》的“善者不多”观，那么由此推衍出的结论不过是劝说统治阶层少私寡欲、见素抱朴、克己复礼……而《韩非》所引出的结论，已经完全是封建专制主义的哲学基础了。真是青出于蓝而胜于蓝。《庄子·田子方》有这样的话：

吾闻中国之君子，明乎礼义而陋于知人心。

当然，这是不包括庄子在内的，而对韩非也当属例外。韩非子将先秦诸子的“知人”推向了一个崭新的高度，为先秦的知人做了总结，画了句号。

六、从“势大天下从”到“执柄以处势”

老子说：势大就能使天下归从。这是楚简《老子》出土前闻所未闻的事。就是楚简《老子》问世，也并未为人们所承认，所以这里首先考证《老子》是否有上述思想。如果确有其事，那么，先秦势治思想的发展脉络就更需要重新探讨了。尤其是韩非如何将兵家的“任势”“造势”移植于为政的。

(一)“非威不立,非势不行”

今本《老子》有个论断:“执大象,天下往。……”两千多年来它被理解为:“执守大道,天下人都来归往”,并且从没有人怀疑过它。但是首先为《老子》定编分章的刘向就不这样理解,他曾发过感叹:“孔子虽论《诗》《书》,定《礼》《乐》,王道粲然分明,以匹夫无势,化之者七十二人而已,皆天下之俊也,时君莫尚之。是以王道遂(亡)用不兴。故曰:‘非威不立,非势不行。’”(《战国策·刘向书录》)孔子可谓执守大道了吧,但因为“匹夫无势”,哪里有什么“天下往”?果然楚简《老子》不是“執(执)大象”,而是“埶(势)大象,天下往,往而不害,安坪大”。“埶”是什么呢?清段玉裁《说文解字》注:“《说文》无势字,盖古用埶为之。”即“埶”乃“势”之古字。那么“势”又是什么?《说文新附》:“势,盛力,权也,从力,埶声”,势即权力、威力也。这一来,文义大变:“权势威力盛大的形态,能使天下人归往,归往之后不会受伤害,于是大地和平安泰。”岂不也是一种“非威不立,非势不行”的思想?真是差之一字,失之千里。

认“埶”为“势”,而不是“執”(执)证据何在?裘锡圭说:“考释古文字的根据主要是字形和文例”,所以先看字形。此处的“埶”与同书的“執之者失之”,“无執故无失”之執(执),只差左下方出头不出头。如下表:

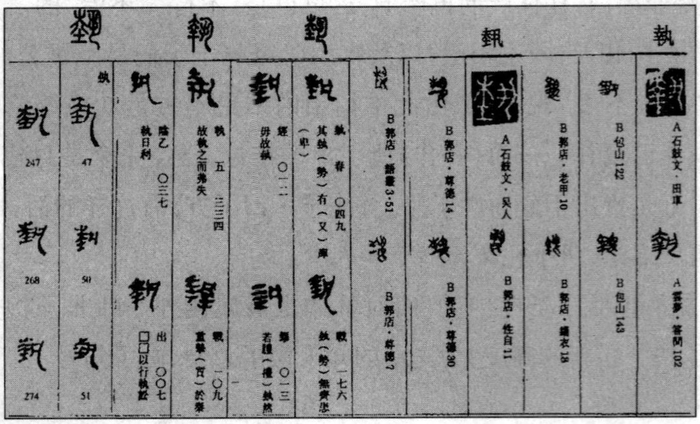

这是从《战国文字编》(福建出版社 2001 年版)第 187、690 页以及《郭店楚简文字编》(文物出版社 2000 年版)第 48 页、《马王堆汉墓简帛文字编》(文物出版社 2001 年版)第 99 页、《银雀山汉墓文字编》(文物出版社 2001 年版)第 113 页摘出复印的字表,这一来可以看清战国、秦、汉的“埶”与“執”并不是一个字。楚简《老子》之句为“埶大象”,而绝非“執大象”,是有据可查的。以上几部字书,竟找不出一个“势”字来,也证明了上述观点。同时简本不是“平”而是本字“坪”,虽可通假,但是不是平,值得推敲。

下面再从文例上看“埶”为“势”。此类字例数不胜数。清段玉裁《说文解字注》如上引。此外:(1)竹简《孙子兵法》、竹简《孙膑兵法》共有二十几个“势”字都写成“埶”。(2)《荀子·解蔽》:“申子蔽于埶”也以“埶”为“势”。(3)至《史记》《汉书》,仍多以“埶”为“势”。因此从字形、字例看,无疑“埶”为“势”之古体字。

但是考释古文字,除了裘先生说的两条外,还需要再加上一条:校之以史实,或谓之“以史证文”。看看是否符合事实、史实,于义理是否通顺。有此三条,方能做到确凿无疑。比如郭店楚简《老子释文》注“埶”为“设”,这就成了“设大道,天下往”。《说文》“埶,种也”,这样“埶大象”,就成了种下了大象,似乎比“设”好一点,但也不通。这些就像“执大道,天下往”一样,是不可能的。历朝历代,都有一些“执守大道”的人,如果无权无势,归从之徒寥寥可数,哪里有什么“天下往”?像孔、孟那样倡道守道,一生何曾得志?后来之所以能享配太庙、无比尊荣,也是由于权势中心的承认与吹捧。所以,只有权重势大、实力雄厚,才能威慑四方、天下归从,归从之后,如果能不伤害归从的人民,才能真正国泰民安、大地平定。可见“埶”字乃古之“势”字,方文从字顺。

但是,为了更万无一失,还必须验之简帛佚籍。郭店楚简《性自命出》:“好恶,性也。所好所恶,物也。善不善,性也,所善所不善,势也。”一则此“势”与楚简《老子》之势一样。二则是说性,有善有不善,但发展为善或不善,是由“势”决定的。“黜性者,势也。”对人的改变、人性的改造来说,势是决定性的东西。这使人想起了《韩非子·五蠹》中的一段话:“今有不才之子,父母怒之不改,乡人谯之弗为动,师长教之不为改,夫以父母之爱、乡人之行、师长之智,三美加焉,而终不动、不改。州部之吏操官兵、推公法而求索奸人,然后恐惧,变其节,易其行矣。”其结论是“父母之爱不足以教子”,必待州部之严刑,这就是势之于人性。

所以《楚简老子》的“势大象,天下往。往而不害,安坪大”,即“具有威力与权势的盛大形象,天下就会归附他。归附后不会受到伤害,国家与大地就会安宁、太平”。在“安坪大”之后,老聃似乎马上改变了话题。谈起什么“乐与饵”来了,这是为什么?道尊于势,圣在势上,有人说这是儒家的理想。老聃又何尝不如此想呢?可以说,他在大声疾呼:“唯道是从”,“尊道贵德”。又如“四大”,道大于天、地、王。但他很清楚,普通老百姓看得到、摸得到、听得到的,而且无时不感觉到的是“势”与“权”,权势决定着他们的归从,而“古道”说出来,淡而无味,不仅老百姓,就是侯王、圣人也看不见、听不到、摸不着，它的吸引力，连音乐和食物都不如。所谓“乐与饵过客止，古道之出言也，淡啊，其无味也，视之不足见也，听之不足闻也，用之，不可既也”就是说的这个。所以还是实际些吧！承认“势”能使天下归附。这正是《老子》辩证思想之伟大处。而那些“道义重、骄富贵、贱王公”之辈，认为道与圣应在势上的人，并不那么辩证，有的也不甘心仰仗于势，于是在文字上做了修改：将“埶”改为“執”，何况这个字的改动并不明显（也许误传）。于是今本三十五章文义成了千古之谜。一直模糊了两千多年！

（二）由任势造势，到“执柄以处势”

楚简《老子》下葬年代在公元前 4 世纪中期，它与帛书《老子》有很大的不同，如果说楚简《老子》是春秋末期老聃的作品，那么，关于“势大”的思想，也有可能影响到孙武等兵家。但又因为《老子》语焉不详，仅仅几个字，而且关键的“势”字是否早就被模糊了，也说不清。看来为政方面的“势”治思想，是兵家任势、造势的移植，可能性较大。

何炳棣撰文以大量确凿的史料证明“孙子武者，齐人也，以 13 篇兵法见于吴王阖庐”的记载（《史记·孙子列传》）完全属实。“现存的《孙子兵法》撰成于阖庐召见孙武之年——公元前 512 年”，也就是说：《孙子兵法》要早于《论语》《墨子》《列子》《孟子》……诸子的言势，很可能是从兵家那里学来的。《孙子兵法》有专门的《势篇》：“善战者，求之于势”，至于兼及论势之篇还有不少。按《吕氏春秋·不二》的说法，“孙膑贵势”。可惜的是 20 世纪出土的银雀山汉墓《孙膑兵法》已残缺不堪，无法看出是怎样贵势的，好在还保留《势备》篇的一部分。什么叫“势”？孙武说：“激水之疾，至于漂石者，势也。”如“转圆石于千仞之山者，势也”（《孙子兵法·势》）。汹涌的激流能把大石头漂起来，高山之上可以将圆石头翻滚下去，这时有种迅猛、锐不可当的推动力，即所谓“势”。这势，既有自然因素，亦有人为因素，前者是基本的。人为因素起顺应、推动的作用。孙膑则进一步，他把势喻为引满之弓：“弓弩，势也”（《孙膑兵法·势备》），取势在必发之意。所以他又说：“势者，所以令士必斗也”（《威王问》）。这里人为因素增大了。这种“必斗”，“必胜之势”，一则靠充分利用地形、地貌、气候诸自然之势，二则靠人心向背、饥荒、灾疫诸社会因素之势，三则是兵家

老子画像

所重视的从战略、战术、法令制度上造就强大的势和利用强大的势，有时还可从外交、后勤、宣传、舆论上促成一种势。至于小的如“置之死地而后生”的战术，也能造成必斗之势，即有意识设置人自为战、拼命取胜之势。

春秋战国时，君王同时是军队的最高统帅，卿相大夫也常带兵征战，而带兵之将又常成为某个地区临时地方长官。既然用兵讲求势，为政御臣制民又何尝不需要恃势、造势、求之于势呢？

目前看，在政治上比较系统地提出“势”治的是慎到。但是比慎到还要早的是孔门弟子子夏，他提出过“持势”“恃势”。他说：“《春秋》记臣杀君、子杀父数十矣，皆非一日之积也，有渐而以至矣。”因此，“善持势者绝奸于萌”（《韩非子·外储说上》）。这里所谓的“势”是指势位、权力，即要善于利用国君至高无上的地位，控制调动国家机器的专制权力，在问题尚处于萌芽状态时就把它掐死。这与老聃之“势大”似乎关系不大，但与老子的“为之于未有，治之于未乱”相通。为政言势的理论发源地在齐国。这既与孙武、孙膑是齐国人分不开，也与法家有名之“势”派慎到有关。慎到虽是赵人，但齐宣王时在稷下讲学，到齐湣王末年才离开，居齐约二三十年。除慎到外，《管子》里言势的部分也相当多，而《管子》乃“齐国法家汇集书”；韩非言势，除了继承兵家与齐法家外，再就是从秦法家商鞅那里师承而来。

我们就先看慎到怎样谈“势”：

飞龙乘云，腾蛇游雾，云罢雾霁，而龙蛇与螾螘（蚓、蚁）同矣，则失其所乘也。贤人而诎于不肖者，则权轻位卑也；不肖而能服于贤者，则权重位尊也。尧为匹夫不能正三人，而桀为天子能乱天下，吾以此知势位之足恃，而贤者之不足慕也。（《韩非子·难势》）

慎到将“势位”并提，这很深刻。位，如同“千仞之山”的陡峭险峻一样，其地位越高，那居高临下之势就越令人望而生畏。势与位成正比。慎到所强调的就是在这个高位基础上的“权重位尊”。“重”者，大权独揽也，“尊”者，君王唯我独尊也。如此方能吞云吐雾，呼风唤雨，也才能产生出一种不可捉摸的神秘性。

再看《管子》言势：

《明法》曰：“夫尊君卑臣，非计亲也，以势胜也。”

《任法》曰：“凡人君之所以为君者，势也。故人君失势，则臣制之矣。势在下，则君制于臣也，势在上，则臣制于君矣，故君臣之易位，势在下也。在臣期年，臣虽不忠，君不能夺，在子期年，子虽不孝，父不能服也。”

没有什么神意天命，也不是什么忠孝仁义，维系君臣关系的实质是利害——

"计",是"权势"。那么"势"是什么?"为其生杀,急于司命也。富人、贫人,使人相畜也;贵人、贱人,使人相臣也;人主操此六者以畜其臣,人臣亦望此六者以事其君"。换句话说,势就是权柄的运用,就是行使生、死、富、贵、贫、贱"六柄"之权。慎到将"势位"并提,势乃是高高在上之"位"的派生物;《管子》则是"权势"并提,"势"乃是权力运用之派生物。正如同虎生风,龙生云,势者,由权力和地位而产生出来的一股巨大的、人人都能察觉到的潜在力量。这力量使令行禁止,影响和左右人们之意向、情绪和心理。

而韩非所谓的"势",较之慎到、《管子》又更进了一步,它是一种威慑臣民,使人必须俯首就命的力量。它意味着君权的唯我独尊,森严可怖,意味着君主专制统治的强化。这些正是韩非对齐、秦法家"势"的理论的升华与发展。虽然韩非总是"处势"与"抱法""挟术"兼讲,但单独对"势"作番粗浅的分析,还是可以的。

韩非一方面简明地描画了势的作用、目的,不仅"制臣",而且"胜众":"势者,胜众之资也"(《八经》),"民者固服于势,寡能怀于义"(《五蠹》)。"民以制畏上,上以势卑下"(《八经》)。千钧虽重,有船就能升浮于上;锱铢虽轻,无船则沉;势就是人君升浮之船,胜众制臣之资。文字简明,说理透彻,再清楚不过。另一方面,也是韩非关于"势"的重大贡献,他不仅区分了政治上的"人为之势"与"自然之势",而且强调在自然之势基础上的"人设之势"。韩非说:"势治者,则不可乱;势乱者,则不可治也;此自然之势也,非人之所得而设也。"比如,已有的经济、政治条件所形成的"治世"和"乱世",或社会安定,或社会动乱,或风调雨顺,或大灾大疫……这些条件所形成的社会态势,就算尧舜之类再伟大的人物也得受此自然之势的制约,"势治则治,势乱则乱"。而韩非说:"若吾所言,谓人之所得设势而已矣"(《难势》)。无论尧舜,或桀纣,以及其他什么庸碌之君,一旦身居九尊,宰制天下,都可以设制出某种势,并被"人设之势"所烘托,腾云驾雾,叱咤风云。

神秘威严之"势"如何"人设"?总的来说无非是权柄的运用:"君执柄以处势"。"处",既是设置,也是控制,还是运用。《管子》只是提到使用赏罚(生、杀、富、贵、贫、贱)。韩非却看到单凭赏罚不行,除了厚赏重罚外,还必须扩充到宣传舆论上。总的是用七种办法"执柄以处势"。

第一,"美誉"与"恶毁"。"赏莫如厚","誉莫若美",另一方面则是"诛莫若重","毁莫若恶"(《八经》)。这是对《管子·禁藏》提到的"德莫若博厚,使民死之;赏罚莫若必成,使民信之"的改造。要想使它行于天下,就重赏美誉,尽可能地赞誉与美化它,使臣民看到确实是有利和光荣的;想禁止什么,就恶毁重罚,尽可能地诋毁丑化，使它一无是处，让臣民感到可耻和害怕。不断地用厚赏美誉与重诛恶毁作为推动力，这种“势”就可炮制出来。但主要炮制法是严惩恶毁。

第二，“势行教严，逆而不违；毁誉一行，（错）而不议”（《八经》）。作为“势”来说，令行于下，严其法教，哪怕它暂时违逆人们的愿望，天下也不能违；毁誉的决定一旦做出，哪怕人们一时不能接受它，人们也不敢议论，更不敢批评、指责它。虽然韩非主张“必因人情”，不能逆人心违众愿，但是作为“势”，就需要达到这样的程度，使那些不满，或者是痛恨的人也不能违、不敢议。否则就不成其为“势”了。

第三，“诛莫若重”，即严刑重罚，都有它的历史渊源。我国严刑峻法由来已久。西周时就有了墨、劓、膑、宫、大辟，刑法三千条。据说商纣施“炮烙之法”，将三公这样的辅弼，一个剁成肉酱，一个烤成肉干，一个囚（《史记·周本纪·殷本纪》）。李悝制法经，对周之刑法，当然有所发展。而商鞅“受之以相秦”增加了“相坐之法”“参夷之诛”及“凿颠（头顶）、抽胁、镬烹、车裂之制”（《汉书·刑法志》）。单看这些名称，就足见其何等之野蛮。但是，从出土之《云梦秦律》看，战国后期之刑罚又趋多样化。比如“盗窃桑叶不值一钱，赀徭三旬”。宫奴损坏器物值一钱者鞭笞十下，极小的过失也会受到严厉的惩罚。而死刑则愈演愈烈，“戮、磔、弃市……”西周不过肉刑与死刑，战国时发展了徒刑（司冠、鬼薪、城旦……）、流刑（迁之）、罚款（赀）、赎刑（赀赎、役赎）。这样一来，岂不获得大量的劳动力与钱财？各级地方官吏，虽是统治阶级与政权的强大支柱，但秦律同样不放过他们。经济管理不善，为政和司法不力，战勤供应疏忽……都会受“渎职罪”有关条款的惩罚。人们动辄遭刑。这正是制造令人毛骨悚然，鸦雀无声，唯命是从之势的好法宝。法家竭力鼓吹严刑峻法的原因，就在于它的威慑作用。

第四，用一国之人的耳目。韩非曰：“吾所谓言势者，言人之所设……非一人之所得设也”（《难势》）。当然非少数人就可以成“势”的，它需要一种“群众性”的保证。“使天下不得不为己视，不得不为己听”（《奸劫弑臣》），借一国人之耳目组成一个大罗网（商、管亦有此主张，如《管子·九守》曰：“以天下之耳听，则无不闻。”甚至还有用密探的办法，“一曰长目，二曰飞耳……明知千里之外，隐微之中”）。其具体办法就是“什伍连坐”——五家为一五，十家为一什，进行户籍编制，“一人有奸，邻里告之，一人犯罪，邻里坐之”。这个办法最初产生于军队，因为战国不仅战争频繁，而且杀伤太剧，逃亡现象十分严重。为了减少逃亡，在军队编制基础上，实行了“五保连坐法”。“军中之制，五人为伍，伍相保也”（《尉缭子·伍制令》）。军队中这样办，自然也就逐渐推行到民间，甚至宫廷和官府。有违令犯禁知情不告者,同罪连坐。在秦国,“不告奸者腰斩,告奸者与斩敌首同赏”(《史记·商君列传》),并且照“商君之法,斩一首者爵一级。欲为官者,为五十石之官”,斩二首者加一倍(《韩非子·定法》)。告奸,何等轻巧,与斩敌首享有同样的赏赐,何等诱人的甜头。被统治阶级要这么办,统治阶级内部也这么办。上之于下如此,下之于上同然。“贱得议贵,下坐上”,“臣无贵贱,皆听于君”(《韩非子·内储说上》)。虽贫贱,对于权贵的奸行,可议、可揭、可告,“小官尊主行主法,其权可达于卿相”,而且“大臣不能尊主行主法,其势可屈于民萌”(《韩非子·难一》)。只要尊主行主法,小官可以告发卿相,百姓可以管大臣。在这种制度保证之下,人为之势是不难形成的。无怪商、韩等法家是如此不遗余力地鼓吹“什伍连坐”,“相窥其情”之制!

第五,变化无穷。韩非说:“夫势者,名一而变无数者”(《难势》),其“变无数”的人为之势,在《韩非子》各种《储说》中,有大量实例的说明,上述几点仅此一端。那没有提到的还不少。又如从国君到中央和地方官僚机构的封建等级,爵服节仪,国君之前朝与后宫的建筑,百官朝见的礼仪、威仪,以及君王所用的玺印,颁发的符节、诏书……都能够提高封建国君的威势。时至今日,一旦人们进入故宫,步入太和殿,就能感到这种人为之势。从战国和秦朝起,每一代皇帝都热衷于提升此种人为之势的。

第六,从大多数平庸之君出发。“吾所以言势者,中也。中者,上不及尧舜,而下不及桀纣,抱法处势则治,背法云势则乱”(《难势》),也就是说,韩非关于“势”的理论是为大多数平庸的君王设计的,他知道,历代国君,好的少,庸碌和坏的极多,“贤者寡,不肖者众”。而“人为之势”就能把这些“不肖者众”的帝王捧上天,成为真龙天子,神人同格。哪怕是襁褓小儿,臣民们亦得匍匐在地,三跪九拜。在“盛云浓雾之势”下,统治着天下。这是人们时刻都能感到的“势”,它是法家理论指导下君主专制制度使然的“势”。

第七,不能随心所欲、违法违道制势。当然,“君执柄以处势”,离不开“抱法”,即根据法来“处势”。如若随心所欲,违法背道的“处势”,就很难,甚至达不到胜众制臣之目的,反而造成覆亡之势。因而韩非总是“抱法处势”相提并论,同时“处势”与“挟术”兼讲。“国者,君之舆也,势者,君之马也,无术以御之,身虽劳犹不免于乱……”(《外储说下》),用术潜御群臣,了解真情,驾驭势态,严防夺柄失位。离开法与术,也不能成其为势。可见,韩非强调“人为之势”。就是用种种手段来强化君主唯我独尊的势位,使令能行.禁必止,推动整个封建官僚组成的国家机器正常运行,并加强对全社会的统治。在当时是为了增强经济实力(耕)和军事实力

(战),以便在兼并战争中"争于力",而在以后,就成了巩固专制统治、压榨广大人民的不可缺少的重要手段。历史证明那些诚惶诚恐、唯唯诺诺的人总是忍受最大的痛苦,做出最大的牺牲,是与摸不着但却感得到的"势"分不开的。它既能创造令世界震惊的人间奇迹,也经常"为虎傅翼",变成天下之大患。

韩非对"势"描述得如此斩钉截铁,如此毫无疑义,它不过是历史地反映了当时的法律和刑制,当时的君主专制制度。而更重要的是战国后期,战乱频繁,战争规模之大超乎想象,生死存亡是每个国家、每个人面临的头等大事。严刑与实行集权,是客观形势的迫切需要。

《老子》所言:"势大象,天下往,往而不害,安坪大",这里势大是真理,不伤害归附的人民,也是真理,只有如此,才能国泰民安。势虽尊于道,但违道之势,是不可能长治的。但《老子》不能不感叹"道"的吸引力太差了,哪里赶得上美妙的音乐与美味的食物呢!《孙子》根据战争的需要与战争经验的总结,提出了"任势""造势""求之于势",子夏、慎到把它们移植于为政:"恃势"。《管子》提出"执柄处势",进了一大步,而韩非则使势治思想趋于完备,这一来为政"求之于势"的理论与操作方法的设计,大功告成,并且与"法""术"相结合。因此,青出于蓝而胜于蓝,出于兵家的势治思想胜于兵家,控制着兵家。它的可操作性,为历代帝王、统治阶级提供了方便。

第二节　老子术之内容

一、站立在"十字道"上的老子

众所周知,《老子》一书中出现最多的字眼要数"道"了。下面我们不妨从"道"说起。

《老子》文本中的"道",在郭店楚墓竹简《老子》释文中作"𧗠"字。因为"𧗠"为古"道"字,所以就"𧗠"之字形来说,大致表现为"卝";在这里,如"𧗠"即"道"的话,这"道"的意思就是说:"人处十字路口"。而为什么说这"𧗠"(道)是表示"人处十字路口"呢?这是因为去掉中间"人"的"行"字原本在甲骨文和今文中都作

“┤├”。这照裘锡圭先生在《文字学概要》一书中说来：“（行）像十字路。‘行’的本义是道路，行走是引申义”（商务印书馆，1996 年版，第 117 页）。也因为这样，所以不少学者（如钱大昕、罗振玉、郭沫若等）将“道”释为“行”，是有其道理的。

去掉中间“人”的“行”字为“┤├”，那么，中间加了“人”的“┤人├”（道）字也就理所当然地被看作是“人处十字路口”┤人├。这说明“人处十字路口”，能左（阳）能右（阴），能南能北，也即老子所说：“大道氾兮，其可左右”（《老子·三十四章》），具有模糊性、不确定性。

因为具有模糊性、不确定性，所以《淮南子·说林训》会说这样的话：“杨子见逵路而哭之，为其可以南、可以北。”这是说，人处岔道歧路（十字道口），前进方向不明（明通名），前途具有不确定性，所以会忧惑、愁苦乃至哭丧，就如《荀子·王霸篇》所说：“杨朱哭衢涂（途）”。在这里，无论是《淮南子》所说的“逵路”，还是《荀子》所说的“衢涂（途）”，都是指四通八达的道路。设想，人处四通八达之路口（“┤人├”）能不愁苦烦恼吗？因为他不知道是走南北向的路好呢？还是走东西向的路好呢？也因为这样，所以这“道”（┤人├），实际上意指不确定、模糊。也在这个意义上，老子着重强调“道可道，非常道”“名可名，非常名”（《老子·一章》）。

然而，就是这“道”理，老子认为“天下（人）莫能知，莫能行”（《老子·七十章》），这是因为平常人只知道“一达通道”（许慎语）的“道”（确定性），而不了解“十字道”的“道”（不确定性），所以也就不了解我老子（“夫唯无知，是以不我知”）。为此，老子叹息：“知我者希，则我者贵，（我）是以圣人被褐而怀玉”（《老子·七十章》）。

老子讲道图

而这不确定，实际上意谓模糊、不清楚、不可识，所以《老子·十五章》会说：道“微妙玄通，深不可识”；《老子·二十一章》会说：“道之为物，惟恍惟惚”；《老子·十四章》会说：道“其上不皦，其下不昧，绳绳兮不可名，复归于无物。是谓无状之状，无物之象，是谓惚恍”。

这种站立在平面“十字路口”而产生的不确定之体验，又被老子转化为立体认知，他在《老子·三十五章》中说：“道之出口，淡乎其无味，视之不足见，听之不足闻，用之不足既”。这就像以后魏晋名士王弼在《老子指略》中所说的那样：“听之不可得而闻，视之不可得而彰，体之不可得而知，味之不可得而尝。”总之，这“道”是不可识、不清楚、不确定、模糊一团，你用任何自身器官都无法认识它。这对于爱己胜于一切的杨朱来说，确实麻烦，因为自身实在找不到落实处，如悬空一般，难怪要“哀哭之”（《荀子·王霸篇》）。

对此，老子也深有体会，“夫唯不可识，故强为之容：豫兮若冬涉川；犹兮若畏四邻；俨兮其若客：涣兮其若凌释；敦兮其若朴；旷兮其若谷；混兮其若浊”（《老子·十五章》）。

同时，这“道”之一处，还被以后的庄子转化为“道”之到处，即各到各处，《庄子·知北游》说：道在蝼蚁中，道在稊稗中，道在瓦甓屎溺中……

（一）“道”的不确定性产生之原因

如上所述，老子将平时站立在“十字路口”（“道”“𠕋”）而产生的不确定性在思想层面反复强调，说明其背后有着深刻的原因。

究其原因，不外乎二。其一，农业生产上的不确定导致老子对“道”之不确定的认知。其二，人生道路上的不确定导致老子对“道”之不确定的认知。以下让我们来做些梳理分析。

其一，农业生产上的不确定导致老子对“道”之不确定的认知。

《老子·五十九章》说：“治人事天，莫若啬。”在这里，“啬”即“穑”也。《说文》就说：“田夫谓之啬夫。”《说文通训定声》也说：“啬即穑之古文也。”如是这样，《老子·五十九章》这句话反映了老子有着与先秦诸子一样的重农思想，如孔子就指出禹、稷就是“躬稼而有天下”的（《论语·宪问》），孟子也说：“后稷教民稼穑，树艺五谷，五谷熟而民人育”（《孟子·滕文公上》），管子说得更明白：“农事胜则入粟多，入粟多则国富，国富则安乡重家”（《管子·治国》），老子当然不逸其外，说“（农）田甚芜，（粮）仓甚虚”，就是“非道也哉”（《老子·五十三章》）。所以老子在《老子·五十九章》中强调指出，“治人事天”，没有比农业生产更为重要的事了。

然而，就是这如此重要的“农”却有着自身的特征。其特征是，如果说相对于“农”的“工”可以确定的话，相对于“工”的“农”却具有不确定性。其他不说，就说表现在劳动产品上，工匠制器，只要单位时间确定制器数量（如一年生产 10 辆大车），那么，在人力物力不变的情况下，相应增加的时间数量（如三年），也就必然可测所生产的大车数量（$10\times3=30$ 辆大车）。因为这工匠制器极少受天时地利之影响的。

同样，这工匠制器，如同制器数量可测一样，这“器”的质量也是可测可控，能确定。

但是，农夫的劳动产品（农作物粮食的收获数量）就具有极大的不确定性，难以可测可控。这是因为传统农业离不开“靠天吃饭”这一点。在天地自然面前，农夫之勤快、农艺之精到，显得非常脆弱，难以“人定胜天”。如遇灾害荒年（凶年），你农夫就是再多的“勤快”和“善治”，也不起作用，颗粒无收（绝收）的事经常发生，否则就不会有“只管耕耘不问收获”这句无奈话了。所以年成的好坏（凶与穰），决定了这农作物粮食收获的多少。由此反映在先秦诸子那里，就在其著作中提到诸如此类的话，如《论语·颜渊》说到“年饥”（年成不好，粮食歉收），《孟子·梁惠王下》说到“凶年饥岁”（荒年，粮食绝收）和“乐岁”（年成好，粮食丰收）。同样，《管子·国蓄》说到“中岁”（年成中等）。

诸如此类的“乐岁”“凶年”和“中岁”这样的字眼出现，实际上是说明了作为农产品的粮食收获多少，实在是无法一以贯之地常规预测，具有不确定性。《孟子》和《管子》等书中多处提到这些，也说明了他们是实实在在地感受到了这一问题的存在；且此问题也实在使人揪心，如碰到自然灾害使粮食绝收更使人欲哭无泪。所以，对此深有体会的孔子就自暴自弃地干脆叫人放弃“谋食”而改为“谋道”，“君子谋道不谋食。耕也馁在其中矣，学也禄在其中矣”（《论语·卫灵公》）。当然，这是不负责任的泄气话。

由于社会要存在，日益增长着的人口要粮吃，于是中国古人为了解决此问题，就想出“籴粜之法”——粮食歉收买进和粮食丰收卖出，以使原本不可测、不确定、不可控的粮食产量变为可测、可控、确定的粮食产量，以解决日益增长着的人口吃粮问题。对此，《管子·国蓄》说：‘故善（治）者委施于民之所不足，操事于民之所有余；夫民有余则轻之，故人君敛之以轻；民不足则重之，故人君散之以重。”然而不管是“有余”卖出还是“不足”买进，它背后反映的是农产品粮食在单位时间上的不可预测性、不确定性。

中国古代哲学家又生怕这种“卖出”“买进”不好掌握，于是又想到了粮食的储备，像《管子·事语》说的：“（乐）岁藏一（成），十年而十也。（乐）岁藏二（成），五年而十也……故视岁而藏，县（累）时积岁，国有十年之蓄。”然而，这同样反映了农产品粮食的不可预测性。因为不可测，才有粮食储备，以解决人的吃饭问题。

中国古代哲学家又感觉到这种粮食的储备与粮食的买进卖出一样有着麻烦之

处，即如连年风调雨顺粮食丰收，这粮食不就要连年倒腾、新陈更替？反之，如连年灾荒，这粮食又如何储藏？那么，有没有更好的方法使不可测的粮食产量可测呢？这时，就有了范蠡的计然之术，即将木星（太阴）在天空逐年移动一周期的十二年分别代入十二地支（子、丑、寅、卯、辰、巳、午、未、申、酉、戌、亥），并赋予五行（金、木、水、火、土）的属性，以看每年的年成，这照《越绝书》说来："太阴三岁处金则穰，三岁处水则毁，三岁处木则康，三岁处火则旱。故散有时积，籴有时领，则决万物不过三岁而发矣……天下六岁一穰，六岁一康（古字通'荒'），凡十二岁一饥。"这样，在确定了自身所处的年份，也就可以预先知道下一年是凶还是穰，以便能提早做到粮食的买进和卖出及粮食的储备，达到粮食的平衡可控可测。然而，就是这种建立在半科学半迷信基础上的计然之术，它反映的仍然是粮食产品的不可测性及不确定性。

同时，与此数量不可测相联系的是，农产品的质量也是不可预测的。同样一个湖泊（如阳澄湖）放养的大闸蟹还是存在着优劣好坏之区别的。

由于农夫在劳动产品上的质量和数量均难以预测、具有不确定性，所以管子会在《管子·治国篇》中这样说："农夫终岁之作，不足以自食也。"反之，因工匠的劳动产品之数量质量可控可测能确定，所以管子同样在《管子·治国篇》中说到"巧者（制器），一日作而五日食"。这即是说，制器工匠干一天足够五天吃用，而农夫终年劳作有时还难以维持自己的生活；其背后起作用的是，农业产品粮食的不可控和不确定性。

诸如此类，使生活在其中，且又重农的老子怎么会不感受到这不确定性的厚重呢？身受这不确定性的压迫，老子于是借"道"（䢓）来说事，犹如人处十字路口，呐喊着阐发着这不确定、不可识、不清楚的"道"之思想。

其二，人生道路上的不确定导致老子对"道"之不确定的认知。

与"道"之模糊、不确定相应的是，老子人生道路也是模糊的、不清晰的和不确定的。就是老子所著的《老子》一书，也因为老子有着强烈的"自隐无名"（司马迁语）的意识及以不确定、模糊的"道"之思想做指导，使得老子在《老子》一书中极少提到"吾"及"我"，这样我们也就很难从《老子》一书中窥视到老子的真实面目，人生道路及其他。

然而，百密总有一疏，《老子》一书中也总有些蛛丝马迹反映了老子些什么。《老子·二十章》就记载着老子自己的表述："俗人昭昭，我独昏昏。俗人察察，我独闷闷。"为何要表现得与他人异样？其中隐喻些什么"曲折事"？难道人生道路真的不清晰、不确定？难道也真如《老子·四十二章》所说的那样“物或损之而益，或益之而损。人之所教，我亦教之。强梁者不得其死，吾将以为教父”？对此自隐的老子不便说。而以后西汉的刘安则在《淮南子》中将人生道路的曲折和不确定揭示在他的《人间训》中。以下我们来看看这人世间的怪异和不确定。

《淮南子·人间训》引《老子·四十二章》说：“故物或损之而益，或益之而损”，然后接着问：“何以知其然也”？刘安于是举例说明这人世间的怪异和不确定：以前楚庄王在河雍之间的邲地战胜了晋国，凯旋后庄王要封赏孙叔敖，孙叔敖辞谢而不接受。后来当孙叔敖患痈疽快要死时，他对儿子说：“我如果死了，楚王一定会封赏你的，一定要推辞肥沃富饶的地方，只接受沙石之地。在楚、荆之间有个叫寝丘的地方，那儿土地贫瘠，所以地名也难听。当地的荆人和越人都信奉鬼神、讲究迷信，所以没人喜欢那里。”不久，孙叔敖去世了，楚庄王果然将肥沃富饶的领地封赏给孙叔敖的儿子，孙叔敖的儿子谢绝了，而要求封赏寝丘之地。按照楚国的法规，功臣的封禄传到第二代就要被收回，唯独孙叔敖一家保存了下来，这就是我们说的“所谓损之而益也”。

接下来刘安又举例说明这“所谓益之而损者也”。从前晋厉公南伐楚国、东伐齐国、西伐秦国、北伐燕国，部队纵横天下，威震四方，没有阻碍也没有挫折。于是晋厉公在嘉陵会合诸侯，气横志骄、淫侈无度、残害百姓。国内无辅佐规谏的大臣，国外没有诸侯的援助。同时又杀戮忠臣，亲近小人。在会合诸侯的第二年，厉公出游宠臣匠骊氏的领地时，被栾书、中行偃劫持，囚禁起来；这时诸侯中没有一个来搭救他，百姓中也没有一个同情他，囚禁三个月后就一命呜呼了。本来每战必胜，每攻必克，然后扩展土地，提高威望，这是天下每个人都希望得到的利益，但晋厉公却因为这些而落得个国破身亡。这就是我们说的“所谓益之而损者也”。

除了上面的两个例子，刘安在《淮南子·人间训》中还列举了大量无法控制、难以理喻的事例，如“事或夺之而反与之，或与之而反取之”，又如“物或远之而近，或近之而远”，“或无功而先举，或有功而后赏”，“或害之乃反以利之，或欲以利之适足以害之”，还如“或有罪而可赏，或有功而可罪”，“或贪生而反死，或轻生而得生”，“或誉人而适足以败之，或毁人而乃反以成之”等等。正是利害、祸福、是非之所由来，万端无方；利害、祸福、是非之限定，变化多端。我们不妨再看两例。

围绕着“害之乃反以利之”，“欲以利之适足以害之”的怪异事，刘安举例说：以前阳虎在鲁国作乱，鲁国君命令手下人关闭城门搜捕阳虎，宣布凡抓获阳虎者有重赏，放走阳虎者要处罚。追捕者将阳虎层层包围起来，阳虎只得举剑准备自刎，这时有位守门人劝阻他说："天下大得很，可以逃生，何以自杀？我将放你出城去。"于是阳虎得以冲出重围，在后面的追兵紧追不舍的情况下，阳虎挥舞宝剑提着戈奔跑冲杀。那位守门人乘混乱之机放阳虎出了城门。阳虎出了城以后又折返回来，抓住那位守门人，举戈刺他，戈刺破袖子伤及腋部。这时守门人抱怨说："我本来就和你非亲非友，为了救你我冒着被处死罪的风险，可你反而刺伤我。真是活该啊，会碰上这样的灾难。"鲁国国君听说阳虎逃出城，大怒，查问阳虎是从哪座城门逃脱的，并派主管官员拘捕有嫌疑的守门人。鲁国国君认定凡受伤的守门人是阻拦阳虎的，要重赏；而没有受伤的守门人可能是故意放走阳虎的，要重罚。而在受伤领赏的守门人中，放走阳虎的那位守门人也在其中，这真可谓"害之而反利者也"。

那么又怎么称之为"欲以利之适足以害之"呢？刘安举例说：以前楚恭王和晋国军队在鄢陵会战。战斗正紧张激烈之间，恭王受伤使战斗不得不停止。楚军中的司马子反口渴难忍而寻找饮料。这时侍从阳谷捧着酒献给子反。子反这人喜欢饮酒，见酒就乐不可支。子反接过阳谷递上的酒就喝个不停，没多久就喝得酩酊大醉，躺在帐篷里。恭王打算重新与晋军开战，便派人去叫子反，子反谎称心痛病发作不受召令。恭王于是驾车亲往探望，一进军中帐篷便闻到一股酒气。这下恭王大怒，说："今天这场恶战，我为了取胜而亲临战场，受了重伤，现在指望能派上司马子反的用场，可他却成了这副样子。他实在是心中没有国家社稷的地位，又不体恤我军士兵。我没法再与晋军打下去了。"于是下令收兵撤退，并以耽误战事的罪名杀子反示众。这侍从阳谷献上酒，是爱护子反，并不想害子反，但想不到却害了子反，这就是"欲以利之而反害之者也"。

刘安于是总结道："众人皆知利利而病病也"，即众人只知道利就是利，弊就是弊，谁知这人世间的事却如此不确定、怪异。如上所述，关于这样的怪异事，刘安还列举了很多，限于篇幅，我们不再一一引述。

总之，这"玄乎"事窜端匿迹，"无状之状，无物之象"，"迎之不见其首，随之不见其后"（《老子·十四章》）。设想，长期浸泡在这种社会环境中，长期踩踏在这种人生道路上，又怎能不产生"道"之模糊、不清晰、不确定的观念呢？刘安如此，他的前人老子也是如此。只不过老子更具智慧，借"道"说事而已。下面我们就来详细地看一看老子对"道"的具体阐释。

（二）老子对"道"的具体阐释

"道"之不确定、不清晰、模糊，也就必然使"道"无法言语、难以言语。但你又要讲述给他人听，这样，也就有了老子的释"道"之表现。

1.以“字”释“道”

大概“道”之无法确定，实在无法言语、规定，所以老子对“道”的解释，只能用些空疏、宽泛的“字”来释“道”。如《老子·十四章》说：“道”“视之不见，名曰‘夷’；听之不闻，名曰‘希’；搏之不得，名曰‘微’”。这就像王弼在《老子指略》中说的那样：“夫‘道’也者，取乎万物之所由也；‘玄’也者，取乎幽冥之所出也；‘深’也者，取乎探赜而不可究也；‘大’也者，取乎弥纶而不可及也；‘远’也者，取乎绵邈而不可及也；‘微’也者，取乎幽微而不可睹也。然则‘道’、‘玄’、‘深’、‘大’、‘微’、‘远’之言，各有其义，未尽其极者也。然弥纶无极，不可名细；微妙无形，不可名大。是以篇云：‘字之曰道’，‘谓之曰玄’而不可名也。”

在这里，所谓“希”“夷”“微”“奥”“玄”“深”“大”“远”等字眼，都是内涵极少而外延无限，所以无法在你的脑海中形成什么具象，也无法在你的脑海中转化成其他什么；老子在这里不仅惜字，还珍惜对彩色字的利用，声、光、色、味都归于极限，于是你的视觉、听觉、触觉、嗅觉也实在使不上劲，这样，对“道”的认知也只能停留在原来地步。原因当然还是在于处十字道口的老子一片茫然（不确定），也真是实在想不出什么字眼来表述。反之，如真能用具有声、光、色的字眼来述“道”，那老子也必不是处于十字道口的老子了。这也就像王弼所说的那样：“然则（用色彩字眼的话），言之者失其常，名之者离其真，为之者则败其性，执之者则失其原矣。是以（所以）圣人不以言为主，则不违其常；不以名为常，则不离其真；不以为为事，则不败其性；不以执为制，则不失其原矣。”（《老子指略》）

2.以“物”释“道”

“字”无法释“道”，于是老子就用“物”来释“道”。

(1)以“壶”释“道”

这里的“壶”就是我们日常生活中见到的陶瓷壶，它或为容器盛物，或为摆设陈列。但不管是容器盛物之“壶”，还是摆设陈列之“壶”，按传统说来，均以葫芦为原型。《老子·十一章》说“埏埴以为器”，就是说：糅和（合）黏土做成器具（陶器）。这用黏土做成的陶器也常以葫芦为原型，马家窑文化彩陶罐中就有葫芦形的陶罐（壶）。

所以这“壶”又可视为“葫芦”。这种人们常见的植物果实——葫芦经过处理后又与植物速腐速败的特征相悖，而成为植物中少数能长久保存的器物；被掏空处理后的容器——葫芦，或能盛酒水，或能盛诸物，而又能使对方不知其中盛着何物，所谓“葫芦里不知卖什么药”就是这个意思，也即“浑沌”一片，所以有人将“浑沌”

等同于“葫芦”（如庞朴先生），这是有道理的。也正因为这样，它接近“道”之含义：深奥、幽昧、模糊和不确定。

这被视为“葫芦”的“壶”，在《庄子·逍遥游》中被称为“瓠”；它又在《庄子·应帝王》中被拟人化地称之为“壶子”。这壶子本身的表现就“太冲莫胜”，“深根冥极，变化无常，窈冥恍惚，妙本玄源”（未始出吾宗）。而这些正好与“葫芦”之“道”意冥合：葫芦中到底为几何，就连季咸这样的神巫者也难以测知，判断为“南”（此），结果可能是“北”（彼）；判断为“有”，结果可能是“无”，这正如《老子·一章》所说的“玄之又玄，众妙之门”。

还因为这葫芦之形为“8”，所以不管人从哪个角度（前后左右上下——六度六合）来看它，它总呈现给人以一致性而无反差，正是“玄同万方”。如果说“杨子见衢途而哭之”的话，那么，杨子见“8”也必定要迷惑烦愁的。在这里，以“壶”释“道”，同样无法清晰地述“道”。

又因为葫芦之形为“8”，按中国人的思维原则，即按中国文字象形特征来思维，这“8”一看即为“玄”字（见刘康德《论“玄”及与“玄”相关的事与理》一文，载《复旦学报》2008 年第 3 期）。这有细丝（藤）牵着的葫芦（8），导致这“玄”的写法也就成“幺”（绞丝旁）。

尽管这“道”为“衜”（卝），“玄”为“8”（葫芦）而形异，但异曲（形）同工，它产生的作用是一样的：如上所述，导致不确定、模糊观念的形成。正因为这样，所以传统习惯是将“道”等同于“玄”的，如王弼在《老子指略》中说：“是以篇云：‘字之曰道’，‘谓之曰玄’”。由此《老子·一章》就将“道”与“玄”放在一起论述：“道可道，非常道；名可名，非常名。无名天地之始，有名万物之母。故常无，欲以观其妙：常有，欲以观其徼。此两者，同出而异名，同谓之‘玄’。玄之又玄，众妙之门。”

所以，以“壶”释“道”，也就如以“玄”释“道”，它与以“道”释“玄”一样，什么也说明不了，于是老子和庄子又开始用其他“物”来释“道”了。

（2）以“朴”释“道”

“朴”在老子那里是指未经剖析削砍雕琢的“木”。因为这“朴”未经剖析雕琢，所以它与未可言说、模糊浑沌的“道”天然合一。因此，老子会说：“道”，“敦兮其若朴”（《老子·十五章》），《淮南子·齐俗训》会说：“朴至大者无形状，道至眇者无度量”。在他们看来“道”即“朴”，“朴”即“道”，可以被用来释“道”、论“道”。这样，使原本难以言说的“道”反而得到了若干彰显。

第一，“朴”之无名无状，“道”也无名无状。

老子就说："道常无名"（《老子·三十二章》），"道隐无名"（《老子·四十一章》），"道"是"惟恍惟惚""惚兮恍兮""窈兮冥兮"（《老子·二十一章》）。

如真要对"道"名状，也只能用一些宽泛的字、空疏的话来描绘："视之不见，名曰夷；听之不闻，名曰希；搏之不得，名曰微。"（《老子·十四章》）这就像魏晋王弼用"言""深""奥""微""远"这样宽泛空疏的字话来规定"道"一样（《老子指略》）。而这实际上，"道"还是无名无状。

顺着老子的思绪，庄子也诉"朴"论"道"。庄子说"道"是"无为无形，可传而不可受，可得而不可见"（《庄子·大宗师》）。"道"就是那种"已而不知其然"的东西。

以后西汉刘安不出道家的套路，说"道"是"尝之而无味，视之而无形"（《淮南子·缪称训》），"听之不闻其声，循之不得其身"（《淮南子·原道训》）。在刘安看来，"道"是"浑沌为朴"（《淮南子·诠言训》），是"混混滑滑""浑浑苍苍""冯冯翼翼""窈窈冥冥"。

这"道"哪有样态和面目？更不用说层次、阶段及过程。

第二，"朴"之未被雕琢，"道"也未被言说。

老子就说："道可道，非常道'（《老子·一章》），也就是说，"道"是不可言说的。这也像庄子说的"道不可言，言而非道也"（《庄子·知北游》），"大道能包之而不能辩之"（《庄子·天下》）。

庄子还用"知"与"无为"的对话来表述"道"之不可言说。《庄子·知北游》说："知"问"无为"，"何思何虑则知道？何处何服则安道？何从何道则得道？""无为"是"三问而不答"。而为何"不答"呢？是在于"不知怎样答"。这就是说，这"道"是无法言说的。而一旦有了对"道"的言说，这"道"也就是"非道"了。"所以论道而非道也"（《庄子·知北游》）。正因为这样，《庄子·寓言》坚定地说："不言则（道）齐。"

因为"道"之不可言说，所以分析的语言、辩证的逻辑对它不起作用。说不定名家的诡辩更能接近"道"之本质，作诗吟诗、哼哼哈哈、前言不搭后语更能接近"道"之真谛。

也因为这样，如有对"道"做分析，这"道"也就不是"道"了，所以《周易·系辞》说"一阴一阳之谓道"的"道"就不是本然（朴）之"道"。同样，说"天道"是"春夏先，秋冬后，四时之序也"（《庄子·天道》）的"天道"也不是此处的本然（朴）之"道"。以及《老子·二章》说的"有无相生、难易相成、长短相形"，就更不能称之为本然(朴)之“道”了。这种“有无相生、难易相成”更可能作为规律之“道”而存在。

第三,“朴”之浑沌,“道”也浑沌。

与“朴”为浑沌一团一样的是,这“道”也浑沌一团。这浑沌一团如风如云,所以“道”是如风如云。庄子说,“道”是“御风而行”(《庄子·逍遥游》),“道”如“乘云气骑日月而游乎四海之外”(《庄子·齐物论》)。这“风云”是“蓬蓬然起于北海,蓬蓬然入于南海”(《庄子·秋水》),所以这“道”也是“蓬蓬然起于北海而入于南海”。这“风云”是“窢然”骤驰(《庄子·天下》),所以这“道”也是“窢然”骤驰。

这风与云的特点是或飘或游或舞,所以这如风如云的“道”也是或飘或游或舞(无)。因为这“道”是或飘或游或舞,所以你是难以识“道”认“道”的,这就像“其风窢然恶可而言”(《庄子·天下》)一样。

又因为这如风如云的“道”或飘着或游着或舞着,所以你是难以将“道”固定于某处定格于某点。“道”是“乘兴而来尽兴而归”(《世说新语·任诞》)。

这或飘或游或舞的“风云”又哪会同质流逝、均速飘舞,所以这如风如云的“道”也哪会同质流逝、均速飘舞。传统的机械理性还真是难以限定这“风”和“云”、把握这“朴”和“道”。“道”是既在又不在。

这或飘或游或舞的“风云”是旋转如环、辗转相生,所以这如风如云的“道”也是旋转如环、辗转相生。在这样的情况下,你是难以分辨这“道”之首与“道”之尾、“道”之始与“道”之卒。这照庄子说来,“道”是“其卒无尾、其始无首”(《庄子·天运》),“道”是“始卒如环”(《庄子·寓言》)。如此,你就千万不可视“道”为彼过程的结束此历程的开始、“连环可解”,你只能视“道”在道(路)上,如风如云或飘或游或舞,廓四方柝八极,覆天载地,弥漫所有。

老子圣像

第四,“朴”之不确定,“道”也不确定。

一木之“朴”,如削砍雕琢后,或为棺椁、或为柱梁、或为户牖、或为车轮……这“朴”是所用万方,用途无限。这也说明未被削砍雕琢的“朴”具有无限的可能性和不确定性。而作为“一朴之道”也同样具有无限的可能性和不确定性,深不可测。

所以老子说:“道者,微妙玄通,深不可识”(《老子·十五章》)。庄子也说:“夫道,于大不终于小不遗……广广乎其无不容也,渊乎其不可测也。”(《庄子·天道》)以后西汉的刘安也这样说:“夫道者”,“高不可际,深不可测”(《淮南子·原道训》)。

因为“道”之不确定、深不可测,所以你必是不敢用“必”这样的字来描绘它,这就像《庄子·外物》说的“外物不可必”。这样,“必然”一词也必定被去“必”留“然”。《庄子》一书中就用“然”来说“道”的。

由于“道”之不确定、不清晰、深不可测,所以你也必定不敢以自我为中心,主观有意为之——乱雕琢胡削砍、断鹤胫续凫肢的。这样也必定不敢主客二分、与“道”分离,做隔岸观火状。而只能“与道相辅而行”(《庄子·山木》)、“与道沉浮俯仰”(《淮南子·原道训》),志同道合与“道”共舞,“浑浑沌沌终身不离”(《庄子·在宥》)。如硬要说“道”,也只能说“道”即为说“道”者。

“道”之不确定,且“道”又如风如云或飘或游或舞,所以导致人们常怀恐惧之心不安之情,这就像《庄子·天运》中“以乐喻道”说的那样:“其卒无尾,其始无首,一死一生,一偾一起,所常无穷而一不可待。汝故惧也。”这样,对于这种不确定、一偾一起的“道”何处何时降临,人们只能思及和想到,而不能预设和确认,也只能以“悬”着的心而“等”着、“候”着……

这样,人之有为也日益趋向无为,导致《庄子·刻意》中说的那样:“不思虑、不豫谋,光矣而不耀,信矣而不期。其寝不梦,其觉无忧……。”这种不期而至的“道”,还会使人“不乐寿,不哀夭,不荣通,不丑穷”(《庄子·天地》),更会使人“无天怨,无人非,无物累,无鬼责”(《庄子·天道》),从而达到“天乐”这样的思想境界。

第五,“朴”融一切于其中,“道”融所有于一体。

《淮南子·齐俗训》说:“伐楩楠豫樟而剖梨之,或为棺椁,或为柱梁,披断拨檖,所用万方,然一木之朴也。”这就是说,一段“素木”(朴)既可以做成棺椁,也可以做成柱梁。反过来也可以说,未被削砍雕琢的“朴”(木),是融棺椁、柱梁等一切于其中的“朴”(木),所以《淮南子》作者刘安会说“一木之朴,所用万方”这样的话。

以“朴”喻“道”,这“道”也是融所有于一体的“道”。它是包裹所有禀授一切:“道”是融左右、大小、远近、厚薄于一体,“道”是融时间空间、心理生理、视觉听觉、他人自我于一体……

道家学者怕人不理解这些,又怕被说成是虚言,于是借“物”喻“道”、藉“器”说

“道”。如对“道”融时空于一体，他们就借“轮”释“道”，指出这“轮”之辗地，其接触点要“欲其微至”（《考工记》），即“轮”之着地点越小越好（所以会有名家“轮不辗地”之说法），因为这样，这“轮”才能辗地滚动前进。所以这里的“点”既是空间又是时间（滚动前进）。反之如“轮”的辗地点大，这“轮”就难以滚动前进，这“点”就不能称之为“点”，而只能称之为“面”了。大概要做到这“轮”之辗地“欲其微至”不太容易，所以轮扁会对齐桓公说：“臣不能以喻臣之子，臣之子亦不能受之于臣，是以行年七十而老斫轮”（《庄子·天道》）。

同样，他们以“球”喻“道”：这“圆球”着地后“运转而无方”，能前能后、能左能右，所以说：“主道圆者，运转而无端”（《淮南子·主术训》），“轮转而无穷”（《淮南子·兵略训》）。“道”融前后、左右于一体。

对“道”融大小、远近于一体，他们是以“风”喻“道”：这“风”能拔千年之古树，却难拔人之毛发；这说明这“风”之大小实在难以区别和剖析，不如混为一体。同样，楚、越之遥远，却又像肝、胆之接近，所以说也没有必要如此严格区分远与近。这就像《庄子·德充符》说的那样：“自其异者视之，肝胆楚越也；自其同者视之，万物皆一也。”

这样，“道”是融所有于一体。唯有如此，这“道”才能“能左能右，能上能下，能高能低”，“或奇或偶，或飞或走”……如《老子·三十四章》所说：“大道氾兮，其可左右。”

禀赋有如此的“道”，你还怕应对不了所有一切？在此意义上说：“一木之朴所用万方”，“一朴之道应事无穷”。也在此意义上说，老子要人“见素抱朴”“复归于朴”是有相当道理的。

（三）确定性的寻求

1.不确定中求确定：用“巫”

我们知道，人是不希望自己总是处于不确定和模糊之中的。他会对这种不确定和模糊保持高度的敏感和时刻做好应对的准备；他当然希望能够非常理性、清晰地判断这走东西道要优于走南北道，于是他决定走东西道，以便能获得更多的物质利益和生存空间。

然而，现在的情况恰恰是他无法理性、清晰地判断走哪条道；同时，他又不能站在“十字道”口迟迟不做判断决定。因为现代心理学研究证明，当一个人处在左右为难时期长期地优柔寡断的话，其后果是十分可怕的。这就像一个鳏夫难耐寂寞而打算再娶时相继认识了两位妇女，而这两位妇女又都不嫌下嫁于他：于是他开始踌躇，并权衡这两位妇女的优缺点，在权衡她们的优缺点旗鼓相当的情况下，这位鳏夫一直犹豫不决，直到两位妇女都不再有意于他而离去。

所以，现在的情况是，处于“十字道”的老子既不能有效地理性判断走哪条道（或南北道、或东西道），且又不能长期地犹豫不决，因为这会带来毁灭性的后果。在这样的情形下，最有效也是最原始的方法，只能用“巫”，这就像电影《走西口》用扔鞋的鞋尖的方向来决定走哪条道那样。

如此的话，这“巫”也就包括或等于“预言未来”的占卜了，于是也就有了“道”与“巫”的关系问题了。

而对于“道”（十字道）与“巫”（占）的关系，在我们的学术界极少有人论及。这也诚如金春峰先生在《“道”与“巫术”的关系》一节中所说的那样：“比较而言，哲学方面，郭店《老子》最重要的意义，是使我们对老子的‘道’与巫文化的关系，有更贴切具体的新的理解，从而对‘道’的性质与特征，有更准确的把握。《老子》通行本已提供了许多资料，使我们可以看到它的‘道论’与巫文化有密切的关系，但许多研究著作忽视这一点。注意到老子思想中的巫术影响的，亦未将其与‘道论’联系起来。”

孔德之容

为了说清“道”与“巫”的关系，我们先从“巫”字说起。

《说文》中对“巫”的解释是：“巫，祝也。女能事无形，以舞降神者也。象人两袖舞形。与工同意。”在这里，其“巫”的解释大致可分两层意思。第一层意思是说“巫”中的两人相对而“舞”的降“神”者。第二层意思是说“巫”与“工”同意。那么，这“工”又是怎么解释的呢？《说文》认为“工”“象人有规榘（矩）也”。这样的话，这“巫”的含义（或“巫”的作用）就是想将“不规矩”（不确定）的东西“规矩”（确定）下来。如果说“衜”（道）是指人在“十字道”口无法确定走向的话，那么，这“巫”（或占）的话，就是想让无法确定走向的人有确定的走向。所以“巫”（或占）“与工同意”——要在不规矩（不确定、模糊）中求“规矩”（确定、清晰）。如前所述，这就像电影《走西口》的扔鞋的鞋尖方向确定走向一样。而“巫”字“象人两袖舞形”是说在“巫”（或占）的过程中，“巫者”（或占者）的行为或过程表现。也因为

"巫者"为求确定时有"舞"的表现,所以一直以来有将"巫"等于"舞"(或"无")的说法。而"巫"的目的或作用,则是为了在不确定中求确定。

有了这"道"与"巫"的关系之后,让我们来看看《老子》一书中相关的"巫"的表述。如《老子·二十一章》说:"孔德之容,唯道是从。道之为物,惟恍惟惚。惚兮恍兮,其中有象;恍兮惚兮,其中有物。窈兮冥兮,其中有精;其精甚真,其中有信。"以及《老子·十四章》说:"视之不见,名曰夷;听之不闻,名曰希;搏之不得,名曰微。此三者不可致诘,故混而为一。其上不皦,其下不昧,绳绳兮不可名,复归于无物。是谓无状之状,无物之象,是谓惚恍。迎之不见其首;随之不见其后。"这些按金春峰先生说来是:"把我们带到一个巫术的境地,好像巫术中巫师对某种精灵、力量的所见。"也大概有"巫"者为求确定性、在其求确定性的过程中有"舞"的情景,所以李泽厚先生在《乙卯五说》中指出:"老子所谓道、无,其真实根源仍在巫术礼仪。它是在原始巫舞中出现的神明。在巫舞中,神明降临,视之不见,听之无声,却功效自呈。"这里的"功效自呈"是指"巫者"通过"舞"的过程,使"不确定"中呈现"确定"来,从而使"巫"(占)的目的达到。

这《老子》一书中"道"与"巫"的关系之所以能呈现,当然离不开老子此人特定的地域文化背景。老子是楚人,亦是陈人。《汉书·地理志》说到舜的后裔封于陈,而陈地有尊敬女性的风尚与传统,所以老子在《老子》一书中有崇尚女性的表现,如《老子·六章》说:"谷神不死,是谓玄牝。玄牝之门,是谓天地根。绵绵若存,用之不勤。"这按王博说来:老子用溪谷喻"道","溪谷"在古代就是雌性的象征。而与此相联系的是,巫风盛行,郑玄《诗谱》针对《诗经·陈风》说:"大姬无子,好巫觋祷祀鬼神歌舞乐之,民俗化而为之"。这是说巫怪之事,以大姬(周武王之女)尊贵而好之(为求子),使得国内尊贵女子亦化之。在这里老子是陈国人,也必定深受影响,故在其《老子》书中呈现出来。所不同的是,大姬为求子而用"巫",老子则为不确定中求确定而用"巫(占)"。

同时,老子又是楚人。《国语·楚语》说:"古者民神不杂。民之精爽不携贰者而又能齐肃衷正,其智慧上下比义,其圣能光远宣明,其明能光照之,其聪能听彻之,如是则明神降之,在男曰觋,在女曰巫。"这说明楚国巫风盛行由来已久。这样,生活在楚地的老子又怎能不受这种风气的影响呢?表现在他的《老子》一书中,以"巫"来应对"衍"("道")是最自然不过的事了:不确定中求确定,只不过书中没有出现"巫"这样的字眼罢了。

2.不确定中防不确定:取"中"

上述讲到,处"十字道"口的老子不能有效地分析判断走哪条道,于是就用"巫"(占)来选择走哪条道。但如果真的"占"(巫)错的话,那后果可能更可怕。在这种情况下的老子又出招化解,认为若情况不明、模糊("道不可道")时,不妨作取"中"处理。《老子·五章》中就以橐籥(风箱)这器物来喻说这无所偏倚的守中道理:这橐(壳)为函以周罩于外,这籥(管)为辖以鼓扇于内,而这籥(管)只有保持一嘘一吹的平衡守中运动,这风和气才能生化不竭、呼呼而出、源源不断;如果你将这籥(管)推到顶或拉到底,偏倚于一处或停当于一时,这嘘吹的平衡就会终止,风气化生将穷竭。所以你在看到风箱时就要意识到这籥(管)守中(不偏倚于一处、不停当于一时)的重要。落实到行动中,在为人处世上无所偏倚、平常中庸、说话中性、不走极端,对人对事不做简单的肯定和否定,这就是《老子·五章》所说的"多言数穷,不如守中"。以至于人的思想也至中至虚,不偏倚于一处一时,这样就能应对或左或右的思潮、或上或下的激荡,以不变防万变(不确定)。

如果讲上述老子的风箱这器物喻说这处"中"道理有些转弯抹角的话,那么我们这里用"十"字图形来表示处"中",可能就显得更直截了当了。那就是说,所谓处(取)"中"就是处"十"字的中心点。而按传统文化看来,这"十"字如稍做旋转(45°),便成了"×"(五),所以传统文化中往往是将"×(五)"与"十"放在一起理解的。这样,所谓处"十"字的中心点(取中),也就是处"×"(五)的中心点。正因为这样,《逸周书·宝典解》会说:"五,中正",《说文》会说:"×"(五)是"阴阳在天地间交午也。"而这里的"中正"(取中)也就是指"不偏倚"。按刘安在《淮南子·诠言训》的话来说:"人虽东西南北,独立中央","无去无就,中立其所"。

那么,这取"中"(独立中央)又有什么好处呢?好处有二。其一,独立中央(取中)的话,可以与东西南北、上下左右、四面八方处于等距离中,表现出的社会功能就可以对来自上下左右、四面八方的人与事不做厚此薄彼和简单的否定和肯定,所以也就能省却不少麻烦和争斗。这样也就能在原本就动荡、模糊、不确定的社会中防不确定的事过多发生。魏晋名士司马徽大概就靠这种"取中"来防身的,《世说新语·言语篇》注引《司马徽别传》讲道:"徽字德操,颍川阳翟人。有人伦鉴识,居荆州。知刘表性暗,必害善人,乃括囊不谈议时人。有人以人物问徽者,初不辨其高下,每辄言佳。其妇谏曰:'人质所疑,君宜辩论,而一皆言佳,岂人所以咨君之意乎?'徽曰:'如君所言,亦复佳。'"同样,处社会变动、不确定、模糊性增多的时代的老子,大概也是用此"取中"来混迹社会的。以后的庄周就用"处材与不材"来说明这一道理。

因为对事物不做厚此薄彼和简单的肯定和否定(取中),所以用哲学的语言来说又称之为“无”;因为不做厚此薄彼和简单的否定与肯定:“每辄言佳”,所以它的信息量也就是“无”。也因为“持无”(取中、持中正),所以这社会功效也就会被王衍说成是:“天地万物皆以无为本。无也者,开物成务,无往而不存者也:阴阳恃(无)以化生,万物恃(无)以成形,贤者恃(无)以成德,不肖者恃(无)以免身。故无之为用,无爵而贵矣”(《晋书·王衍传》)。

其二,独立中央(取中)的话,正好可以照顾到东西南北、上下左右、四面八方,这照王弼说来是“处璇玑(中心点)以观大运”,“据会要(中心点)以观方来”(《周易略例·明象》)。这中心点(取中)可以既能东又能西,既能寒又能暑,既能上又能下;它能既不东不西、又能不上不下,表现出的社会功能就可以对这不确定的变化形势作随时调整、与时俱进,如要东也即能东,如要西也即能西,以致不会被社会过快地淘汰,使自己立于不败之地。

因为既能做到“能寒能暑”“能上能下”“能东能西”,又能做到“不寒不暑”“不上不下”“不东不西”,独立中央,所以它在王弼眼里是“万物之母”;执着于这“一”(母)点,就可以御“众”,就可以无往而不胜,按王弼在《老子指略》中说来是:“天不以此(无、中正)则物不生,治不以此(无、中正)则功不成”,“虽今古不同,时移俗易,此不变也”,“(尽管)古今虽殊,运国异容,中之为用,故未可远也”(《周易略例·明象》)。

也因为“处中”(取中)有如此的社会功效,所以这“处中”(取中)也就历来受到重视,如《史记·五帝本纪》说:“帝喾溉(既)执中而遍天下,日月所照,风雨所至,莫不服从”,《礼记·中庸》也说:“中也者,天下之大本也”。在这些人看来,“中”是治理天下的根本理念。以至于在新发现的清华简《保训》中还记载着周文王对周武王的“中道”遗训。

如此的话,也就可以充分理解孔子对“中”的热爱和喜好了。孔子在承认事物存在着两个极端(左与右、过与不及)的前提下,提出“允执其中”(《论语·尧曰》),认为最好的治政手段和理念就要像舜一样“执其两端,用中于民”。所以后来的子思的《中庸》会说:“用中为常道”。这在朱熹的《四书章句集注·中庸章句》中的解释是这样的:“中者,不偏不倚”,“无过不及而平常之理,乃天命所当然,精微之极致也”。诸如此类的“中道”言论实在太多、举不胜举。要说对“中”的社会功效说得最到位的要数隋唐王通,他在《中说》中说,“天下之危与天下安之,天下之失与天下正之,千变万化,吾常守中矣”。

无独有偶,西方哲学对“中”也青睐有加。亚里士多德就在《尼各马可伦理学》中提出“黄金中道”的思想。古希腊普罗泰戈拉也认为:一切事物,中道为最美好。近代帕斯卡尔在《思想录》中说:“脱离了中道就是脱离了人道。人的灵魂的伟大就在于懂得把握中道;伟大远不是脱离中道,而是决不要脱离中道。”……限于篇幅,我们在此不做一一引述。

二、行走在“一通道”上的老子

《老子》文本中的“道”字,除有“行”这样的书写法外,“道”更多地书写为“道”。这在郭店竹简《老子》及帛书《老子》和我们日常所用的通行本《老子》中都能见到。而这个“道”字在《说文解字》中被释为“所行道也”“一达谓之道”。在这里,这“达”也即“道”。所以“道’又有着“一通道”的意思,也即是说,你“所行道”时,不是走在南北道上,就是走在东西道上,你总得行走在这“一通道”上。而在做到底是走南北道还是走东西道的选择时,如我们不以“巫”(占)来决定的话,倒是可以按自然原则(天则)来决定的,那就是,一般而言,如取南北道的话,朝南走要优于朝北走,如取东西道的话,朝东走要优于朝西走。这种按自然原则〈天则〉来取舍“行道”方向的做法,在《老子·二十五章》那里被称为“道法自然”。

在这里,“道法自然”的“法”有遵循的意思,而“自然”则既包括天地也包括人体自身。所以,所谓“道法自然”就是遵循天地自然、人体自身的存在发展的需要这一原则来取舍事物,以便使人体自身更能趋吉避凶,以防止不确定的事情的发生(或可将不确定的事情对人体自身的伤害降到最低限度)。

这样,我们就千万不可轻视这行走在“道”上的老子,及他所遵循的“道法自然”的原则。因为这能够产生《老子》一系列的有价值的思想,诚如西方哲学家尼采所说:只有行走得来的思想才有价值。以下让我们来做若干梳理解释。

道法自然

道法自然:东(左)、西(右)相对,则取“东”(左)。

我们知道,在中国传统文化那里,“东”即“左”,“西”即“右”。这是因为人有面南背北的生活居住习惯,所以当他左手侧平举时,这“左”也必定指的“东”(太阳东升），当他右手侧平举时，这“右”也必定指的“西”（太阳西落）。这时人体形成的图形类似“十”字形。基于此，所以结合阴阳五行来说事的董仲舒会说“木（东）居（人）左，金（西）居（人）右，火（南）居（人）前（上），水（北）居（人）后（下）”这样的话（《春秋繁露·五行之义》）。于是也就有了上述“东”即“左”“西”即“右”的说法。又基于“道法自然”的原则，这朝东走优于朝西走（因为“东”（左）代表阳），所以以此类推，这“左”必优于“右”。这样也就形成《老子·三十一章》的说法：“君子居则贵左”。

这就是说，春秋时期在贵族日常生活中，无论是宾主席位、马车乘坐，还是器物执着，往往以“左”为上等。如座席乘车，以“左”为尊、以“右”为卑；又如用手执物，其物有上下之分的话，则以左手执其上端，右手执其下端；其物无上下之分的话，则以左手执其所执之处为尊，就像饮食时，以左手执爵那样。

以此类推，所谓“用兵则贵右”（《老子·三十一章》），大致是说，“兵者”为“不祥之器”，被视为“卑贱者”，所以在“右”；又大致是说“右（西）”比“左（东）”荒芜些，有利于“用兵”，所以老子会说：“用兵则贵右”。

道法自然：柔、刚相对，则取“柔”。

行走在“一通道”上的老子既然能在“东西”道上取“东（左）”向，那么，在“柔与刚”的相对上，又何尝不可取“柔”呢？更何况这种取向又是建筑在“道法自然”基础上的。《淮南子·缪称训》说：“老子学商容，见舌而知守柔矣”，即商容张口吐舌示老子，老子领悟齿刚则先亡，舌柔而后存，从而得出“柔弱胜刚强”的学说思想来。并且日常生活经验告诉老子“强梁者不得其死”（《老子·四十二章》），“人之生也柔弱，其死也坚强”就如“草木之生也柔脆，其死也枯槁”（《老子·七十六章》）。

在这里，“老子学商容，见舌而知守柔”似乎又与中国传统文化中强调“天地之教”“不言之教”（《老子·二章》）相关联。

因为“柔弱胜刚强”，所以老子一贯以“柔弱示人”，不张扬；所谓老子“容若愚”大概也是“柔弱示人”的一个组成部分。这种“柔弱示人”的社会效果还是相当明显的。越王勾践之所以能最终大败吴国（公元前473年灭吴），就离不开大夫范蠡对越王勾践的“柔弱示人”的教育：当越王开始兴兵伐吴时，范蠡就反对这种“先行此者”，进谏说：“夫勇者，逆德也；兵者，凶器也；争者，事之末也”；当越王勾践栖（战败止息）于会稽时，范蠡又传授越王需“卑辞尊礼”（检讨自责）；当越王勾践放逐回国时，范蠡又劝其“养其生”，宣传“时不至，不可强生；事不究，不可强成”的

"柔道",并通过方针政策耗其(吴国)民力;而当越吴再战时,范蠡再次"尽其(吴国)阳节、盈吾阴节而夺之"。这一系列事态的发展就是在演绎"柔弱胜刚强"的道理(《老子·三十六章》)。

这种"柔弱示人"而最终"胜刚强"的表现不仅在国家这一层面上,就个人来说也是如此。魏晋名士刘伶"尝与俗士相牾,其人攘袂而起,欲必筑之。(刘)伶和其色(柔弱示人)曰:'鸡肋岂足以当尊拳。'其人不觉废然而返"(《世说新语·文学篇》注引《名士传》)。

道法自然:上,下相对,则取"下"。

在老子看来,下比上好、低比高好,这是因为万物构筑自下而上、自低而高,"道法自然"告诉老子"九层之台起于累土"(《老子·六十四章》),"高以下为基"(《老子·三十九章》),"江海之所以能为百谷王者,以其善下之,故能为百谷王"(《老子·六十六章》)。推衍开来,"合抱之木生于毫末,千里之行始于足下"(《老子·六十四章》)。

道法自然:水、火相对,则取"水"。

基于自然界"水"能灭"火",所以老子"道法自然":在"水火"相对中,则取"水"。这"水"不但能灭"火",以阴消阳;这"水"还能滴点穿石、磨铁消铜,所以也符合上述柔弱胜刚强之道理。同时,这"水"又能流入溪谷低洼,符合上述取下取低的低调、谦卑之道理、屈辱不卑之观念。

无独有偶,孔子也取"水",以"水"来喻道理:"夫水,大遍与诸生而无为也,似德。其流也埤下,裾拘必循其理.似义。其洸洸乎不淈尽,似道。若有决行之,其应佚若声响,其赴百仞之谷不惧,似勇。主量必平,似法。盈不求概,似正。淖约微达,似察。以出以入,以就鲜洁,似善化。其万折也必东,似志"(《荀子·宥坐篇》)。

正因为这样,老子会说:"上善若水。水善利万物而不争,处众人之所恶,故几于道"(《老子·八章》)。

道法自然:老、少相对,则取"少"。

首先,生活经验告诉老子,"物壮则老"(《老子·三十章》),而"少"(婴儿、孩提)则孕育着无限的可能性和广阔的成长性。

其次,在老子看来,婴儿任自然之真、本然之气,"骨弱筋柔而握固,未知牝牡之合而朘作,精之至也;终日号而不嗄,和之至也"(《老子·五十五章》);婴儿又泊然无欲,故不老亦不壮,无物能伤,"毒虫不螫,猛兽不据,攫鸟不搏"(《老子·五十五章》）。所以，人就要至同于初，如婴儿那样积冲和之气，守柔弱之道，调心制欲，修性返德，养气卫身，这样人既不壮，恶乎老？既无"老"，哪来"死"？就能处"无死地之境"（《老子·五十章》）。于是老子多次强调人要"复归于婴儿"（《老子·二十八章》）。这也如宋儒苏辙所说："人但（只要）养成婴儿，何事不了？"（苏辙《龙川略志》卷十《郑仙姑学道八十年不嫁》）。

……

行走在"一通道"上的老子由"东西道"的两个极端（东与西）推衍到所有一切领域，认为均存在着两个极端："有无相生，难易相成，长短相形，高下相盈，音声相和，前后相随"（《老子·二章》）。然而，千万不可认为老子对这种两个极端（相对）是平均对待的，老子是有取舍的，老子是"去彼取此"（《老子·七十二章》）的，就像上述说到的那样：

如难、易相对，老子取其"易"，认为"天下难事必作于易"（《老子·六十三章》）。

如贵、贱相对，老子取其"贱"，认为"贵以贱为本"（《老子·三十九章》）。

如动、静相对，老子取其"静"，认为"清静为天下正"（《老子·四十五章》），"我好静而民自正"（《老子·五十七章》），"不欲以静，天下将自定"（《老子·三十七章》）。

如玉、石相对，老子取其"石"，认为"不欲琭琭如玉，珞珞如石"（《老子·三十九章》）。

又如多、寡相对，老子取其"寡"（少），认为"少则得，多则惑"（《老子·二十三章》）；以致"侯王自称孤、寡"（《老子·三十九章》）。

又如名、身相对，老子去"名"取"身"。老子还要人们时刻想想："名与身孰亲"？大概有了切身体会（如同"道法自然"一样），老子是去"名"取"身"的。

又如厚、薄相对，老子取其"厚"，说："是以大丈夫处其厚，不居其薄"（《老子·三十八章》）。推衍开来，实、华相对，老子取其"实"，说："处其实，不居其华"（《老子·三十八章》）。

又如先、后相对，老子取其"后"，说"我有三宝，持而保之。一曰慈，二曰俭，三曰不敢为天下先"（《老子·六十七章》），又说："圣人后其身而身先"（《老子·七章》）。

又如有、无相对，老子必取"无"；因为"有由则有不尽"，"有形之极未足以府万物"（王弼《老子指略》），所以老子必取"无"，"无"能生天下万物，"天下万物生于

有,有生于无"(《老子·四十章》)。

又如祸、福相对,老子认为"祸兮福之所倚,福兮祸之所伏"(《老子·五十八章》)。在这里,老庄道家是不求有福,只求无祸则为福,《淮南子·诠言训》说:"故常(尚)无祸,不常(尚)有福"。

又如进退、主客相对,老子取其"退"和"客",说:"吾不敢为主而为客,不敢进寸而退尺"(《老子·六十九章》)。

又如争与不争相对,老子取其"不争",说:"夫唯不争,故天下莫能与之争"(《老子·二十二章》)。

又如朴与器相对,老子取其"朴",认为这"朴"(木)能制"器",但如过分"器具"化则会带来流弊。过分"器具"化还会使人由"机事"(如"桔槔")上升为"机心"(理性自负),"人多利器,国家滋昏"(《老子·五十七章》),与其这样,不如"复归于朴"(《老子·二十八章》)。所以一个好的社会是"国之利器不可以示人"(《老子·三十六章》),或"使有什伯之器而不用"(《老子·八十章》)。

又如天道与人道相对,老子取"天道",认为"天之道,损有余而补不足;人之道则不然,损不足以奉有余"(《老子·七十七章》),"天之道,不争而善胜,不言而善应,不召而自来,缂然而善谋"(《老子·七十三章》),"天之道,利而不害"(《老子·八十一章》),"天道无亲,常与善人"(《老子·七十九章》)。

又如方、圆相对,老子必取"圆"。因为"方"是要"割"的,"方"而不"割"的事是没有的;"是以圣人方而不割"是老子追求的境界(《老子·五十八章》)。推衍开来,如是中心与边缘的话,老子也必取"边缘",抛弃"中心"的。因为老子反对夸夸其谈以吸引人眼球而以自我为中心,所以老子说:"信言不美,美言不信。善者不辩,辩者不善。"(《老子·八十一章》)再加上老子本身就追求"自隐无名"和"容若愚",以及老子又极力提防"朴散为器"过程中形成的条理经纪(逻辑——机心)而导致人自以为"受过逻辑训练的心智能够计算一切,因而最为盛气凌人"(颐指气使,哪会其容若愚?)及自我中心。

又如雌、雄相对,老子必取"雌"。《老子·二十八章》说:"知其雄,守其雌。"《老子·六章》又说:"谷神不死,是谓玄牝(母体)。"因为"雌"为"天下母",母能生子,所以说是"既得其母,以知其子"(《老子·五十二章》);取"雌"(母)的好处就像"养儿防老"一样,可防以后的"不确定"及"模糊性"。因为与"雌"(母)相关的"低调、谦卑、俭朴、厚实、边缘、不争、柔弱"等,的确能使人顺利地行走在人生这"一通道"上,而不至于摔大跟头,受大挫折。

……

综上所述,在对人类社会和自然界的观察中,老子主张根据“道法自然”的原则,即遵循天地自然、人体自身的存在发展的需要这一原则来取舍事物。而当老子对这种在经验层面的实用性原则做进一步深思时,“道法自然”便上升为老子哲学的根本性原则,成为老子形上智慧的核心理念了;正是因此,老子才说:“人法地,地法天,天法‘道’,‘道’法自然。”(《老子·二十五章》)

接下来,就让我们一起来领略一下老子以“道法自然”为核心的天道观与形上智慧。

第三节 老子的天道观与形上智慧

一、何为“自然”

为了对老子以“道法自然”为核心的天道观与形上智慧有较为深入的了解,我们首先来辨析一下“自然”一词在老子语境中的确切含义。我们知道,“自然”一词在现代汉语中主要有两种含义,一是指与“人类社会”对应的“自然界”,二是与“人为”相对的“自然而然”,或者说各种自然而然的事物与状态。当然,“自然”的上述两个含义是同源的,因为“自然界”是一种最为“自然而然”的存在;然而,在古代汉语中,“自然”其实只有“自然而然”一个义项,“自然”之指称“自然界”则是在近代以来,在翻译英语“nature”一词时才产生的。下面我们就主要来分析一下“自然”一词在古代汉语中的具体内涵。

《集韵》释“自”曰:“己也”,《正韵》云:“躬亲也”,都是指“事物自身”的意思;《玉篇》释“然”曰:“如是也”,《广雅》曰:“成也”;又《康熙字典》云:“自然,无勉强也”。那么,“自然”的基本含义就是:事物自己本来这样,随顺自身之特质、不待勉强地自己成就自己。正是由此,郭象在其《庄子注》中这样解释“自然”:“谁得先物者乎哉?吾以阴阳为先物,而阴阳者即所谓物耳。谁又先阴阳者乎?吾以自然为先之,而自然即物之自尔耳。吾以至道为先之矣,而至道者乃至无也。既以无矣,又奚为先?然则先物者谁乎哉?而犹有物,无已,明物之自然,非有使然也。”在这里，郭象在“物→阴阳→自然→道→无→自然”这样的推导序列中，以道家惯用的逆向思维方式来思索考辨万物产生发展的根源，在经过一个循环之后，又不得不回到物之“自然”，证明了物之存在并没有外在的本体或依据，而是自然而然的；因此，郭象说：“自然生我，我自然生；自然者，即我之自然，岂远之哉。”很明显，“自然”在这里是作为一个形容词或副词来使用的，表示的是事物生成与发展的一种自然而然的状态；换言之，“自然”是事物未受外在强力破坏，单纯遵循内在于事物自身之中的天然的规律性而发生、发展的一种状态。

《老子》一书中共有五处言及“自然”，除了《二十五章》的“道法自然”之外，尚有《十七章》的“百姓皆谓：‘我自然’”（老百姓都说：我们本来就是如此的）；《二十三章》的“希言自然”（不言之教是合乎自然状态的）；《五十一章》的“道之尊，德之贵，夫莫之命而常自然”（“道”所以被尊崇，“德”所以被珍贵，就在于它不干涉万物而任其自然而然）；以及《六十四章》的“（圣人）以辅万物之自然而不敢为”（以辅助万物的自然发展而不敢勉强作为）。显然，《老子》一书中的“自然”，指的都是事物生成与发展的一种自然而然的状态，是一个状态词。因此，当老子说“人法地，地法天，天法道，道法自然”时，这里的“自然”并不是与“人”“地”“天”“道”相仿的一个高高在上的存在物，而是指的“人”“地”“天”“道”所应当具有或遵循的一种状态。

更具体地说，根据陈鼓应先生的观点，在老子看来，宇宙是一个和谐的、平衡的整体，这种和谐、平衡的状态，是通过构成这个宇宙的万事万物自身不受外界强力干扰的存在与发展而达成和维持的。也就是说，万事万物在不受外界强力干扰的情况下，通常都能发挥出自己的最佳状态，都能与周围的其他事物保持着良好的关系，整个宇宙就在万物的最佳状态和良好关系中达到了和谐与平衡，发挥出最大的功能。这就是老子所谓的“自然”。

在辨明了“自然”一词在老子语境中的确切含义之后，接下来我们就来看看“道”与“自然”究竟是一种怎样的关系。

二、道以自然为宗

我们在上一章已经重点分析了老子的核心概念——“道”，并且区分了两种“道”：“十字道”和“一通道”。我们谈到，在“十字道”上，“道”所给予我们的，更多的是一种不确定、不清晰和模糊，以至于造成了“道”的难以言语甚至无法言语，即使通过用“巫”和取“中”,“道”本身的这种模糊与不确定仍然是难以从根本上消除的。而在“一通道”上,事情就完全不一样了,老子根据“道法自然”的原则来“去彼取此”,使原本模糊与不确定的“道”变得有了一个较为清晰的指向。因此,可以这样说,正是有了“自然”的意识,“道”才不再显得那么浑沦和不确定,才得以能够被我们言说和把握;失去了“自然”,老子的“道”也便成了一个无法认识、无法言说乃至对我们毫无意义的浑沦。大概正是因为如此,老子在其书最为关键性的一章,即《二十五章》中对“道”进行了如下的颇为浑沦和神秘的描述——“有物混成,先天地生。寂兮寥兮,独立而不改,周行而不殆,可以为天地母。吾不知其名,强字之曰‘道’,强为之名曰‘大’。大曰逝,逝曰远,远曰反”——之后,紧接着就点出了道的内在特质在于“自然”:“道大,天大,地大,人亦大。域中有四大,而人居其一焉。人法地,地法天,天法道,道法自然”。由此,如果我们说“道”是老子思想的核心概念的话,那么,“自然”则是老子思想的核心精神或基本理念,失去了这个精神或理念,“道”便无所依傍了;因此,我们说“道以自然为宗”,这里的宗即“宗旨”之意,也即我们前面所说的核心精神或基本理念的意思。

为何“道”以“自然”为宗?我们在上一章对“一通道”的阐释中,重点从经验层面的实用主义的视角作了剖析;然而,老子之作为“中国哲学的始祖”,其思想决不会仅仅停留于经验的层面,并且,其思想的深刻之处恰恰在于他突破了感性和经验,思入了事物的最深处,思入了超越于有形事物之上的“形而上”的层面。这里所谓的“形而上”,主要是与“形而下”的、也即经验世界的“器物”相对而言的,正如《周易·系辞传》所言:“形而上者谓之道,形而下者谓之器”。《老子·十四章》对道体的描述是“视之不见,名曰‘夷’;听之不闻,名曰‘希’;搏之不得,名曰‘微’。此三者不可致诘,故混而为一。其上不皦,其下不昧,绳绳兮不可名,复归于无物。是谓无状之状,无物之象,是谓惚恍。迎之不见其首,随之不见其后。”之所以“视之不见”“听之不闻”“搏之不得”,就在于“道”不同于有形的“物”,按老子的话,它是“无物”;更进一步说,它是“物物者”,也即使物成为物的东西,而“物物

老子推演图

者非物”(《庄子·知北游》),“道”作为高于有形事物之上的一种特殊存在是不同于经验世界的一般事物的。下面,就让我们从老子的“形而上”学出发,来看一看“道法自然”之作为一种深刻的形上智慧之缘起。

首先,老子的“道法自然”之作为一种犀利睿智的形上思想,很有可能与《周易》相关。我们知道,《周易》是传自上古的一部占筮书,而在其神秘的占筮外衣之后,所蕴蓄的则是一种深刻的变“易”哲理,正如《周易·系辞传》所说:“易之为书也,不可远,为道也屡迁,变动不居,周流六虚,上下无常,刚柔相易,不可为典要,唯变所适。”而我们前面所引《老子·二十五章》云:“吾不知其名,强字之曰‘道’,强为之名曰‘大’,大曰逝,逝曰远,远曰反。”又《老子·四十章》云:“反者,‘道’之动”;这里的“反”作为“道”的一种特性,如《老子》书中出现的美恶、善不善、有无、难易、长短、高下、虚实、强弱、先后、得失、曲全、枉直、多少、重轻、静躁、雄雌、白黑、荣辱、壮老、废兴等相对事物之间的变易与转化,正是与《周易》之“(变)易”思想相通的。大概正是因此,朱谦之先生在解释老子之“道”时说:“道者,变化之总名”,“老聃所谓道,乃变动不居,周流六虚,既无永久不变之道,亦无永久不变之名”;而陈鼓应先生亦曾引北宋伊川先生(程颐)“惟随时变异,乃常道也”之语,认为以“随时变异”来解释老子的“常道”,正符合老子之意。

大概正是由于《老子》与《周易》在思想上的这种最关本质的联系,相当多的学者认为老子之学出于《易》。如罗焌先生结合历史上在《老子》《周易》两方面颇具造诣的一些思想家的言论总结道:“老(子)之道术,皆出于《(周)易》。班(固)《(汉书·艺文)志》云:‘道家合于尧之克让,《易》之谦谦,一谦而四益。’王弼注《易》,多假诸老子之旨。阮籍《通老论》云:‘《易》谓之太极,《春秋》谓之元,老子谓之道。’邵子(邵雍)尝言:‘老子得《易》之体,孟子得《易》之用。’程大昌著有《易老通言》十卷,清汪缙《读〈道德经〉私记》二卷,专以《易》义解《老子》。皆属此派也。”其实,我们在前两章中曾经提到,老子曾任周守藏室之史,而上古时常常“巫”“史”并称,史官与“巫”有着十分密切的关系;而《周易》作为一本占筮之书,正是“巫”用来沟通天人、探测天意的一种工具。由此,老子熟知以至精通《周易》这部上古文献,便不难理解了;而历史上众多思想家以《周易》的精神来解读《老子》,也便合情合理了。

我们上面谈到,老子之“道”与《周易》为我们展示的“变异”哲理是存在着一种本质性的关联的;换言之,老子在很大程度上正是从《周易》中汲取了大量营养,才提出“道”的概念和“反者道之动”的观念的。而《周易》中所描述的那些“变易”哲理，则是古之圣人“仰则观象于天，俯则观法于地，观鸟兽之文，与地之宜，近取诸身，远取诸物”（《周易·系辞传》），透过对世间万物的“自然”流行之观察而得出的。也就是说，这种“变易”之“道”不是人为的发明与造作，而是天地万物自然如此，古之圣人只是根据天地万物的大化流行将他们描述出来了而已。因此，《周易·系辞传》说：“易无思也，无为也”，而孔颖达在《周易正义》中对此解释道：“任运自然，不关心虑，是无思也；任运自动，不须营造，是无为也”。通俗地说，老子所谓“道”主要是指世间万物之大化流行、生生不息的变易之道，而此变易的过程完全是出于世间万物自然而然的内在的发生、发展规律，不假任何外界强力的干涉，特别是不假人为的矫揉造作，这应该说是老子“道法自然”“道以自然为宗”的基本内涵。

在这里，我们看到，在“道法自然”这一命题下，“道”的实体性内涵被消解了。我们知道，“道”在老子的语境中原本有一种很强烈的实体性含义，如在前文所引的《老子·二十五章》中，老子对“道”做了这样的一种描述：“有物混成，先天地生。寂兮寥兮，独立而不改，周行而不殆，可以为天地母。吾不知其名，强字之曰‘道’。”将其译作现代文，即是说：“有个浑然一体的东西，先于天地而存在。无声又无形，它不依附任何东西而独立存在，循环运行而永不衰竭，可以为天地万物的根源。我不知道它的名字，勉强把它叫作‘道’。”在这里，“道”就像一个神秘的令人无法捕捉的第一存在者，一种先于任何实体性存在的最高实体，或者说宇宙万物的第一推动者。然而，“道”作为一种实体性的最高存在，究竟是指的什么，老子好像并未为我们描述清楚，大概也不可能描述清楚，或者说他觉着根本没有必要把这样的一种最高“实体”描述清楚。这是为什么呢？我们在第一章中曾提到，“道不远人”是中国哲学的基本精神，中国最初的哲学思想都是与社会人生紧紧联系在一起的；因此，老子所提出的“道”的概念，绝不是为了回答宇宙万物的本源是什么的问题，“道”在老子那里最核心的价值绝不在于指示一个高于一切事物的最高本体。正是基于此，老子才反复强调“道”的不可见、不可名，可见者、可名者非道，正所谓：“道可道，非常道，名可名，非常名”（《老子·一章》），“道之出口，淡乎其无味，视之不足见，听之不足闻”（《老子·三十五章》）。正是因为“道”不可见、不可名，所以又被称作“无”，正所谓“三十辐共一毂，当其无，有车之用；埏埴以为器，当其无，有器之用；凿户牖以为室，当其无，有室之用”（《老子·十一章》），“无”即是“道”，“道”即是“无”。“道”之作为一个“实体”性概念的含义到此处（“无”），可以说是完全消解了；但是老子之“无”绝非是“真无”，就像佛教之“空”绝非是“真空”一样,老子之“无”从根本上是与“道不远人”的“人”联系在一起的,它(“无”)所指示的是人的无为(不妄为)、无造作、无执着,只有在这样的一种“无”的最高化境中,世间万物才能保持其原生态、保持其生生不息的不断流转之势态,也即其“自然”状态。

《周易·系辞传》说:“生生之谓易”,宇宙万物生生不绝的流转变化、自然而然的大化流行就叫作“易”;由我们上述对老子与《周易》之间的最关本质的内在联系的分析,我们同样可以说,“生生之谓道”,宇宙万物自然而然的大化流行就叫作“道”。这里所谓“生生”,即是生之又生、生生不绝的意思,天地万物始终处在变化之中,“在天成象,在地成形,变化见矣,是故刚柔相摩,八卦相荡,鼓之以雷霆,润之以风雨,日月运行,一寒一暑”(《周易·系辞传》);人类社会也是如此,“天地革而四时成,汤武革命,顺乎天而应乎人:革之时大矣哉”(《周易·革彖》)。正所谓“穷则变,变则通,通则久,是以自天佑之,吉无不利”(《周易·系辞传》),宇宙万物自然而然的生生流转即是万物发展的最佳状态,即是有“道”之世。我们看到,在“生生之谓道”这一命题下,“道”已经与“自然”一样,变为了一个“状态词”(摹状词),也即对宇宙万物生成发展的最佳状态的指示词。换言之,在“道法自然”这一命题下,在“道以自然为宗”的情形下,“道”即“自然”,“自然”即“道”;二者指涉的都不是某一个具体的存在者,而是一种状态,一种包括人类社会在内的天地万物发展的最件势态。

到此处,也许我们对于老子为什么屡屡强调“道”的浑沦、模糊与不确定,会有更深的了解了。那是由于,“道”在老子心目中并不是一个具体的存在者,而是宏阔的宇宙万物之大化流行的一种势态,这么浩渺的宇宙、这么悠久的历史,内化于人的心中,无论如何也是不能够措述清楚的;因此,“道”只能是浑沦、模糊与不确定。但是,在老子看来,有一点却是确定的,那就是,宇宙万物发展的最佳状态是一种“自然而然”的、无造作的状态,在这样一种情形下,人不可任意妄为,而应该无所执着,随顺大化之自然流行而动;换言之,最好的“道”便是一种“自然”的“道”,老子之“道”的根本指向或者说最高指向便是“自然”,“尊道而贵德”(《老子·五十一章》)也便是“辅万物之自然而不敢为”(《老子·六十四章》)。

在阐明了“道”与“自然”的关系之后,我们对于老子之“道”的根本特质,对于“道法自然”一语的深刻内涵,便有了更为准确的了解了。然而,“自然”之作为宇宙万物发生发展的最佳状态,仍然是显得有些模糊以至难以界定、让人难以把握的;老子为了更为具体地说明自己的思想,于是通过引入中国上古以来的一个传统观念——“天”，将其与“道”“自然”联系在一起，从而更为具体地阐发了自己的思想，并形成了一种独特的“天道观”。下面就让我们看一看老子“天道自然”的天道观，并由此更为深入地考察老子“道法自然”思想的丰富内涵。

三、天道自然

我们知道，在老子“人法地，地法天，天法道，道法自然”的序列中，“天”的概念仅次于“自然”和“道”，居于第三位。然而，如果从历史上这三个概念的发生次序来看，“天”却是最早产生的一个观念，而且也是中国思想史上一个非常独特的文化现象；为了对老子关于“天”的思想有更为深入的了解，我们有必要首先来看看老子之前的中国人对于“天”的认识的发生发展过程。

根据相关研究，从我国有文字可考的殷商时期，“天”的观念便已经产生了，但当时的“天”是紧紧与“帝”或“上帝”联系在一起的；并且，与许多民族早期的自然宗教一样，“帝”或“上帝”主要是掌管自然现象的，并没有许多复杂的功能。如陈梦家先生所说：“殷人的上帝或帝，是掌管自然天象的主宰，有一个以日月风雨为其臣工使者的帝廷。上帝之令风雨、降祸福是以天象示其恩威，而天象中风雨之调顺实为农业生产的条件，所以殷人的上帝虽也保佑战争，而其主要的实质是农业生产的神。先公先王可以上宾于天，上帝对于时王可以降祸福、示诺否，但上帝与人王并无血统关系……因此，上帝和人世间的先公先王先祖先妣是不同的……殷人的上帝是自然的主宰，尚未赋以人格化的属性。”侯外庐先生在研究殷商时期的宗教和占卜时也说：“我们翻遍卜辞，没有发现一个抽象的词，更没有一个关于道德智慧的术语。卜辞中的意识形态：第一，最重时间观念；第二，着重空间观念；第三，着重数量观念。时、空、数三种观念之所以普及，是人类对自然斗争和部落间战争所促成的。社会内部的权利义务观念还没有显明的标志。所以，卜辞中的祸、咎，利、不利，吉、不吉等字，是全体族员对自然与外族的宗教意识，还不是一般权利义务思想的表现。”可见，“天”的观念虽然在殷商时已经萌芽，但由于当时社会发展阶段的限制，它还主要限于自然领域，在人们的日常生活中所发挥的作用还不是十分巨大。

而到了周代，情况发生了很大的变化，为了解释武王伐纣、周朝取代殷商的合法性，周人提出了“皇天无亲，惟德是辅”的命题，将“天”与“德”联系在一起，从而使“天”的意义从自然领域迅速扩大到社会政治乃至伦理领域，成为人们心目中念兹在兹的最为神圣的存在者。关于这一点，徐复观先生在考察殷周之际的宗教变革时指出："周人虽然还保留着殷人许多杂乱的自然神，而加以祭祀；但他们政权的根源及行为的最后依据，却只诉之于最高神的天命……天命(神意)不再是无条件地支持某一统治集团，而是根据人们的行为来做选择。这样一来，天命渐渐从它的幽暗神秘的气氛中摆脱出来，而成为人们可以通过自己的行为加以了解、把握，并作为人类合理行为的最后保障。并且人类的历史，也由此而投予以新的光明，人们可以通过这种光明而能对历史作合理地了解，合理地把握。因而人人渐渐在历史中取得了某程度的自主的地位。这才真正是中国历史黎明期的开始。"正是因为"天"被赋予了"道德"的含义，因而人们在受到统治者的压榨时，或者遭遇到不合理的待遇时，便不会再无处投诉、默默地忍气吞声、毫无作为，人们至少可以诉诸最高的具有德性的"天"来为自己的不幸祈福；大概正是因此，徐复观先生认为这是中国历史的黎明时期的开始，也即是真正的文明时代的开始。

然而，在西周时期，人们心目中的"天"仍然是一个具有人格的"神"。如《诗经·大雅·烝民》云："天生烝民，有物有则"，老天创造出众多的人，都有他自然的规律；《诗经·周颂·天作》云："天作高山，大王荒之"，上天生成高高岐山，太王开始有此地，创业维艰；《诗经·大雅·皇矣》云："皇矣上帝，临下有赫，监观四方，求民之莫"，伟大啊，上帝伟大，面对下界，洞然明察，观察四方之国，觅求安民之所；《尚书·吕刑》云："上帝监民，罔有馨香德，刑发闻惟腥"，上天视察苗民，见那里没有芳香的美德，只有酷刑散发出的腥气；《尚书·汤誓》云："有夏多罪，天命殛之"，夏国犯下许多罪恶，上天命令我去诛伐它；《尚书·伊训》云："惟上帝不常，作善降之百祥，作不善降之百殃"，虽然上天赐福降灾没有不变的常规，但对行善者赐予各种吉祥，对于不行善者降下各种灾祸。以上这些，都反映了"天"的观念在西周时期仍然具有人格神的内涵，以致很多时候可以与殷商时期的"帝"或"上帝"通用。

周人建构的以道德为中心内容的作为最高人格神的"天"是十分有效的，成功解决了周代取代殷商的政权合法性问题，但是，这一理论从一开始就蕴含着巨大的危机，杨泽波先生对此曾有十分精辟的论述："这一理论只是周人设想出来的寻求政治合理性的方法，事实上，周人政权的合理性并不真的是由上天赋予的，天也不能真的对于人世间的一切予以奖励或处罚。创业之始，周人依靠这一理论较好地证明了其统治的合理性问题，而他们的重德保民意识也使他们的政治统治取得了良好的效果。随着时间的推移，这种意识在他们后人身上越来越淡化了，政治无能，权力腐败，西周政治开始走向衰落。但是，这种情况并没有得到那个能够赏善罚恶、充满道德色彩的主宰之天的处罚，统治者仍然占据着政治的中心，悠闲自在，有滋有味。这种情况必然引发人们思考这样一个严肃的理论问题：周人祖先所标举的以道德为中心内容的主宰之天还管不管用？周代政权得以建立的一整套理论究竟是不是正确?”这样一种潜在的危机，终于在西周末年到春秋之际的天下大乱中爆发了，一场不可避免的“怨天”“疑天”的思潮如洪水般汹涌而来，《尚书》《诗经》《左传》等上古文献对这场危机同样作了颇为翔实的记录。如《尚书·君奭》谓：“天不可信”，又《尚书·大诰》曰：“天棐忱辞”，“越天棐忱”，《尚书·康诰》曰：“天畏（威）棐忱”，《尚书·君奭》又云：“若天棐忱”，《诗经·大明》曰：“天难忱斯”，《诗经·荡》曰：“其命匪谌”，其中的“棐忱”“难忱”“匪谌”都是不可信的意思：而《左传·襄公三十一年》则云：“命不可知”。

老子生活在春秋末年那样一个天下纷争愈演愈烈的时代，亲眼目睹杀人、破家、灭国等惨祸，作为史官，他又熟知从西周末年以来的种种混乱；在这样一种情景下，作为一位敏锐的哲学家，他自然不会认为存在一个有意志有知觉有道德的天帝了，因为倘若那样的话，决不致有如此多的惨祸。由此，忧心忡忡的老子发出了比“天不可信”更为猛烈的呐喊：“天地不仁，以万物为刍狗”（《老子·五章》），希冀以此惊醒世人。这里的“刍狗”是指古代用草扎成的狗，是用来祭神用的；在祭祀时，祭者将盖上花布的“刍狗”恭恭敬敬地放于神前，但祭祀完即将其扔弃，任人践踏而毫无顾惜之意。在此处，老子是说，天地无所私爱，对万物如“刍狗”一般，听任万物自生自灭。这样，老子就取消了周朝初年统治者安插在“天”观念中的伦理道德因素，同时也取消了其“人格神”的意义；“天”在老子那里只是一个自然的客观存在，正如王弼在《老子注》中所说：“天地任自然，无为无造，万物自相治理，故不仁也”。

由此，老子就赋予了“天”一种全新的含义，老子的继承人庄子则将老子的这一观念用更为精辟的话表达了出来：“天即自然”。郭象在《庄子注》中说：“无既无矣，则不能生有；有之未生，又不能为生。然则生生者谁哉？块然而自生耳。自生耳，非我生也。我既不能生物，物亦不能生我，则我自然矣。自己而然，则谓之天然。天然耳，非为也，故以天言之。以天言之，所以明其自然也，岂苍苍之谓哉……故天者，万物之总名也，莫适为天，谁主役物乎？故物各自生而无所出焉，此天道也。”在这里，我们可以看到，在老子一系的道家学派中，“天”之作为一种“自然”的存在，并不是指的我们头顶的那个浩渺的“苍苍”之天，而是指的“万物之总名”，是宇宙万物总体之指称；更进一步说，“天”即是宇宙万物各循本性自然而然地发生发展的一种总体性的状态,也即宇宙万物自然而然地生生不息、大化流行的一种状态。这样,“天”也变成了一个状态词,一个与“道”、与“自然”具有相同内涵的状态词,“天”即“道”,“天”即“自然”,老子的“天”和“道”最终都是指向“自然”的。也就是说,在老子的语境中,“天”“道”“自然”三者有着相同的指涉。

然而,“天”“道”“自然”三者指涉虽然相同,但它们的外延毕竟还是有些许差别的,如果说“自然”标示着老子的核心理念与基本精神的话,那么《老子》书中无处不在的“道”则是这一理念与精神的代言人,是老子思想的核心标志,而作为“万物之总名”的“天”则更加鲜明地突出了“自然”是“万物”的“自然”“道”是对“万物”的最佳状态的描述。也就是说,“自然”与“道”都不是一种空洞的玄想,而是内在于“万物”之中的。

正因为“自然”与“道”是寓于万物之内的,所以老子就常常以万物之自然而然的发展状态来喻“道”,藉“物”来明理。如他在《老子·十一章》中就以车之辐毂来喻说“空”“无”的道理:正因为有三十根辐条(连接轴心和轮圈的直条)集中到一个毂(车轮中间凑辅插轴的部件)上,有了这毂中的“空”,才能使车滚动,有车之用。所以老子说:“三十辐共一毂,当其无,有车之用”。这样,当你沾沾自喜这车对你真有用时,千万不要忽略了这毂之“空”的作用,只有有无对举,才不至于得意忘形。推而广之,当你汲汲于物之有用,欲念占有更多的物质时,也需要有无对举;“物”尽管有用,但不能将凡事凡物看得太浓,而要将凡事凡物看得“淡”些、“空”些,视天下名利为扬尘妄幻、风灯聚沫,不足倾恋。这样就能在物欲横流的社会中有所定力,把握自我,不至于流失自我,为物所役,为物所累。

又如,我们在上一讲中曾经提到,老子还以天然纯朴、没有心机的婴儿来说理。《老子·五十五章》说:“含德之厚,比于赤子。毒虫不螫,猛兽不据,攫鸟不搏。骨弱筋柔而握固。未知牝牡之合而朘作,精之至也。终日号而不嗄,和之至也。”就是说:人含有德性的深厚,可比得上无知无欲的初生婴儿:毒虫不螫他,猛兽不抓他,凶鸟不捕他;他筋骨柔弱而小拳头攥得很紧;他还不知道男女交合之事而小生殖器却常常勃起,因为他有充沛的精气;他整天号啼而嗓子不会沙哑,因为他平和纯厚。婴儿饱即睡、饥即啼,无忧无虑无掩无饰而无欲(欲知有限),天真无邪率性纯朴,那么,从婴儿,发展过来的人,还有必要于物于名存过多的欲和虑、忧和愁,掩性饰这么?同样,婴儿饱即乐,睡中笑,那么,人又何必不乐?非得恨财不发、恨名没有?人如一旦想通,似婴儿像孩提,这心也静、气也柔,既能养生又能养性,并致长寿。反观养得粗暴乖戾不和之气的人,鲜能长寿。所以老子要人“专气致柔,能如婴儿”(《老子·十章》)。

此外,老子还借“水”之长久滴点穿石、磨铁消铜来喻说柔之胜刚;藉“水”之灭“火”,阴能消阳来喻说弱之胜强;以水之流入溪谷低洼来喻说屈辱不争之观念……如此等等,老子借着天下万物之自然而然的发生发展,喻说了大量的“自然”之“道”、自然之理。可以这么说,正是借着天地间自然而然发展的万事万物,老子的“自然”之“天”“道”显得更加具体、更加清晰和明确了;老子“天道自然”的观念离不开对于万事万物之理的观察和总结。所谓“地法天,天法道,道法自然”,最终其实是要效法宇宙间万事万物之“自然而然”的发展势态。

而老子在对天下万事万物“自然而然”的发展态势中,又主要总结出了“无为”“守柔”“不争”等若干种核心的价值理念,从而形成了其价值观的核心内容,成为老子以至道家区别于其他哲学流派的主要标志。而这些更为具体的价值观念,其实在很大程度上是为“人”而立的,正所谓“人法天”,这是老子“道法自然”的天道观与形上智慧的最终归宿。下面就让我们来看看这一点。

四、人法“自然”

我们在上文的分析中,通过对老子思想内涵的阐发,说明了“天”“道”“自然”三者其实都是一种“总名”,也即对宇宙万物发生、发展状态的一种总的指称。因此,“天”“道”“自然”三者在老子那里都还显得比较浑沦,毕竟它们是对宇宙总体状态的一种描述,是很难清晰的;然而,有一点却是十分清晰的,即我们业已反复申明的:“自然”是老子思想的核心特质。而我们在前文曾论述到,“自然”是指事物未受外在强力破坏,单纯遵循内在于事物自身之中的天然的规律性而发生、发展的一种状态;换言之,“自然”也即万物各循自身规律性而发生、发展之状态的总和。大概正是由此,最早对老子的“道”进行解释的韩非子说:“道者,万理之所稽也”(《韩非子·解老篇》),“万理之所稽”犹言“万理之所归”,也可以视为“万理之家”;但这里的“归”与“家”之含义不仅仅有“囊括”之义,而且有“通达”之义;也即是说,作为“万理之所稽”的“道”乃是一种对于“万理”、也即万事万物具体规律的“通达”。这种“道”、这种“通达”来自作为史家的老子对于古往今来的万事万物的反复思索与生命体验,这种体验使他感觉到万事万物只有循顺自己的本性自然而然地发展,才能使这个世界达到一种最为良好的状态。

然而,“人”作为宇宙万物的一员,他在很多时候并不能像宇宙的其他成员那样循顺自己的本性自然而然地发展，这源于人的"自由意志"，伊甸园里的亚当、夏娃之所以能够违反上帝的规定而偷吃了禁果，正是源于这一"自由意志"。人的这种"自由意志"，既是人们各种善行的根源，同时也是世间万恶的根源；那么，要使人的行为每时每处都能够像水那样"居善地，心善渊，与善仁，言善信，政善治，事善能，动善时"（《老子·八章》），就必须对人的"自由意志"有所约束、有所矫正。老子所提出的对策便是法"天"，而如前所述，法"天"其实就是法"道"、法"自然"；然而，"天""道""自然"又只是对宇宙万物发展状态的一种浑沦的描述，要使"人法天"具有可行性、可实践性，就必须对此做更为具体的说明。我们在前文提到，老子常常藉"物"来明理，试图以此对他心目中的"自然"有更为确切的说明。其实，老子的这种做法不仅仅是为了说明"自然"本身，更是为了以天道喻人道、以自然况人事，为人们的行为提供更为具体的依据。在这方面比较典型的一个例子是《老子·二十三章》的一段论述，下面就让我们来看一看。

老子首先描述了一种自然现象："飘风不终朝，骤雨不终日"，这里"飘风"指的是"飙风"，也即狂风，说的是在自然的情况下，狂风刮不了一个早晨便会停止，暴雨下不了一整天便会减小；紧接着，老子便自问自答地说："孰为此者？天地"，是谁使它这样的？是天地；最后，老子反问道："天地尚不能（使之）久，而况于人乎？"也即是说，天地间的狂风暴雨都不能持久，何况是人的类似的极端行为乃至政治暴虐这样的事情呢？在这里，老子这种以天道喻人道的做法具体来说，就是一种借助天地自然万物，并从中引申出人文精神（含义）的做法。其实，这种做法不仅仅为老子所特有，如孔子为了避免杀害贤大夫铎鸣的赵简子有可能杀他，而不去晋国，并借助天地万物从中引申出含义来开脱自我："刳胎焚林则麒麟不臻，覆巢破卵则凤凰不翔，竭泽而渔则鬼龙不见；鸟兽之于不仁犹知避之，况（孔）丘乎？"（《三国志·魏书·刘廙传》注引刘向《新序》）。

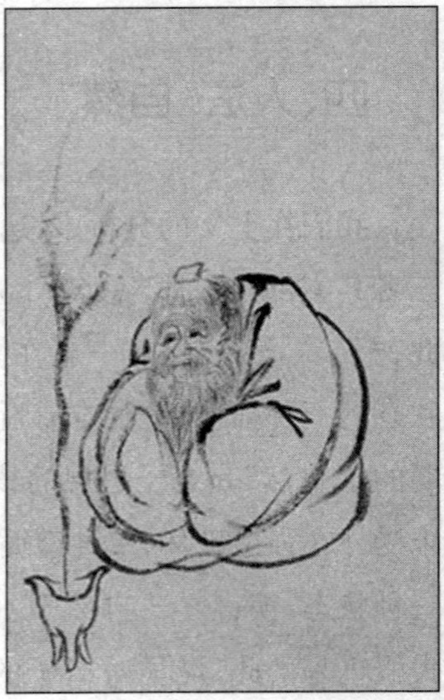

老子悟道图

作为智者的老子和作为圣贤的孔子之所以会有这种表现，与传统学说认为人学贤人、贤学圣人、圣人学天有关；因为常人可以圣贤作为自己的参照系、坐标，而圣贤（上智）不可下移，是不可能以常人的行为作为自己行为的准则的，于是只能

“学天”,对于老子来说,也即是法“自然”。这也就是西汉董仲舒说的“圣人学天”,也即是老子说的“从事于道”。由圣人学天,所以也就导致了历史上的天人感应乃至谶纬事情;也就有了中国士大夫们的一种独特的修养心性学问的套路,如见鱼儿爱其群队无半点倾轧,牛羊出入形影相依鸣叫相应浑融间隔,而引申出人也应有如此的“恕道”……也由于圣人“学天”,所以会有孔子上述的这种开脱法,更有了老子以飘(飙)风不终朝、暴雨不终日来比喻人的极端行为或暴政不会长久。也因为是“学天”,即自身对天地自然万物的观察、理解和领悟,无须旁人用语言对他开导启发,所以这实际上也叫“不言之教”“无言之教”,而这正是符合“自然”的;这也即是老子在《二十三章》的开头所说的“希言自然”:不言之教是合乎自然的。

然而,虽说天地万物的“不言之教”就在我们身边,但是,人们却不能像老子那样睿智,不善于发现这些道理;于是,老子还是“有言”了,或者说老子是在出关时应了关令尹喜的要求,才想到要把这些“道”理替“天”言说出来的。但是,宇宙万物的数量那么多,世间万事那么复杂,如果要一一道说的话,岂不是没完没了吗?仅仅靠《老子》一书的五千多一点的字数是无论如何也容纳不下的。于是,老子便提出了“无为”“守柔”“不争”等几个总的原则,作为“天”“道”“自然”这个总原则的大纲,以图带给人们一些有益的启示。然而,“无为”“守柔”“不争”这几条为人处世的原则,却也并不像它们字面上看上去的那样简单;但只要抓住了“自然”这一老子哲学的核心特质,它们的基本内涵还是不难把握的。

首先来看“无为”,这两个字绝不是字面上的“毫无作为”“不作为”之意,而是“不妄为”的意思。关于这一点,我们从老子的话语中可以很容易地感受到,如老子说:“圣人处无为之事”(《二章》),“为无为则无不治也”(《三章》),“爱民治国,能无为乎”(《十章》),“无为而无不为”(《四十八章》),“为无为、事无事”(《六十三章》);由这些语句,我们可以看到,“无为”乃是一种“处事”的态度(处无为之事),也是一种“为”(为无为),并且还是一种“爱民治国”的方式,其最终目的是为了“无不为”。综言之,“无为”乃是一种无所执着(无执)的心理状态与处事态度,在这样一种心理状态下,人心不执着、不陷溺、不束缚于任一外在事物,从而能够因任万物之自然,达到一种“功成事遂”的最佳状态。正是因此,老子说:“为者败之,执者失之,是以圣人无为故无败,无执故无失”(《六十四章》),又说:“功成事遂,百姓皆谓:‘我自然’”(《十七章》)。

从上面的分析中,我们看到,老子所标举的“无为”的为人处世态度和原则是与“自然”有着一种最关紧要的联系的。正如陈鼓应先生所言:“它(无为)的意义要从自然与人为的关系上才能获得正确的理解，自然和人为是一对矛盾，但又不是绝对排斥的，关键在于人为的程度、性质与其导致的结果如何，会不会破坏事物的自然状态。事物本身就具有存在和发展的一切潜在的可能性，无须附加任何外界的意志制约它。但一般来说，人为的作用在一定的范围内和程度上，其性质都是温和的，并不至于对事物的自然状态造成破坏。只要不是勉强的、强力的，不是猛烈的、突然的，不是违反常规的行为，就仍然可以保持事物的自然和谐与平衡。老子所说的无为的'为'字，正是指的这种不必要的、不适当的作为。”总而言之，“无为”是指排除了矫揉造作、强力妄为等不适当的作为，循顺万事万物之自然而然的发生发展状态而动、而为的一种做人态度和处事原则。为了更加凸显老子“道法自然”的核心理念，老子对“无为”的原则作了更进一步的补充，这便是“守柔”与“不争”两个原则。

先来看“守柔”，与“无为”一样，我们也决不可从字面上来理解“守柔”，以致将其错误地理解为“坚守柔弱”甚至“软弱”。老子的“守柔”之“柔”，绝不是一种病态的“柔”，而是包含着丰富的哲学智慧的“柔”。我们在“道以自然为宗”一节曾经分析指出，老子所谓“道”主要是指世间万物之大化流行、生生不息的变易之道，正是由此，老子提出了“反者道之动”的命题，认为事物的发生发展终究会走向自己的反面，若是求强则终将走向衰弱。因而，“守柔”首要是为了反对恣意妄为、一味求强，它主要强调了人们应当使万事万物循顺各自的本性而自然发展，不求强、不争斗、不妄为。然而，恰恰因为不求强、不争斗又不妄为，不论发展到何种程度皆是本性，所以自然不会受挫，因而老子说：“守柔曰强”（《五十二章》）。

老子提出的“柔弱胜刚强”（《三十六章》）这一著名命题也应当在上述的语境下来理解，它指的并不是在争斗中柔弱能够战胜刚强，而是指的“守柔”的人生态度要胜于“求强”的人生态度。只有“守柔”，退守自然本性，才能达到发展的最佳状态，这与老子的“无为”“自然”观念是相通的，都是在强调一种敛退和自然。因此，当我们用现实生活中的具体事例来解释老子的思想时，必须首先辨明一个同样的词汇在老子思想与在日常生活中的含义的不同，老子之“守柔”强调的重点是退守自然本性、不妄为、不争强斗胜，与我们日常生活中所说的带有病态性的柔弱或者胆小怕事是大不相同的。比如，老子曾说：“兵强则灭”（《七十六章》），它显然不是说在战斗中兵力强盛反而会失败，而是说如果不重视人民自然的生产生活，一味穷兵黩武、争强好胜，最终必然走向灭亡；老子之所以说“以道佐人主者，不以兵强天下”（《三十章》），也是这个道理。其实，老子的这一论断在历史上也得到了验证，秦始皇横扫六合，不可谓不强，但却昙花一现；汉朝初年的几位皇帝休养生息，则出现了“文景之治”。这些情况在历史上是反复出现的。

此外，我们可以想象一下，假若老子活到今天，对于当前社会以大规模牺牲生态环境、消耗资源为代价而追求物质经济利益的状况也会持批评态度的；这是因为，经济是“强大”了，物质是“极大丰富”了，但生态却遭受了不可逆转的破坏，并且这种态势还没有任何停止的迹象，因为人类在整体上被物欲迷惑了，被理性和科学的神话迷惑了，人类很难再停下勇往直前的步伐，静下心来玩味玩味老子的“守柔”观念了。若是老子生活在今天，一定会发出这样的呐喊：“善待大地，善待每一处沙滩，每一片草地，每一只小虫，每一根松枝，还有那高耸的山峰、翱翔的雄鹰，让我们与它们同享洁净的空气和溪流，同享一个美好的世界。”但是，在当前锱铢必较的经济社会中，人们想尽办法占有甚至强取，对一处沙滩、一只小虫、一根松枝这样看似“微不足道”的事物，人类还能“柔”吗？也许有人会说，我们对将要灭绝的老虎、大熊猫不是已经很“柔”了嘛，捕杀这样的濒临灭绝的动物甚至比杀人所犯的罪还要重；然而，这种“柔”是不是已经稍微晚了一些呢？

当然，我们也可以举出一些反例，来证明“柔弱胜刚强”在其他一些情况下好像是失效的。一个很好的例子是，孔子的“知其不可而为之”，虽然“知其不可”，但“行其义也”，仍然要勉力而为；孔子的这种精神即是《周易・系辞传》中“天行健，君子以自强不息”的精神，周公“一沐三捉发，一饭三吐哺”（《史记・鲁周公世家》），也是这种精神的典范。但是，老子所说的“刚强”与《周易》所言的“自强不息”的“强”所强调的侧重点显然是不一样的，老子所说的“强”着重指一种违反了自然本性的妄为，而《周易》所说的“强”则是指一种在“义”的基础上的健动精神。因此，我们不但要注意辨清同一个词汇在哲学中和生活中用法的不同，而且要注意辨清同一个词汇在不同的哲学文本或语境中的内涵也有种种的不同。总而言之，从老子哲学体系的内在联系来看，与“无为”一样，“守柔”的态度和原则也是与“自然”这一老子思想的核心特质紧密地联系在一起的。

最后，我们来看看老子提出的“不争”观念。如前所述，“不争”与“守柔”一样，乃“自然”“无为”等观念之展开，指的是不争强斗胜、不妄为，循顺事物之自然本性以“为”，清虚自守、卑弱自持。

关于“不争”的论证，老子首先仍是藉“物”来喻“道”，这便是那段著名的“上善若水”的论述：“上善若水。水善利万物而不争，处众人之所恶，故几于道。居善地，心善渊，与善仁，言善信，政善治，事善能，动善时。夫唯不争，故无尤”（《老子

·八章》)。即是说:上善之人像水一样;水善于滋养万物而不与万物相争,甘心停留在众人所厌恶的低洼地方,因此最接近于“道”;居处善于像水那样安于低卑洼地,心胸善于像水那样虚静深沉,交友善于像水那样施仁亲爱,说话善于像水那样遵守诚信,为政善于像水那样精简清明,处事善于像水那样无所不能,行动善于像水那样随时变化;正因为像水那样与物无争,所以才没有过失。在这里,老子由“水善利万物而不争”而得出“夫唯不争,故无尤”的结论,通过一系列的论述,强调的仍然是不去破坏其他事物的自然发展、并且还给其他事物提供有利的发展条件,这样便是一种“上善”,所以才不会有过错。

另外,老子还从能“容天下”的角度来论证“不争”的意义:“江海之所以能为百谷王者,以其善下之,故能为百谷王。是以圣人欲上民,必以言下之;欲先民,必以身后之。是以圣人处上而民不重,处前而民不害。是以天下乐推而不厌。以其不争,故天下莫能与之争。”(《老子·六十六章》)即是说:江海之所以能成为百川河流的汇集地,是由于它善于处在一切河流的下游,所以能成为百川河流的汇集地;所以圣人要想统治人民,必先用言辞对他们表示谦虚,要想领导人民,必把自身的利益放在他们之后;所以圣人居于上位而人民不感到负累,居于领导而人民不感到受害,所以天下人民乐于拥戴他和不厌恶他;正是因为他不和天下人争,所以天下也没有人能够和他争。这里的能“容天下”和“不与天下争”其实是一个意思,能容人即是说能够与人为善,从而没有与人相争、与人为敌之心,在老子看来这本身其实就是一种“善”,符合“自然”之道。既然能够与人和谐相处,与人为善,则与他人即不会发生冲突,在这个前提下,自己的自然发展至少不会遭到他人的破坏,并且当自己需要他人合乎“自然”的帮助时,他人也都会乐意帮助(在现实生活中人的自然发展必然需要他人的支持),这样也就有了一个有利于自己发展的环境,这也即是老子所说的“不争之德(得)”“用人之力”(《六十八章》)。正是因为“不争”合于“道”、合于“自然”,所以才会有“不争之德”。试想,如果一个人处处与人相争、甚至与自然环境相争,他可能会凭借一时的强力使他人屈服于自己,或者使自然环境屈服于自己,但终将受到人们的孤立、甚至成为千夫所指的罪人,或者遭到自然环境的报复。

由此,我们可以看到,老子正是就“自然”这一核心理念来论“不争”,强调“不争”有利于万事万物各循自己的自然本性协调发展的。因此,我们应该就老子思想的根本处来看待老子的“不争”,切不可就社会现实中的生活“片断”来理解它。比如我们常说的“胜者为王”,以强兵取天下则可取胜为王,从而成为高高在上的君主，仿佛很成功的样子，这是世俗的一般看法。但在老子而言，他决不会就某个人靠争强斗胜取得了天下、坐上了王位而判定这个人就是成功的。作为一个心中装着作为万事万物所依循的规律性的“道”的思想家，老子所关注的必然是万事万物是否能够各循本性自然发展；一个人靠争强斗胜取得了天下，虽然可以满足自己的很多欲求，但如果是以无数的家破人亡为代价的，老子便决不会视这样的一个“王”为成功者；因为在老子看来：“师之所处，荆棘生焉，大军之后，必有凶年。”（《老子·三十章》）同样，在日常的生活中，有争斗则必然有对“自然”状态的破坏，虽有人因争斗获利但亦必有人遭到伤害，所以老子亦不会视因伤害别人而获利者为成功者。总而言之，应从万事万物之“自然”的高度来审视老子的“不争”观念，而不可对其作片段性的理解。

综上所述，老子从宇宙间万事万物的和谐统一这一最高点出发，提出了“自然”的思想，并以此作为其“道”论的核心理念；由此，老子所谓“道”主要就是指世间万物之大化流行、生生不息的变易之道，而此变易的过程则完全是出于世间万物自然而然的内在的发生、发展规律，不假任何外界强力的干涉，特别是不假人为的矫揉造作；并且，老子认为，万事万物在这种不受外界强力干扰的情况下，通常都能发挥出自己的最佳状态，都能与周围其他事物保持着良好的关系，整个宇宙就在这种状态和关系中达到了和谐与平衡，发挥出最大的功能。以上便是老子“道法自然”的形上智慧的核心内容，基于这一思想，老子进而改造了中国古老的“天”道观，从而形成了一种独具道家特色的“天道自然”的观念；并且，老子最终以“天道”喻“人道”，为人类提出了无为、守柔、不争等一系列核心的价值理念，从而成为其“道法自然”的形上智慧的最终归宿。在本讲的论述中，我们可以非常强烈地感受到，老子“道法自然”的思想具有非常浩渺的视野，它处处洋溢着一种宇宙关怀，对今天的我们来说，这仍然是一笔巨大的智慧宝藏。

在对“道法自然”这一老子思想的基本理念与核心精神进行了系统论述之后，接下来我们将接着谈一谈老子哲学思想的一些具体内容，在下一讲中，我们将首先来看一看老子形上智慧的一个重要环节，即老子独特的辩证思维方式。

第四节　老子的辩证之思

在老子的思想体系中,辩证法占有极为重要的地位。无论是对“道”的形上之思,还是具体的形下思辨,都充满着浓郁的辩证法气息,辩证之思是贯穿于他整个思想体系之中,也是贯通于他的形上与形下之思的。在老子那里,老子的辩证法不仅仅是一种抽象的思维方式和方法论,而且也蕴涵着深刻的人生智慧,浸透着老子对现实人世的深刻而广泛的洞见,充满着深厚的现实情怀。以往我们在讨论老子辩证法时往往过于简单化地理解老子的辩证法,认为老子的讨论没有上升到抽象而绝对的理论层面,而只是停留于具体而相对的现实层面,并且不无贬义地斥之为“素朴”“直观”,其实,这些都是对老子辩证法的误解。老子的辩证法是与他的整个哲学之思联系在一起的。在老子那里,他无意建立某种完整而系统的哲学体系,而是通过其哲学之思用以指导或启迪现实世界。在中国历史上,老子辩证法的影响不仅仅局限于哲学思维方式层面,而且也渗透到了现实生活的方方面面,熏染着中国人的生活情态和国民品格,自古至今,上自帝王将相,下至平民百姓,或以通达观世,或以智巧驭事,老子的辩证之思以其独特的理论魅力和实践品格指导和启示着人们。

那么,老子的辩证法究竟说了些什么呢?我们今天又可以从中得到什么启迪呢?

一、相反者相成

“相反者相成”是老子辩证法的第一义。具体可以从两个角度来解读:第一,在老子看来,世界上万事万物无不处在相反相对的关系之中,事物之间的这种相反相对的关系是普遍的、具体的、永恒的。第二,老子并不仅仅停留于对事物之间的这种相反相对关系的揭示,而是进一步指出,事物的存在及其发展方向都依托于事物之间这种相反相对的关系,并在事物之间相反相对的关系中成就自己。

(一)世界是相反相对的

《老子》一书虽然只有五千余言,但是,相反相对的概念、范畴却俯拾皆是。老子也正是通过对这些相反相对概念的思辨完成了他整个哲学体系的构建。有学者曾统计出现在《老子》一书的相反相成的概念术语多达八十多对，主要有：美恶、有无、巧拙、动静、盈冲、曲全、枉直、洼盈、少多、敝新、雌雄、白辱、轻重、静躁、歙张、弱强、废兴、取与、贵贱、明昧、进退、成缺、辩讷、寒热、祸福、损益、正奇、柔刚、虚实、开阖、清浊、存亡、亲疏、主客、终始、治乱、成败、有为无为、有事无事、有道无道。在《老子》一书中，这些相反相对的概念都是成双成对出现的。在老子看来，这些概念不仅仅是相互对立，彼此不兼容的，它们之间还存在着某种共存的关系，而且这种相反者共存的关系是普遍而永恒的。这些概念既有对形而上的"道"的概述，又涵盖了具体领域的方方面面，涉及天文、地理、数学、物理、生物等自然领域和经济、政治、军事、思想意识、道德修养、人际关系等社会生活各个方面，其涉及面之广，观察之细微，论证之精辟，在中国古代思想史上是绝无仅有的。

以往我们经常是将这些相反相对的概念放在概念体系或逻辑体系中来理解，但是，这种解读并不足以体现老子辩证法的实践品格。老子并不仅仅是在概念层面上罗列了这些概念术语，而是从具体生活世界上提炼出这些具体的相反相对概念，并且在具体的生活世界层面上展开对这些相反相对概念的思辨。在老子看来，这些概念并不单纯是种名词或名称，而是表征现实生活世界的；这些概念之间的关系也不仅仅是抽象的概念关系，而是现实生活世界的具体而抽象的表达。因此，老子认为世界是相反相对的，也不仅仅是枯燥的公式表达，而是有着深刻的现实内涵的。在老子看来，事物之间的这种相反相对关系，既是抽象的，也是具体的。说它是抽象的，是指这种相反相对关系有着在概念层面上相反相对的特性；说它是具体的，是指这种相反相对关系也有着在现实层面上复杂而多样的特性。

《老子·二章》说："天下皆知美之为美，斯恶已；皆知善之为善，斯不善已。有无相生，难易相成，长短相形，高下相盈，音声相和，前后相随，恒也。"美恶、善不善是人们现实生活中经常遇到的两对相反相对的概念，我们也似乎很好理解这两对概念。天下人都知道了"美"（事）之所以"美"，也就不好了（恶）；天下人都知道"善"（事）之所以"善"，也就不善了（不好）。说一个人是美、善的，那么，他就绝不会是恶、不善的。但是，在这里，我们似乎很难读懂了老子的意思。为什么人们知道了美事之所以"美"这反而不好了，知道了善事之所以"善"这反而不善了呢？刘笑敢先生曾经从三个层面上来解读美丑、善恶之间的相反共存关系，即：(1)美与恶、善与不善之概念本身的关系；(2)美与恶、善与不善之事的互生关系；(3)从价值角度来批评盲目追求世俗价值的倾向和社会风气，大家都以一种美为美，这种情况是丑恶的；大家皆以一种善的形式为善，这种风气恰恰是不善的。大家趋之若鹜的盲从是对美的毁灭，是伪善和假善而售奸的开始。刘先生的分析可以说是具体而微的，具有启迪意义。老子其实不是个反对追求美的人，也不是主张“人性本恶”的人。《老子·八十章》说：“小国寡民。……甘其食，美其服，安其居，乐其俗”。在老子理想的社会中，精美可口的食物、美观华丽的服饰、安适舒畅的居所和融洽愉悦的习俗，这些都是必须的，也是为老子所推崇和向往的。而这些物什都可以说是美的。那么，老子为什么又说“天下皆知美之为美，斯恶已”呢？又为什么说“天下皆知善之为善，斯不善已”呢？这里的关键在于“美之为美”“善之为善”这样的表达上。从文辞上来看，“美之为美”“善之为善”这与美、善还是有一定区别的。“美之为美”“善之为善”所要揭示的乃是美、善之所以是美、善的原因或根据，而不是具体的美、善的行为。在具体生活世界中，美与恶、善与不善是有着严格区分的，但是，在老子体系中，它们又不是如此泾渭分明，它们是“同根”“同门”的。三国人王弼《老子注》说：“美者，人心之所进乐也；恶者，人心之所恶疾也。美恶犹喜怒也，善不善犹是非也。喜怒同根，是非同门，故不可得而偏举也”。明清之际哲学家王夫之《老子衍》说得更明白：“天下之万变，而要归于两端生于一致，故方有美而方有恶”。因此，当人们知道了美之为美、善之为善的根据，也就知道了恶之为恶、不善之为不善的根据了，那么，我们也就懂得了什么是恶、什么是不善了。另外，在现实生活世界中，美丑、善恶之间看似泾渭分明，其实也是相反相对的。就像拾金不昧是件美事、善事，但是，如果拾金不昧是为了得到荣誉或是得到奖励，则这样一件美事、善事则变成了恶事、不善的事了。为什么会这样子呢？这就在于美、善与恶、不善既是相反相对的，又是“同根”“同门”的，当我们知道了美之所以为美、善之所以为善的根据了，也就知道了为什么拾金不昧是件美事、善事了，同时，我们就知道了别有用心的拾金不昧就是件恶事、不善的事了。因此，老子是从美丑、善恶“同根”“同门”的角度来揭示美丑、善恶之间的

老子读书画像

相反相对关系的。

在《老子·二章》中，老子又揭示了有无、难易、长短、高下、音声、前后这六对概念之间复杂的相反相对关系。"有"与"无"是相互生成的，"难"与"易"是相辅相成的，"长"与"短"是互相体现的，"高"与"下"是互相包含的，"音"与"声"是互相应和的，"前"与"后"是互相随顺的，彼此对立事物之间的这种相互依存关系是永恒的。美与恶、善与不善、有与无、难与易、长与短、高与下、音与声、前与后，这些都是生活中最熟悉不过的相反相对的概念了，然而老子在这里所揭示的事物之间的相反相对关系却是深刻的。难易、长短、高下、前后这些也都没有一成不变的标准，都视具体情况中的比较而定，所以，老子在这里分别使用了"相成""相形""相倾""相和""相随"这些说法。这里有必要说一下有无这对相反相对概念。对于"有无相生"这句话，历来学者专家解读不一。推敲文意，老子这里说的"有""无"并不是老子思想体系中具有本体论意义的"有""无"，而是指具体生活世界中的"有""无"，这里的"无"应该解读为"空处"，如徐梵澄《老子臆解》中所说："此无，皆所谓空处"。我们这里试以《老子·十一章》来参照分析之。《老子·十一章》说："三十辐共一毂，当其无，有车之用。埏埴以为器，当其无，有器之用。凿户牖以为室，当其无，有室之用。故有之以为利，无之以为用。"老子认为，"有"的好处在于它可以给人提供便利，而"无"的好处在于它能显示它的实际功用。就像车辆、器皿、房室一样，它们都能够给人们的日常生活提供便利，但是，它们之所以能给人们提供便利，就在于它们的"当其无"。车辆作用的发挥不仅仅在于有了这三十根辐条或是有了一个车毂，而是在于这三十根辐条集中到同一个车毂上所形成的同心圆结构的、具有一定空间的车轮上；器皿作用的发挥也不在于有了器皿的原材料黏土（"埴"），而在于糅合黏土（"埏埴"）所造成的器皿内胆的存在；房室作用的发挥也不在于有了这四方封闭的实体空间，而是在于开凿出门窗所形成的、可通风的、门窗四壁中间的空处。因此，"有无相生"的意思则应该理解为"有""无"作用的发挥相互依赖对方的存在而得到保障、得以实现。

总的说来，我们在理解老子体系中的相反相对概念时，除了关照它们在逻辑上的意义之外，也需要格外注意它们在具体生活世界中的意蕴。在《老子》一书中，老子也都是在具体的语境和生活境域中使用这些概念，并通过这些概念来表达他的哲学之思的。

（二）相反者相成

在"相反者相成"这一命题中，老子不仅揭示了现实生活世界中的那些具有深刻现实内涵的相反相对关系，提炼出了一系列具有现实意蕴的相反相对概念，还进一步揭示了这些相反相对概念之间也是相互依存、相互转化的。这种相互依存、相互转化的关系也是具体而抽象的。说它是具体的，是因为这些概念之间的相互依存、相互转化关系是以现实的生活世界为依据基础的；说它是抽象的，是因为这些概念之间的相互依存、相互转化关系也不是完全停留在具体的、直观层面的讨论，而是进入了哲学思辨层面，在抽象的理论层面上探索着辩证法的原理与原则，深刻地揭示出事物之间对立转化律。

在前面我们已经指出，在老子看来，世界是相反相对的，世界上万事万物之间存在着相反相对的关系，任何事物都是有其对立面存在的。然而，老子并不是仅仅简单地看到事物之间的这种相互排斥、相反相对的关系，而是更深入地看到它们之间的相互依存、相互转化的关系。在《老子・二章》中，老子已经说过："有无相生，难易相成，长短相形，高下相盈，音声相和，前后相随，恒也。"老子已经敏锐地察觉到这些相反相对概念之间的相互依存、相互转化的关系（"相生""相成""相形""相盈""相和""相随"），并且指出，这是恒定不变的道理。

我们以祸福这对相反相对概念为例。《老子・五十八章》说："祸兮，福之所倚；福兮，祸之所伏。孰知其极？其无正也。正复为奇，善复为妖。人之谜，其日固久。"祸、福是我们生活中经常被讨论的一对相反相对概念。从概念上来看，它们之间的界限是十分清晰明白的；但是，从现实的生活世界来看，它们之间的界限又不那么清晰明白了。老子说，在现实生活世界中，灾祸出现的时候，总是有幸福的种子倚傍其附近；幸福来临的时候，也总是有灾祸的根苗藏伏其中。祸与福二者既相互排斥、彼此对立，又是相互依存、相互转化的。它们之间并不是那么泾渭分明的，而是你中有我、我中有你，彼此交融在一起的。

另外，老子敏锐地察觉到事物存在及其转化的条件性。老子在揭示出祸、福相互依存的关系之后说道："谁又能知道它们（'祸''福'）的极致呢？它们之间其实也是没有一定的准则的。"这里的"极"就是指祸、福存在的条件性。在老子看来，事物间相反相对的关系不是僵死的、凝固的，而是可以变动的，当事物的发展超出了其条件性所许可的范围的话，那么，事物就会发生质变，从而转化为另一方。老子说，正常的随时可以转变为反常，善良随时可以转变为妖孽。祸、福也是如此，当祸事超出了其规定的樊篱，那么，祸事也可能会转化为福事；同样的，当福事超出其存在的限度，那么，福事也可能会转化为祸事。总之，在现实的生活世界里，没有绝对的或纯粹的福事、祸事，它们总是交融在一起的，并且在一定条件下相互转化。

相反相对概念之间的这种相互依存、相互转化的关系也是具有普遍的、永恒的特性,但是,世人总是拘囿于相反相对概念之间的相互排斥、相互对立这一面,而忽视了它们之间更为深刻的相互依存、相互转化的关系。老子不无感慨地说:"人们对于这个道理,迷惑不明实在太久了啊"("人之谜,其日固久")。

在前面,老子揭示了事物之间既相互排斥、相互对立又相互依存、相互转化的矛盾关系,事物与事物之间或事物对立面之间的关系不是僵死的、凝固的,而是可以变动的。这种变动的方式并不是直接上升的,而是"反""复"的,诚如《老子·五十八章》所言"正复为奇,善复为妖"。这也就是说,在老子看来,当事物发展超出其条件性("极")许可的范围时,此事物就会改变原有的状态,而向其反面转化。当事物的发展突破其自己规定的樊篱时,正常的可能会转变为反常,善良可能会转变为妖孽,事物会走向它的对立面。这也就是我们经常说的"物极必反"。"物极必反"表明了事物的变化或转化不是转变为其他任何东西,而是转变为自己的对立面。而之所以如此,正是由于事物之间的那种既相互排斥、彼此对立又相互依存、相互转化的关系,这种关系也决定着事物向着自己的对立面转化。可以讲,"物极必反"与"相反者相成"是相一致的。

那么,为什么相反相对的事物的发展会是向着自己的对立面转化呢?我们应该如何来理解这种看似"循环""倒退"的转化呢?与此同时,我们又应该如何来理解老子"相反者相成"这一命题的价值和意义呢?为了弄清楚这些问题,我们有必要进一步来解密老子辩证法。

二、反者,道之动

在揭示出现实生活世界中诸多相反相对概念之后,老子进一步在"道"的层面上展开其哲学之思。如果说"相反者相成"是在现实生活世界层面具体探讨相反相对的事物之间的关系,那么,"反者,道之动"就是在"道"的层面上进一步探讨这些相反相对的事物之间的关系。

(一)"反"之意蕴

"反者,道之动"这个命题出自《老子·四十章》。这里的"反"字历来有两种解法:一是当"反"或"相反"讲,一是当"返"或"返回"讲。张松如《老子说解》中说:"其'反'厥有二义:一者,正反之反,背反也,言违言离;二者,往反之反,回反(返)也,言遵言合。两义融贯,即正反而合"。同样地,陈鼓应先生在《老子注释及评介》中也说道:"'反者道之动'。在这里'反'字是歧义的:它可以做相反讲,又可以作返回讲(反与返通)。但在老子哲学中,这两种意义都被蕴涵了,它蕴涵了两个观念:相反对立与近本复初。这两个观念在老子哲学中都很重视的。老子认为自然界中事物的运动和变化莫不依循着某些规律,其中的一个总规律就是'反':事物向相反的方向运动发展;同时事物的运动发展总是返回到原来的基始的状态"。在老子那里,"反"之二义并不相排斥的,而是相通的。

我们说"反者,道之动"这一命题是在"道"的层面上进一步探讨事物之间相反相成的关系,那么,这里有必要对"道"与具体事物之间的关系做一番梳理。"道"是什么?《老子·二十五章》说:"有物混成,先天地生。寂兮寥兮,独立而不改,周行而不殆,可以为天地母。吾不知其名,强字之曰'道',强为之名曰'大'。"在老子看来,有个浑然一体的东西,先于天地而存在。这个东西无声又无形,它不依附任何东西而独立存在,循环运行而永不衰竭,可以为天地万物的根源。这个东西就是"道",老子说我不知道它的名字,勉强把它叫作"道",再勉强给它起个名字叫作"大"。"道"就是这个生于天地之先的、作为天地万物根源("为天地母")的本体性存在。然而,"道"又不是某种空洞而抽象的实体,它又是始终运行于现实生活世界的。《老子·二十一章》说:"'道'之为物,惟恍惟惚。惚兮恍兮,其中有象;恍兮惚兮,其中有物。窈兮冥兮,其中有精;其精甚真,其中有信。自古及今,其名不去,以阅众甫。吾何以知众甫之状哉?以此。"在老子看来,"道"这种具有本源性的存在虽然高深幽远,但是,从当今上溯到古代,"道"的名字永远也不能废除,人们可以依据它来观察万事万物的初始。老子认为自己之所以能够知道万事万物的初始情况,就是根据"道"。总的说来,在老子看来,"道"是种具有本根性的存在,同时也是始终运行于现实生活世界、具有实践蕴涵的存在。关于"道"的这种实践品格,我们在前面章节有过详细论述。明白了"道"是什么,我们也就明白了"道"与具体事物之间的关系,即"道"是具体事物所由来的本根及其存在的依据。在讨论美恶、善不善这两对概念时,我们曾指出它们是"同根""同门"的,这个"根""门"正是"道"。《老子·四十二章》说:"道生一,一生二,二生三,三生万物。"因为"道"以及"道"的生化作用,美恶、善不善因此而得名,也获得其存在的根据。当我们追寻"美之为美""善之为善",也就是在追寻着"道",而"道"既是产生美、善的原因,也是产生恶、不善的根据。这就是"道"的运作方式。魏晋玄学家何晏在《道论》中说:"有之为有,恃无以生;事而为事,由无以成。夫道之而无语,名之而无名,视之而无形,听之而无声,则道之全焉。故能昭音响而出气物,包形神而章光影。玄以之黑,素以之白。矩以之方,规以之圆。圆方得形,而此无形。白黑得名,而此无名也。”何晏的这段话集中论述了“道”与具体事物之间这种本末体用关系。“道”是本,具体事物是末,具体事物以“道”为其存在的根据(“恃无以生”“由无以成”);“道”是体,具体事物是用,具体事物也正是因“道”的生化作用而成的(“玄以之黑”“素以之白”“矩以之方”“规以之圆”……)。

明白了“道”与具体事物之间的关系,我们再来具体看“反”字之二义。一方面,从字面上来看,“反者,道之动”这一命题所表达的是“道”的运作或作用方式乃是“反”。“道”是本根性的存在,是“独立而不改”“寂兮寥兮”者,它不存在与之相匹对、与之相反相对的对立面,它是唯一的、绝对的、超越的“一”,因此,“道”的运作或作用方式只能是“回复到他自身”,只能是循环往复。在这个意义上,“反者,道之动”应该是作“返”字讲。《老子·十六章》说:“万物并作,吾以观复。夫物芸芸,各复归其根。”万物都在生成发展,我从中可以观察其往复循环。万物尽管变化纷纭,最后还是恢复到其本原,也就是回复到“道”那里去。老子在《老子·十六章》中讲到,他是以“道”来观察天地万物的初始情况(“吾何以知众甫之状哉?以此。”),这里又讲到他看到的是万物往复循环的作用。可以看出,老子是在“返”字意义上来理解“道”自身的运动方式的。另一方面,若从万物的运动方式来看,世界是相反相对的,事物的发展方式是相互转化,向相反方向发展,向它的对立面转化。这在老子看来,这既是事物自身的生长发展过程,也是事物“归根”“复命”的过程,如前面《老子·十六章》所说的“夫物芸芸,各复归其根”。事物所“归”之“根”、所“复”之“命”为何呢?在老子看来,“根”“命”就是“道”,如《老子·二十五章》所说的“道”“为天地母”,“归根”“复命”的过程也就是“道”的运动过程。因此,具有相反相对关系的具体事物之间的向相反方向的运动,也可以被理解为“道”的运动方式。在这个意义上,老子又是在“反”字意义上来理解“反者,道之动”。

(二)反者,道之动

以上我们分别从“道”和相反相对的具体事物两个角度来解读了“反者,道之动”这一命题,虽然二者诠释视角不同,着眼点不同,但是它们又是相通的。一方面,这个“道”不是抽象本体或实体,而是“独立而不改,周行而不殆”“为天地母”的具体本体,它始终存在并作用于现实生活世界,而对它的体认,也是只有通过具体生活实践才能得以实现。“道不远人”,它是“自古及今,其名不去”的“道”,因此,当我们从“道”的视角来解读“反者,道之动”时,'这个“返”字并不是返回到某种抽象本体或实体那里去,而是指“道”的作用使相反相对的事物由一面转化为其对立面,相反相对的事物是“同根”“同门”的,譬如美恶、善不善等,它们之间的相互转化,其实就是“道”的“返回自身’的过程,也是“道”之“再生成”过程,这都是同一个过程。如《老子·二章》中说‘天人皆知美之为美,斯恶已”,人们追溯“美之为美”的过程,就是“美”返回“道”的过程,而这一过程也是“美”转化为“恶”的过程,是“恶”生成的过程。因此,在“返”这个意义上,“道”的运动过程与相反相对事物之间的相互转化过程是相一致的。另一方面,具体事物总是处于相反相对关系之中的,而这种关系的本根以及事物存在的根据都在于“道”,可以讲,在老子看来,“道”是一切事物存在及其变化的根源。因此,事物之间的相互转化过程,或事物的向相反方向的运动,也可以说是“道”向自身相反方向的运动,由于“道”是唯一的、绝对的“一”,因此,“道”向自身相反方向的运动,就是“道”“返回自身”的过程,因此,在“反”这个意义上,具体事物的向相反方向的运动与“道”的运动过程也是相一致的。

这里我们有必要澄清一下对“反者,道之动”这一命题的误解。以往我们在提到“反者,道之动”时,往往将之定性为循环论的观点,并据此认为老子辩证法也是典型的循环论,认为这是一种“不彻底”“粗陋”的辩证法,并且对“反者,道之动”以及老子辩证法大加挞伐。如冯友兰说:“(老子)所认识的转化是循环,而不是上升的。……‘复’就是倒退。这个观念是同辩证法根本对立的。”如果单纯从文辞来看,“反者,道之动”这一命题确实与循环论十分相近。循环论认为,事物是变化发展的,但是,事物的变化发展不是上升的,而是循环的,它由起点出发,经过一段时间的发展过程,又重新回到起点.起点就是终点,当然,这种重合只是指形态的重合,而不是指时间、地点的绝对相同。但是,如果从老子辩证法乃至其整个哲学体系来看,老子的这一命题似乎与这种循环论有着截然分明的区别。这是因为,“反者,道之动”这一命题,不仅仅是一种抽象的思维方式,而且蕴涵着丰富的现实生活内涵,具有浓郁的实践品格。老子的辩证法不是纯思维的、抽象的辩证法,而是实践的、生活的、具体的辩证法。以下,我们试从两个角度来澄清误解:其一,对相反相成概念的理解;其二,对“循环”的解读。

第一,从相反相成概念来看。任何思想体系的构成离不开概念,以及概念之间的思辨。一般循环论和一般辩证法也概莫能外。若从性质上来看,构建起一般循环论和一般辩证法的概念都是抽象的,而且,这些概念是既相互依存又相互排斥、相互转化的,即是矛盾的概念。一般循环论虽然与一般辩证法相区别,但是,它所使用的概念从性质上来讲也是与一般辩证法相同的，如动静、绝对与相对，等等。这些概念都是抽象的概念，是从现实生活中提炼出来的抽象概念，它们扬弃了现实生活情境，从而成为一个摆脱了时空限制的封闭的思维实体，这样的概念是死的、没有生气的。一般循环论和一般辩证法在使用这些概念进行思维时，也是扬弃了鲜活的现实生活情境，而是做抽象的纯思维活动，这样所形成的只能是公式，而不是用以指导现实生活的原理。这样的概念及其使用是与老子辩证法的概念及其使用完全不同的。老子辩证法中的概念是鲜活的、充满生气的，它们虽然有着严格的内涵和外延，但是也具有特定的生活情境，这既表现在它们的来源上，又表现在概念的使用上。如《老子·二章》中列举的有与无、难与易、长与短、高与下、音与声、前与后这些相反相成的概念，它们虽然有着严格的内涵和外延规定，但是，在老子的思维体系中，它们是活的，是现实生活世界的概念，具有实践品格。有与无是“相生”情境下的有与无，难与易是“相成”情境下的难与易，等等。这些概念的使用以及它们之间相反相成关系的思索因不同生活情境的切换而呈现多姿多彩的特性来。这点我们在前面有过详细的讨论，这里不再赘述。总的说来，老子辩证法以及“反者，道之动”这一命题中所使用的概念与一般循环论、一般辩证法的概念在性质上有着很大的不同，因此，老子的辩证法以及“反者，道之动”这一命题不能简单地标上一般循环论的标签。

老子悟道图

第二，对“循环”的解读。在一般循环论看来，循环就是重新回到起点，当然，重新回到起点并不是简单的机械重复，而是有所变化的。但是，总的来说，在一般循环论及其批判者那里，“循环”就是意味着不变化、重复。老子虽然没有直接使用“循环”这个词语，但是，在《老子》文本中有“反”（或“返”）、“复”“归”等词与之相近。其实，在老子话语体系中，“反”（或“返”）、“复”“归”等这些词语与一般循环论及其批判者所理解的“循环”还是有区别的。老子对这些词语的使用与两个因素有关：一是相反相成的概念；二是“道”。在老子看来，世界是相反相成的，世界上万事万物总是处于相反相成的关系之中，这种相反相成的关系是普遍而永恒的，因此,那些相反相成的概念及其使用也是普遍而永恒的。但是,它们及其使用又是与一般循环论、一般辩证法的概念及其使用性质不同,老子的概念及其使用不是僵死的、凝固的,而是以具体生活情境为前提的,同样的一对概念应用于不同的生活情境之下,对待同一件事情也许会有不同的表达和运用。因此,“反者,道之动”是指,因生活情境的切换,同一个事物由一方做相反运动而转化为其对立面。“循环”是指,事物总是在“一通道”的两端来回转化着,周行而不殆。此外,从“道”的角度来看,“道法自然”(《老子·二十五章》)。法是取法、遵循。所谓“道法自然”就是遵循天地自然、人体自身的生存发展的需要这一原则来取舍事物,以便使人体自身更能趋吉避凶,以防不确定事情的发生。这也就是说,“道法自然”意味着生活情境的切换。因此,“反者,道之动”就是指,因生活情境的转换,“道”做着或左或右、或前或后的“返回自身”的运动。在这个意义上,“循环”也意味着“道”自身在“一通道”的两端来回运动,周行而不殆。

“反者,道之动”这一命题承续“相反者相成”而来,世界是相反相成的,而事物之间相反相成的关系不是僵化的、凝固的,而是以“反”的原则为其运动方式,这也是“道”的运动方式。可以讲,“反者,道之动”不仅仅是抽象的辩证法原则,而是贯穿天人、融贯整个自然界和人类社会的总原则,具有普遍性和根本性;另一方面,在老子思想体系中,“反者,道之动”这一命题跳脱出一般循环论和一般辩证法的窠臼,充满了对现实生活世界的睿智玄思,体现出老子辩证法独特的实践品格。

三、弱者,道之用

老子的辩证法并不仅仅是一种思维方式,而且也是指导现实生活的实践原则,这就是老子辩证法乃至其整个哲学的实践品格。在前面,老子通过对“相反者相成”和“反者,道之动”命题的深入剖析,揭示出相反相成的具体事物之间既相互对立、相互排斥又相互依存、相互转化的辩证关系。然而揭示出现实生活世界的这些辩证法则并不是老子的目的,他的目的在于:通过对具体事物之间相反相成关系的揭示,提出贵柔、守雌的“弱用之术”,作为指导人们行为的原则和处理问题的方法。这也就是说,“弱者,道之用”才是老子辩证之思的主要目的,这也是“相反者相成”和“反者,道之动”命题的实际应用。

“弱者,道之用”见之于《老子·四十章》。通过对“相反者相成”和“反者,道之动”这两个命题的剖析,老子在其辩证法中深刻地揭示了事物之间相反相成的关系。世界上的万事万物无不是处在相反相成的关系之中，事物的变化发展总是两端或两极之间做相反方向运动或作“返回自身”的运动。那么，为什么老子认为向柔弱一方面转化或保持柔弱的状态，才是“道”的运用呢？具体而言，这里的“弱”或“柔弱”的意蕴有二：一是事物柔弱的一方，或事物柔弱的一面；二是指事物柔弱的状态，或指事物还未达到质变之前的状态。前者是从静态的角度来看，是就具体事物之间相互依存的关系而言的，即“守柔”；后者是从动态的角度来看，是就具体事物之间相互转化的关系而言的，即“弱用”。

（一）守柔

世界上万事万物无不处于相反相成的关系之中，它们虽然存在相互对立、相互排斥的一面，但也存在相互依存、相互依赖的一面。柔弱与刚强就是如此。《老子·七十六章》说：“人之生也柔弱，其死也坚强。草木之生也柔脆，其死也枯槁。”对于一个人来说，当他活着的时候身体是柔软的，死后身体就变得僵硬。同样对于草木来说，当它活着的时候枝条是柔软的，死后枝干就变得干枯。“柔弱”与“坚强”“柔脆”与“枯槁”是相互对立、相互排斥的两对概念，但是，它们又统一于人和草木这二者上。通过对现实生活世界的观点，老子发现凡是柔弱的东西都是积极向上，充满生机的，而刚强的东西看似积极向上，却是缺乏积极向上的。老子说：“坚强者死之徒，柔弱者生之徒。是以兵强则灭，木强则折。”（《老子·七十六章》）坚强的东西是趋于死亡的一类，柔弱的东西是趋于生存的一类。因此军队兵力呈现强大也就会遭受挫灭，树木变得粗壮强大也就会遭受砍伐。在老子看来，较之坚强的东西，柔弱的东西蕴涵着更多的生机和潜力。因此，老子主张，“柔弱胜刚强”（《老子·三十六章》）。在《老子》中，老子经常以“水”来喻“柔弱胜刚强”的道理。《老子·七十八章》说：“天下莫柔弱于水，而攻坚强者莫之能胜，以其无以易之。弱之胜强，柔之胜刚，天下莫不知，莫能行。是以圣人云：受国之垢，是谓社稷主；受国不祥，是为天下王。”世间没有比水更柔弱的东西了，而冲击坚强的力量却没有什么能够胜过它的，因为没有什么能够代替它的。弱能够胜过强，柔能够胜过刚，普天之下没有人不知道的，可是就没有人肯实行。所以，圣人才会说，承担全国的屈辱，才配称国家的君主；承担全国的祸殃，才配做天下的君王。在刚强与柔弱的对立中，取柔弱的一面，或“守柔”，这就是“弱者，道之用”的道理。其实，在老子那里，“守柔”只是手段，而是不是目的，它的妙用在于把握事物发展中积极向上、充满生机的一面，这样就在因顺事物变化发展过程中取得胜利，获得成功。这种效果，在《老子·二十二章》中有着更简练的说法：“曲则全，枉则直；洼则盈，敝则新，少则得，多则惑。”委曲反能保全,屈枉反能伸展,低洼反能充盈,敝旧反能生新,少取反能多得,贪多反而迷惑。为什么会这样呢?因为事物的对立面总是相互依存的,而事物的变化发展也总是在相反相成的两面之间相互转化。在“曲”的里面存在着“全”的道理,在“枉”的里面存在着“直”的道理,在“洼”的里面存在着“盈”的道理,在“敝”的里面存在着“新”的道理。因此,在“曲”和“全”“枉”和“直”“洼”和“盈”的两端中,把握了事物柔弱的一面,因顺“反者,道之动”的辩证原则,从反面着手,这样反而能取得“全”“直”“盈”“新”“得”等效果。“守柔”方法蕴涵着深刻的哲理和超人的智慧。

(二)弱用

相对于“守柔”这样静态地对待事物的变化发展,“弱用”则更具有积极的含义。《老子·三十六章》说:“将欲歙之,必固张之;将欲弱之,必固强之;将欲废之,必固兴之;将欲取之,必固与之。”在我们做事时,将要收敛它,必先扩张它;将要削弱它,必先增强它;将要废弃它,必先兴举它;将要夺取它,必先给予它。明代释德清《老子道德经解》说:“天下之物,势极必反。譬夫日之将昃,必盛赫;月之将缺,必极盈;灯之将灭,必炽明。斯皆物势之自然也。故固张者,翕之象也;固强者,弱之萌也;固兴者,废之机也;固予者,夺之兆也。天时人事,物理自然。”原本“物极必反”,这是事物发展的自然之理(“物理自然”)。因此,我们如果想更好地成就一件事,更好的方法则是从反面入手,按照“物极必反”或“反者,道之动”的规律办事,“将欲取之,必固予之”,从而可以更好地“取之”。在《老子》一书中,到处充满着这些“弱用”的话语。如“圣人后其身而身先,外其身而身存。非以其无私邪?故能成其私”(《老子·七章》);“圣人抱一为天下式。不自见,故明;不自是,故彰;不自伐,故有功;不自矜,故长。夫唯不争,故天下莫能与之争”(《老子·二十二章》);“大成若缺,其用不弊。大盈若冲,其用不穷。大直若屈,大巧若拙,大辩若讷,大赢若绌。躁胜寒,静胜热。清静为天下正”(《老子·四十五章》);“善为士者,不武;善战者,不怒;善胜敌者,不与;善用人者,为之下”(《老子·六十八章》);“不争而善胜”(《老子·七十三章》);等等。从反面入手,遵循“反者,道之动”或“物极必反”的辩证规律,这样往往可以取得峰回路转、柳暗花明之效果。同时,老子也告诉世人:“持而盈之,不如其已;揣而锐之,不可长保。金玉满堂,莫之能守;富贵而骄,自遗其咎。功遂身退,天之道也”(《老子·九章》)。事物的存在及其发展总是有其“度”的,当事物的发展超出了一定的度的话,那么,事物就会向其对立面转化,因此,“弱用”除了强调从反面或柔弱一方入手外,还强调不要过“度”,这样才能更好地保护胜利的成果。以往我们认为老子强调“守柔”“弱用”，是在玩权谋、玩权术，其实这是误解。老子强调“守柔”“弱用”，其实是其辩证法发展的必然逻辑结果。事物到一定程度就会向其对立面转化，而唯有“守弱”“弱用”才能使人顺利地行走在人生这“一通道”上，而不至于摔大跟头，受大挫折。这是老子辩证法的智慧之所在。

总的说来，在中国思想史上，老子的辩证法一直占有极为重要的地位，对后世产生了深远的影响。这种影响主要表现在两个方面：一方面，老子在中国历史上建立起第一个庞大而系统的辩证法体系，影响了中国哲学的发展和进程，成为中国传统优秀文化的重要组成部分。另一方面，老子的辩证法具有强烈的实践品格，它深入现实生活世界，渗透到社会生活的方方面面，锤炼着中国的思维方式和生活方式，对中国几千年的文明和历史产生了重大的深远的影响。今天，当我们去仔细品读《老子》时，我们仍然能够为老子的辩证之思所吸引、所折服，仍然能够从中收获智慧之果实。

第五节　老子的反智主义倾向

一、“智”的两种含义

“绝学无忧”出自《老子·十九章》，是说抛弃探求外物的知识之学，才能够无所忧患；这里的“绝学”正是与《老子·十九章》的首句“绝圣弃智”相呼应的，非常突出地表明了老子的反智主义倾向。但是，为了对老子的“反智”有更为确切的了解，我们必须先辨明“智（知）”在老子处的两种含义。

首先，在老子那里，“智（知）”其实是有着一种非常积极的意义的，如老子说“知人者智，自知者明”（《老子·三十三章》），认识别人的叫作智，认识自我的叫作明；“使我介然有知，行于大道，唯施是畏”（《老子·五十三章》），假使我准确地有自己的认识，在大道上行走，唯恐走入邪路；“知者不言，言者不知”（《老子·五十六章》），智者不多言，言者未必智。在上述的言论中，老子显然都是站在一种肯定的立场来说“智（知）”的，但是这种“智”的指向也是十分明确的，那就是合于“大道”的“智”，因为只有具有了合于“道”的智慧，才能够“行大道”；并且，只有合于“道”的智慧，才是符合事物发生发展的“自然”状态的，因而也便不需要言说，只需要循顺着事物的自然之理，也即循顺着天地万物的“不言之教”而行即可，所以说“知者不言”。

大概正是由于智者合于大“道”，“知者不言”，所以老子说：“众人熙熙，如享太牢，如春登台。我独泊兮，其未兆；沌沌兮，如婴儿之未孩；儽儽兮，若无所归。众人皆有余，而我独若遗。我愚人之心也哉！俗人昭昭，我独昏昏。俗人察察，我独闷闷。澹兮其若海，飂兮若无止。众人皆有以，而我独顽似鄙。我独异于人，而贵食母。”（《老子·二十章》）意即：众人高高兴兴，像参加盛大的筵席，又像登上春和景明亭台眺望春色。而独有我却恬淡宁静，不炫耀表现自己；混混沌沌啊，像还不知嬉笑的婴儿；疲疲闲闲啊，像无家可归。众人都有余剩，唯独我却像不足的样子。我真是愚人的心肠啊！一般人都那么耀光显能，我却这么昏昏昧昧。一般人都那么精明别析，我却这么蒙蒙浊浊。深沉难测啊，像湛深的大海，高风飘逸啊，似无止无境。众人都好像能干有作为，而我却显得愚钝而鄙陋。我和人家不同，吸取大“道”以自养。正是由于真正的有“智”之人能够合于“道”、合于“自然”，能够站在宇宙间古往今来、万事万物的全体性这一最高的视角来衡量一切，所以他的心智才能显得“澹兮其若海，飂兮若无止”，达到了常人所难以企及的广度与深度；但另一方面，也正是由于他站得高、看得远，对于眼前的芝麻小利不放在心上，所以与那些精打细算、锱铢必较的“俗人”相比，他反而显得“沌沌”“累累”“昏昏”“闷闷”，然而，在老子心中，这样的人只是“似”鄙、“若”愚而已，并非是真的鄙陋、愚蠢，他们的智慧才是真正的“大智”。

自知者明

正是具有上述的这种合于“道”、合于“自然”的深邃的大“智”，人们才能树立一种正确的求知态度，正如老子所说：“知不知，上。不知知，病。夫唯病病，是以不病。圣人不病，以其病病，是以不病。”（《老子·七十一章》）意即：知道自己不知道，是最好的。不知道而自以为知道，就是病。正是因为承认这种病是病，所以才不患这种病。圣人不患这种病，是因为他承认这种病是病，所以才不患这种病。正是因为能站在“道”的高度，也即站在宇宙万物之“自然”发展的总体性的高度，真正的智者才能意识到自己所知的局限性，才能够认识到自己的无知，树立起一种正确的、谦虚的求知态度，从而使自己的心智合于大“道”。其实，这样的观点不仅老子有，古代的许多大思想家也都有这种远见卓识，如曾问礼于老子的孔子就曾说过：“知之为知之，不知为不知，是知也。”（《论语·为政》）又如，西方哲学的始祖苏格拉底也曾经认为自己很“无知”，但德尔菲神庙的神谕却说他是希腊最聪明的人；苏格拉底在得知这个神谕之后感到非常诧异，于是，苏格拉底开始四处寻找各方面的专家来证明自己的“无知”，以求证神说错了，神也有说错的时候；他找政治家谈论正义，找艺术家谈论美，找将军谈论勇敢……然而，令苏格拉底失望的是，这些人自认为自己有知识，而实际上却都经不起追问。这样一来，苏格拉底终于觉悟到神之所以说他是最聪明的人，不是因为他有知识，而是因为他知道自己无知，所以才会谦虚地追求和探索知识。老子的哲学路向虽然与孔子和苏格拉底都有所不同，但就“自知其无知”这一点而言，他们是英雄所见略同的。正是由于“自知其无知”，所以老子能够以一种谦虚的态度，不固执于某一具体的小智小能，不自以为是，从而能够站在一个非常广阔而深邃的视野来看待万物，不至于“一叶障目不见泰山”，被一些假智慧、零碎的知识片段所蒙蔽。

总而言之，“智”在老子处首先是具有一种积极的意义的，合于“道”、合于“自然”的智绝不是老子所要“反”、所要“弃”的“智”，反而是老子极力加以褒扬的“大智”。而老子所要“反”、所要“弃”的“智”，实际上指的即是我们上文所提到的假智慧、小聪明。

对于这第二种老子真正要反的“智”，老子曾这样来论证他“反智”的缘由：“古之善为道者，非以明民，将以愚之。民之难治，以其智多。故以智治国，国之贼；不以智治国，国之福。”（《老子·六十五章》）意即：古代善于行“道”的人，不是使民多智巧诈，而是使民淳朴不散。人民所以难治，乃是因为他们有太多的智巧伪诈。所以用智巧去治理国家，是国家的灾害；不用智巧去治理国家，是国家的幸福。这一章的思想常常被人们理解为老子“愚民之说”来加以抨击，然而老子之反“智”与“愚”民并不像人们所理解的那样，正如陈鼓应先生所说：“本章的立意被后人普遍误解，以为老子主张愚民政策。其实老子所说的‘愚’乃是真朴的意思。他不仅期望人民真朴，他更要求统治者首先应以真朴自砺，所以二十章有‘我愚人之心也哉’的话，这说明真朴（‘愚’）是理想治者的高度人格修养之境界。”也就是说，老子的“愚民”之“愚”与我们前文所提到的“大智若愚”的“愚”是一致的，他所强调的是一种素朴真醇的人格特质；因而，老子所反的“智”只是“智巧伪诈”之“智”，如果老百姓之间盛行一种机巧伪诈之智，则百姓自然难治，国家自然难安了。

由此我们可以看到，“智”的第二种含义，也即老子所要反的那种“智”是与机巧伪诈联系在一起的，正如老子所说：“智慧出，有大伪”（《老子·十八章》），智巧出现，便会产生伪诈。“智”原本是人类进步的标志，它不必一定产生“伪诈”；但一旦“智”与人的私心、贪欲联系在一起，它便会以“智巧”“智谲”的面貌出现，成为有碍于人心向善、社会纯朴的东西了。如唐张鷟的《朝野佥载》就记载古代“孝子”郭纯为了骗取孝廉的名分，治丧期间每次于母亲亡灵之前哭时，故意撒饭渣之类于地上，引飞鸟来吃，反复多次形成条件反射，鸟一听到哭声就会争着飞来，由此被人认为郭纯尽孝得连鸟都能够被感动，朝廷由此颁发匾额表彰郭纯的孝心。诸如此类在社会风俗不美的情况下大量出现，使社会一步步沦落，冯梦龙在《古今谭概·谲知部》中就记载了大量这样的事情。大概正是出于对这种情况的忧虑，具有远见卓识的老子才痛心疾首地要求人们“绝学”“弃智”。

同时，也正是由于这种负面的“智巧”的产生与人的私心私欲紧密相关，所以老子对人的私心私欲进行了猛烈的抨击：“五色令人目盲，五音令人耳聋，五味令人口爽，驰骋畋猎令人心发狂，难得之货令人行妨。是以圣人为腹不为目，故去彼取此。”（《老子·十二章》）意即：缤纷色彩使人眼花缭乱，喧噪音调使人耳朵发聋，恣饕美味使人滞味浊口，纵情狩猎使人心浮放荡，稀奇财物使人行为出轨；因此圣人以物养已，但求恬淡安饱而不以物役己、去追逐声色之娱，所以是舍后者（目）而取前者（腹）。老子在此提醒人们对于声色货利乃至口腹之欲，要加以节制，不可纵情任性、流逸奔竞而导致目盲、耳聋、口爽、心狂这些后果发生；一旦人的私欲导致了这样的后果，则必然就会产生各种智巧伪诈的手段，以至恣意妄为。正是由此，老子提出了“常使民无知无欲，使夫智者不敢为也”（《老子·三章》）的主张；在这里，老子将“无欲”“不敢为”和“无知”“智者”直接联系在了一起，非常鲜明地表明了它们之间的密切关系。

至此，我们已经比较清晰地阐明了两种“智”：其一是合于“道”、合于“自然”，从全局、长远来考虑问题，遵循了事物之发展规律的大“智”；其二是人们出于自己的私心、私欲，为了个人或一个小团体一时的、局部的利益而贪图便宜、矫揉造作的机巧、算计或者片段性的知识，这在老子看来是一种小“智”。在那个天下大乱的年代，“大智”陵夷而“小智”盛行，老子看到这种情况忧心忡忡，因而发出了“大道甚夷，而人好径”（《老子·五十三章》）的慨叹，大道本来很平坦，但人们却总喜欢走小路、要小聪明。大道与小路的比喻非常生动地呈现出老子对于两种“智”的态度，对此，刘笑敢先生解释说：“大道的本义是平坦之途，比喻理想的社会原则和行事原则。‘径’即小径、曲径、险径，即小路，比喻正途之外的方法和途径。各地都有修好的道路，各地也都可能发现人们离不开的便捷之途。走小路，如果是无可选择，自然可以理解。如果纯粹是取巧贪便，不顾公共秩序，不顾惜地上的农作物和花草，那就是不当的，也就是老子所要批评的‘民甚好径’。从社会秩序的角度来讲，大道是人人皆知、通常应该遵循的道理、原则，小径则是对原则的修正、补充或逃避……大道既明，人人遵循，社会自然平安无事，不劳施政者建功立业，青史留名。但是，如果社会的治理者为了享用自己的权利，或为了显示自己的才干忠心，或为了积累升迁的资本，因而不断发号施令，那么社会是不得安宁的。从百姓的角度来看，如果有平坦的大路不走，专门挑便宜、图省事、顾己而不顾人，那么社会也就有了不安定、不平静的混乱之源。所以老子倡大道，反对走小路”。

总而言之，所谓“大智”即是合于万事万物整体、长远的自然和谐秩序，同时又令整体中的每一个个体自由舒畅、并充分发挥其潜能的大智慧；而“小智”则是为了一己私欲而生的智巧、机巧，它为了局部的、暂时性的利益而妨碍了全局的、长远的自然和谐秩序，因而是一种小聪明乃至阴谋诡计。老子主张人们要有一种“大智”，反对人们要弄私己的“小智”；老子“绝仁弃智”之“智”只是指的第二种“小智”。

正是基于对两种“智”的分别与思索，老子提出了“绝学无忧”的主张，“绝学”是为了“弃智”，更确切地说是“弃小智”，从而最终合于大道。然而，“绝学”为什么不会导致“弃大智”“弃大道”呢？“大智”“大道”不更需要学吗？这又与老子对“学”的理解，以及对“为学”与“为道”的理解密切相关，下面就让我们一起来看看这一问题，以对老子的反智主义倾向有更为深入的了解。

二、为学与为道

“为学”与“为道”出自《老子·四十八章》：“为学日益，为道日损，损之又损，以至于无为。”意即：求学一天比一天增加（知识），为道一天比一天减少（妄为），减少又减少，一直到“无为”的境地。根据陈鼓应先生的观点，“‘为学’是指探求外物的普通的求知活动，‘为道’亦称‘闻道’，是指通过玄思或体验去领悟和把握最高的

'大道'。'益'是增加、积累,'损'是减少、排除。'为学'所追求的是关于形而下的具体事物的知识,这种知识通过感觉经验即可获得,它贵在增益,日积月累,积少成多,所以说'日益';'为道'则不同,首先'道'是形而上的,它'视之不见'、'听之不闻'、'搏之不得',超感觉超经验,用认识具体事物的方法是不可能获得的……其次,'道'是一种精神境界,一种生活的态度和原则,人类的自然真朴之性本是最符合大道的,但人类过多的和不适当的行为却破坏了这种自然的状态,徒增了许多的私欲、偏见和技巧,以至于离大道越来越远,因而人要'为道',要仿效'道'的样子而生活,要复归于自然,就必须排除这多余的东西,排除得越彻底越好。因而'为道'贵在减损,'损之又损,以至于无为',即损到无可再损的地步,所以说'日损'"。

从上面的分析中,我们可以看到,老子所谓"为学"所指的是一点一滴的经验知识的积累;"为道"则主要指的是一种看待事物的态度与精神境界,也即我们在上文所提到的那种从全局的、长远的合于"道"的、合于"自然"的眼光来为人处世的大智慧。"为学"关键在于一点一滴的积累,而"为道"关键在于一种精神境界的培养、不要受局部知识、只言片语的蛊惑和限制。本来,"为学"与"为道"并不是必然排斥的,正如冯友兰所说:"它(《老子》)认为,为道就要日损,为学就要日益,但是,所损所益并不是一个方面的事。日损,指的是欲望、情感之类:日益,指的是积累知识的问题。这两者并不矛盾,用我的话说,为道所得的是一种精神境界,为学所得的是知识的积累,这是两回事。一个很有学问的人,他的精神境界可能还是像小孩子一样天真烂漫,用《老子》表达的方式,一个人也应该知其益,守其损"。

然而,在现实生活中,大多数人其实并不能够达到冯友兰所说的那种"知其益,守其损"的精神境界,人们想到的往往是靠山吃山、靠水吃水,靠知识当然就要吃知识;也即是说,人们往往有了一点知识、一点技术,就要想方设法地让它为自己带来好处;甚至,对于眼前的事态有了一定的了解,成了"内行",便不惜借助各种卑鄙的手段来欺骗外行、为自己谋利益.下到农贸市场上的注水肉,上到两院院士"发明"的假冒"龙芯",不都是如此吗?这些状况也即是我们上文所谈到的"五色令人目盲,五音令人耳聋,五味令人口爽,驰骋畋猎令人心发狂,难得之货令人行妨";也就是说,当这些片片段段的经验知识与人的私欲联系在一起时,它们就立即成为妨碍"大道"的绊脚石了。

由上面的分析我们可以看到,"为学"与"为道"在老子语境中的第一种对立,即,当由"为学"而得来的经验知识与人的私欲联系在一起时,这些经验知识便会成为人们的私智、智巧,也即老子所反对的"小智",它与老子所褒扬的合于"道"、合于“自然”的“大智”必定是格格不入的。这可以说是老子主张“绝学”“弃智”的第一个理由，关于这一点，我们在本讲的第一节已经多所指证，此处就不再赘述了。

接下来，我们继续来分析一下老子“绝学”“弃智”的第二个重要理由，即，即使不考虑人的“私欲”，片段性的经验知识本身照样可以使人不能见到大“道”，正如冯友兰在其早年的哲学著作《贞元六书·新理学》中所说的：“道家所说达其所说最高境界之方法，是从反知（智）入手，与我们所说之从致知入手者正相反。道家所说之道，有似于我们所说之气，我们于第二章中已经说过。气是无分别底，不可思议，不可言说，道家所说之道，亦是无分别底，不可思议，不可言说。所以道家所说见道之方法，其要在反知（智）。因为知识是作分别者，其成功必待思议，其发表必待言说。譬如我们说：‘这是桌子。’此即将‘这’加以分析，而专将其桌子性指出。实则‘这’并不仅有桌子性，而且有许多别底性。我们未说，或未思，‘这’是桌子时，‘这’对于我们本是浑然一体；但于既思既说之后，则‘这’对于我们，即只是一桌子。郭象说：‘吹管操弦，虽有繁手，遗声多亦。吹管操弦者，将以彰声也。彰声而声遗，不彰声而声全。’正说此意。对于‘这’既不应分析，道本是不可分析，不可思议，不可言说者，故更不应以知识分析之，知之。我们必须除去一切知识，对于一切不做分别，不做思议，不做言说，则一切底分别，对于我们即不存在。我们所觉者，只一浑然一体之大全。所谓‘离形去智，同于大通’（《庄子·大宗师》），即说此境界。所谓玄同，所谓浑沌，俱是说此境界。能至此境界者，即所谓真人，至人”。

如果说冯友兰的上述分析还仅仅停留于“学”与“道”在字面上的分别的话，老子的继承者庄子则从思想的最深处更为犀利地指明了“学”与“道”，或者说个别的理论知识与作为全体之真的“大道”之间的矛盾。庄子在《齐物论》中说：“道恶乎隐而有真伪？言恶乎隐而有是非？道恶乎往而不存？言恶乎存而不可？道隐于小成，言隐于荣华。故有儒墨之是非，以是其所非而非其所是。欲是其所非而非其所是，则莫若以明。”意即：“道”是何所隐蔽而有真伪呢？“言”是何所隐蔽而有是非呢？道是何所往而不存呢？言是何所存而不可呢？只因小成偏见的人们，凭其一察之明剖判大道，而大道即为所隐蔽了；又因不明事理的人们，凭其荣华浮辩之词，去分割真理，而真言（道的名相）即为所隐蔽了。因为如此，所以才有儒家墨家的是非，他们各以自己的标准，来非他人之所是，是他人之所非，于是是非便因而颠倒了。若想纠正这种错误，则莫若用“明”的方法，以“大道”的光芒来照亮一切。

在庄子的上面一段话中，最为关键的一句是“道隐于小成”，庄子由此精辟地指证了一般的理论知识对于“道”的遮蔽。这是因为，一切具体的理论知识之建立都必然受一定条件的限制,也就是说任何理论之成立都有一定的前提条件和适用范围,没有相应的前提条件或超出了其适用范围之后,这种理论便不能完全发挥其作用了;但如果理论知识的发明者自以为是,试图以这种特定的理论知识充当大“道”,将其应用于一切领域,那么必定是会失败的。试想,宇宙这么大,社会这么复杂,任何一种理论知识必然都不能穷尽所有可能性,而只能在其所假定的前提条件和适用范围之内才能成立。比如现代物理学的研究中,宏观世界、微观世界之间有许多理论都是不能通用的,如牛顿力学就只能应用于宏观领域而在微观世界则是失效的;而现代化学则主要是在分子和原子的水平上做自己的研究,超出了这个范围化学也便不再作过多考虑了;现代经济学的各种理论则都是在“经济人”的假设下得出的,即假定人都是完全自利的,在任何情况下都会追求自己的效用最大化;而马克思《资本论》中的“资本家”其实也并不是指的现实中的某一个人,而是指的“资本的人格化”,在现实中我们是找不到这么纯粹的对象的;如此等等。以上还仅仅举的是各个领域中一些较大的限制条件或者前提假设,而在这些领域下的各种理论中其实还有许多使其得以成立的具体条件。再比如在哲学领域,黑格尔所建立的理论体系可谓大矣,几乎把人类理性所涉及的全部领域都纳入到了其哲学体系中,但其局限性也是很明显的,黑格尔哲学遭到了现代西方哲学各个流派的从不同角度的批判即说明了这一点。

歌德说:“理论永远是灰色的,唯有生命之树常青。”之所以理论永远是灰色的,原因之一就在于特定的“理论”总有一定的适用条件及范围,与现实之间总是存在着一定距离的。并且,就特定理论知识形成过程中的认知活动而言,既然“理论”总受一定的限制,则必有向前发展、不断接近经验现实的余地;但经验现实本身也在不断发展变化,所以“理论”之发展也就永无完成之时,永远无法穷尽所有的可能性。

此外,庄子继承了老子“道”的思想,并且更加强调道的遍在性:“东郭子问于庄子曰:‘所谓道,恶乎在?’庄子曰:‘无所不在。’东郭子曰:‘期而后可(必定得指出具体存在的地方才行)。’庄子曰:‘在蝼蚁。’曰:‘何其下邪?’曰:‘在稊稗(稻田的稗草)。’曰:‘何其愈下邪?’曰:‘在瓦甓。’曰:‘何其愈甚邪?’曰:‘在屎溺。’东郭子不应。”(《庄子·知北游》)庄子认为“道”无处不在,但同时又不存在具体的形象、不可言说,而与可知、可言说者相比,“道”是全,可知、可言说者是偏。换言之,从“道”的高度来看,也即从万物的整体性和同一性的一面来看,则任何具体的知识都是相对的,在代表着整体性的“道”面前都是没有真伪是非可言的,都不能与作为“最后之真”或“全体之真”的“道”相符,都只是“小成”。而老庄所欲追求者,乃作为“最后之真”或“全体之真”的“道”,这些“小成”在“道”面前自然就成为一种障累。换言之,若想达到“最后之真”的“道”,便不能执着于这些“小成”,即不能使心灵局限于此。

至于“言隐于荣华”,则是对“道隐于小成”的进一步补充,“荣华”是指“华丽的辞藻”,指在言论中添加一些巧辩伪饰以使自己的理论知识看着更有说服力。庄子所批判的这种情况与古希腊的“智者”使用各种修辞术从而取得辩论的胜利有些类似。庄子认为,这些巧辩伪饰的东西使辩者的言论更为荒谬和不真实了,本来“道隐于小成”已经说明了各种理论知识都具有相对性,在作为“最后之真”或“全体之真”的“道”之前都无所谓是非真伪,假如说这些言论又是通过巧辩伪饰而成立的,那它们就更加虚妄了。

在春秋战国那个百家争鸣的时代,每个学派都认为自己的理论知识是合于“道”的,并且奔走于各国之间宣传自己的理论;并且他们常常自以为是,认为自己的理论知识具有普世价值,由此猛烈地攻击与自己相异流派的观点。正是针对这种情况,庄子以上面的分析为基础,指出了各家各派都有自己的局限性,都是以“小成”遮蔽“大道”,以“荣华”粉饰“巧言”。大概也正是出于这种考虑,老子鲜明地区分了“为学”与“为道”的差异,指明了“为学”不等于“为道”,片段性的经验或理论知识更不能代替“大道”,而虚华言辞的伪饰更应当为我们所摒弃;各个流派的理论知识只是属于“为学”的范畴,决不能与“为道”等同。于是,老子发出“绝学无忧”的呼声,以及“绝圣弃智、民利百倍”的呐喊,并留下了“信言不美,美言不信;善者不辩,辩者不善;知者不博,博者不知”(《老子·八十一章》)的箴言。

老子根雕

综上所述,一来出于“为学”与纵欲的纠结,由于担心大多数人在“为学”的过程中所取得的经验知识往往被作为为个人谋利益的工具,从而可能会导致社会秩序的混乱,老子指出了“为学”与“为道”的一种对立;二来出于“为学”与逞能的纠结,由于担心一些所谓的智者自以为是,以为自己已经得“道”,并试图将自己所秉持的特定理论推广到一切领域,从而反而遮蔽了“大道”,产生种种“伪道学”,老子指出了“为学”与

“为道”的另一种对立。正是基于上述的两种对立，老子提出了“反智”的主张，其目的则是为了使人们返归于“道”、返归于“自然”。

老子曾用“朴”来比喻“道”，与此同时，老子还用“朴散为器”来比喻“智”发挥作用的过程；在“朴散为器”与“复归于朴”的譬喻中，我们将会更为形象地看到老子关于“为学”与“为道”的思考，以及他“反智”的深意。

三、由“朴散为器”到“复归于朴”

我们在本书的第二讲中曾经指出，老子的“朴”既指未经剖析削砍雕琢的“木”，也指无形无状浑沌一团的“道”。而这里的“朴”，既是老子说的“朴散为器”（《老子·二十八章》）的“朴”，又是“复归于朴”（《老子·二十八章》）的“朴”。“朴散为器”即是对人们用自己的智巧将浑沦的“原木”制成各种器具的过程，它是用智的过程，与老子所说的“为学”是相应的；而“复归于朴”的过程则是保持乃至返回“原木”的浑沦状态，它是要求人们返璞归真、不用私智的过程，与老子所说的“为道”是相应的。老子大概正是由对“朴散为器”之利弊的深思而最终回到了“复归于朴”的命题，从而悟出了“为道”之高于“为学”的原理，我们下面就试着对老子的这一致思过程作一“还原”。

首先，一旦说到“朴散为器”时，这“朴”也一定指“木”，因为通过木匠对“木”的削砍雕琢，这原木也一定能制成各种器具，如“车”（《老子·十一章》）、如“橐籥”（风箱）（《老子·五章》）、如“户牖”（《老子·十一章》）、如“轮”（《庄子·天道》）、如“桔槔”（《庄子·天地》），以及“木上张丝”的“琴”与“瑟”……大概只要人需要，这“木”是一定能按要求制作成各式各样的“器”的。

制作成各式各样的“器”，当然是为了用。那就是“作车以行陆，作舟以行水”（《考工记》），而“桔槔”则可使人“用力甚寡而见功多”（《庄子·天地》）……设想如果没有这些器具，人们的生活将该有多么的不便和艰难。这“朴散为器”——木制家什给人带来的便利和益处是不言而喻的。所以说“朴散为器”是一种必然，是社会进步的标志。

也因为木制家什用途广泛，所以过去器具中木制家什也要多于陶瓷（土）器和铁（金）器，所以《考工记》会做这样的分类：“凡攻木之工七，攻金之工六……搏埴之工二。”

而“朴散为器”，将“木”制作成木制家什是需要工具的，所以传统典籍中会有

“斤斧”“刨锯”“凿鎈（锉）”等铁器的记载。这就是说，木匠就是通过这些铁器工具对素木（“朴”）作削砍雕琢、以金克木而制成日常生活中的各种木制家什的。

然而，木匠真要做成合格的“车”“轮”“户牖”和“桔槔”，除了需要上述这些“斤斧”“刨锯”“凿锉”外，还需要“规矩、准绳”这样的器具。所以孔子说的“工欲善其事，必先利其器”（《论语·卫灵公》）的“器”，是既包括“斤斧”“刨锯”这样的“器”，也包括“规矩、准绳”这样的“器”。因为光有“斤斧”“刨锯”“凿锉”，而无“规矩、准绳”是制作不出合格的“车”“轮”“户牖”和“桔槔”的。设想如无规矩，奚仲何以定方圆？如无准绳，鲁班怎样定曲直？而《庄子·天地》中说的轮扁又何以斫车轮削辐条呢？也在这个意义上说，这些“规矩、准绳”是“法”（则），如《管子·七法》中说的：“尺寸也、绳墨也、规矩也、衡石也、斗斛也、角量也，谓之法。”

大概这些“规矩、准绳”在人们制器过程中的作用远远要重要于“斤斧”“刨锯”和“凿锉”，所以汉代画像石中有伏羲、女娲手执规与矩的图像，而不是伏羲、女娲手执刀和斧的图像。以至于《淮南子·览冥训》中还记载女娲因为这些“规矩、准绳”重要而“枕方寝绳”。

也正因为这样，使这种“规矩、准绳”具有了非同寻常的意义。它是放之四海而皆准的“法则”，不仅木工需要它，陶工金工也需要它，各行各业都需要它。它被用来限定万物的“方圆平直”，这就像《孟子·离娄上》所说“继之以规矩准绳以为方圆平直”。那就是说，万物可以虚盈随时长短随便，变化多端浑朴一片，而这“规矩、准绳”则不变，所以《管子·国蓄》说：“万物之满虚随时，准平而不变。”

这“规矩、准绳”不仅是各行各业需要它，而且是历朝历代也需要它，如《淮南子·主术训》所说：“夫权衡规矩，一定而不易，不为秦楚变节，不为胡越改容，常一而不邪（斜），方行而不流（偏）。”

因为这种“规矩、准绳”是各行各业需要它，历朝历代需要它，所以它是随处可见、随时被用。工匠随时用到它，久而久之，也就在头脑心胸处形成“经纪条贯、理性法则”；百姓随处见到它，久而久之，也在头脑心胸处形成“经纪条贯、理性法则”。所以可以这么说，原始意义上的理性方正法则大概也最容易在其中形成。“朴散为器”所带来的社会进步是多方面的，这其中包括人类思维的进步，是对人之惛惛惚惚的否定。

对于这种“经纪条贯、理性法则”的形成过程，我们可以做这样的复原和追述：《考工记》说到，“轮人为盖，达常（上柄）围三寸，桯（下柄）围倍之，六寸。信（申下柄）其桯围以为部广（盖斗之径），部广六寸。部（上柄连盖斗）长二尺，桯（下柄比上柄)长倍之……”,在这里,所谓“轮人为盖”及“达常(上柄)围三寸,桯(下柄)围倍之”,是说这工匠在“朴散为器”的整个劳动制器过程中,其每个步骤均有先后程序、循序渐进,且可用“规矩、准绳”(尺寸)精确计量、清晰明了。所以说,这“朴散为器”的过程,实际上也是“经纪条贯、理性法则”形成的过程。再加上,这木头的木纹线条,也使经常接触、把握掌玩的木匠们从中产生出“经纪条贯、理性法则”的观念。

既然在“朴散为器”的过程中因使用“规矩、准绳”而能引出“经纪条贯、理性法则”,那么,这“规矩、准绳”也就必然备受人们的关注和重视,因此也就有人将“规矩、准绳”进一步移植到社会,引申为社会制度和法则,以此来规范社会、治理政治。这就像《淮南子·主术训》说的那样:“法(度)者,天下之度量而人主之准绳也。县(悬)法者,法不法也;设赏者,赏当赏也。”在淮南王刘安看来,社会如无法度规矩,就不能有效治理。这法度规矩是必须的,“权衡规矩,一定而不易”(《淮南子·主术训》)。

而这些作为制度的“规矩、准绳”,一旦在社会上得以推行和贯彻,在刘安看来,如“绳之为度”,就可以使社会“直而不争,修而不穷,久而不弊,远而不忘”;如“准之为度”,就可以使社会“平而不险,均而不阿”,“柔而不刚,锐而不挫,流而不滞,易而不秽,发通而有纪”;如“规之为度”,就可以使社会“转而不复,员而不垸,优而不纵”;同样如“矩之为度”,就可以使社会“肃而不悖,刚而不愦,取而无怨,内而无害,威厉而不慑,令行而不废”(《淮南子·时则训》)。对此,西汉淮南王刘安信心十足,认为“权衡准绳(规矩),审乎轻重,足以治其境内”(《淮南子·本经训》)。

然而,将这种作为制度法则的“规矩、准绳”设计得如此美好,看来只是一种一厢情愿的事;所谓“绳之为度”可以做到“久而不弊”,所谓“准之为度”可以做到“锐而不挫”,所谓“规之为度”可以做到“员而不垸”,所谓“矩之为度”可以做到“肃而不悖”等等,都是将这种“经纪条贯、理性法则”的“规矩准绳”理想化,表达的是一种理性至上观:以为用了这些理性法则就能涵盖一切,解决所有。这实际上是不可能的,也是难以做到的。

对于上述这点,说“朴散为器”的老子早就指出过。老子认为“方而不割”的事是不大会有的(《老子·五十八章》),也即是说,当我们设定了条条框框、理性法则(制度)来规范事物和“东西”时,也总有些事物和“东西”会逸出这些条条框框、理性法则(制度)之外。“方”(理性法则)是难以制“圆”的。“以方割圆”是割不胜割,总有些事与物会逸出“方”之外。“方而不割”(《老子·五十八章》)只是圣人的一种理想追求。如要不“割”,也只有“大制”才能“不割”(《老子·二十八章》)。而这种“大制”(完美制度、万能理性)又在哪里呢?这世界是没有“大制”的。

老子说的这番道理,如用另外的话来表述,即当我们禀赋了理性以后,认为理性能解决一切、涵盖所有,人能充分自由,这只是一种幼稚的想法。实际上,理性方正只能解决理性方正所能达到的范围和领域,逸出这凝滞的范围和静态的领域,理性实在是无可奈何。理性方正是无法框定涵盖这绵延飘忽的势态。

在此情形下,老庄道家唯恐人们会将“经纪条贯、理性法则”理想化、理性至上化,所以也就用“桔槔”之事物来警示人们:尽管这“桔槔”机械能“一日浸百畦,用力甚寡而见功多”(《庄子·天地》),但千万不能将这种事情(机械事)上心(形成理性至上观)。如将这种机械事上升到“机心”层面而形成理性至上观,就会“纯白不备,神生不定,道之所不载”(《庄子·天地》)。通俗地说,你如以理性自负,是会到处碰壁的。

那么,怎样才能有效地防止由这种“机事”上升为“机心”呢?此时的老子又站出来提示大家:基于上述若干,人们思想中就要思及到,在感觉中就要感觉到,这世界上还真有一块(或一团或一片)无名无状无形浑沌的“东西”,你是无法认识的、不可知道的、深不可测的、难以确定的,是逸出理性法则、规矩准绳之外的,用老子的话来说是叫“道”。这“道”是无法被言语的、难以被剖析的,也即未被言语的、未被剖析的。而这正好与“朴”天然合一;因为“朴”也是未被剖析和未被雕琢的,所以老子会说:“道”,“敦兮其若朴”(《老子·十五章》)。这样,“朴”也即是“道”,“道”也即是“朴”。以后西汉的刘安就干脆将“朴”与“道”等而论之:“朴至大者无形状,道至眇者无度量。”(《淮南子·齐俗训》)因为这样,所以老子说的“复归于朴”(《老子·二十八章》)的“朴”和庄子说的“无为复朴”(《庄子·天地》)的“朴”,实际上是指“道”。而在这里作为“道”的“朴”或作为“朴”的“道”之所以被思及被强调,乃是人们对这过分“器具”化所做的一种回应(呼应)。

而这过分“器具”化还包括将所有的“朴”削砍成“器”、剖析成“具”。对此,老子同样持反对观点:因为你要知道,这种被削砍剖析雕琢的“器具”,随着时间的流逝、事物的绵延,是会产生流弊的,如再出现新的势态,你如果没有一段(团)素朴无形无状的“原木”来应对,就会显得相当被动、十分尴尬。这就像当今全部金融衍生品被充分开发雕琢出来,并由此产生弊病和风波,就会使你相当被动一样。所以,老子除了像上述那样主张“复归于朴”外,还主张要留“朴”——“见素抱朴”

(《老子·十九章》)。老子知道,一旦"朴散为器",再要"散器"返"朴"就难了。这就像以后魏晋的王弼说的"若温也则不能凉矣,宫也则不能商矣"(《老子指略》)一样。所以必须不能充分"朴散为器",尤其回应那些不确定的形与势,更要"见素抱朴"。因为未被削砍雕琢的"原木"可以根据新的形与势而削砍雕琢成管用的"器具"以应对不确定的形与势。

总而言之,"朴散为器"尽管在人们的生活生产及理念上带来便利和益处,但在老子思想深处,总感到"朴散为器"稍显不足,这就像上述说的那样;于是也就有了"见素抱朴""复归于朴"——诉"朴"论"道"这件事。

由上述对老子由"朴散为器"到"复归于朴"的致思过程的"还原",我们可以看到,老子之所以"反智",之所以强调"为道"的重要性,一个重要的原因就在于他看到了一般的理性、一般的理论知识的局限性,并且看到了事物过分器具化所造成的流弊。应当说,老子上述的思考是相当睿智、相当具有穿透力的;即使在科学知识飞速发展的今天,老子的上述观点仍然具有很大的参考价值,值得我们认真思索和玩味。最后,就让我们一起来看看老子"反智"思想的当代意义。

四、反智的当代意义

在谈论老子"反智"思想的当代意义之前,我们还是先来看一段老子关于"反智"的言论:"知者不言,言者不知。塞其兑,闭其门,挫其锐,解其纷,和其光,同其尘,是谓'玄同'。故不可得而亲,不可得而疏,不可得而利,不可得而害,不可得而贵,不可得而贱。故为天下贵。"(《老子·五十六章》)意即:智者不多言,言者未必智。塞住窍穴,关闭锋芒,超脱纠纷,敛和光耀,混同尘世,这就是玄妙同一。这样就不分亲,不分疏;不分利,不分害;不分贵,不分贱。所以就为天下所尊重。在此处,我们看到,老子所主张的"知者不言"正好与当前的信息社会相反,而老子所描述的"玄同"境界,也与当今社会在各个领域都讲究清晰、理性、利害相反。老子的"反智"主张、"玄同"境界在当代是否真的还有意义呢?回答应当也必然是肯定的。

我们知道,老子的"反智"主要是反对将一种具体的、特定的理论知识无限延伸、涵盖所有,从而违反了"大道"、违背了"自然"的做法,他时时刻刻提醒着人们"理性"所具有的局限性。而到了今天,老子所反对的那种"智"穿上了"科学技术"的外衣,并且已渗透到了社会生活的各个领域,极大地促进了生产力的发展;然而,正如我们常说的，科学技术是把双刃剑，它同时也给人类的生活带来了巨大的威胁。正如刘笑敢先生所说："这种方法（现代科学方法）为人类带来莫大的利益，从石块、木棒到刀枪剑戟、斧钺钩叉，从火枪大炮到飞机坦克，从火箭导弹到原子弹、氢弹，人类科学技术之进步的速度实在是越来越快，难以预料、难以形容，前景无限。然而，人类是否因此更幸福、更安全了呢?""科学技术为制造更大规模的杀伤武器创造了条件，而这种武器就是引发更多仇恨的导火索和进行报复的最好工具，也是人类社会更加不安定、不安全的原因。先进的杀伤武器逼出了先进的防卫武器，先进的防卫武器又催生了更先进的进攻性武器，后者又引出更有效的防卫武器，于是，道高一尺，魔高一丈，构成了人类社会无止无休的竞争循环。作为竞争中的一方，我们当然会为自己的每一个进步而高兴，也必然会为对方的进步而担忧。然而，人类社会是否应该永远陷于这种无休止的竞争和循环呢?"

紧接着，刘笑敢先生便精辟地指出了老子思想的敏锐与深度："道家的创始人（老子）早在这些问题如此恶化之前就看到了问题所在，因此提倡'玄同'的境界。所谓'挫其锐，解其纷，和其光，同其尘'，就是希望从根本上消除人类社会矛盾冲突的根源，超脱'亲、疏'、'利、害'、'贵、贱'的对立与区别。当然，这不是通常人们所说的不明事理的阿Q精神。阿Q何曾想到宇宙、社会、人生的根本问题？所谓'玄同'不是不辨是非，而是在对'是、非'、'亲、疏'、'利、害'、'贵、贱'等等人类社会为之奋斗与争斗的价值观念进行了深入分析与观察之后的更高的认识境界和价值境界。这种境界不能单纯靠语言来传达，而有赖于有心人、有志者的耐心体会与品味。要之，'玄同之境'是在看到'分辨之智'无能为力之后的更高阶段，而不是不辨是非的糊涂阶段。'玄同之境'可以帮助我们认识'分辨之智'的局限，帮助我们超越世俗的竞争、对抗和报复，使人类有可能避免或减少由自身制造的危机和不幸。"

正是因为老子能够以一种全局性、长远性的眼光来看待问题，禀有一种深邃的宇宙关怀，才使得其"反智"主张穿越两千余年的时光隧道而仍然对我们的现实生活有所助益。在上文的论述中，我们看到，老子的"反智"对于我们思考现时代的科学知识、科学世界的局限性有着极大的启发意义，而这种思考，甚至也在现代西方哲学界产生了共鸣。

比如20世纪西方最为重要的哲学家之一、现象学运动的鼻祖胡塞尔，就曾提出"生活世界"的概念，以区别于"科学世界"。在胡塞尔看来，"生活世界"是我们最原初的感性世界，也即是老子所描述的合于"自然"、合于"道"的世界，正是它为我们提供了生存的有效性。而“科学世界”则是被人类的理智安排过了的非原初的世界,从伽利略用数学模型来描述这个世界开始,“科学世界”便一步步建立起来了,它逐步使人们生活在“科学技术”的“安排”中,从而使人类丧失了原初的、自然的“生活世界”,并且使人的自然本性也受到了遮蔽。在胡塞尔看来,在“科学世界”中,人们可以通过科学知识更好地控制自然,但另一方面也导致了人类生活的“机械性”,使人们失去了个性;这是因为,“科学世界”将一切事物都按照量化的标准进行考量,从而降低了人们对美学的、伦理学的、道德的因素的敏感性。并且,在“科学世界”中,由于一切都按照因果律被安排得井井有条,事物反而失去了它们的原初面貌。因此,胡塞尔认为现代哲学最迫切的任务就是要使人们对“科学世界”进行反思,警惕“科学世界”对人性本身所造成的伤害,从而返回到那个原初的、真正能够使人得到幸福的“生活世界”。

我们可以看到,胡塞尔的这一致思过程其实在两千多年前的老子心中早已有过,老子曾说:“执古之道,以御今之有,能知古始,是谓道纪。”(《老子·十四章》)意即:把握着自古存在的“道”,来驾驭现实的物相,能够认识原始事物的本原,这就叫作“道”的纲纪。与胡塞尔一样,老子也提醒人们要时时刻刻地把握万事万物的最原初、最自然的一面,不要被现实的物相所迷惑,不要被经过片段性的知识安排过了的事物表象所迷惑。正所谓“为道日损”,只有将这些矫揉造作的事物表象看透了,不再抱着一种“为学”的态度、也即增益知识的态度来看待这个世界时,人才能返回到自己最原初的质朴状态,才能够不被科学世界光怪陆离的假象所迷惑,才能够快快乐乐、无所忧虑地生活,这也即是老子所说的“绝学无忧”在当代世界的深刻内涵。

综上所述,老子的反智主义倾向是与其“道法自然”的天道观与形上智慧紧密联系在一起的,反智的提出乃是基于一种强烈的宇宙关怀,基于一种全局性、长远性的宏阔眼光,基于一种深邃的形上智慧。老子所反之“智”,主要是指片段性的知识、机巧乃至阴谋诡计,这些“智”要么与人的私欲纠缠在一起,成为社会不稳定因素的渊薮;要么与人的自以为是之心纠结在一起,成为遮蔽大道的障累。老子之“弃智”“绝学”,最终是为了追寻大“道”,为了使宇宙间的万事万物处于一种自然和谐的最佳状态。也许老子反智的努力无法阻止人们智性的无限膨胀,但即使在科学知识高度发达的今天,它仍然在时时警醒着人们智性的有限性,吸引着人们不时地回望人类原初所具有的那片纯净质朴的精神家园,彰显着其深刻的现代意义。

第六节　老子的治国理念

《汉书·艺文志》说:“道家者流,盖出于史官,历记成败、存亡、祸福、古今之道,然后知秉要执本,清虚自守,卑弱以自持,此君人南面之术也。”从道家的最初源流来看,道家最早的学者乃是史官,他们根据上古的各项文献,总结出成败、存亡、祸福、古今等一系列规律,然后为统治者总结和积累政治经验。根据记载,老子曾身为周王室的史官,他基于历史的经验,深入对社会现实的观察和思索,提出了自己独特的政治主张。

一、小国寡民

在《老子·八十章》中,老子集中阐述了他的治国理念。其文曰:

小国寡民。使有什伯之器而不用,使民重死而不远徙。虽有舟舆无所乘之,虽有甲兵无所陈之。使民复结绳而用之。甘其食,美其服,安其居,乐其俗。邻国相望,鸡犬之声相闻,民至老死,不相往来。

在老子构想的“小国寡民”的社会里,国土要小,人民要少。即使有各种器皿也不使用;使人民重视生命而不迁徙远方。虽然有船有车,却没有必要去乘坐它;虽然有甲有兵,却没有机会去陈列它。使人民恢复到结绳记事的状态。人民有甘甜的饮食,美观的服饰,安适的居处,喜欢的习俗。邻国之间可以互相看得见,鸡鸣狗吠的声音可以互相听得见,而两国人民直到老死也互相不来往。粗读老子的这段文字,它充满了和谐和安宁,却也招来许多争议。尤其是老子在此处所使用的语词,如“小国寡民”“民重死而不远徙”“民至老死,不相往来”等等。那么,老子为什么会提出“小国寡民”的主张呢?又为什么会使用这些极具争议性的文字呢?其实,老子在这里所描述的并不是他所构想中的未来社会蓝图或“理想国”,也不是希望社会退回到茹毛饮血、结绳记事的原始社会,而是借助这些具体、极具感召力的描绘来表达他的攻治理念。

(一)“小国寡民”的意蕴

我们先从“小国寡民”这一说法说起。“小国寡民”,通常解释为:国土要小,人民要少，或“小其国，寡其民”。这里的“小”“寡”是作动词用，是古汉语中名词的使动用法，意为“使……小”“使……寡（少）”。结合这整个章节的文字来看，老子这里说的“小国寡民”并不是在提倡要把国土故意弄得小点，把人民故意弄得少些，而是以“正言若反”的表达方式来表述自己的治国理念。在老子看来，“道”的原则不仅是贯穿自然界的，也是人类社会和谐发展的基本原则，并且贯穿整个人类社会发展始终。当人们按照“道”的原则治理国家时，即使很小的国家，拥有很少的人民，这样的国家也能够被治理得很好。国无分大小，关键在于治理是否得当。商汤建国之初时，其领土不过百里之地，但是他治理得当，后来才能够凭借这很少的领土成为殷商的开创者；商纣王虽然富有天下，其国土何其广阔，其民众何其众多，但是他治理不得当，国土再广、人民再多也改变不了亡国的命运。老子作为周史官，“历记成败、存亡、祸福、古今之道”，自然明白这个道理。

因此，在《老子·八十章》一开头，老子就以这种“正言若反”的方式说道：国土不在乎大小，人民也不在乎多寡，最主要的是要以“道”的原则有效地治理国家，国泰民安才是治国最重要的目的。这也是在告诫统治者们：你们不需要为自己的国土小、民众少而忧心忡忡，也不需要为自己的国土大、民众多而沾沾自喜。如果不能以有效的治国原则治理好自己的国家，国土再大、民众再多也不是什么好事；同样地，如果不能以有效的治国原则治理好自己的国家，即使国土再小、民众再少也会有亡国灭族的危险。

在《老子·六十一章》中，老子详细地分析了大国与小国之间的关系：“大邦者下流，天下之牝，天下之交也。牝常以静胜牡，以静为下。故大邦以下小邦，则取小邦；小邦以下大邦，则取大邦。故或下以取，或下而取。大邦不过欲兼畜人，小邦不过欲入事人。夫两者各得所欲，大者宜为下。”这句话的意思是说，大国要像处于江河的下游，居于天下雌雄的位置，是天下会集的地方。雌柔常以沉静胜过雄强，因为是沉静而又能居下的缘故。所以大国对小国谦下，就可以取得小国；小国对大国谦下，就可以被大国取得。所以有的谦下用以取得，有的谦下而被取得。大国（谦下）不过要兼聚小国，小国（谦下）不过要求容于大国。这样大国小国都可以达到各自的愿望，大

老子观道

国应该特别注意谦下。老子在这里,强调无论是大国还是小国,都应该奉行谦下的原则。谦下,这也就是"守柔""弱用"的意思。这里强调的处理大国与小国之间的原则是老子"一通道"的具体运用("弱者,道之用")。另外,从这段文字来看,老子并不是断然认定大国不好,或是小国不好,而是主张国无分大小都应该和谐相处,"各得所欲"。结合《六十章》文字来看,老子是不主张"小国优胜"论,也不主张"大国优胜"论的。所以当老子说"小国寡民"时,他的重心固然放在"小""寡"二字上,但是他的用意并不是主张"小国优胜"论,而是为了突显"道"在国家社会治理方面的优越性。刘笑敢说:"小邦寡民只是《老子》中偶尔提到的一种说法,并非一个重要的思想概念或理论术语,……我们没有必要将'小邦寡民'当作认真的'理想国'之类的设计和构想。"

(二)"以道治国"的经世方略

在老子看来,尽管国土面积很小,人民很少,我们也需要按照"道"的原则来治理国家。那么,我们要如何按照"道"的原则来治理国家呢?老子说:"使有什伯之器而不用,使民重死而不远徙。虽有舟舆无所乘之,虽有甲兵无所陈之。使民复结绳而用之。"以下我们将分段落来解释。

"什伯之器",有的学者理解为"资生之物",即居家日用的各种器物,如张松如《老子说解》说:"《一切经音义》:'什,众也,杂也,会数之名也,资生之物谓之什物。'又《史记·五帝本纪·索引》:'什器,什,数也。盖人家常用之器非一,故以十为数,犹今云什物也。'"也有学者理解为"兵器",如俞樾《诸子平议》说:"什伯之器,乃兵器也"。这两种说法都有一定道理,也多有文献学上的证明,但是,我们这里更倾向于接受陈鼓应、白奚的说法,把"什伯之器"解作"能够十倍百倍地提高劳动效率的器械"。"什伯之器"虽然能够有效地改善生产,提高劳动效率,这应该是有利于人民生活的,为什么老子认为"什伯之器"不被使用反而是件好事呢?其实老子在这里没有断然否定这些"什伯之器"的价值,也没有主张完全抛弃这些先进工具。"什伯之器"虽好,但是这些"奇物",是机巧的产物,它在改变人们生活环境的同时也会损害人类纯朴自然的天性。当代科技日新月异,但是,科技在改善我们生活环境的同时,也带来了一系列的社会危机和自然危机,人类伦理道德却日益缺失,人们生存环境日益恶化,据此,我们不能不佩服老子的洞见。《庄子·天地篇》中曾记载过这样一个故事,汉阴有一个老人("丈人"),他要整理圃地,"凿井而入井,抱瓮而出灌"。子贡看他打水辛苦,于是向他推荐使用一种叫"桔槔"的汲水机械。汉阴丈人不肯用,他说:"有机械者必有机事,有机事者必有机心。机心存于胸中，则纯白不备；纯白不备，则神生不定；神生不定者，道之所不载也。吾非不知，羞而不为也。”在《老子》中同样有这样的话，如《老子·四十六章》说：“罪莫大于可欲，祸莫大于不知足，咎莫大于欲得。”欲望本是人的天性，但是，为了满足人的欲望，制造和使用“什伯之器”，这就是“罪”“祸”“咎”了，因为“什伯之器”所折射的乃是人的“机事”“机心”，这些都是足以损伤人的天性、破坏社会安定和危及国家安详的。《老子·五十七章》说：“民多利器，国家滋昏，人多伎巧，奇物滋起。”因此，老子在这里提醒人们：当在决定和制造这些“什伯之器”的时候，一定要慎重，不能仅仅为了满足自己的私欲而不顾自己、他人和整个社会的安定。

“使民重死而不远徙”，老子在这里也不是真的认为，死比远徙更好，而是说：与其远徙他处，不如死于此处。这种安土重迁的观念对中国传统文化有着很深刻的影响。那么，老子为什么要认为死于此处比远徙他处更好呢？我想这里有两点可以说一下。第一，“远徙”离不开交通工具，当我们需要行走更远的地方，更方便更快捷的交通工具的需要和制造则成为必然，这就是所谓“工欲善其事，必先利其器”。这样的交通工具或“器”则是老子在前面所提倡要弃而不用的“什伯之器”。从这个角度来看，老子是反对“远徒”的。第二，远徙他处，一定是出于某种目的或某种原因。不管是出于统治者的强迫，或是出于人们的自愿，这都是社会不和谐的表现。如果我们从更深层次来看，造成这种不和谐的原因在于“欲”，统治者或百姓都是因为“欲”的驱使而迁徙他处。这也是前面《老子·四十六章》所说的“罪莫大于可欲”。值得注意的是，老子提倡“使民重死而不远徙”，并不是在提倡奴隶制或封建的农奴制度，通过国家政策或暴力手段把人民一辈子困死在此处，老子的真实用意是在提倡统治者通过自上而下的“无为之治”，使得百姓安居乐业，这样百姓们自然安居于当处，不愿远徙于他处。

“虽有舟舆无所乘之，虽有甲兵无所陈之”。船只和车舆是方便而快捷的交通工具，为人们的出行提供方便，但是，人们“重死而不远徙”，这些便捷的交通工具不过是“奇物”，即使被制造出来也没有人愿意使用它们。兵甲是国之利器，但是，当社会真正和谐了，天下真正太平了，这些“国之利器”也会没有人愿意使用它们。《老子·三十一章》说：“夫兵者，不祥之器，物或恶之，故有道者不处。”这些“不祥之器”不是“有道者”或“圣人”治理国家所必需的。在这里，老子其实并不排斥“舟舆”和“甲兵”的，而是主张在和谐、和平的社会里这些东西应该重新界定它们的价值和意义。人们安居乐业了，不出远门了，船只与车舆再方便再快捷，人们也不再需要了；国与国之间和平了，不打仗了，武器再先进，装备再精良，人们也不会再去使用了。

“使民复结绳而用之”，这段文字经常引起我们的误解，一般认为老子是在开历史倒车，主张历史倒退主义，否定人类文明。其实不然。老子在这里只不过是借用“正言若反”的表达手法来表明他的主张，即人们应该以“道”的原则为人生指导，因顺自然，涵养人的纯朴自然的天性。语言文字是人类智慧的产物。从语言文字的起源来看，它的产生是为了人们更好更和谐的生活。但是，当语言文字异化为机巧、混乱，甚至争名夺利的工具时，语言文字就丧失了它最初的意义，甚至损害了人们纯朴自然的天性，人们可以为了“欲”编织谎言欺骗他人，人们也可以为了“欲”罗织罪名坑害他人，这些都为老子所不忍看到的，如果语言文字丧失了它们原有的功能，而成为损害人们纯朴本性，甚至危害社会安定和国家安宁的工具的话，那么，人们“复结绳而用之”反而更利于社会的和谐。当然，老子并不是真的主张废除语言文字，也不是真的否定人类文明，老子曾做过周王室的史官，掌管图书典籍，怎么可能不知道语言文字的重要性呢？怎么可能不懂得文明的重要性呢？“使民复结绳而用之”不过是种语言表达手法，这种表达手法我们在前面也已经讨论过，以后还会就老子及《老子》的语言专门讨论，这里就不多说了。老子在这里无非是借用这种手法表达其治国方略而已。

值得注意的是，老子并不是真的要求统治者去禁止百姓使用“什伯之器”、禁止百姓“远徙”、禁止百姓使用“舟舆”、废除国家的“甲兵”、废除语言文字而倡导百姓结绳记事，而是希望统治者倡导百姓保持人类自然纯朴的本性，共同建立起“寡欲”、纯朴自然的社会风气。在老子理想的治国方略中，“天道自然”的原则成为主导原则，人们顺应“自然”的原则安居乐业，统治者按照“自然”的原则经邦治世，这样社会和国家都能以和谐共存、自然无为的原则运行着，发展着。老子并不是反对社会进步和国家发展，老子所反对的是以牺牲人类纯朴自然本性、违背天道自然原则的、无节制的盲目发展，这样的发展看似进步了，其实是退步了；这样的发展带来的成果看似十分丰硕，其实它的损伤更大。这也是“弱者，道之用”的题中之义。

（三）“安居乐业”的社会理想

《老子·八十章》接着说：“甘其食，美其服，安其居，乐其俗。邻国相望，鸡犬之声相闻，民至老死，不相往来。”这段话集中表达了老子心目中理想的社会生活。在这个社会里，人们的欲望得到满足，生活得到安定，人们和谐相处，社会祥和，国家稳定，国与国能够和睦共处。有的学者曾经将这种理想社会赞叹为“一首和谐美妙的田园诗，一个充满和平与欢乐的‘桃花源’”。“桃花源”是晋朝大诗人陶渊明

《桃花源记》里描述的理想社会。在陶渊明笔下,这是一个没有战乱、没有罪恶和痛苦的理想社会。历来人们都对这个社会寄托了无限的憧憬和向往。老子的社会理想倒是与陶渊明《桃花源记》中的理想社会有着相通之处,但是老子的理想社会却有着更深刻的内涵和更丰富的内容。我们也分段落来解读这段文字。

“甘其食,美其服,安其居,乐其俗”。从文辞的角度来看,这里的“甘”“美”“安”“乐”皆应作动词用,是古汉语中的意动用法,可以分别译作“以……为甘”“以……为美”“以……为安”“以……为乐”。在老子看来,由于在他理想的社会中,统治者治理得当,人们都保持着纯朴自然的本性,因而,他们对于饮食(“食”)、服饰(“服”)、住处(“居”)、社会习俗(“俗”)感到满足、满意,并且以之为乐。饮食可以不精致,味道可以不好,但是由于纯朴自然的本性的涵养,人们并不以恶食为恶,反而以之为甘,何也?因为人心保持着纯朴自然的本性,能以“道法自然”的原则来处之。故而,虽然食物并不精美,却仍然有着一番甘美、平和的心境。衣服也是如此,也许没有斑斓的色彩,也没有华丽的式样,也许只是粗麻葛布,但是,由于纯朴自然的本性的涵养,人们并不以恶衣为恶,反而以之为美。这里并不是倡导以丑为美,而是指内心满足,也自有一番甘美、平和的心境。居处也许十分简陋,但是由于纯朴自然的本性的涵养,人们也不以恶居为恶,而能以平常心对待之,故而,心中也自有一份安详、平静的心境。习俗也许很古老,也许不是很完满,但是由于纯朴自然的本性的涵养,人们并不以之为人性的枷锁,而是能以乐从之。这其中也自有一份愉悦、平和的心境。蒋锡昌《老子校诂》:“‘甘其食’,言食不必五味,苟饱即甘也。‘美其服’,言服不必文采,苟暖即美也。‘安其居’,言居不必大厦,苟蔽风雨即安也。‘乐其俗’,言俗不必奢华,苟能淳朴即乐也。……盖老子治国,以‘无为’为唯一之政策,以人人能‘甘其食,美其服,安其居,乐其俗’为最后之目的,其政策固消极,其目的则积极。曰‘甘其食’,曰‘美其服’,曰‘安其居’,曰‘乐其俗’。此四事者,吾人初视之,若甚平常,而毫无奇异高深之可言。然时无论古今,地无论东西,凡属贤明之君主,有名之政治家,其日夜所劳心焦思而欲求之者,孰不为此四者乎?”蒋锡昌的说法是十分准确的。饮食、服饰、居处、习俗这些看似很平常的事儿,却是与百姓生活密切相关的,甚至与百姓利益相攸关的。在老子理想的社会中,百姓能够对此四者普遍感到满意、知足和快乐,那才是社会最大的和谐,国家最牢靠的稳定。但是,这里有一点值得说明,老子并不提倡对美味、美服等的过度追逐。《老子·十二章》:“五色令人目盲,五音令人耳聋,五味令人口爽,驰骋畋猎令人心发狂,难得之货令人行妨。是以圣人为腹不为目,故去彼取此。”因此,在这段文字中,老子关注的重点在于百姓纯朴自然的本性的涵养和安宁、祥和的心境的培养。只要人们不为过度的外欲所诱惑,只要人们不过度去追求欲望、名利,那么,人们就可以过上安居乐业的日子。

"邻国相望,鸡犬之声相闻,民至老死,不相往来"。这里说"邻国相望"不是真的指两个国家可以小到相互观望,而是把重心放在两国关系上。"邻国相望"则意味着两国之间的和平共处(这两个国家可以是大国,也可以是小国,或一个是大国,一个是小国)。同样地,"鸡犬之声相闻"也并不是突出这两个国家的狭小,而是为了突出两国之间的安定、和平。结合前面这两句,"民至老死,不相往来"则可以解读为:尽管国家很小,国土也很小,小至两国之间可以相互观望,小至鸡犬的声音也已经传到对方那里,但是人们仍然安居乐业,不愿再奔波流浪("民至老死,不相往来")。

在老子看来,如果统治者以"道"治国,"治大国若烹小鲜"(《老子·六十章》),像治"小国寡民"那样来治理国家、管理社会和教化百姓,那么,整个国家自然能够稳定,社会自然能够安定,而人们也可以安居乐业,过上幸福的生活。

二、无为之治

在治国理念上,向来有两种:一是有为而治;一是无为而治。前者侧重人为的积极作为,突出了人的主观能动性;后者侧重于自然而然的原则,突出了人积极利用规律,按规律办事。"无为而治"并不真的是不作为,或无所作为,而是"无为而无不为","无为"是手段,而"无不为"才是目的。在老子那里,以"道"治国与"无为之治"是相通的。老子主张"无为而治",提倡按照"道"的原则,自然而然,因势利导,无为而无不为。老子的具体主张有以下几点。

(一)以民为本

在先秦的政治思想中,"民""百姓"一直占有很重要的地位。西周的开创者们在伐商兴周的历史变革中深切地领会到民众的力量,故而他们反反复复告诫自己的子孙们:千万不要忽略民众的力量,要以民为本。以至于到了残暴的周厉王时代,贤明的邵公仍然劝诫厉王"防民之口甚于防川",周厉王不听劝,最终被国民赶出国都,流放到一个叫彘的地方。虽然西周统治者所说的"民"与今天所理解的"人民"有区别,但是,民本思想却一直是中国传统文化最重要的组成部分之一。在《老子》一书中,老子详细地描述了民众的苦难,并分析其原则,提出自己一系列的主张。

《老子·七十五章》说:“民之饥,以其上食税之多,是以饥。民之难治,以其上之有为,是以难治。民之轻死,以其上求生之厚,是以轻死。”人民之所以饥饿,是由于统治者吞食的税赋太多,因而遭受饥饿。人民之所以难以治理,是由于统治者喜欢妄为强作,因而难以治理。人民之所以轻生冒死,是因为统治者过分奉养奢厚,因而轻生冒死。在这里,老子看到了社会上出现所谓“饥民”“刁民”等现象,他敏锐而清醒地认识到,之所以出现这些现象,其根源并不在于百姓身上,而在于统治者身上。统治者为了满足自己的私欲和贪欲,不顾民生疾苦,横征暴敛。《老子·五十三章》说:“服文采,带利剑,厌饮食,财货有余,是谓盗夸。”这种“盗夸”的行为不但无益于国家的安顿和社会的和谐,反而会导致社会的动荡与不安。因为统治者这种肆意妄作的行为,人民才会出现难治,甚至轻生冒死的举动。《老子·七十四章》说:“民不畏死,奈何以死惧之?”民众连死都不怕,那还有什么事是做不出来的呢?《老子·七十二章》也说:“民不畏威,则大威至。”当人民不畏惧统治者的威势的时候,那么,更大的动乱、祸害就要发生了。因此,老子在这里提出要“与民休息”、以民为本。

以民为本,就是要把民众的向背看作是自己执政的基础。《老子·四十九章》说:“圣人常无心,以百姓心为心。”圣明的君主治理天下,不应该有自己的意志,而应以百姓的意志为自己的意志,根据百姓的需要和心意来施政。《老子·三十九章》也说:“故贵以贱为本,高以下为基。是以侯王自称孤、寡、不穀,此非以贱为本邪?非乎?”贵必以贱为根本,高必以下为基础。因此侯王们自称“孤”“寡”“不穀”,这不正是以低贱为根本吗?不是吗?在老子看来,民众虽然卑贱,却是高贵的王侯赖以存在的根本,也是一个国家的根本,没有了这个基础,建筑于其上的国家政权便无法存在。统治者既然明白国家的根本在民,就应该一方面要自身做到少私寡欲,不让自己过分、无节制的贪欲而给国家带来不幸。《老子·五十七章》说:“我无为,而民自化;我好静,而民自正;我无事,而民自富;我无欲,而民自朴。”在老子看来,对统治者来说,我无为了,人民就会自然顺化;我好静了,人民就会自然端正;我无事了,人民就会自然富足;我无欲了,人民就会自然淳朴。北宋吕惠卿说:“圣人无为而民自化则无忌讳之弊,上好静而民自正则无法令盗贼之害,上无事而民自富则无利器之滋昏,上无欲而民自朴则无技巧奇邪之尚矣。”(引自魏源《老子本义》)这样,就能够做到“以无事取天下”(《老子·五十七章》)。除了统治者要克制自己的私欲之外,还要做到不扰民、与民休息,让民众在相对自由、相对宽松的社会环境中发展生产，愉悦地生活。《老子·七十二章》说："无狎其所居，无厌其所生。夫唯不厌，是以不厌。"不要逼迫人民不得居处，不要阻塞人民谋生的道路。只有不逼压人民了，人民才会不厌恶（统治者），社会才会安宁，国家才会安宁。西汉初年黄老之学大盛。黄老之学可以说是老子"与民休息"、以民为本思想的进一步发展。

（二）清静无事

在老子看来，除了统治者以身作则、少私寡欲之外，还需要在治国方略上以"清静无事"为原则，以此来管理社会，教化民众。

《老子·六十章》说："治大国若烹小鲜。"在老子看来，治理大国不可有为多事，要像煎小鱼那样不可经常翻动一样。烹小鱼最忌不停地翻动，因为翻得越多越快，小鱼就会碎得越快越厉害。因此，治理国家，也像烹调小鱼一样，最忌讳多事扰民，因为国家无小事，任何一件看似很小的事都关系着民生的大事，所以，治国者一定要像烹调小鱼那样治理国家，不要动辄以事来扰民，与民休息，与民无事，"烹鱼烦则碎，治民烦则散"，有道之君在治理国家时应以"清静无事"为原则。韩非子在《解老篇》中说："凡法令更则利害易，利害易则民变业，故事大众而数摇之则少成功，藏大器而数徙之则多败伤，烹小鲜而数挠之则贼其泽，治大国而数变法则民苦之。"所以，有道之君应当贵清静而重变法。

安徽省涡阳县的"老子骑青牛"雕塑

在老子看来，"清静无事"包含两义：一是统治者自身少私寡欲，以清静修身，以身作则，教化百姓。《老子·四十五章》说："清静为天下正。"蒋锡昌《老子校诂》解释说："正者，所以正人也，故含有模范之义。此言人君应以清静之道为天下人民之模范也。"《老子·五十七章》也说："我无为而民自化，我好静而民自正，我无事而民自富，我无欲而民自朴。"魏晋玄学家王弼注释说："上之所欲，民从之速也。我之所欲唯无欲，而民亦无欲而自朴也。"在老子看来，君王自身的道德修养并不仅仅是个人的私德，而是直接与国家利益和人民福祉休戚相关的，所以，"清静无事"的治国方略则需要有一个崇尚"清静无事"的君王或"圣人"来实施，这也是"清静无事”的治国方略得以执行和不断完善的保障与前提。另外，老子主张的“清静无事”并不是真的主张统治者无所事事，而是以“清静无事”的原则来治理国家，这也就是“无为而无不为”的具体运用。《老子·二章》说：“是以圣人处无为之事，行不言之教。”圣人治国为政，施政为政也应当行“无为之事”，教化世人也应当行“不言之教”。那么，什么是“无为之事’呢？又什么是“不言之教”呢？“无为之事”并不真的是指不作为或无所事事，“不言之教”也并不真的是指不言语或无所言语，其实，“无为之事”与“不言之教”指的是遵循事物变化发展的规律，顺应民情民意，“以百姓心为心”，以百姓的福祉为指导原则，制定国家政策，颁布国家法令，民众受其惠而浑然不觉，这样的话，既可以保证国家稳定、社会安宁，又可以保证纯朴和谐的社会风气和民众纯朴自然的本性。尧帝是上古贤明圣君，无论是积极有为的儒家学者，还是消极无为的道家学者，都一致称赞其功德。晋朝皇甫谧《帝王世纪》记载：“帝尧之世，天下太和，百姓无事，有八九十老子，击壤而歌。”其歌曰：“日出而作，日入而息，凿井而饮，耕田而食，帝力于我何有哉？”同样地，《列子·仲尼篇》说：“尧治天下五十年，不知天下治与，不治与？不知亿兆之愿戴己与，不愿戴己与？顾问左右，左右不知。问外朝，外朝不知。问在野，在野不知。尧乃微服游于康衢，闻儿童谣曰：‘立我蒸民，莫匪尔极。不识不知，顺帝之则。’”这就是有名的《康衢谣》。无论是《击壤歌》中的“帝力于我何有哉”，还是《康衢谣》中的“不识不知，顺帝之则”，都可以看作是“清静无事”治国方略的具体运用。较之积极有名的名常之教，也许这种“清静无事”“无为”“不言”的治国方略更能奏效些，百姓在一个相对自由、相对宽松、相对宽容的社会风气下，自然会愉悦乐居，百姓安，则天下安。

在《老子》一书中，老子除了反复陈说“清静无事”原则之外，也在具体治国政策上提出了不少建议。主要有以下几点：

第一，薄赋减税。《老子·七十五章》说：“民之饥，以其上食税之多，是以饥。”社会上出现人民饥饿的现象，其根源并不在于百姓懈怠生产，而在于统治者横征暴敛。孔子也曾说：“苛政猛于虎也。”老子同情人民的疾苦，主张薄赋敛。百姓人人有饭吃，有衣穿，这样子社会才会和谐，国家才会稳定。

第二，慎兵。战争无论是正义还是不正义的，都会破坏生产，给百姓带来深重的灾难。元代著名散曲家张养浩在《山坡羊·潼关怀古》里说得好：“兴，百姓苦；亡，百姓苦。”在《老子》一书中，老子多次陈说战争之不祥，表达了他慎兵反战的思想。《老子·三十章》说：“师之所处，荆棘生焉。大军之后，必有凶年。”军队打过仗的地方因不能耕耘,而长满了杂草荆棘。等大战过后,还必定会有凶荒的年份。土地不能耕耘,地里颗粒无收,人民则会饥饿,如果饥民得不到救治,则社会就会动荡。而这一连锁反应的源头则在于战争。《老子·三十一章》接着说:“兵者不祥之器,非君子之器,不得已而用之,恬淡为上。胜而不美,而美之者,是乐杀人。夫乐杀人者,则不可得志于天下矣。”兵器是一种不吉祥的东西,不是君子所应该使用的东西。万不得已使用它,也最好要淡然处之。取得胜利也不要洋洋得意,当作美事一桩,如果洋洋得意,以为美事,就反映出你的内心还是喜欢杀人、乐于杀人(有残忍心)。喜欢杀人、乐于杀人者,也就难以得志于天下,难以使天下人归服。因此,若非万不得已千万不要发动战争,即使万不得已需要靠战争来解决事端,也应该“恬淡为上”,不能“乐杀人”。老子说:“以道佐人主者,不以兵强天下。其事好还。”以“道”辅助君主的人,是不会倚仗兵力来逞强于天下的。用兵杀人这件事既危险又会很快地受到对方的报复。更何况战事一开,不论是战胜方还是战败方都会受到损伤。因此,统治者需要慎兵。

第三,减刑简令。刑罚是统治者手中的利器,但是,如果单纯依靠刑罚来治理百姓,这样不但不能很好地治理百姓,反而会造成离心离德的局面,甚至引发社会动荡。老子说:“鱼不可胶于渊,国之利器不可以示人。”(《老子·三十六章》)王弼注释说:“示人者,任刑也。刑以利国,则失矣。鱼脱于渊,则必见失矣;利国器而立刑以示人,亦必失也。”《论语·为政篇》也说过:“导之以政,齐之以刑,民免而无耻。导之以德,齐之以礼,有耻且格。”教化百姓,光靠政教刑罚,人民即使免罪了,也不会知道羞耻;但是如果以道德、礼法来教化的话,人民免罪了,就会怀有羞恶之心,从而克制自己的行为。故而,无论是积极有为的儒家,还是消极无为的道家,都是不主张光靠刑罚教令来解决社会问题和治国经邦的。对于那些必须动用刑罚的人,我们也需要慎用刑罚。《老子·七十二章》说:“常有司杀者杀。夫代司杀者杀,是谓代大匠斫。夫代大匠斫者,希有不伤其手矣。”照例由司杀者(天、自然)来主宰人的生杀,而那些硬件要代替司杀者(天、自然)来胡乱杀人的人,这就好像代替木匠去砍木头一样。而那些硬要代木匠去砍木头的人,很少有不自伤其手的。

(三)圣人无为

在前面,无论是讨论“以民为本”,还是“清静无事”,都离不开一个重要的因素,那就是理想的统治者,老子称之为“圣人”。在老子看来,能够实行“无为之治”,能够做到“以民为本”,能够做到“清静无事”的,只有“圣人”。这个“圣人”不同于儒家所提倡的道德圆满式的“圣人”,也不是后来道家所提倡的超脱俗事的

“圣人”，而是以“无为”为其品格的统治者。那么，在老子看来，理想中的“圣人”有哪些特征呢？

第一，“圣人”是体“道”者。“道”是老子整个哲学的核心概念，也由“道”衍生出一系列的概念和命题，从而构成老子系统而完整的思想体系。在老子那里，“道”不仅仅是生化天地万物的形而上的本体，也是具体运行于具体生活世界的。“道”因此也在老子那里有时被称为“天道”。之所以称之为“天道”，正是因为强调“道”在具体生活世界的客观性和绝对性。在老子看来，“圣人”应该首先是“体道”者。“弱者，道之用”，“圣人”体“道”，则意味着“圣人”以卑弱、谦下自持，化天地万物而不为先、不自恃。就像尧那样，博施而济众，但是，百姓却“不识不知，顺帝之则”，会认为“帝力于我何有哉”。《老子·二章》说：“圣人处无为之事，行不言之教；万物作而弗始，生而弗有，为而弗恃，功成而弗居。夫唯弗居，是以不去。”圣人尊奉“道”的原则，他以“无为”处世，以“不言”为教。这是因为圣人知道无为则无不为，无教则无不教。这样，物自然兴起而不加倡导，万物育成而不占为己有或己能，扶育万物而不恃望其报答，万物功成其就而不居功夸耀。正因为能做到这点，所以人们反而会将功绩归于他，其功绩也不会泯灭。

独异于人

第二，“圣人”是成就“无为之治”的人。在老子看来，圣人不仅仅是体“道”者，也是以“道”的原则来实行“无为之治”的理想君主。如《老子·三章》说：“圣人之治，虚其心，实其腹，弱其志，强其骨。”有道之人治理政事，是净化（虚寂）人的心思而不使外慕，哺鼓人的腹肚而使之安饱，减弱人的心思（意志）而使之无从纷争，强化人的筋骨而使之无所逞力。以往我们对这里说的“虚其心，实其腹，弱其志，强其骨”有着误解，误认为老子是在提倡愚民政策。《老子·六十五章》也说：“古之善为道者，非以明民，将以愚之。”这让我们更加认定老子是在提倡愚民政策。其实不然。老子所说的“虚其心，实其腹，弱其志，强其骨”不是说让老百姓喝饱了、身子骨硬朗就可以了，而是说要保持人的纯朴自然本性，不让过多的机巧、小聪明蒙蔽了心灵，不让过分张狂的欲望遮蔽了本性，人的成长发展应该在纯朴自然本性涵养的基础上“自然而然”地成长起来。“愚”字表达的也是这层意思。《老子·二十章》说：‘众人熙熙，如享太牢，如春登台。我独泊兮，其未兆;沌沌兮,如婴儿之未孩;儽儽兮,若无所归。众人皆有余,而我独若遗。我愚人之心也哉!……我独异于人,而贵食母。”相对他人像参加盛大的筵席,像登上春和景明的亭台眺望春色那样的高兴,我只是恬淡宁静,这样的不合群的确像个“愚人”一样。我既像还不知道嬉笑的婴儿那样浑浑沌沌,又像无家可归的人那样疲困,别人都有余剩,唯独我却像不足的样子。较之其他一般人的行为和心态,我也的确像是个“愚人”啊。但是,我为什么会跟一般人不一样呢?因为我独自吸取“道”以自养。这就是老子“愚”的含义。在老子那里,愚,不是指愚蠢、愚笨,而是指以“道”为养,按照“道”的原则来修身治国平天下。因此,“将之愚之”不是实行愚民政策,而是指以“道”的原则来治理国家,实行“无为之治”,而“无为之治”的实施者正是圣人。圣人的品格是“无为”,这既是指圣人自身清静寡欲,又是指圣人以“无为”而治天下。

总的来说,老子的治国思想是比较丰富的,而且在老子整个思想中占据很重要的地位。老子的治国思想贯彻着老子对“成败、存亡、祸福、古今之道”的深切领会与高度总结,同时也是他的“道”论的进一步具体落实。此外,老子的治国思想在中国历史上产生了重要影响。西汉初年以黄老思想为主导的文景之治,盛唐时期的贞观之治,这些都无不受益于老子的治国思想。时至今日,如何扬弃老子治国思想中的消极成分,吸纳其中优秀的思想为我们所用,这也是值得我们深入探讨的。

第七节 老子的语言观

西方哲学家海德格尔说:“存在在思维中形成语言。语言是存在的家”。在他看来,语言并不是一种单纯的交际工具,而是思中之中,即把思所思的存在说出来。这样的语言并不是表达知识的工具,也不是逻辑和语法结构,而是对存在的意义的直接显示。海德格尔是从哲学的高度来重新诠释语言。一般而言,语言在哲学那里从来不是单纯的表情达意的工具,而是对其所思之思的言说,就像海德格尔所说,“我们总是在说……我们总是不断地以某种方式在说”。这种“说”也并不是某种具体的表达,而就是存在。存在因为语言而有了家,从而这也意味着语言在哲学家那里开始超出日常交际工具的层面,从而具有了本源性的意蕴。可以讲,在哲学家那里,语言就是他的“思”,是蕴涵其存在在内的“思”,又敞开其存在的“思”。

近些年,随着人们对西方语言哲学研究的深入,也开始关注中国古代哲学中的语言学问题。专家学者们试图对语言学问题进行重新挖掘,以此来重新定位传统哲学和诠释传统哲学。老子无疑是中国古代最早关注语言问题的哲学家之一,在《老子》一书中充满了对语言问题的运用和深入思考,从而形成了他独特的用语,并形成了他特有的语言观。在老子那里,语言不仅是表情达意的方式或手段,也是言语其"道"的本源性的"思"。然而,老子一方面将语言直接与"道"挂搭起来,另一方面又将语言与具体生活世界联系起来。在老子那里,他一方面主张"不言",道不可言,又不能言,但又不得不勉强为之言;另一方面又主张"正言若反",以这种特有的表达方式,将具体生活世界敞开,让语言在具体生活世界找到其安顿之处。这样就形成了老子语言观的形上性与实践性相结合的特征。

一、不言

在《老子》开篇中,老子就提出了"道"与"语言"之间的关系问题。他说:"道可道,非常道;名可名,非常名。"可以用言词来表达的"道"并非恒常之"道";可以用文字叙述的"名"也并非恒常之"名"。在老子看来,形而上的"道"是难以用语言来表达的,因为有"名"则必有"实",这个"实"是具体生活世界的活生生的东西,但是,"道"是超越了具体生活世界中具体事物的,因而我们无法以语言来表达它。魏晋玄学家王弼注释时说:"可道之道,可名之名,指事造形,非其常也"。语言、名词甚至文字都是"指事造形"的,它所表征的是具体生活世界中那些具体事物,而"道"却不具有这种具体性,"道"是恒常的,"道"是"自古及今,其名不去,以阅众甫"的形而上存在(《老子·二十一章》),是"独立而不改,周行而不殆,可以为天下母"的(《老子·二十五章》)。据此,老子认为"道"不可言说,也就是说,语言无法表达"道"。从"道"的角度来看,"道"因语言无法表达从而获得其形而上性;而从"语言"角度来看,"道"也因言语无法表达从而具有"不言"的性质。"不言"并不是指不表达或无法表达,从文意来说,"不言"有三义:一是不可言;二是不能言;三是不愿言。这三层意义在《老子》那里其实是兼而有之的。在这个意义上,语言因"不言"而敞开其意义,开始暂时跳出具体生活世界的樊篱,而在"道"的层面上表达存在之"思"。同时,语言也因为"不言"而显露其形而上性,这样的语言不再是具体生活世界中"指事造形"的表意工具或交际工具,而是"道"的言说,或者说就是"道"的存在。

(一)不可言

清人魏源在其《老子本义》中说:“至人无名,怀真韬晦,而未尝语人,非秘而不宣也。道固未可以言语显而名迹求者也。及迫关尹之请,不得已著书,故郑重于发言之首曰:道至难言也。使可拟议而指名,则有一定之义,而非无往不在之真常矣。非真常者而执以为道,则言仁而害仁,尚义而害义,袭礼而害礼。”“道”是“无往不在之真常”,是始终运行并作用于具体生活世界的存在,所以,我们很难来言说它。这是因为凡可言说者,都是有“一定之义”的,即是具体事物。但是,对于“无往不在之真常”,我们又怎么可以有“一定之义”的具体名词来言说它呢?总之,“道至难言也”。而且我们如果硬是以“非真常”者来言说“道”的话,那么,就会出现“言仁而害仁,尚义而害义,袭礼而害礼”的危险情况。在这个意义上,“道”不可言。不可言,是因为“道”的超越性。可言之“道”不是具有超越性的形而上的“道”,不是本源性的“道”了。因此,语言在面对形而上的“道”时止步了。语言的“不可说”,乃是语言的“自觉”行为。语言有其自己活动的范围,如果语言的使用超出这个范围,或者说语言表达或描述了它所不能正确表达或描述的对象的话,那是语言使用上的僭越,也是语言自身的僭越。西方哲学家维特根斯坦在《逻辑哲学论》中说:“对于不能言说的东西,就应当保持沉默。”“沉默”不代表语言的无能,而是规范了语言使用的正当使用。那么,如果语言僭越了其使用范围和使用权限的话,这会出现什么情况呢?这会有两种情况:一是语言虽然表达了,描述了,但是无法正确地表达和描述“道”,这样子表达和描述出来的“道”则不再是“无往不在之真常者”,而是沦为“非真常者”了。同样地,这种语言本身就是“空的”语言,也就是无意义的。二是语言表达和描述了它无法表达和描述的“道”,“道”在语言面前被“遮蔽”了,“道”由“无往不在之真常者”而沦为“非真常者”,以“非真常者而执以为道”,这也是对“道”的妄用,这样会造成“道”在其使用上的“蹩脚”,就像魏源所说的“言仁而害仁,尚义而害义,袭礼而害礼”,这样的“道”不是“常道”,不是那个具有超越性的形而上的“道”。同样地,这种语言本身也只能是“假”的语言,而丧失了语言的合法性。因此,语言对“道”的不可说,并不是语言本身的苍白或无能,而恰恰是语言的正当性和合法性的体现,也是语言“自觉”的行为。而从“道”的角度来看,语言对“道”的不可说或“不言”,也正是一种“说”或“言”。语言通过自身的“不可说”或“不言”而表达了“道”的超越性,也因此具有超越性的“道”通过语言本身的“不可说”或“不言”而得到了“言说”“可说”。值得注意的是,语言的这种“可说”“可言”与我们日常语言的那种“可说”“可言”有着本质上的区别。魏晋玄学家何晏《无名论》说:“为民所誉,则有名者也;无誉,无名者也。若夫圣人,名无名,誉无誉,谓无名为道,无誉为大。则夫无名者,可以言有名矣;无誉者,可以言有誉矣。然与夫可誉可名者岂同用哉?”在日常生活世界中,人们使用语言来表达“可誉可名”者,具体事物也因语言的表达功能而有其名;但是,对于“道”这样“不可言说的东西”,我们原本无法以日常语言来言说它,因此“道”在语言面前可谓之“无”“无名”“无誉”。但是,圣人却“名无名”“誉无誉”,圣人是在僭用语言吗?不是的。语言之外的“无”,语言自然无法言说,但是,这种“无法言说”本身就是在“言说”了,何晏敏锐地指出了这种“言说”“不可言说的东西”的“言说”是与日常生活中的“言说”根本不同的(“岂同用哉”)。何晏的《无名论》是对老子“道”的诠释,因此,他在这里也揭示出了“道”之不可说与“可说”之间的关系。从“道可道,非常道;名可名,非常名”开始,老子以语言自身的使用权限和使用范围为依托,通过语言对“道”的不可说,从而对“道”有所“言说”了。也正因为这种“不可说”到“可说”的转换,“道”也由“不能说”而成为“能说”之对象。然而,诚如何晏所揭示的,“道”的这种“能说”与日常生活世界中具体事物的那种“能说”还是有本质区别的。“道”之“能说”源自“道”之“不能说”“不可说”,而是“可说”“能言”。

(二)不能言

不言的第二义是“不能言”。“不能言”也就是无法说、说不出来。在老子那里,“道”是既清晰又朦胧的,说它是清晰的,是因为“道”虽然是超越性的存在,“不可说”,但是我们仍然可以对其进行界说;说它是朦胧的,是因为我们语言在“道”的描述上显得有些“力不从心”,我们无法说出或说清楚“道”是什么。在老子那里,“道”不仅仅是“先天地生”“可以为天地母”的超越性存在,它也是“寂兮寥兮,独立而不改,周行而不殆”的具体生活世界中的“道”。《老子·二十五章》说:“道大,天大,地大,人亦大。域中有四大,而人居其一焉。人法地,地法天,天法道,道法自然。”在老子看来,“道”与天、地、人共同为宇宙间的四极(“大”),而“道”与天、地、人并不是等列齐观的,它是天、地、人所取法、遵循的范型(“法”),这样的“道”既超越于具体生活世界又就在具体生活世界。它的存在方式取法“自然”,即它是自然而然的存在,它与时俱化,随着事物的变化发展而变化发展。“道”可谓是“高明又极中庸”的,它就在我们日用而不知的生活世界中。

《庄子·知北游》记载过东郭子与庄子讨论“道”的一段话。其文曰:“东郭子问于庄子曰:‘所谓道,恶乎在?’庄子曰:‘无所不在。’东郭子曰:‘期而后可’。庄子曰:‘在蝼蚁。’曰:‘何其下邪?’曰:‘在稊稗’。曰:‘何其愈下邪?’曰:‘在瓦甓’。曰：‘何其愈甚邪？’曰：‘在屎溺’。”庄子在这里不是在侮辱东郭子，而是以这些低贱之物来表征“道”之无所不在，无所不化。正因为“道”的这种“自然而然”的特征，我们对“道”不能说。就像东郭子请教庄子“道在哪里”，如果我们可以指出道具体在哪里，我们一定会说“道”在某处某处，但是，对于“无所不在”的“道”，我们又怎么能够指得出来呢？东郭子不能接受这种答案，一定要打破砂锅问到底，“道究竟在哪里？”如果你说道存在，那么，你就得指出道在哪里，否则，道就是不存在。庄子使用一系列低贱的地方来告诉“道”在哪里，“道在蝼蚁”“道在梯稗”“道在瓦甓”“道在屎溺”。尽管庄子已经使用了这些平常人连想都想不到的用语来告诉东郭子“道”在哪里，但是，“道”在哪里，我们仍然不得而知。

这是因为“道”无所不在，它是宇宙之一“大”，又以“自然而然”为其特征，可以说，宇宙间每一处均有其存在，那么，我们又怎么可能遍举之呢？何晏在《无名论》中说：“夫惟无名，故可得遍以天下之名名之，然岂其名也哉？”因此，语言对于“道”不能说，尽管我们可以遍举天下所有的名号、名词来表达或称谓它，难道这就是“道”了吗，难道这就是表达出来“道是什么”了吗？我们尽管使用了那些如“蝼蚁”“梯稗”“瓦甓”“屎溺”等极端的用语就真的能够表达出“道在哪里”吗？语言在此显得“力不从心”，这种“力不从心”并不是语言的过错，也不是“道”的过错，而在于我们的不恰当的使用，或者是对语言的僭越，同样也是对“道”的僭越。因此，“道”不可说，也不能说。

（三）不愿言

正因为“道”之不可说，不能说，从而引出“不言”的第三层含义：不愿说。“道至难言也”，我们的语言在它面前显得“力不从心”，另外，“道”也不仅仅是个被言说的对象，而是个践履、体证的对象。故而，老子对“道”之“不言”又表现为“不愿说”。“不愿说”并不是老子故意不想说，或是老子不愿意与他人分享自己的思想，而是“道”这个对象的特殊性。然而，老子到底还是说了，这一方面源自函谷关令尹喜之请，不得已而说了。《史记·老庄申韩列传》说：“老子修道德，其学以自隐无名为务。居周久之，见周之衰，乃遂去。至关，关令尹喜曰：‘子将隐矣，强为我著书’。于是老子乃著书上下篇，言道德之意五千余言而去。”因此，与老子的“不愿言”相联系的乃是“不得不说”。

《老子·二十五章》说：“有物混成，先天地生。寂兮寥兮，独立而不改。周行而不殆，可以为天地母。吾不知其名，强字之曰‘道’，强为之名曰‘大’。”“有物混成，先天地生。寂兮寥兮，独立而不改，周行而不殆，可以为天地母”，这都是对

"道"的描述。然而,尽管语言可以对"道"做出如此详细而准确的描述,但是,老子仍然说,我还是无法准确地命名它,只能勉强地把它叫作"道",也只能勉强地给它起个名字叫作"大"。从这段话来看,老子其实是不愿意论"道",因为尽管我们对"道"说了一大通,但是我们还是无法"名之""字之"。即使我们勉强地称它为"道""大",这也不是它的"真名",而只是我们暂时的、不得已的称谓而已。

《老子·二十一章》说:"道之为物,惟恍惟惚。惚兮恍兮,其中有象;恍兮惚兮,其中有物。窈兮冥兮,其中有精;其精甚真,其中有信。""道"这个东西,恍恍惚惚无定体。惚惚恍恍之中,却有它的形象;恍恍惚惚之中,却有它的实物;深远暗昧之中,却有它的精质;这精质是非常真实的,那光中有它的征信。这段文字也是在论"道",这里看似把"道"说得很清楚了,但又觉得我们无法表达或理解它。对于这些"恍惚"的东西,我们又怎么可能言说它呢?因此,老子的"不言"还表现在"不愿说"。"不愿说"不是真的"不说"了,而是种态度,是种情境。

"道"本来就"至难言",又不可说,又不能说,对于它,我们无法以某种客观的、直接的语言对它进行直接表达或描述,因此,"不愿说"在这里正是表达了这种无法正面表达的无奈态度。而另一方面,我们又可以和能够对"道"进行表达或描述,那么,我们是在什么情境下对它进行如此的表达和描述呢?我们正是在"不愿说"的情境下对它进行如此表达和描述。对于不可说、不能说的"道",我们既"不愿说"而又不得不说,这看似是种悖论。但是,正是这种看似悖论的情境既可以使我们回避开语言在"道"的正面表达上"力不从心"的局面,又可以使我们对"道"进行看似正面的描述和思辨。在《老子》中,老子使用过"贵言""谦言""信言""希言""美言""正言若反"等这些正是这种"不愿说"情境的表达。

(四)"不言"的实践意蕴

在老子那里,"不言"的这三层意义是交织在一起的,共同构成了老子对"道"的思辨。其实,在老子那里,"道"不仅是超越性的存在,也是运行于具体生活世界的,这也就是说,"道"不仅是个思辨的本体,也是实践本体。因此,相对于"不言"的这三层意蕴,"不言"还有践履之义。老子的"不言"乃是因为"道"是"体"的对象,也是"行"的对象。这就牵涉出语言与实践之间的关系,或言行之间的关系问题。《老子·五章》说:"多言数穷,不如守中。"言语过多会让人无所适从,自己也会感到碰壁,不知所终的,所以倒不如持守虚静中正之道。如果语言过多过繁而导致行为受阻,那倒不如"不言",而只是"守中",以"虚静中正之道"来"行道"。在《老子·二十三章》中,老子又说:"希言自然,故飘风不终朝,骤雨不终日。孰为此者？天地。天地尚不能久，而况于人乎？”不言之教是合乎自然的。狂风刮不了一个早晨，暴雨下不了一个整天。是谁使它这样的？天地。天地的狂风暴雨都不能持久，何况人呢？《论语》中曾经记载过孔子与子贡的对话。《论语·阳货篇》说："子曰：'予欲无言'。子贡曰：'子如不言，则小子何述焉？'子曰：'天何言哉？四时行焉，百物生焉。天何言哉？'"《荀子·天论》也说："列星随旋，日月递照，四时代御，阴阳变化，风雨博施，万物各得其和以生，各得其养以成，不见其事，而见其功，夫是之谓神。"老子、孔子和荀子对"天"的认识是相通的，都认为"天"的运行是"自然"、自然而然的。故而，老子说"希言自然"。对于"天"和"天道"，语言的表达和描述显得"力不从心"，倒不如"不言""希言"。"希言""不言"不是真的不说了，而是把重点转换到"行"上来，即以"天道"的原则"行不言之教"，这样，虽然"不言""希言"，但是却可以成就"道"，或"得道"，这才是真正的"体道"。

老子莲花坐像

二、正言若反

(一)"正言若反"的语言学诠释

在老子那里，虽然认为"道"不可言、不能言，也不愿言，但是，老子还是"强为之言"。那么，老子又是通过什么方式来言说"道"及其整个哲学思想的呢？这里，老子就由对"道"的"不言"进而转换为"可言""能言"，以"正言若反"的方式来具体落实"道"。这一由"不言"转换为"言"的过程，也是"道"自身敞开其意义的过程。由于语言自身的合法性和正当性，"道"无法从正面来界定，任何对"道"正面的、看似准确的界定，都是对"道"的僭越，也是对言语的僭越。因此，老子使用了"正言若反"的方式来强为"道"立言。

对于老子"正言若反"的语言使用方式，一般人会以为这是非常可怪之论，或是"油滑吊诡之辞"、是诡辩，甚至有人认为这是老子在玩弄文辞，为人们"怎么都好"的行为开脱。其实不然。今天我们已经习惯了西方的形式逻辑思维，即"A 是 A，绝不是'非 A'"，如果认为"A 是'非 A'"的话，那就是悖论，就是非常可怪之论了。然而，老子在这里并不是直接将 A 与"非 A"等同起来的，而是在两个极反相对的概念和命题之间加上一个"若"字，使之跳出直言判断"A 是'非 A'"的逻辑思维,而成为一个假言判断句,假言判断句规避了“执一是”和“不执一是”,所以,截然不同的两种性质对于同一个事物不再是不相容的,因此也就没有了语言学上的“遮言”,故而“正言若反”从现代语言学(即植根于西方语言传统)的观点来看,只是有着一种所谓的语言学“佯谬”。

以上我们从语言学角度分析了老子这一独特的语用规则。那么,老子的“正言若反”的语言规则是一种诡辩吗?这肯定不是。如果要理解老子这一语言规则及其意义,我们需要从老子的整个思想体系来理解。在老子那里,世界是相反相对的,无论是“道”,还是具体生活世界中的具体事物,还是具体事物内部,我们都可以从相反相对的两个方面来理解。“道”是老子哲学的最基本最核心的概念,围绕着“道”及其与具体事物之间的关系,老子建立起自己的哲学体系。而“道”不可说、不能说,因为当我们以具体语言来表达或描述“道”时,只能描述出“道”之一面,而“道”之其他方面则无法被涵盖于其中。这样被描述出来的“道”不是完整的“道”,不是“常道”,是“偏道”。这样被语言表达出来的“道”由于自身的不完满性,在具体生活世界是无法恒久存在的,因此,“道”不可说、不能说。那么,我们又需要对“道”强为之“说”,那怎么办呢?实际上“道”的完满性与语言的不完满性之间的矛盾的存在,也蕴涵着问题解决之可能在其中。如果我们能够找到以一种能涵盖“道”之两面的语言来表达或描述“道”的话,那么,“道”是不是就可以为我们所言说了呢?“正言若反”正是老子用来言说“道”的语言表达。“正言若反”这种表达方式既兼顾了“正”的一面,也兼容了“反”的一面,它有效而准确地揭示了事物两面相反相成的特性。

(二)“正言若反”的哲学诠释

哲学家的语言不同于日常生活的语言之处就在于,前者不仅是用来指称事物,表情达意,还用它来进行思辨,构成体系,这样的语言本身就是为了体系而存在的;而后者只有表情达意的交际功能。在这个意义上,“正言若反”在老子那里就不仅仅是语言具体使用上的规则或习惯,还是其“言说”其哲学之“思”,这就是海德格尔所说“语言是存在的家”。因此,“正言若反”也就具有了其哲学意蕴。

如果具体来说“正言若反”,我们可以从两个层次来讨论。一是“道”的层次上的“正言若反”;二是具体生活世界层次上的“正言若反”。以下我们分别来解读。

1.“道”的层次上的“正言若反”

在《老子·一章》中,老子就说:“无名天地之始,有名万物之母。故常无,欲以观其妙;常有,欲以观其徼。此两者同出而异名,同谓之‘玄’。玄之又玄,众妙之门。”“有”与“无”是对“道”之本体的不同表达,“无”是天地之本源、源起,而“有”

是万物之根本和根据。前者着眼于"天地"而论"道",后者着眼于"万物"而言"道"。我们对"万物之母"还可以用语言来表达,如太一、太素、太始等;对于"天地之始"则我们无法用语言来表达了,它超出了我们的语言的使用范围。相对于"万物之母"在表达上的"有","天地之始"则只能以"无"来命名了。老子在这里许"有"字以"观其徼",而许"无"字以"观其妙"。"徼"字的含义是边、边际。"观其徼"也就是观察其端倪边际;而"妙"字,应该与《易传·说卦传》"神也者,妙万物而为言者也"之"妙"字意义相同。魏晋玄学家王弼《老子注》说:"妙者,微之极也。万物始于微而后成,始于无而后生"。"观其妙"就是观察其"精妙微细""微之极"。因此,"无""有"无论是从定义上还是从使用上都是相反相对的两个概念。但是老子并不这样认为。在他看来,"有"与"无"虽是"异名"、不同概念,但是二者却是出于同一来源,即"道"的。老子把"有""无"同源这一情况称之为"玄"。"玄"不是对"道"的称谓,而是指"有""无"异名而同出这一情况。王弼注曰:"玄者,冥默无有也,始、母之所出也。不可得而名,故不可言同名曰玄。而言同谓之玄者,取于不可得而谓之然也。不可得而谓之然,则不可定乎一玄而已。若定乎一玄,则是名则失之远矣。故曰'玄之又玄'也。众妙皆从玄而出,故曰'众妙之门'也"。王弼在这里特别强调了"有"与"无"是"同谓之玄",而不是"同名曰玄"。"同名曰玄"是指"有""无"皆可以"玄"来称呼自己,而"同谓之玄"是指"有""无"之间这种异名而同出、"不可得而谓之然"的关系。这种关系可以称之为"玄同"。《老子·五十六章》说:"塞其兑,闭其门,挫其锐,解其纷,和其光,同其尘,是谓'玄同'。""玄同"是"道"相反相对的两方面之间异名而同出的、对立统一的关系。"有"与"无""同谓之玄",是说"有"与"无"同是源自"道",是对"道"的不同指称。可以说,"道"就是"有""无"的"玄同"。而这里"有""无"既是相反相对的,又是相互依存的。这正是"正言若反"的"论道"方式,我们可以把"有""无"的关系表示为:"有"若"无",或"无"若"有"。"有"若"无""无"若"有"正是对"道"的特性。这种"论道"方式规避了概念之间的冲突,而能很好地解决"道"的表达方式。"道"也因这种方式而得到了很好的诠释。

2.具体生活世界层次上的"正言若反"

老子的"正言若反"除了用在论"道"上之外,还用在具体生活世界。在讨论老子辩证法时,我们曾列举过一些相反相成的概念,并讨论过它们之间的关系。从语言学角度来看,这些相反相成的概念又可称作"对反语"。对反语是指成对出现而又意义相反的语词。英国著名汉学家葛瑞汉说:"古代汉语是这样一种语言,它明显地适合思想家用一系列对偶字来组织概念,按韵律和对称来排列句子,并在与思想家用来进行思维的不对等而句法复杂的句子之间运作”。在哲学家那里，语言从来就不是简单地说话，而是智慧之思。在老子那里，这些对反语以“正言若反”的方式传递着老子的智慧之思。马德邻曾经对《老子》一书中这些对反语做了总结，共九十多对。现录之如下：

(1)有关“道”之本体的：

有、无；常无、常有；美、恶；善、不善；虚、实；弱、强；无为、有为；冲、虚；天、地。

(2)有关时间、方位、次序的：

长、短；前、后；先、后；上、下；左、右；高、下；今、古；迎、随；进、退。

(3)有关事物性质、状态的：

难、易；音、声；徼、昧；清、浊；静、动；敝、成；有、遗；昭昭、昏昏；察察、闷闷；曲、全：枉、直；洼、盈；敝、新；少、多；重、轻；静、躁；救、弃；智、迷；雌、雄；白、黑；荣、辱；强、羸；挫、隳；吉、凶；歙、张；废、与；夺、与；柔弱、刚强；存、亡；明、昧；夷、类；阴、阳；损、益；得、失；成、缺；直、曲；巧、拙；辩、讷；赢、绌；燥、静；寒、热；牝、牡；大国、小国；怨、德；难、易；大、细；明、愚；贼、福；主、客；柔、刚。

(4)有关道德价值的：

宠、辱；有身、无身；上德、下德；有德、无德；去、取；彼、此；有道、无道；无事、有事；生、死；亲、疏；贵、贱；祸、福；淳淳、缺缺；知、行；利、害；杀、活；轻死、贵生；柔弱、坚强；有余、不足；损、补。

(5)有关言语、认识的：

信、不信；美、不美；辩、不辩；博、不博；知、不知。

这些对反语几乎涵盖了生活的方方面面，可见老子对生活观察之细致与精到。那么，老子为什么要花如此大的精力从生活中提炼出这些对反语呢，老子又是如何来使用这些对反语来表达其哲学之思的呢？从语言学角度来看，这些对反语不过是些名词或概念，但是，在老子那里，这些概念或名词却有着更为深刻的实践内涵。老子在书中之所以提出这些对反语，绝不是为了哗众取宠，也绝不是为了显摆自己学识渊博，而渗透着他对现实生活世界的深切关怀，这是老子的可贵之处，也是老子的可敬之处。在老子那里，语言从来不是单纯的名词符号，也不仅仅是思辨的手段或工具，而是具有深刻的生活内涵的概念，语言也因此在老子那里具有了实践表征功能。这是老子语言观的独特性，这也饱含着老子的生活智慧。通过对这些具有生活内涵的对反语的思辨，老子所要做的不仅仅是完成哲学体系的建立，而且还是实践生活的“去遮”和意义的敞开。语言也因此走出自身的原本局促的理论局限，开始走向现实生活世界，也在现实生活世界完成自身的“涅槃”，实现自身的重铸,从而获得比理论意义更为深刻的实践意义。

然而,《老子》一书不仅仅是提炼出这些对反语,而且进一步运用这些对反语来论"道"、体"道"、悟"道"。老子运用这些对反语的方式和规则就是"正言若反"。在语言学层面上,这些对反语是相互对立、相互排斥的,如果将之混用,那就会出现语言学或逻辑学上的混乱。但是,在现实生活层面上,这些概念又是相通的。《老子·二十二章》说:"曲则全,枉则直,洼则盈,敝则新,少则得,多则惑。"老子在这里不是混淆曲全、枉直、洼盈、敝新、少得、多惑这六对对反语,而是揭示出它们的相通性。徐梵澄《老子臆解》说:"此言曲全、枉正、洼盈、敝新、少得、多惑,皆自然之理,变易之道也。'曲则全'者,循环之谓也。引一直线可至于无穷,不得谓之全,必此一线圆曲以还于起点,斯可谓之全线。'枉则正'者,规矩之谓也。譬如射,邪必正之,正则中的,邪则不可以中。'洼则盈'者,虚受之谓也。池深而注水,则可满。'敝则新'者,改革之谓也。衣敝则改为,政敝则革新……'少则得'而'多则惑'者,言少则理而多则乱也。"这些概念之间的相通,不在于语言学或逻辑学上概念与概念之间通约,而是在现实生活情境下的相通。

然而,这些具体生活世界中的对反语之间的相通性,不仅仅是具体生活情境下的相通,还是"道"的层面上的相通。《老子》中的这些具体的对反语是对现实生活世界的各类对反现象或对反事物的总结和提炼,也就是说,这些对反语是以"世界是相反相成的"这一命题为其根据的。那么,这些对反现象或对反事物的产生的根源又在哪儿呢?他们的根源在于"道"。《老子·四十二章》:"道生一,一生二,二生三,三生万物。""二"即是这些对反现象或对反事物的直接根源,而"二"又是衍生自"一",衍生自"道"。故而,在老子看来,对反语之所以能够相通,这乃是源自"道",源自"道"的"反"的作用和运动(《老子·四十章》:"反者,道之动")。而"正言若反"正足以表达老子对对反语的这种理解和运用。在《老子》一书中,这些对反语并不是单个的孤立的出现,而是以相反相对的形式对举的形式出现的。同时,这些对反语对举出现的方式又是以"正言若反"的形式表述出来的。从纯粹语言学角度,我们似乎很难理解这一现象,但是,如果在老子以"道"为核心的整个哲学体系中,这又是最合适不过的了。因为老子提炼出这些对反语,并不是为了故弄玄虚的,而是为了揭示出"道"在具体生活世界中的具体运用。

具体生活世界层面上的"正言若反",除了这种纯天理、物理意义上的之外,还有政治、社会意义上的。"无为而无不为"(《老子·三十七章》)就是一个最好的例子。"无不为"是圣人之治的最高理想,是目的,而"无为"是达成这一理想、实现这一目的的手段或过程。然而,圣人治理国家,既不是纯粹的"无为",又不是纯粹的

"无不为",而是"无为而无不为"。如果用"正言若反"的语言规则来转换这一命题,我们会看得更清晰了。"无为而无不为",以"正言若反"的句法来看,可以翻译为:"无不为"若"无为"。再比如《老子·四十五章》说:"大成若缺,其用不弊。大盈若冲,其用不穷。大直若屈,大巧若拙,大辩若讷,大赢若绌"。最完美的东西好似欠缺,但它的作用不会衰竭。最充盈的东西好似空虚,但它的作用不会穷尽。最直的东西好似弯曲,最灵巧的东西好像笨拙,最好的口才好似不善辩说,最大的赢利好似亏本。老子在这里不是故意玩弄语言游戏,而是有着深刻的生活智慧。"物极必反",天下没有最完美的东西,完美的东西里面总是有所欠缺,而正因为这些欠缺的存在,事物才会不断得到发展。最充盈的东西不一定必须是实的,也可以是空虚的,就像空气一样,空气看似是空虚的,但是它却能为最充盈的东西发挥作用提供不竭的动力,诚如《老子·五章》所说,"天地之间,其犹橐籥乎!虚而不屈,动而愈出。"最笔直的东西也像是弯曲了的,因为弯曲总是与笔直共存的;最灵巧的东西也好像笨拙一样,因为笨拙也是与灵巧共生;最好的口才就像不能辩说一样,因为雄辩之中也是有口讷的存在的,二者也是共生的:大赢与亏本之间也是这样。其实,老子在这里并不是要什么权谋诡计,而是告诉人们:在现实生活世界中,具体事物总是相反相对的,而且当事物发展到一定程度的时候就会走向对立面,因此,我们在做任何事的时候得把握好"度",不要太过分。这也是"弱者,道之用"的道理。

总的说来,老子的"正言若反"也是为了他的"道"论服务的。"正言若反"的言说方式使老子既回避了语言在表达"道"时的尴尬局面,又让"道"在现实生活世界开出另一番天地。"正言若反"也因此超出了单纯语言学或逻辑学的理论视域,从而具有了方法论的意义。

最后,我们有必要总结一下老子的"不言"与"言"之间的关系。在老子那里,"不言"是"言"的前提,因为"道"不可说、不能说,虽不愿说又不得不说,故而"言"成为必然;同时,"言"又为"不言"提供了论证。老子的"正言若反"不是什么语言游戏,老子也没有纯粹的语言学思想或理论,老子的"正言若反"这种言说方式是因"道"之"不言"而生的,却又为"道"之不可言、不能言提供了论证,也使得"道"之"不言"具有更多的实践意蕴。因此,老子之"不言"与"言"又在现实生活世界中达成了"和解",共同敞开了"道"的意义世界。就像海德格尔所说的,命名物的同时也命名世界。在老子那里虽然没有纯粹的系统的语言学理论,但是,老子和《老子》的语言却超出了语言学境域,而进入了哲学之思的领域,从而表现出其独特的语言魅力和哲学魅力。

第八节　老子的礼学思想

一、作为礼学大师的老子

前面我们介绍老子其人时曾提到，孔子尝问礼于老子；但是，由于《老子》书中存在着非常明确的排斥"礼"的语句，如本讲标题中所引的"礼者，忠信之薄而乱之首"（《老子·三十八章》），也即是说："'礼'这东西是忠信的衰退、大乱的祸首"，为此，历史上的诸多学者纷纷对于孔子问礼于老子的事情表示了怀疑，认为老子必定是一个对"礼"一窍不通、极端排斥的人，从而才能说出礼是大乱的祸首那样的话。然而，我们曾经谈到，孔子问礼于老子的事情，不仅在道家的书如《庄子》中有记载，而且在儒家的书如《礼记》中亦有记载，如果没有其他确凿的证据，我们很难证明孔子问礼于老子的事情是纯粹虚构的故事。并且，从本书前面几讲对老子思想的分析中，我们可以想见，老子是一个思想非常深邃、视野非常开阔的人，同时又是一个极其谦虚的人，假若他对礼学一窍不通的话，他是绝对不会对"礼"乱发评论，甚至主观臆断地对"礼"进行排斥的。因此，由老子"澹兮其若海，飂兮若无止"的虚怀若谷的性格，我们可以推断，老子既然对"礼"发出了如此明确的评论，不管是褒还是贬，老子都应该是在对"礼"有足够认识的情况下才会发出这种评论的。正是基于上述的考虑，我们称呼老子为"礼学大师"，认为老子是一个礼学大家。

为了使老子"礼学大师"的身份更为明确和清晰，让我们首先对相关的文献资料作一更为翔实的考辨和分析。

为了使这个辨析更具说服力，我们不妨从儒家的文献资料谈起。儒家文献中对孔子问礼于老子的记载，主要在上文所提到的《礼记·曾子问》中，其中有四则资料都提到孔子称"吾闻诸老聃"，具体如下：

曾子问曰："古者师行，必以迁庙主行乎？"孔子曰："天子巡守，以迁庙主行，载于齐车，言必有尊也。今也，取七庙之主以行，则失之矣。当七庙五庙无虚主。虚主者，唯天子崩，诸侯薨与去其国，与祫祭于主，为无主耳。吾闻诸老聃曰：'天子崩，国君薨，则祝取群庙之主而藏诸祖庙，礼也。卒哭成事而后，主各反其庙。君去

其国,大宰取群庙之主以从,礼也。祫祭于祖,则祝迎四庙之主。主出庙入庙必跸。'老聃云。"

曾子问曰:"葬引至于堩,日有食之,则有变乎?且不乎?"孔子曰:"昔者,吾从老聃助葬于巷党,及堩,日有食之,老聃曰:'丘!止柩,就道右,止哭以听变'。既明,反而后行,曰:'礼也'。反葬,而丘问之曰:'夫柩不可以反者也,日有食之,不知其已之迟数,则岂如行哉?'老聃曰:'诸侯朝天子,见日而行,逮日而舍奠。大夫使,见日而行,逮日而舍。夫柩不蚤出,不暮宿。见星而行者,唯罪人与奔父母之丧者乎。日有食之,安知其不见星也?且君子行礼,不以人之亲痁患。'吾闻诸老聃云。"

曾子问曰:"下殇,土周葬于园,遂舆机而往,涂故也。今墓远,则其葬也如之何?"孔子曰:"吾闻诸老聃曰:'昔者史佚有子而死,下殇也。墓远,召公谓之曰:何以不棺敛于宫中?史佚曰:吾敢乎哉?召公言于周公,周公曰:岂不可?史佚行之。下殇用棺衣棺,自史佚始也。'"

子夏问曰:"三年之丧卒哭,金革之事无辟也者,礼与?初有司与?"孔子曰:"夏后氏三年之丧,既殡而致事,殷人既葬而致事。《记》曰:'君子不夺人之亲,亦不可夺亲也,此之谓乎?'"子夏曰:"金革之事无辟也者,非与?"孔子曰:"吾闻诸老聃曰:'昔者鲁公伯禽有为为之也。今以三年之丧,从其利者,吾弗知也!'"

从以上的四则材料中,我们可以发现一个特别的地方,那就是这四则材料都是关于丧葬祭祀之礼的。不过,如果对古代的礼制有足够的了解的话,便不会感到特别奇怪了;因为对于古人来说,丧葬祭祀之事在他们的日常生活中占据着十分重要的地位,正如《左传·成公十三年》所载:"国之大事,在祀与戎",国家最主要的两件事情就是祭祀与战争,祭祀是维系家族关系、构织社会网络乃至保障国家正常的政治秩序的一个重要枢纽。由此来看,孔子主要向老子请教祭祀丧葬之礼,也便很容易理解了。而从孔子向老子问礼的内容来看,下至一般百姓士大夫的丧葬之礼,上至国家的祭祀之礼,以至许许多多的行礼细节,可谓无所不包,这充分说明老子是非常懂礼的。

其实,《老子》书中也记载了一些关于丧葬祭祀之礼的评论,如《老子·三十一章》说:"吉事尚左,凶事尚右。偏将军居左,上将军居右,言以丧礼处之。杀人之众,以悲哀泣之,战胜以丧礼处之"。意即:喜庆的事都以左边为尊上,只有遇到凶丧之事才以右边为尊上。所以偏将军站在左边,而上将军站在右边,这就是说用丧礼的仪式来对待出兵打仗。战争死伤众多,所以以哀痛的心情去参加,打了胜仗也还是以丧礼的仪式去对待处理。在这里,老子反复强调战争的礼节要仿效“丧礼”,甚至前后左右的仪节也都要非常注意,可见老子对丧葬祭祀之礼的精通绝不应是《礼记》的虚构,而是确有其事的。

此外,《老子·五十四章》说:“善建者不拔,善抱者不脱,子孙以祭祀不辍”。意即:善于建立的不可拔出,善于抱持的不会脱落,(遵循这一原则)足以使子孙后代祭祀不断。在这里,老子更是视“子孙以祭祀不辍”为荣,不仅没有表现出对祭祀之礼的丝毫反对,反而引之为受祭者的荣耀。这说明老子不仅懂礼,而且崇尚礼节,至少是崇尚丧葬祭祀之礼的。

孔子问礼

大概也正是由于老子对“礼”的精通与尊崇,孔子才反复向老子求教相关的问题,并得到老子多方指点,最后成为一段名垂青史的佳话,以至于儒家的学者也无法回避这一史实,甚至还不断地称颂这一史实。且不说唐朝韩愈《师说》中那段脍炙人口的“圣人无常师,孔子师郯子、苌弘、师襄、老聃”的言论,即使在孔子的时代,便有孔子的弟子对孔子问礼于老子的事迹进行称颂了。我们且看《韩诗外传·卷五》中的这段记载:“哀公问于子夏曰:‘必学然后可以安国保民乎?’子夏曰:‘不学而能安国保民者,未之有也。’哀公曰:‘然则五帝有师乎?’子夏曰:‘臣闻黄帝学乎大坟,颛顼学乎线图,帝喾学乎赤松子,尧学乎务成子附,舜学乎尹寿,禹学乎西王国,汤学乎贷子相,文王学乎锡畴子斯,武王学乎太公,周公学乎虢叔,仲尼学乎老聃。此十一圣人,未遭此师,则功业不能著乎天下,名号不能传乎后世者也。’”我们知道,子夏是孔子最得意的弟子(孔门十哲)之一,是孔门四科中文学科的佼佼者,并且,孔子去世后,儒家的主要经典如《诗》《书》《礼》《乐》都是由子夏整理后才传下去的,以至于当时的大人物,如李悝、吴起,甚至作为一国之主的魏文侯都曾向子夏问学;而我们适才所引的《韩诗外传》的作者韩婴,就是子夏《诗》学方面的主要传人。因此,《韩诗外传》所记载的这段子夏的话应该是可信的。试想，连孔子的得意门生都承认“仲尼学乎老聃”的事情，并且认为如果孔子若是“未遭此师，则功业不能著乎天下，名号不能传乎后世”；换言之，没有老子的教授和指导，孔子就不会有后来那么大的成就。由此，我们对于老子是否是精通礼学的问题，应该是有非常肯定而清晰的答案了。

接下来，我们不妨也来看看老子的主要继承人庄子对于孔子学于老子之事的一些记述。据粗略统计，在《庄子》书中大约记载了老子的事迹二十则左右，而其中居然有九则都是与孔子问学于老子相关的；可见，孔子问学于老子很难说是出于庄子的虚构，否则庄子也不会花这么大的笔墨来记述这些事。庄子所记述的孔子问学于老子的九则事迹的主要内容如下：

无趾语老聃曰：“孔丘之于至人，其未邪？彼何宾宾以学子为？……”老聃曰：“胡不直使彼以死生为一条，以可不可为一贯者，解其桎梏，其可乎？”（《庄子·德充符》）

夫子问于老聃曰：“有人治道若相放，可不可，然不然。辩者有言曰：‘离坚白，若县寓。’若是则可谓圣人乎？”老聃曰：“是胥易技系，劳形怵心者也。……丘（孔子之名），予告若，……忘乎物，忘乎天，其名为忘己。忘己之人，是之谓入于天。”（《庄子·天地》）

孔子西藏书于周室，子路谋曰：“由闻周之征藏史有老聃者，免而归居，夫子欲藏书，则试往因焉。”……孔子曰：“中心物恺，兼爱无私，此仁义之情也。”老聃曰：“……无私焉，乃私也……夫子乱人之性也。”（《庄子·天道》）

孔子行年五十有一而不闻道，乃南之沛见老聃。老聃曰：“子来乎？吾闻子，北方之贤者也！子亦得道乎？”孔子曰：“未得也。”……老子曰：“然，使道而可献，则人莫不献之于其君……仁义，先王之蘧庐也，止可以一宿而不可久处……正者，正也。其心以为不然者，天门弗开矣。”（《庄子·天运》）

孔子见老聃而语仁义。老聃曰：“……夫仁义憯然，乃愦吾心，乱莫大焉。吾子使天下无失其朴……相濡以沫，不若相忘于江湖。”（《庄子·天运》）

孔子见老聃归，三日不谈。弟子问曰：“夫子见老聃，亦将何规哉？”孔子曰：“吾乃今于是乎见龙……”子贡……遂以孔子声见老聃。老聃方将倨堂而应……老聃曰：“……三皇五帝之治天下，名曰治之，而乱莫甚焉……而犹自以为圣人，不可耻乎？其无耻也！”子贡蹴蹴然立不安。（《庄子·天运》）

孔子谓老聃曰：“丘治《诗》《书》《礼》《乐》《易》《春秋》六经……道之难明邪？”老子曰：“……苟得于道，无自而不可；失焉者，无自而可。”孔子不出三月，复

见，曰："丘得之矣……不与化为人，安能化人。"老子曰："可，丘得之矣！"（《庄子·天运》）

孔子见老聃……老聃曰："吾游心于物之初。"孔子曰："何谓邪？"曰："……两者交通成和而物生焉……生有所乎萌，死有所乎归，始终相反乎无端，而莫知乎其所穷。非是也，且孰为之宗！"……孔子出，以告颜回曰："丘之于道也……吾不知天地之大全也。"（《庄子·田子方》）

孔子问于老聃曰："今日晏闲，敢问至道。"老聃曰："……夫道，窅然难言哉！将为汝言其崖略：夫昭昭生于冥冥，有伦生于无形，精神生于道，形本生于精，而万物以形相生……此其道与！"（《庄子·知北游》）

从以上的摘录中，我们可以发现，庄子所记述的孔子问学于老子的内容与《礼记·曾子问》中的记述有很大的不同：《礼记·曾子问》中的记述基本上都是关于礼制的具体内容乃至具体的礼仪细节，而《庄子》中的记述则基本上没有涉及"礼"，而大多是围绕着孔子思想的另一个重要内容"仁"展开的。我们知道，"仁"和"礼"是孔子思想的两个主要组成部分，在孔子看来，二者是相辅相成、缺一不可的。具体而言，一方面，道德修养需要遵循一定的礼文仪节，因为礼乐形式的背后是和谐的人间秩序和生命的通感，人非生而知之者，礼乐文化的陶冶能够使人的行为保持一定的节与度，有助于人的道德素质的培养。另一方面，在孔子看来，礼乐形式又必须以"仁"、即内在的道德自觉心作为基础，因为道德是真正显示人的自我主宰能力的行为，是一种"自觉"，没有仁的礼乐就会流于虚伪的形式教条或外在的社会强制。综言之，孔子维持了仁与礼之间的创造性紧张，仁是内在核心与纲领、是体，礼是外在仪节和细目、是用，体用相即、缺一不可；通过践行礼而有教养，同时不拘泥于礼，努力体认礼之内核，达到实践仁德的自觉、自愿、自律，挺立道德的主体，这是孔子所主张的培养理想人格、从事道德修养的根本为学途径。这样看来，由于《礼记》是一本专门记述儒家关于"礼"方面思想的书，所以在记述孔子问学于老子之事时，就偏重于"礼"这一面的记述；而《庄子》则是一部更为注重内在精神层面，更为富于哲学性、思想性的书，所以在记述孔子问学于老子之事时，便更加偏重于"仁"的层面了。

我们知道，老子是一位思想非常深邃，对于世间万事万物具有一种宏阔的宇宙关怀的人，他与孔子谈论礼学，确实应该不仅仅局限于"礼制"的具体内容本身的，而是应该超越于"礼"的外在形式，与孔子更深入地谈论"礼"背后的"大道"。其实，当我们说老子是"礼学大师"时，也已经意味着老子不仅仅懂得"礼制"的形式上的具体内容，而且对于"礼"本身的社会功能、哲学价值都应该有深刻的洞见，否则是不足以称为"大师"的。换言之，若是老子只懂得像《礼记·曾子问》记载的那些礼制的具体条文、节目，而对于"礼"本身的哲学价值没有敏锐的觉察的话，那么老子充其量只能被称作一个懂得外在的"仪礼"的人，而不能被称作一个精通"礼学"的人。并且，由我们前文所引的子夏的话，孔子若是"未遭此师，则功业不能著乎天下，名号不能传乎后世"，试想，如果老子只是懂得一些仪礼方面的条文，而对于"礼"本身没有深刻的哲学洞见的话，他是绝不可能对孔子发生如此大的影响的。由以上的分析来看，只有将《礼记·曾子问》与《庄子》两书中对孔子问学于老子的记述结合起来，我们才能更为自信地将老子"封为"礼学大师。

至于《庄子》所记述的孔子问学于老子的详细内容，从上文的摘录中我们可以看出，大多是老子以"道"的思想来评论或批驳孔子的"仁"的思想。根据詹剑峰先生的观点，其中第三条所引的"无私焉，乃私也"正是发挥了《老子·七章》中的"非以其无私邪？故能成其私"；第八条所引的"两者交通成和而物生焉"则是发挥了《老子·四十二章》中的"道生一，一生二，二生三，三生万物，万物负阴而抱阳，冲气以为和"；而第九条所引的"夫昭昭生于冥冥，有伦生于无形，精神生于道，形本生于精，而万物以形相生"则是发挥了《老子·四十章》中的"天下万物生于有，有生于无"；如此等等。由此可以看出，《庄子》所记述的孔子问学于老子的情形，确实是有相当的思想深度的，不仅与孔子的思想紧密相关，而且与老子的思想相吻合，应当被我们视为较为可信的历史记载。

综合对以上两种文献的分析，不管从儒家的经典文献《礼记·曾子问》来看，还是从道家的经典文献《庄子》来看，孔子问学于老子应当是历史的真实。并且，从上述的分析中我们还发现了孔子问学于老子所包含的两个层面的内容：一是外在的形式上的具体的仪礼条目，二是内在的具有哲学深度的对"礼"乃至"仁"的反思。这两个方面充分表明了老子作为礼学大师的真实性，同时也立体性地展现了孔子问礼于老子的真实性。

大概正是因为这种真实性，以尊重史实、态度严谨著称的太史公司马迁在《史记》中两度提到孔子问礼于老子的事情。一次是在《史记·孔子世家》中："鲁南宫敬叔言鲁君曰：'请与孔子适周。'鲁君与之一乘车、两马、一竖子，俱适周问礼，盖见老子云。辞去，而老子送之曰：'吾闻富贵者送人以财，仁者送人以言。吾不能富贵，窃仁人之号，送子以言，曰：聪明深察而近于死者，好议人者也。博辩广大危其身者，发人之恶者也。为人子者毋以有已，为人臣者毋以有已。'"另一次是在《史记·老子列传》中:“孔子适周,将问礼于老子。老子曰:‘子所言者,其人与骨皆已朽矣,独其言在耳。且君子得其时则驾,不得其时则蓬累而行。吾闻之,良贾深藏若虚,君子盛德,容貌若愚。去子之骄气与多欲,态色与淫志,是皆无益于子之身。吾所以告子,若是而已。’孔子去,谓弟子曰:‘鸟,吾知其能飞;鱼,吾知其能游;兽,吾知其能走。走者可以为罔,游者可以为纶,飞者可以为矰。至于龙,吾不能知,其乘风云而上天。吾今日见老子,其犹龙邪!’”太史公生当西汉武帝时,去春秋末年还不是甚远,他在孔子、老子各自的传记中两次言之凿凿的论述,为《礼记·曾子问》和《庄子》中的相关记载增添了更多的证据,充分表明了孔子问礼于老子这一事件的历史真实性。

除了上述传世文献对孔子问礼于老子的记载之外,从老子的职业上来看,我们也能够推断出老子作为礼学大师的历史真实性。我们知道,根据史料记载,老子曾任周守藏室之史,是一个史官;而老子所生活的周朝是一个礼乐文化非常昌盛的国度,以至于孔子在春秋末年那个礼崩乐坏的时代便以“复周礼”为自己的人生理想;又,根据《周礼》一书的记载,在周朝,负责礼乐事务,恰恰是史官的重要职责之一。如《周礼·春官·大史》中记载道:“大史掌建邦之六典,以逆邦国之治。掌法,以逆官府之治;掌则,以逆都鄙之治。凡辨法者考焉,不信者刑之,凡邦国都鄙及万民之有约剂者藏焉,以贰六官,六官之所登,若约剂乱,则辟法,不信者刑之。正岁年,以序事。颁之于官府及都鄙,颁告朔于邦国。闰月,诏王居门,终月。大祭祀,与执事卜日,戒卑宿之日,与群执事读礼书而协事。祭之日,执书以次位常,辩事者考焉,不信者诛之。大之日、朝觐,以书协礼事。及将币之日,执书以诏王。大师,抱天时,与大师同车。大迁国,抱法以前。大丧,执法以莅劝防。遣之日,读诔,凡丧事考焉。小丧,赐谥。凡射事,饰中,舍筭,执其礼事。”其中的法、则、刑、祭祀等事情都属于“礼事”的范畴,并且史官还掌管着“礼书”,可见他与“礼”的关系之密切了。而《周礼·春官·小史》则记载道:“小史掌邦国之志,奠系世,辨昭穆。若有事,则诏王之忌讳。大祭祀,读礼法,史以书叙昭穆之俎簋。大丧、大宾客、大会同、大军旅,佐大史。凡国事之用礼法者,掌其小事。卿大夫之丧。赐谥,读诔。”“小史”属于“大史”的副官或者辅助者,所掌管的也是“国事之用礼法者”。

老子究竟属于“大史”还是“小史”的类别,我们已经无法考证,但是作为周室的“守藏室”之史,应当是直接掌管“礼书”的,因此,他对于“礼”的精通之深应当是不难想象的。如果再考虑到孔子从东方的鲁国不远万里向老子来问礼,就更加说明了老子对“礼”的精通程度。正如张松辉先生所说:“孔子从小就学习礼仪,在鲁国是以知礼而闻名的,但后来又千里迢迢去向老子问礼。周朝的史官、礼官绝对不止老子一个,而孔子单单选中老子,这说明老子在周朝的史官中又是最懂礼的一位"。

总而言之,从目前我们能够掌握到的种种材料来看,老子确实是一位礼学方面的大师级人物,并且还是一位对"礼"认识相当全面的大师级人物。具体而言,他不仅仅精通仪礼外在的条文条目,以及细致入微的操作步骤;而且对"礼"的社会功能,对"礼"与"仁义"、与"道"、与"自然"的关系有一种敏锐的观察和思考,对"礼"的哲学意义有一种深刻的洞见。

在确定了老子"礼学大师"的身份之后,我们接下来就可以更为深入地探讨老子的礼学思想了。正如我们在本讲的开头所谈到的,老子对"礼"有过比较极端的贬斥,但其实老子也曾经从正面对"礼"做出过肯定,应该说老子对"礼"的态度是双重的。下面就让我们一起来看看老子对礼的双重态度。

二、老子对"礼"的双重态度

首先,从前面的论述中我们可以看到,作为一位礼学大家,老子对"礼"确实是持有一种积极肯定的态度的。这不仅在老子教授孔子具体的礼制条文条目时表现得非常明显,而且在《老子》书中也有非常明确的记载。如我们在前文曾引述过的《老子・三十一章》:"吉事尚左,凶事尚右。偏将军居左,上将军居右,言以丧礼处之。杀人之众,以悲哀泣之,战胜以丧礼处之",以及《老子・五十四章》"善建者不拔,善抱者不脱,子孙以祭祀不辍";这两章都说明了老子对于丧葬祭祀之礼的赞成态度。

除了上面两章之外,《老子》书中尚有两处与丧葬祭祀之礼相关的内容。其一是《老子・五章》"天地不仁,以万物为刍狗,圣人不仁,以百姓为刍狗"中的"刍狗",我们在论述"天地不仁"时曾经谈到过,"刍狗"指的是用草扎成的狗,是用来祭神用的,老子以"刍狗"来比喻万物和百姓,显然是站在肯定的立场,至少不是站在否定的立场来使用这个词汇的。另一处是《老子・二十章》"众人熙熙,如享太牢,如春登台"中的"太牢",它指的是古代祭祀社稷时隆重丰盛的具有牛羊猪三牲之肉的筵席,老子用"享太牢"来比喻人们高高兴兴的样子,可见老子也是从一种肯定的态度来使用"太牢"这一词语的。综合以上的分析我们可以看到,老子并没有一种对"礼"绝对否定的态度,恰恰相反,他在一般的、或者说无意识的论述中都是肯定仪礼的价值的。

老子不仅在各种场合肯定“礼”的价值,而且还肯定与“礼”紧密相关的宗法制度,特别是天子、王侯的统治性地位。如老子多次在书中引用的“圣人”即是指周朝的统治者而言的,这一点从老子的行文语气中可以非常清晰地得到印证,如老子说:“圣人之治:虚其心,实其腹,弱其志,强其骨,常使民无知无欲,使夫智者不敢为也”(《老子·三章》),即是在对统治者讲述一种有效的统治方式;又如老子说:“圣人无常心,以百姓心为心”(《老子·四十九章》),则是在强调统治者应该重视老百姓的利益诉求。此外,老子还为圣人(天子)之下的诸侯王出谋划策,如老子说:“道常无名,朴虽小,天下莫能臣,侯王若能守之,万物将自宾”(《老子·二十二章》);又说:“道常无为而无不为,侯王若能守之,万物将自化”(《老子·三十七章》);还说:“侯王得一以为天下正”(《老子·三十九章》)。这些都充分表明了老子对于统治者统治地位的肯定,大概正是因为如此,早在汉代就有学者指出老子的思想是一种“君人南面之术”:“道家者流,盖出于史官,历记成败、存亡、祸福,古今之道,然后知秉要执本,清虚以自守,卑弱以自持,此君人南面之术也。”(《汉书·艺文志》)这里的“君人南面之术”也就是指君王的统治术。试想,处处为统治者出谋划策、考虑问题的老子,见到统治者难道会不按礼制处事吗?更何况老子还是周朝的一位礼官呢。正如陆建华先生所说:“三代之礼作为夏、商、周的根本政治制度,确立了天子乃天下宗主、政治之王的至高地位,周公制礼的重要内容便是分封诸侯。老子承认天子、诸侯王存在的合法性,甚至把‘道治’的希望寄赋予天子和诸侯王身上,实际上又是肯定了礼制中最为核心的内容。”

既然老子对“礼”是持一种肯定态度的,那么他又为什么会说出“礼者,忠信之薄而乱之首”这样极端贬斥礼的话呢?这说明,老子对“礼”的肯定并非是绝对的,而是有条件的,其实,这个条件也是非常容易发现的,那就是,“礼”必须合于“道”、合于“自然”。我们在本书的第三讲中曾经分析指出,老子从宇宙间万事万物的和谐统一这一最高点出发,提出了“自然”的思想,并以此作为其“道”论的核心理念;具体而言,老子认为,万事万物在不受外界强力干扰,循顺自身自然而然的内在的发生、发展规律的情况下,通常都能发挥出自己的最佳状态,都能与周围的其他事物保持着良好的关系,整个宇宙就在这种状态和关系中达到了和谐与平衡,发挥出最大的功能。那么,只要当“礼”是出于这种“自然”、符合于这种大“道”,从而有利于万事万物的和谐发展时,老子自然就会对其进行肯定和褒扬了。

从前文所引述的老子对“礼”的肯定的那些情形来看,我们都可以较为明显地感受到，老子所肯定的“礼”都是符合于“自然”、出于大“道”的。比如，老子说：“吉事尚左，凶事尚右。偏将军居左，上将军居右，言以丧礼处之。杀人之众，以悲哀泣之，战胜以丧礼处之。”（《老子·三十三章》）这里，老子主张战争的仪式应当参照凶事、丧礼的仪式来做，很大程度上就是因为老子反对战争，因为战争是违反“自然”的。老子曾说：“以道佐人主者，不以兵强天下；其事好还；师之所处，荆棘生焉；大军之后，必有凶年。”即是说：用“道”辅佐君主的人，是不会仗恃兵力而逞强于天下的；用兵杀人这件事既危险又会很快地受到对方的报复；而且军队打过仗的地方因不能耕耘；长满了杂草荆棘，等大战过后，还必定会有凶荒的年份。老子在此处强调了之所以反对战争是出于“道”的考虑，也即出于万事万物的自然和谐的考虑；既然如此，战争的仪式、礼制按照凶事、丧礼来“处之”，也便自然符合“自然”，符合“道”了。

又如，我们还举过“子孙以祭祀不辍”的例子来说明老子对“礼”的肯定，子孙祭祀祖先与“道”、与“自然”是否相符呢？老子的回答应当是肯定的。姑且以子孙祭祀祖先时最典型的“三年之丧”为例，所谓“三年之丧”也即子女在父母去世之后应该为父母守孝三年，这一礼节即使在当前中国的大部分地区还或多或少地保留着。关于“三年之丧”，前文所引《礼记·曾子问》曾经提到过老子对此的一些言论：“子夏曰：‘金革之事无辟也者，非与？’孔子曰：‘吾闻诸老聃曰：昔者鲁公伯禽有为为之也。今以三年之丧，从其利者，吾弗知也！’”这里老子所谈论的只是三年之丧的具体条文、细目，并未涉及三年之丧的缘由，或者说三年之丧是否符合于“自然”、符合于“道”。而三年之丧的缘由，在《礼记》的另外一个篇章《礼记·三年问》较为详细地论及了：“三年之丧何也？曰：称情而立文，因以饰群，别亲疏、贵贱之节，而不可损益也……凡生天地之间者，有血气之属必有知，有知之属莫不知爱其类；今是大鸟兽，则失丧其群匹，越月逾时焉，则必反巡，过其故乡，翔回焉，鸣号焉，蹢躅焉，踟蹰焉，然后乃能去之；小者至于燕雀，犹有啁灾之顷焉，然后乃能去之；故有血气之属者，莫知于人，故人于其亲也，至死不穷。将由夫患邪淫之人与，则彼朝死而夕忘之，然而从之，则是曾鸟兽之不若也，夫焉能相与群居而不乱乎？”这段话开门见山地指出三年之丧是“称情而立文”，也即根据人情之自然而制定的仪节；文中指出，即使鸟兽的同伴死了，还知道隔一段时间回到原来的地方看看，鸣叫号泣以纪念死去的同伴，而人作为最有智慧最有灵气的生物，假如父母早上去世，自己晚上就把父母给忘却了，岂不是连鸟兽都不如了？因此，三年之丧是出于人情之自然而制定的礼节。对此，孔子在《论语·阳货》中也说：“子生三年，然后免于父母之怀。夫三年之丧,天下之通丧也。”我们知道,孔子问礼于老子时曾请教过三年之丧的相关内容,而作为当时最具智慧的大思想家,他们的对话必然会涉及最为根本的三年之丧的缘由问题。由此我们可以推断,《礼记·三年问》和《论语·阳货》中对于三年之丧出于人情之自然的回答,应该也是符合老子之本意的。其实也正是因为三年之丧出于人情之自然,有利于家族的和睦团结,有利于社会的良性发展,从而与大“道”“自然”相符,老子才会肯定“子孙以祭祀不辍”的合理性。

综合以上的分析,我们可以清晰地看到,在“礼”合于“自然”、合于“道”的情况下,老子肯定是不但不反对“礼”,而且还要肯定乃至褒扬“礼”的。这可以说是老子对“礼”的第一重态度。

接下来,让我们再来看看老子对于“礼”的第二重态度,即我们所熟知的老子对于“礼”的贬斥:“礼者,忠信之薄而乱之首。”这句话出于《老子·三十八章》,《老子》一书中直接贬斥“礼”的地方,仅在此章出现过,为了对老子的态度有一个更为全面的了解,我们不妨来看看此章的全文:“上德不德,是以有德;下德不失德,是以无德。上德无为而无以为。上仁为之而无以为。上义为之而有以为。上礼为之而莫之应,则攘臂而扔之。故失‘道’而后‘德’,失‘德’而后‘仁’,失‘仁’而后‘义’,失‘义’而后‘礼’。夫‘礼’者,忠信之薄,而乱之首。前识者,‘道’之华而愚之始。是以大丈夫处其厚,不居其薄;处其实,不居其华。故去彼取此。”这段话翻译成白话文,即:“上德”不自恃有德,所以有德;“下德”自以为不离德,所以无德;“上德”任其自然,无意去妄为。“上仁”有所作为却出于无意。“上义”有所作为并出于有意。“上礼”有所作为而得不到响应,于是就伸拳攘臂迫人强从。所以,丧失了“道”而后才有“德”,丧失了“德”而后才有“仁”,丧失了“义”而后才有“礼”。“礼”这东西是忠信的衰退,大乱的祸首。所谓“前识”只是“道”的虚华、愚昧的开端。因此,大丈夫立身淳厚,不居浇薄;存心朴实,不居虚华。所以舍弃后者而采取前者。

老子庙

从老子的上述言论中,我们可以发现,老子贬斥“礼”,是以对“道”“德”“仁”

"义""礼"五者的通盘考虑为基础的。过去有一种流行的观点,认为老子只肯定"道"和"德",而对"仁""义""礼"三者是绝对否定的;然而,从老子"失道而后德,失德而后仁,失仁而后义,失义而后礼"的论述中,我们只能说,老子认为道、德、仁、义、礼五者的作用或价值是依次减弱的,并不能看到老子对"仁""义""礼"的绝对否定。在老子眼中,"道"应当是"德""仁""义""礼"的基础,只要"德""仁""义""礼"是合于"道"的,那么它们也便是值得肯定的;但是,一旦失去了"道"这一事物所应具有的最佳状态与核心特质,"德""仁""义""礼"也便立即变得没有价值了。正是因此,老子才有了"上德""上仁""上义""上礼"的说法,与此对应,自然也会有"下德""下仁""下义""下礼"。所谓"上 x",大概指的就是与"道"相符的"X",而"下 x"则是指的与"道"相违背的"x"。而当老子说"礼者,忠信之薄而乱之首"时,其实之前已经有了"失道""失德""失仁""失义"等一系列的限定语;那么,"礼者,忠信之薄而乱之首"的"礼"其实也更是不符合于"道",乃至不符合于"德""仁""义"的"礼",这样的一种"礼"也就是我们前文所说的"下礼",因而自然会遭到老子的贬斥了。

关于"道"与"德""仁""义""礼"的上述关系,最新出土的简帛本《老子》提供了新的证据,《老子·十八章》通行本"大道废,有仁义"的句子,在简帛本中都写作"故大道废,安有仁义"。对此,刘笑敢先生解释说:关于"安有仁义"的解释问题,"有人提出'安'或当作'哪里'解,则句义变为大道废弃,哪里还能有仁义之事呢?这样,老子之道与儒家仁义就是一致的概念。此说实有问题。如果老子之道与儒家仁义之道完全一致,那就没有道家思想了。从其他章节看,《老子》虽然没有像传世本第十九章那样激烈地批判仁义,但明显是将仁义摆在第二位的"。结合最新出土的简帛本来看,老子并没有激烈地或者说绝对地、片面地贬斥仁义的倾向,自然也就不会有绝对地、片而地贬斥礼的倾向。在老子看来,"大道废,安有仁义"?同样地,我们可以说,大道废,安有"礼"?老子所贬斥的,都是那些表面上遵守礼制,而实际上却违背"自然"、违背大"道"的做法。如老子说:"朝甚除,田甚芜,仓甚虚;服文彩,带利剑,厌饮食,财货有余;是谓盗夸。非道也哉!"意即:宫殿很整洁,农田却很荒芜,仓库也很空虚;而又穿着锦绣的衣服,佩戴着锋利的宝剑,饱食精美的饮食,占有多余的财富,这就叫作强盗头子。完全违背了"道"啊!在这里,宫殿的整洁、锦绣的衣服、宝剑的佩带、饮食的讲究,都是出于礼制的要求,然而,老子并没有只看事情的表面现象.他所真正注意的,是这些礼制是否合于礼制所应遵循的根本精神——"道"。如果统治者单纯为了追求礼制而遗失了大"道",从而造成农田荒芜，仓库空虚，民不聊生，那么，老子便会毫不留情地把这些统治者称为强盗。在这里，老子所批判的，是那些为了一己的私利私欲，借着"守礼"的名分而无情地压迫剥削老百姓的暴行。

我们知道，在老子所处的那个时代，天下大乱、诸侯国之间长年混战，以至于造成了"礼崩乐坏"的局面，这个时候的所谓"礼"已经在很大程度上异化为统治者为自己谋利益、压制老百姓的工具了。正是在这种情况下，"礼"逐渐开始向具有强制性的"法"转变，本来是出于人情之自然的"礼"变得越来越面目可憎，远离大"道"。在老子看来，"天下多忌讳，而民弥贫"，天下的禁忌越多，人民越贫穷。这里的"禁忌"也就是统治者所颁布的"礼法"，思维犀利睿智的老子一眼便看出了它的本质，即它已经成了统治者为自己谋权谋利的工具了；因此"礼法"越多、越复杂，老百姓受到的压榨也便会越多，生活也就会越贫困了。

因此，老子所贬斥的"礼"是一种异化了的"礼"，其实质是贬斥统治者的私欲私利，要求统治者复归于大"道"，复归于"自然"。所以老子说："天长地久。天地所以能长且久者，以其不自生，故能长生。是以圣人后其身而身先，外其身而身存。非以其无私邪？故能成其私"(《老子·七章》)。意即：天长地久。天地之所以能长且久，是因为它们不为自己而生存运作，所以能够长久生存。因此，真正得"道"的统治者置自身于最后，结果反而能占先；置自身于度外，结果反而能安存。这不正是由于他没有私心，从而能成就他自己。在这里，借"天道"喻"人事"，告诫统治者只有控制自己的私心私欲，最后才能够真正得到老百姓的拥戴；否则，若是违背大"道"，肆意妄为，压榨百姓的话，最终即使不被推翻，也会名声败坏的。

又如，老子说"圣人抱一为天下式。不自见，故明；不自是，故彰；不自伐，故有功；不自矜，故长。夫唯不争，故天下莫能与之争。古之所谓'曲则全'者，岂虚言哉？诚全而归之"(《老子·二十二章》)。也即是说：统治者应当抱持"道"这一最高的原则作为处事的规范。不自我表现，反能显明；不自以为是，反能昭彰；不自我夸耀，反能见功；不矜持傲物，反能长久。正因为与世无争，所以天下也没有人和他相争。古人所谓"委屈可以保全"这类的话，岂是空话？它实实在在存在并能具有成效。这里"抱一"的"一"就是"道"，而这"抱一(道)"具体讲来就是"不争"；这"不争"又在于"不自见""不自是""不自伐""不自矜"。正如我们在本书第二章所谈到的，"不争"是老子"道法自然"的天道观与形上智慧的价值原则之一，它最终乃是指向万事万物的自然和谐的。

通过上述分析，我们可以看到，老子时时处处要求统治者将"道"放在第一位，失去了“道”这一内在特质的“礼”是老子所强烈贬斥的,是“忠信之薄而乱之首”,因为它已经异化为了统治者欺骗百姓、维护自身利益的工具了。

其实,曾经问礼于老子的孔子,虽然提出了“复周礼”的主张,并且处处维护“礼”,但孔子也并不是不分青红皂白,认为在“礼”的仪式上投入越多越好。《论语》中曾记载,有一个叫作林放的人问孔子“礼之本”,也即礼的根本是什么,孔子的反应非常强烈,回答说:“大哉问!礼,与其奢也,宁俭,与其易(妥帖完美、仪节周全)也,宁戚”(《论语·八佾》)。孔子认为林放的这个问题提得非常非常好,而且是一个非常重大的问题,所以首先感叹了一句“大哉问”;然后,孔子道出了自己对这一问题的理解,那就是:礼仪,与其奢侈,毋宁节俭;丧葬,与其仪节周全,毋宁真心哀戚。在这里,充分表明了孔子在行礼的问题上主张真实质朴、随顺人情之自然,反对形式主义的态度。曾问礼于老子的孔子对于“礼”的这种态度,从一个侧面佐证了老子对于礼的贬斥,完全是针对那些骄奢淫逸、遗失了“礼之本”,也即违背了大“道”,违背了“自然”的异化之礼的。

总而言之,老子对于“礼”的意见是辩证的、双重的:当“礼”合于“道”、合于“自然”,从而有利于万事万物的和谐发展,有利于社会的良好秩序时,老子对“礼”是持肯定乃至褒扬的态度的;而当“礼”丧失了自己的根本——“道”,以致异化为一种纯粹的外在形式,乃至沦落为统治者欺骗百姓、维护自身利益的工具时,老子对“礼”是持一种激烈的贬斥态度的。

老子对“礼”的双重态度充分显示了老子思想的睿智与犀利,而在后世社会的发展中,由于社会生活的复杂性,道家和儒家的学者们从上述不同的层面受到老子礼学思想的影响,从而形成了后世儒道两家思想的不同特色。以下就让我们来具体看看老子的礼学思想对后世儒道两家的影响。

三、老子礼学思想对后世儒道两家的影响

我们知道,老子生活的时代是在春秋末年,当时已经是天下大乱,诸侯国之间长年混乱;而在此后,中国社会进入了更加混乱的战国时期,更为糟糕的社会局势引起了诸多思想家对各种社会现象的反思,试图寻找救国救民之路。而其中影响最为重大的两派,即道家和儒家,都把思考的重点落在了正在崩坏中的周代礼乐制度上。其中,道家一派以庄子为代表,他受老子对于异化之礼的否定与贬斥的影响,进一步对“礼”发动了猛烈的抨击,从而形成了以“越名教而任自然”为特色的

道家思想；而儒家一派，则以子思到孟子一脉为代表，他们受孔子“复周礼”思想的影响，企图挽救处于崩坏之中的礼制，但同时又受到老子“礼”应以“道”为本的思想的影响，逐渐将“道”的理念融入自己的思想中，从而形成了以“尊道而崇礼”为特色的儒家思想。

首先，我们来看看以“越名教而任自然”为特色的道家思想，这里的“名教”指的即是“礼制”教化。我们在上文的分析中已经指出，道家的创始人老子并没有绝对地、片面地排斥“礼”，而是包容性地对“礼”采取了双重态度；当“礼”合于“道”时，对“礼”持肯定乃至褒扬态度；而当“礼”违背“道”时，对“礼”持否定乃至贬斥态度。而到了战国时期，由于社会状况相对于春秋时期更加混乱了，“礼”愈加成为一种表面的形式，成为统治者欺骗、压迫和剥削老百姓的工具；面对这种新的更加恶化了的社会形势，老子的主要继承人庄子对“礼”的社会价值完全丧失了信心，因而举起老子“道法自然”的大旗，对“礼”发起了更为猛烈的攻击。这样，就形成了一种“越名教而任自然”的思想特色，对后世的道家思想产生了巨大的影响。

子思画像

关于庄子完全排斥“礼”的倾向，在我们前引的《汉书·艺文志》中就已经被指出：“道家者流，盖出于史官……及放者为之，则欲绝去礼学，兼弃仁义。曰：独任清虚，可以为治”。这里的“放者”也即放荡不羁、不遵礼法的人，《史记·老庄申韩列传》中说：“庄子散道德，放论”，因而这里的“放论”实际上指的就是庄子。

其实，在《庄子》书中就记载了许多庄子“欲绝去礼学”的例子，庄子“绝去礼学”的重要表现之一，就是不愿意到朝廷里做官，《庄子·秋水》就记载了这样一则故事：“惠子相梁，庄子往见之。或谓惠子曰：‘庄子来，欲代子相。’于是惠子恐，搜于国中三日三夜。庄子往见之，曰：‘南方有鸟，其名为鹓雏，子知之乎？夫鹓雏发于南海而飞于北海，非梧桐不止，非练实不食，非醴泉不饮。于是鸱得腐鼠，鹓雏过之，仰而视之曰吓！今子欲以子之梁国而吓我邪？’”大意是说：惠施做梁国的宰相，庄子将去见他。有人向惠施造谣说：“庄子来，是要代替你的相位啊。”于是惠施害怕起来，开始在国内搜寻庄子，搜了三天三夜。后来庄子去见惠施，说：“我说个故事给你听，南方有一种鸟，名叫鹓雏，你知道吗？这鹓雏由南海出发，飞往北海。不遇有梧桐树,它不止息;不得着竹子上结的种子,它也不食;不得着甜的泉水,它也不饮。有一只猫头鹰得着一个腐烂了的老鼠,当鹓雏飞过它时,它恐怕鹓雏要夺它的老鼠,就仰头怒视,发出'吓'的声音。现在你要用梁国的权势来'吓'我吗?"在这则故事中,庄子把宰相的官位比作腐烂的老鼠一般恶心的东西,而把自己比作一只由南海飞往北海的"鹓雏",而这只视野浩渺的"鹓雏"其实就是大"道"的化身;正是从宇宙万事万物的全局的、长远的眼光出发,庄子看到了宰相这个官位的极端局限性,因为在那个社会极度腐败的时代,由礼制赋予当权者的权力都变成了当权者为自己谋私利、欺压人民的工具。正是从"道"的高度出发,庄子才"欲绝去礼学",甚至对宰相的高位不屑一顾,而这种思想正是对老子否定异化之礼的进一步发展。

庄子不仅"弃绝"政治方面的礼制,而且还对于日常生活中的礼制也有一种极端排斥的倾向,其中最著名的一个例子,便是庄子之妻去世后,庄子"鼓盆而歌"的故事:"庄子妻死,惠子吊之,庄子则方箕踞鼓盆而歌。惠子曰:'与人居,长子、老、身死,不哭亦足矣,又鼓盆而歌,不亦甚乎!'庄子曰:'不然。是其始死也,我独何能无概!然察其始而本无生;非徒无生也,而本无形;非徒无形也,而本无气。杂乎芒芴之间,变而有气,气变而有形,形变而有生。今又变而之死,是相与为春秋冬夏四时行也。人且偃然寝于巨室,而我噭然随而哭之,自以为不通乎命,故止也'"(《庄子·至乐》)这个故事是说:庄子的妻子死了,庄子的好朋友惠施去吊丧,看见庄子正像簸箕一样岔开两腿坐着,敲着盆在唱歌。惠施说:"你与妻子同居,她为你生儿育女,现在年老身死,你不哭也就罢了,还敲着盆子唱歌,不也太过分了吗?"庄子说:"你这话不对。当她才死的时候,我何尝没有感触?可是仔细一想,她当初本没有生命;不但没有生命,并且没有形体;不但没有形体,并且没有气质。在恍惚若有若无之间,才变而有气,气变而有形,形变而有生,现在又变化到死,这就像春夏秋冬四季的运行一样,全是顺着自然变化的道理。她正在安然地寝于天地的居室,而我哇哇地去哭她,自以为不通乎自然大化的道理,所以就停止了哭泣。"在这个故事中,庄子从"天地一体"的高度出发,认为人之生死乃是自然大化中的一种正常现象,不必哀戚,更无需礼制的束缚;以至于庄子在妻子去世时不但不行礼,而且还唱歌。

如果说庄子在政治方面对"礼"的排斥是对老子否定异化之礼的一种合理继承的话,那么他在社会生活方面,特别是在丧葬祭祀方面对"礼"的排斥,则是在将老子的"道"的思想推向极端之后,对老子礼学思想的进一步发展。不过,庄子的这一发展，以一种对社会和人生的强烈的批判主义态度，将老子对礼学的双重态度推向了单向的极端，从而使此后的道家表现出了一种“越名教而任自然”的特色。

与庄子的“越名教而任自然”的倾向不同，战国时代的儒家在礼学方面首先继承了孔子“复周礼”的思想，他们肯定了“礼”在拯救时弊、重建社会秩序过程中的关键地位；同时，他们也受到了老子礼学思想的影响，认为“礼”必须以“道”为最高的根基，因而他们逐渐地把老子的“道”融入了自己的礼学思想之中，从而逐渐形成了儒家“尊道而崇礼”的思想特色。

我们知道，儒家的创始人孔子虽然曾问礼于老子，并且从老子那里受益良多；然而对于老子“道”的形上智慧，孔子吸收的并不多，正是因此，孔子的得意弟子、孔门十哲之一子贡曾说：“夫子之文章，可得而闻也，夫子之言性与天道，不可得而闻也”（《论语·公冶长》）。也就是说：老师（孔子）文献方面的学问，我们能够听得到，而老师谈人性与天道的理论，我们不能够听到。之所以听不到，大概就是因为孔子在这方面思考得还不够深入，因而也就不能够把这方面的思想清晰地向学生讲解出来。

而到了战国时期，大概正是受老子礼学思想的影响，特别是“礼”应以“道”为本的思想的影响，儒家学者中开始出现一个将“天道”作为仁义礼智信等道德因素之根本的思潮。而这一思潮的推动者，正是由孔子晚年最重要的弟子曾子，到孔子的孙子子思，再到孟子的一派，历史上把他们叫作“思孟学派”。而在1993年出土的郭店楚简中，除了《老子》竹简本等道家文献之外，还有《性自命出》《五行》等一批儒家作品，据专家考证，这些儒家作品与相传为子思所做的《中庸》有着很深的内在逻辑联系，很有可能就是曾子到孟子之间的思孟学派的著作。而这些作品与《老子》从同一个墓葬中出土，更加说明了他们之间的密切关联。

从《性自命出》《五行》到《中庸》《孟子》等思孟学派的文献资料表明，思孟学派在继承孔子“礼”和“仁”的思想的基础上，有一个从形而上的高度解决道德终极根据问题的思潮，并最终以“天道”为其学说的形上根据。如《性自命出》中说：“性自命出，命自天降；道始于情，情生于性。”又如《五行》中说：“德之行五和谓之德，四行谓之善。善，人道也；德，天道也。”再如《中庸》中说：“诚者，天之道也；诚之者，人之道也。诚者不勉而中，不思而得，从容中道，圣人也。诚之者，择善而固执之也。”还如《孟子》中那段脍炙人口的：“得道者多助，失道者寡助。寡助之至，亲戚畔之；多助之至，天下顺之。以天下之所顺，攻亲戚之所畔，故君子有不战，战必胜矣”（《公孙丑下》）。这些作品一反孔子不言“性与天道”的做法，都非常明确地

将“天道”或“道”作为道德礼教的最终根源，不能不说是受了老子礼学思想的影响。

大概正是由于思孟学派受到了老子礼学的重大影响，后代的许多儒家学者也不得不承认这一点。比如，历史上号称最懂孟子的宋明理学家陆象山就曾说过：“洙泗（指孔子）门人，其间自有与老氏之徒相通者，故记《礼》之书，其言多原老氏之意”（《陆九渊集·卷三十四语录上》）。也就是说，孔子的弟子和后学，有一些曾吸取了老子的思想，所以儒家礼学方面的一些书，很多话都是源自老子的思想。

综上所述，老子作为周守藏室之史，深谙周代的仪礼制度，他从“道法自然”的天道观与形上智慧出发，以一种宏阔而深邃的目光对“礼”做了较为全面的透视：当“礼”合于“道”时，它是有利于事物的发展、社会关系的和谐的，因而应当得到肯定；而当“礼”违背“道”，以至于沦为统治者谋取个人私利的工具时，它便会损害事物自然的发展状态，危害老百姓的生产生活，因而应当得到贬斥。老子全面而睿智的礼学思想对后世发生了重大影响，一方面使庄子产生了“越名教而任自然”的思想倾向，另一方面也促使战国儒家的思孟学派逐渐完善了“尊道而崇礼”的思想。可以说，“尊道而崇礼”和“越名教而任自然”构成了中国后世文化的两大主流思潮，特别是构成了两种对比鲜明的处世态度，从而成为中国文化的两极，并形成了一个自洽的圆圈；而这个圆圈的起点，正是作为礼学大师的老子站在“道”的高度的敏锐观察。

第九节　老子的军事思想

老子虽然不是军事家，但是老子有过对军事、兵事相当多的论述，尤其是在老子以“道”论为核心的思想体系下，这些关于军事观的论述显得尤为显眼。这些论述一方面表达了老子独特的军事思想，另一方面又进一步体证了老子思想的实践性，进一步证明了老子不是什么不食人间烟火的隐士或方外之士，而是对现实生活世界有着深厚关怀的具有高超智慧的智者。

中国历史上一直有种说法认为《老子》是本兵书，这种说法由来已久。唐人王真在《首先经论兵要义述》中就说，五千余言的《老子》，“未尝有一章不属意于兵也”。后来明清之际的大思想家王夫之在《宋论》中也说，《老子》这部书应该主要为“言兵者师之”。近代学者章太炎也认为《老子》一书“约《金版》《六韬》之旨”(《訄书·儒道》)。直到1973年长沙马王堆三号汉墓出土帛书《老子》甲、乙本之后,毛泽东主席于1974年说,《老子》是一部兵书。那么,我们应该如何来看待这种说法呢?首先,《老子》一书虽然记载了不少关于军事、兵事的论述,并且其中不乏具有战略性意义的真知灼见,但是,《老子》一书的核心并不在讨论军事问题,而在于论“道”,我们不能以《老子》一书中记有关于军事的论述就断定它是部兵书。其次,纵观以上诸人的观点,除了毛泽东主席断定《老子》一书乃兵书外,其他诸家并未直接点明《老子》就是本兵书。其实,《老子》与“兵书之鼻祖”的《孙子兵法》无论是思想表达还是行文上都是有着相当明显的区别的。因此,总的说来,我们不同意《老子》是部兵书的说法,但是我们可以把《老子》一书认定为一个对军事问题关心的哲学家写的哲学著作,在其中融入了这位哲学家对军事问题的所思所想。这点我们可以《老子》一书内容得到体现。今本《老子》共有八十一章,其中直接谈兵的有十几章,以哲理喻兵的有近二十来章,而其他各章节中又多有贯穿军事思想、战略战术思想的内容。

虽然老子不是兵家,但是他的军事思想对兵家产生了重要的影响,而且对中国军事思想发展也产生了重要的影响。那么,老子的军事思想有哪些要点呢,我们又该如何来理解他的军事思想,以及其与他的整个哲学思想之间的关系呢?这是我们所要着重进行探讨的。

一、老子的军事思想

虽然我们不同意《老子》是部兵书,但是,不可否认的是《老子》一书有着大量关于军事思想的论述。通过对这些论述的整理,我们认定老子的军事思想大概包含以下几个要点:

(一)反战、慎兵

据《史记·老庄申韩列传》记载,老子曾为“周守藏室之史”,即史官,史官者“历记成败、存亡、祸福、古今之道”,对于战争及其危害,史籍俱在,他们应该是有深刻的体会的,况且周朝末年,战争迭起,社会动荡,人们生活苦不堪言。生于此等乱世,身为史官的老子可能感触更多也更深。故而,老子是反战的,主张慎用兵的。那么,我们应该如何理解老子的反战主张呢?我想,我们可以从以下几个方面来理解。

第一，老子主张反战，源自他对战争及其危害的深切观察。《老子·三十章》说："其事好还。师之所处，荆棘生焉。大军之后，必有凶年。"自有人类以来，就有各种社会矛盾纠纷，因此，当社会伦理道德不足以调解矛盾纠纷时，暴力或武力解决问题则成为必然。社会上人与人之间矛盾纠纷尚且如此，国家与国家之间的矛盾纠纷则会引起更大规模的暴力或武力，因此，战争一触即发。自有人类以来，战争的阴影始终如影随形。虽然战争在一定程度上促进了社会的发展和文明的进步，但是，战争及其带来的危害则远远大于其正面的作用。老子在这里说，战争这件事既危险又会很快地受到对方的反攻报复。这样，虽然一时间战争有了胜方和败方，但是，长时间来看，战争的双方都是输方，双方都在不断战争的角力中消耗了自己，毁灭着自己。被称为"兵家之鼻祖"的孙子在《孙子兵法》开篇第一章第一句就说："兵者，国之大事也：死生之地，存亡之道，不可不察也。"孙武虽是兵家，但是，他跟老子一样意识到战争对一个国家的发展的重要性。只不过他们二人的着眼点是不同的：老子是有感于战争之危害而谈战争之重要性，从而提出反战主张的；而孙子是由战争与国家的关系而谈论战争的重要性的，进而提出如何用兵打仗。这是从战争本身而言，战争本身就是"恶"。春秋时期战争频繁发生，想必这在当时的老子脑海中留有深刻的印象，如周襄王二十年（公元前 632 年）的城濮之战、周定王十八年（公元前 589 年）的鞌之战等。这些战争一方面频繁发生，另一方面规模也越打越大。这些都严重地破坏了农业生产，给人民生活生产带来了严重的灾难。这些时间间隔上越来越频繁发生的、规模上越打越大的战争破坏了原本的肥沃的农田，人们很长时间无法在军队打过仗的地方重新耕种，原本肥沃的良田会因战争而变得荒芜，只有荆棘会记住这一灾难沉重的战争。由于农田无法重新种上庄稼，人们无法进行农业生产，那么，人们吃饭问题则会成为社会上最大最令人头痛的大问题。老子说，等大战过后，一定会有凶荒的年份随之而来。这是一系列连锁反应，而起因就在于战争，在于统治者为了满足自己的贪欲而肆意发动的战争。有鉴于战争及其危害，老子主张反战。《老子·三十一章》说："夫兵者，不祥之器，物或恶之，有道者不处。"杀人甚速的兵器是一种不吉祥的东西，谁都厌恶它，所以有道之人是不会轻易使用它的，甚至有道的君主都不肯示人以国之利器。

第二，老子反战，是他"道"论的具体落实，也是其社会政治思想的具体表现。《老子·二十五章》说："道法自然。""道"遵循"自然"的法则，"法自然"，取法其"自然而然"。世界上万事万物都有其自身的发展过程，遵循它们的发展过程，因势利导，这是自然而然，这叫"法自然"；而战争则不是这样子，它以十分野蛮、十分粗暴的形式打破了这种“自然而然”的过程，这是违背“道”的原则的。《老子·七十四章》说：“常有司杀者杀。夫代司杀者杀，是谓代大匠斫。夫代大匠斫者，希有不伤其手矣。”按照“道”“自然而然”的原则，一个人的生死应该由“司杀者”（天、自然）来主宰，而那些代替司杀者（天、自然）来胡乱杀人的人，这是对“司杀者”的佞妄，这是要受其恶果的，就像代替木匠去砍木头的人一样。那些不顾后果硬是代替木匠去砍木头的人，很少有不会伤到自己手的。一个人尚且如此，况且一个国家呢？这种“代大匠斫”的行为则肯定会伤到自己的国家，甚至毁灭自己的国家。这是违背“道”的原则而遭受到的惩罚。因此，反战则是贯彻“道”的原则。另一方面，老子主张“无为而治”，“无为”者，清静无事也。战争是件很危险的事，它会威胁到国家稳定、社会安定和民众的生命财产安全，这是“无为而治”的社会所不能容许的。在老子设想中，理想的社会应该是“虽有甲兵无所陈之”的，百姓们都能够“甘其食，美其服，安其居，乐其俗”，人们能够在和平、和谐、自由的社会环境下发展生产，过上幸福美满的生活。因此，反战是老子政治思想的必然要求。

虽然老子反战，但是老子并不是绝对反对战争。老子并没有一味地停留在幻想中，而是清醒地看到现实生活中有些战争仍然会不可避免地发生，对于那些正义或是自卫的战争，老子仍然是主张需要诉诸武力的。即使是在不得已的情况下需要用兵，也要坚持慎兵。慎兵与反战是紧密联系在一起的。“慎兵”有二义：

一是指由于战争之不可避免，所以国家仍然需要设立军队，需要厉兵秣马，需要高城深池，这是从现实出发。这里的问题不在于设不设兵、用不用兵，而在于因什么而设兵、用兵。在老子看来，军队的设立，不是为了镇压老百姓，也不是为了统治者的私欲而发动战争之用的，而是为了禁暴除乱，为了维护和平的。这是“慎兵”的第一层意义，这是就军队的设立以及设立军队的目的而言，所以，《老子·三十一章》说：“夫兵者，不祥之器，物或恶之，故有道者不处。”“不处”不是说不设立军队，而是要慎重地设立军队，并且慎重地对待军队，不能把军队当作胡乱杀人的“不祥之器”来使用。

二是指在不得已需要动用军队的时候，也需要慎重地使用军队。《老子·三十章》说：“君子居则贵左，用兵则贵右。兵者不祥之器，非君子之器，不得已而用之，恬淡为上。胜而不美，而美之者，是乐杀人。夫乐杀人者，则不可得志于天下矣。吉事尚左，凶事尚右。偏将军居左，上将军居右。言以丧礼处之。杀人之众，以悲哀泣之，战胜以丧礼处之。”老子在这段话分战前、战时和战后三个阶段来陈说他的“慎兵”主张。君子平时以左边为贵，用兵打仗的时候就要以右边为贵。兵器是不吉利的东西，不是君子应该使用的东西，万不得已使用它，也最好要恬淡处之。不能有好战的心理，也不能把战争当作件乐事，应该以恬淡、清静、寡欲的心态来对待它。即使取得胜利了也不要沾沾自喜，把打了胜仗当作是一桩美事，如果你把这当作美事一桩的话，那就说明你喜欢杀人，以杀人为乐，这是很残暴的心态和行为。喜欢杀人、以杀人为乐的人，是很难让天下人信服的，也是无法治理好天下的。另外，一般有喜庆的事的时候，都要以左边为贵，只有遇到凶丧之事才可以右边为尊。所以，不得已打仗时，我们需要以凶丧之礼来对待之，偏将军要站在左边，而尊贵的上将军则要站在右边。战争死伤是很惨重的，所以要以哀痛的心情去参加作战。即使战胜了也要以丧礼的仪礼来处理战后工作。

总的说来，国家设立军队，绝不是为了战争的需要，而是出于和平的目的。在老子看来，军队虽然重要，却不是治国所必需的。《老子·第三十章》说："以道佐人主者，不以兵强于天下。"为人巨者，应当以"道"的原则来辅佐人主，使国泰民安，不应该无端生事，轻开战事，而一味地以兵力强盛来谋取天下。治国治天下，是以"道"治国治天下，而不是以兵治国治天下。兵威可得逞于一时，而不能得逞于一世。即使马背上得天下，马背上能安天下吗？

（二）兵强则灭，以慈治兵

在具体的军事战略原则中，老子提出了"兵强则灭"的观点。"兵强则灭"这一观点是其"柔弱胜刚强"思想的具体落实。"兵强则灭"这一观点见之于《老子·七十六章》。我们把其上下文先摘录下来再具体分析这一观点。其文曰：

人之生也柔弱，其死也坚强。草木之生也柔脆，其死也枯槁。故坚强者死之徒，柔弱者生之徒。是以兵强则灭，木强则折。强大处下，柔弱处上。

在这段文字里，老子由人和草木的生与死时的不同情态得出"坚强者死之徒，柔弱者生之徒"的说法。这意思是说，坚强的东西是趋于死亡的一类，而柔弱的东西是趋于生存的一类。陈鼓应《老子注译及评介》中解释说："他（老子）的结论还蕴涵着坚强的东西已失去了生机，柔弱的东西则充满着生机。这是从事物的内在发展状况来说明的。若从它们的外在表现上来说，坚强者之所以属于死之徒，乃是因为它的显露突出，所以当外力冲击时便首当其冲了；才能外露，容易招忌而遭致抨击，这正如高大的树木容易引来砍伐。人为的祸患如此，自然的灾难亦莫不然；狂风吹刮，高大的树木往往被摧折。小草由于它的柔软，反而可以迎风招展。""反者，道之动"，这是宇宙的普遍规律。当事物发展到了一定的程度，它就会向其相反的方向发展。柔弱的东西由于还处于发展的上升阶段，所以表现出盎然的生机来；

相反地，坚强的东西由于已经开始从发展的峰顶下降，所以它已经丧失了其生机。因此，强硬的东西往往是最脆弱的，反而是柔弱的东西自有一份韧性在其中，故而表现出“生”之态势。因此，军队过于强大了，就会带来毁灭。魏晋玄学家王弼注曰：“强兵以暴于天下者，物之所恶也，故必不得胜。”

其实，这里讲到的只是“兵强则灭”的一个方面。另一方面，在老子看来，治理国家的根本应该在于“道”，而不在于“兵”。“兵”不是为了“强”而存在的，而是为了“卫道”而存在的。“兵”与“道”之间的关系是：“兵”是为了“道”而存在，而不是“道”因“兵”而存在。因此，“兵”的发展得有个“度”的限制，这个“度”是“道”的原则规定下的。“道”的原则在治理国家上表现为“无为而治”，“无为而治”讲求“无为”“清静”“无事”。如果国家的“兵”过多、过强的话，那就是“无事生事”，这是不符合“弱者，道之用”的原则，也是不利于“清静”“无事”的治国方略的。因此，老子虽然不反对军队的存在，但是反对军队无节制的发展，“坚强者死之徒”。从现实的角度来讲，兵强者必会成为众矢之的，终会为人所灭。

老子悟道图

与“兵强则灭”相联系，老子接着提出了“以慈治兵”的战争方略。“兵强则灭”告诉我们，军队如果一味地追求武力或杀伤力的话，那么，它终会为人所灭。那么，我们要以什么样的战争方略来治兵呢？老子提出了“慈”。《老子·六十七章》说：“我有三宝，持而保之。一曰慈，二曰俭，三曰不敢为天下先。慈故能勇，俭故能广，不敢为天下先，故能成器长。今舍慈且勇，舍俭且广，舍后且先，死矣。夫慈，以战则胜，以守则固。天将救之，以慈卫之。”我掌握并保存有三种法宝，即“慈”“俭”和“不敢为天下先”。有了“慈”，所以能勇武；有了“俭”，所以能宽广；有了这“不敢为天下先”，所以能成为万物的首长。这三点都不可舍弃。如果舍弃“慈”而一味地求勇武，舍弃“俭”而一味地求宽广，舍弃谦让而只求争先，这些都会将自己逼入死境。尤其是这个“慈”，如果以“慈”来征战，就一定能够胜利，用来守卫也一定能巩固。天要救助谁，就会用“慈”来护卫他。在治兵上，我们可以把“俭”和“不敢为天下先”这两个法宝放在“慈”的内涵里来一起理解。

“慈”是慈心，是爱惜他人之心。这里说“慈故能勇”，蒋锡昌注释说：“是‘勇’于谦退，通于防御，非谓勇于争夺．勇于侵略。‘慈故能勇’言圣人抱有慈心，然后士兵能有防御之勇也。”《韩非子·解老篇》说：“临兵而慈于士吏，则战胜敌；慈于器械，则城坚固。故曰：慈，于战则胜，以守则固。”慈是慈心，是爱心。当临兵对阵的时候，如果能够爱惜士吏的话，那么，就能够全军一心，御敌于外，从而取得战争的胜利。另外，“以慈治兵”的另一层含义是，以“慈”来教化士兵，让他们也以“慈”心、爱心去爱护他人，也爱惜百姓，这样就可以得民心，得民心者必胜。

（三）以奇用兵、不战而善胜

与“反战”“慎兵”相关系的，老子主张“以奇用兵”。治兵是为了用兵，但是，在老子看来，兵乃是不得已而被设立的，也是不得已才会被使用的。所以，“用兵”并不是国家的正常之事，而是非常之事。《老子，五十七章》说：“以正治国，以奇用兵，以无事取天下。”治理国家自然要以“治”的方式，矫枉过正，用兵打仗，这就不能以这样的方式了，只能以出奇的方式，非常规的方式。取得天下要以“无为而治”的方式，而既不是“正”的方式，又不是“奇”的方式。军队不是“君子之器”，而是国家不得已而设立的，因此，以军治国，或以兵治国，不是理想的治国方式。因此，治国只能是以“正”，正者，正其不正也。但是，“正”的治理方式，治国犹可，取天下则显得不足。真正取天下的方式应该是“无事”，“无事”就是“无为”，“无为而无不为”，以自然而然的方式来取得天下，这是最理想的取天下的方式。

“以正治国”“以奇用兵”“以无事取天下”，这三者有机组合，共同构成了老子理想的治国模式。这三者有着程度等级的不同。“奇”即出奇，它是非常态下的治理方式，是不得已而采用的治国方式；“正”是“正其不正”，它是比较现实的、可行性最大的、常态下的治国方式；而“无事”则是理想中最好的治国方式。总之，“以奇用兵”贯彻着老子“慎兵”“反战”的思想。

“以奇用兵”，是指灵活地变换战术，以达到战略目标的战略思维。战争是残酷的，不仅仅要消耗物力、财力，而且也要消耗人力，所以，孙武在《孙子兵法》开篇则说：“兵者，国之大事也；死生之地，存亡之道，不可不察也。”一流的军事家或将领总是在危机四伏的战事中寻找最有利的战机，当机立断，出其不意，攻其不备，以达到“出奇制胜”的效果。这种“以奇用兵”的战略思维较之常规的“以正用兵”来说，往往能够达到以最小代价换得最大胜利的效果。因此，老子既“反战”“慎兵”，又必须在万不得已的时候需要用兵，那么，这种“以奇用兵”的战略方针则是他认为最好的了。当然,“以奇用兵”需要有高超智慧的统帅,这样才能把握战机,才能出奇制胜。

“不战而善胜”是老子军事观的战略理想。从根本上讲,老子是反对战争的,这在他的思想中是“一以贯之”的。当战争无可避免的时候,老子在战略战术上都有许多自己独到的见解,但是,贯穿于这些战略战术之中的,仍是老子的反战主张。在老子那里,“不战而善胜”的重点不在于“善胜”,而在“不战”,“善胜”是为了“不战”这一目的的。因为当战争无可避免地发生的时候,那么,战争则必有胜方与败方,能以“不战”而胜者,这是圣人才可以做到的,圣人赢得战争的胜利是可以带来天下太平的,所以,“不战而善胜”,这在老子看来,是最为理想的战略理想和战争结果。

《老子·六十八章》说:“善为士者不武,善战者不怒,善胜敌者不与,善用人者为之下。是谓不争之德,是谓用人之力,是谓配天古之极。”善于带兵打仗的人,不崇尚勇武,这是“不争”;善于打仗的人不易被激怒,从而不会在战场上“乐杀人”,这是“不争”;善于胜敌的人不用对斗,这也是“不争”;善于用人的人,对人谦下,这也是“不争”。无论是“士”还是“战”(士),无论是“胜敌者”还是“用人者”,都以“不争”为其准则,这样我们就可以不战而天下安了。老子说,这些人“不武”“不怒”“不与”“为之下”的行为,都是不与人争的优秀品德,也是运用别人的优秀能力,这也是与天道相符合,从来就应该拥有的行为准则。在这章节文字里,老子彻底地阐明了他的“不争”的战略观、军事观,其实,老子的军事观和战略观的最终落脚点并不在于“战”,而恰恰在于“反战”上。

(四)具体的军事方针

《老子·六十九章》说:“用兵有言:吾不敢为主而为客,不敢进寸而退尺。是谓行无行,攘无臂,扔无敌,执无兵。祸莫大于轻敌,轻敌几丧吾宝。故抗兵相加,哀者胜矣。”老子说,用兵的曾经说过这样的话:我不敢采取攻势而采取守势,我不敢前进一寸而后退一尺。这就是说,行进没有行列可摆,奋臂没有膊臂可举,对抗没有敌人可对,执持没有兵器可持。祸之大莫过于轻敌,轻敌几丧我的法宝。所以两军对阵兵力相当的时候,那悲哀的一方便必然取得胜利。除了以上基本的战略思想和军事主张外,老子也提出了一系列具体的军事方针政策。我们简要地介绍几点。

第一,以退为守,后发制人。老子说“不敢为主”“不敢进寸”,并不是平白无故地后退,而是战略性地后退,后退是为了更好地进攻,这样就能够达到“后发制人”的效果。吕惠卿说:“主逆而客顺,主劳而客逸,进骄而退卑,进躁而退静。以顺待逆,以逸待劳,以卑待骄,以静待躁,皆非所敌。”(引自魏源《老子本义》)这样一来,

"为客""退尺"则不是一味地退守,而是积蓄力量,后发制人。

第二,祸莫大于轻敌。较之临阵对敌时强者胜而言,战争时最大的灾祸没有比"轻敌"更大的了。骄兵必败,这是我们都明白的道理。如若轻敌之心起,心则会为之松懈,则我无法"行无行,攘无臂,扔无敌,执无兵",也就是说,我无法让自己处于"生之徒"的柔弱的一边,而只会冲锋陷阵,不知其所止,这样灾祸也会随之而发生。"木强则折,兵强则灭"(《老子,七十六章》)、"强梁者不得其死"(《老子·四十二章》)……

老子关于军事战略思想的论述在《老子》一书中是十分丰富的,以上只是简略的说明。

二、老子与兵家

老子关于军事战略思想的论述是相当丰富的,以至于自古就有学者认为《老子》是部兵书,虽然我们在前面加以否定这一观点,但是,老子与兵家在军事战略思想上的异同还是值得我们注意的。我们仅以孙武及《孙子兵法》为例来简要论述之。

(一)老子与孙子之"同"

老子虽然不是兵家,但是,他的许多主张倒是与兵家的主张有相通之处。具体可以有以下几点:

首先,老子和孙武都承认战争的重要性。在老子看来,战争虽然是不祥的,但却也是无可避免的。虽然老子为我们描述了"虽有甲兵而无所陈之"的理想社会,但是,对于战争,老子也是有着清醒认识的。孙武作为兵家代表者而且他本人也是历史上著名的将领,因此,无论是在理论上还是实践上,孙武都十分重视战争,他充分认识到战争对国家的重要性。

其次,老子和孙武都主张战争有"义"与"不义"之别,都反对不义的战争。在老子看来,战争是有"义"与"不义"之别的。老子虽然"反战",但是并不反对"义战",当别国进入自己国家时,人们虽然都同意"兵者,乃不祥之器",但是他还是主张人们拿起武器,英勇作战,并且他还提出一系列作战原则和军事指导方略。孙武虽然是兵家代表人,但是,兵家也是不主张肆意发动战争的,而是主张尽可能不要发动"不义"的战争,从这个角度来看,尽管兵家在实践中并未严格区分"义"与"不义",但是,在他们眼中,战争自然是有"义"与"不义"之别。

第三,老子和孙武在"以奇用兵"上相通。在老子看来,战争虽然是残酷的,但是,出于“义”的战争,我们虽不得已也必须发动或参加。但是,战争毕竟不是国家治理的正常方式,所以,老子主张“以奇用兵”,即利用战机,出其不意,攻其不备,争取将战争的损失降低到最低程度。老子的这一主张与孙子之“以正合,以奇胜”的思想是相通的。在孙武看来,国家军队虽然平时训练有素,军队的使用也经过长期的训练,但是,真正到了战场上,人们还是要尽量“出奇制胜”,这样做的原因有二:一是能以最快的速度赢得胜利或赢得战场的主动权;二是能以最小的损失换取最大的战果。

第四,老子与孙子在“不争而善胜”上相通。在老子那里,战争乃是不得已而为之的事情,如果能够不战、不争,而赢得胜利,那是最好不过的事情,因此,蕴涵在老子一系列军事思想中的就是这“不战而善胜”的基本策略原则。“不战而善胜”与孙子的“不战而屈人之兵”有异曲同工之妙。在孙子看来,战争就是为了在保全自己的同时最大地获取战功,因此,战争的目的,一方面是在战争中最大化地保存自己;另一方面是在战争中最大化地消灭敌人。在《孙子兵法》中,孙子提到过“伐交”“攻心”等,这些具体战略策略都是希望达到以上两个目的。而这两个目的最好的磨合点正是在“不战而屈人之兵”。

(二)老子与孙子之“异”

老子虽然与孙武在具体的主张上有相似或相通之处,但是,这些看似相似或相通之处却有着根本性的差异。以下我们具体来说明。

第一,在战争的重要性上。老子虽然认识到战争的重要性,但是二者有着本质的区别。老子在根本上是反战的,他所理解的战争的重要性具体有二:一是战争给人民的生活生产带来了巨大的灾难,我们不得不重视战争及其危害。这从战争的危险的角度来看;二是战争无法避免,所以,我们不得不重视战争。总的说来,老子之所以认为战争重要,并不是战争本身重要,而是老子的反战思想,这是以老子以“道”为核心的整个哲学思想为依据的。而孙武在这一点上与老子是不同的。这表现在两个方面:第一,孙子并不是反战者;第二,孙子不是从战争的危害的角度来认识战争的重要性,而是从军队与国家的关系这个角度来认识战争的重要性。

第二,在对待战争的义与不义上。在老子看来,战争从根本上就是不义,无所谓义与不义之区别。但是,他又不得不将战争区别为“义”与“不义”,因为现实生活中战争不可避免,我们必须将之作性质上的划分,这样才能扶正去邪。而对孙子来说,由于他并不是反对战争的,所以,战争理所当然地对他来说有所谓“义”与“不义”之区别。

第三,在“以奇用兵”上。从战略战术上看,老子的“以奇用兵”确实与孙子的

"以正合,以奇胜"的思想有相通或相似之处,但是,它们又是有着本质的不同的。在老子那里,"以奇用兵"不仅仅是战场上的具体的战略战术,而是国家在非常规情况下的一种治理方式,这是孙子"以正合,以奇胜"思想远不可触及的。

第四,在"不争而善胜"上。在军事战略上,老子的"不争而善胜"与孙子的"不战而屈人之兵"有着相通之处。但是,在老子那里,他的"不争而善胜"是直接与他的"道"论挂钩的,是他的"弱者,道之用"这一命题的具体表现和逻辑产物。因此,老子的"不争而善胜"含有守柔、弱用、居下等含义,这些是孙子"不战而屈人之兵"这一战略思想所不具有的。如果说老子的"不争而善胜"是老子智慧的体现的话,那么,孙子的"不战而屈人之兵"这一战略思想只能是种机巧或智巧,它不具有"不争而善胜"的那种广泛而深刻的意蕴。

总的说来,老子的思想与孙子的思想既有相通之处,也有着不同之处。虽然二者有着本质的区别,但是,我们仍然可以从二者的互动中得到许多启示。

(三)老子对兵家思想的影响

最后,我们有必要交代一下老子对兵家思想的影响。老子虽然不是兵家,但是,他的思想对兵家有着重要而深远的影响。从兵家的思想来看,兵家思想往往只是停留在具体的军事操作层面,但是,《老子》及其军事思想却为之提供了更为深厚的理论支持。这就让兵家能够在更为广阔的理论平台上展开其思想。

春秋末兵家范蠡曾经给越王勾践进谏说:

臣闻古之善用兵者,赢缩以为常,四时以为纪,无过天极,究数而止。天道皇皇,日月以为常,明者以为法,微者则是行。阳至而阴,阴至而阳;日困而还,月盈而匡。古之善用兵者,因天地之常,与之俱行。后则用阴,先则用阳;近则用柔,远则用刚。后无阴蔽,先无阳察。用人无艺,往从其所。刚强以御,阳节不尽,不死其野。彼来从我,固守勿与。若将与之,必因天地之灾,又观其民之饥饱劳逸以参之。尽其阳节、盈吾阴节而夺之。宜为人客,刚强而力疾;阳节不尽,轻而不可取。宜为人主,安徐而重固;阴节不尽,柔而不可迫。凡陈之道,设右以为牝,益左以为牡,蚤晏无失,必顺天道,周旋无究。今其来也,刚强而力疾,王姑待之。(《国语·越语下》)

在范蠡的这段劝谏勾践切勿出兵的谏文中,我们看到其中浓厚的道家色彩。在这篇谏文中,范蠡一方面从兵家军事原则的角度来具体分析现状,指出不可出兵的原则,另一方面又从道家的角度为这些具体的军事原则提供理论支持。在范蠡那里,不仅仅是援道入兵,而是熔道、兵为一炉。

总的说来,老子的军事思想是与他的整个哲学思想相契合的。他的军事思想的起点和终点都在“反战”上，“反战”是贯穿于他整个军事观、战略观的。即使在战争不可避免的情况下，即使是在他那些具体而微的军事战略观点那里，“反战”这一主旋律仍然是“一以贯之”的。另一方面，严格说来，老子虽然在《老子》一书讨论了许多关于战略战术等军事观问题，但是，在老子那里，并没有形成完整而独立的军事哲学体系，他的军事观是为其“道”论服务的，他的军事观是其“道”论思想的具体落实和运用。可是，在先秦诸子的思想中，除了兵家之外，如此大量讨论军事观等问题的，老子算是最为着力的了，他的军事思想对后世影响颇深，不仅仅是在中国战略史和中国哲学史上占有重要地位，还深深影响着中国人对战争的看法和态度，为中国人“反战”的国民性的养成做出了不可磨灭的贡献。

第十节　老子术之影响

一、老子对政治的影响

中华民族已经有数千年的文字历史了，当我们谈起自己的历史时，往往以有汉、唐而自豪。我们的“汉人”“唐人”称呼也由此而来。在汉、唐两个强盛的王朝中，又有三个最为人称道的黄金时期，这就是汉代的文景之治，唐朝的贞观之治和开元之治，而这三个时期的政治无不与老子思想有着密切的关系。在讨论老子思想对汉唐政治影响之前，我们还要简单地谈谈道家对先秦政治的影响，目的是为了认识道家政治观的特点及其影响政治的所需环境。

（一）老庄对先秦政治的影响

后人往往老庄并提，实际上《老子》和《庄子》这两本书有很大的不同。《老子》是一本典型的政治书籍，它从头至尾讲的都是统治术，是在教导人们如何治国安民的，当然，其中也夹杂了一些个人如何处世的内容。而《庄子》既讲自己的政治理想和政治措施，更讲政治失败后的精神慰藉法。

二人著作内容的重点虽有不同，但二人的政治态度一样，他们都极度反对他们各自所处的社会，渴望回到经过美化了的原始社会。儒家也批判春秋、战国的政治，但他们采取一种与社会合作的态度，希望在合作中寻找机会纠正社会、政治上的各种弊病。而老庄与满怀政治希望的儒家不同，他们对当时的政治是失望的，认为是不可救药的，所以老庄对当时的政治持一种回避的态度。用《论语·微子》中的话讲，孔子不过是“避人[避开坏人]”，而老庄一类的隐士则是“避世[避开整个社会]”，他们要离开整个社会，或者说是抛弃当时的整个社会，于是老子辞官当了隐士，庄子更是要“曳尾涂中”，采取不与统治者合作的态度。

老庄的政治理想和处世态度使他们对当时的政治很难产生实际的影响。从政治理想上看，他们对所处的社会，不是采取一种对症下药、治病救人的态度，而是认为这个社会已经病入膏肓，不可救药，于是就抛弃它，重新塑造一个“新人”。这种做法不仅不会被社会所接受，而且也违背了社会发展规律，根本做不到。他们的处世态度使他们不愿、或不敢直接介入政治，他们患得患失、畏首畏尾，既痛恨这个社会，又怕被这个社会吃掉，远离政治的结果自然是无法对当时的政治产生较大的影响。

老庄思想对当时社会难以产生重大影响的另一个重要原因，是他们的政治主张中的一些合理部分也不适合当时统治者的需要。我们知道，从总体讲，老庄思想中比较合理、能对社会政治起重大作用的是清静无为。春秋战国时期，各国君主都战战兢兢，有一种朝不保夕的感觉，一日不修战备，就有可能受到别国的侵害。那时的各国好比患上了急性重病，只能用法家、兵家、纵横家那些急功近利的药方，才能应付燃眉之急。《史记·孟子荀卿列传》记载：

[孟子]适梁，梁惠王不果所言，则见以为迂远而阔于事情。当是之时，秦用商君，富国强兵；楚、魏用吴起，战胜弱敌；齐威王、宣王用孙子、田忌之徒，而诸侯东面朝齐。天下方务于合从连横，以攻伐为贤，而孟轲乃述唐、虞、三代之德，是以所入者不合。

另外，根据《孟子》一书的记载，在当时统治者看来，儒家的以仁义取天下的方法固然是一种好的救世处方，但需要时日才可见效，剧烈的“病痛”使他们无法等待，因此这一处方被视为“迂远而阔于事情”，更何况老庄的清静无为呢！在清静无为的政治措施还没有奏效的时候，国家已经落入他人之手。因此，当时的各国不会接受老子清静无为的说教，清静无为的政治只适合于周边没有强敌、国内相对安定的大一统社会。

当然，老庄对当时的政治并非毫无影响，这些影响主要表现在两个方面。

首先是对政治理论的影响，这也是道家在先秦所发挥的最大影响。儒家（见《论语》）和杂家（见《吕氏春秋》）接受了道家的无为而治思想，而法家则接受了道家的自然主义、道法相融等思想，韩非就写有《解老》《喻老》以发挥老子学说，他的许多具体政治措施明显是来自《老子》和《庄子》。

其次是对政治的实际影响。由于老庄本人没有过多地介入政治，他们对政治的实际影响也未见诸记载。但老子当过周柱下史，庄子也当过漆园吏，辞官后也曾多次游历各国，因此讲他们绝对没有对政治有任何影响，似乎也不符合事实。另外，他们对政治的实际影响还可以通过别人来实施。比如孔子就曾跟随老子学过周礼，《礼记》中就多次谈到孔子把从老子那里学到的礼制运用于实际生活。庄子与魏相惠施是朋友，庄子的思想不能不对惠施起到某种作用。其他道家人物，如文子就曾面对面与统治者讨论过政治问题④，他的弟子范蠡（文子为老子弟子，范蠡为老子的再传弟子）则直接参与了当时激烈的政治斗争和军事斗争。

从总体来讲，先秦道家对政治的影响，远远无法同汉、唐相比。造成这种局面的主要原因，一是他们本人的处世态度，二是客观政治环境的不适应。

（二）老子思想与文景之治

道家清静无为思想对汉初政治的积极影响和显著成效，是史家的一个老话题了，我们在这里不拟多谈。我们要做的是从整体考察老子的政治思想在整个两汉王朝中的社会政治地位，再把道家的前后地位与汉代政治的盛衰做一比较，我们也许会从中得到一些启发。

道家对两汉政治的影响，有一个由强到弱、再由弱到强的过程。关于这一点，我们从两汉的皇帝身上就可以看出：

汉高祖刘邦——

《史记·高祖本纪》："［刘邦刚起兵时，于沛］祠黄帝，祭蚩尤于沛庭。"

《史记·郦生列传》："［刘邦麾下骑士对郦食其］曰：'沛公不好儒，诸客冠儒冠来者，沛公辄解其冠，溲溺其中。与人言，常大骂。未可以儒生说也。'"

汉文、景二帝及窦太后——

《汉书·扬雄传》："昔老聃著虚无之言两篇，薄仁义，非礼学，然后世好之者尚以为过于《五经》，自汉文、景之君及司马迁皆有是言。"

《汉书·外戚传》："窦太后好黄帝、老子言，景帝及诸窦不得不读《老子》，尊其术。"

《风俗通义·正失》："文帝本修黄老之言，不甚好儒术，其治尚清静无为，以故礼乐庠序未修。"

汉武帝——

《汉书·武帝纪》:“孝武初立,卓然罢黜百家,表章《六经》。”

汉宣帝——

《汉书·宣帝纪》:“受《诗》于东海澓中翁。……光奏议曰:‘……孝武皇帝曾孙病已,有诏掖宫养视,至今年十八,师受《诗》《论语》《孝经》,操行节俭,慈仁爱人。’”

汉元帝——

《汉书·元帝纪》:“孝元皇帝,……八岁,立为太子。壮大,柔仁好儒。……少而好儒,及即位,征用儒生,委之以政。”

汉成帝——

《汉书·成帝纪》:“元帝即位,帝为太子,壮好经书。”

《汉书·楚元王传》:“上方精于《诗》《书》,观古文,诏向领校中《五经》秘书。”

汉哀帝——

《汉书·哀帝纪》:“孝哀皇帝,元帝庶孙,定陶恭王子也。……上令诵《诗》,通习,能说。”(哀帝就是因为熟习儒家的礼和《诗经》,才被立为太子。哀帝去世,平帝即位,年仅14岁即去世。接着王莽篡政。)

《道德经》石刻

东汉光武皇帝刘秀——

《后汉书·光武帝纪》:“王莽天凤中,乃之长安,受《尚书》,略通大义。”

汉明帝——

《后汉书·显宗孝明帝纪》:“帝生而丰下,十岁能通《春秋》,……师事博士桓荣,学通《尚书》。”

汉章帝——

《后汉书·肃宗孝章帝纪》:“少宽容,好儒术,显宗器重之。”

汉桓帝——

《后汉书·孝桓帝纪》:“[桓帝]设华盖以祠浮图、老子,斯将所谓‘听于神’乎!”

汉灵帝——

《后汉书·皇后纪》:“灵思何皇后讳某,南阳宛人。家本屠者,以选入掖庭。长七尺一寸。生皇子辩,养于史道人家 号曰史侯。……中平六年,帝崩,皇子辩即位。”(刘辩是灵帝之子,是皇位的继承人。灵帝为了保证刘辩能够长大成人,不会受到鬼怪的侵害而夭折,于是从小就把他放到一位姓史的道士家中,因为古人认为道士是驱鬼的能手。从这一事实可以看出灵帝对道士的信任。后来不少贵族也效仿这一做法,如谢灵运就是在道士杜子恭身边长大的。)

通过以上所列史料,可以看出两点:

第一,从高祖到景帝,都比较排斥儒家,儒生虽然可以进入朝廷,但只是备顾问,很难掌握实权,此时受朝廷欢迎的是道家,而且主要是从政治的角度欢迎道家。史书中虽然没有直接说高祖本人服膺道家,但他不喜欢儒家属实,以至于说客不敢着儒服晋见。他所重用的大臣,如张良、曹参、陈平等等,都具有浓厚的道家思想。从武帝至章帝,他们主要接受儒家经典的教育,因此儒家比较得势。由于武帝独尊儒术,把道家逼到民间,他同时向往仙道,这就促使缺乏理论高度的仙道更进一步地同具有哲学思辨思想的道家结合。桓、灵二帝时,与仙道结合的道家(或称道教)又慢慢得到朝廷重视。

第二,西汉初年和东汉末年虽然都重视道家,但他们的重视点不同。西汉初年,朝廷主要吸取道家清静无为的政治思想,重在人事,因而道家在当时起到的是一种积极的作用;东汉末年,道家(或者说是道教)的神学色彩越来越浓,桓、灵二帝希望通过祈祷以获得神灵的福佑,重在祭神,因此道家此时所起到的主要是一种消极的作用。这也是西汉前期社会繁荣而东汉后期社会动乱的重要原因之一。

在谈到西汉前期道家思想受到重视的这一历史事实时,我们绝对不能忽视了一个关键性人物——窦太后。我们甚至可以说,作为罢黜道家、独尊儒术转折点的标志不是汉武帝即位,而是窦太后的去世。关于这一点,《汉书·儒林列传》讲得比较清楚:

及至孝景,不任儒,窦太后又好黄老术,故诸博士具官待问,未有进者。……及窦太后崩,武安侯田蚡为丞相,黜黄老、刑名百家之言,延文学儒者以百数,而公孙弘以治《春秋》为丞相封侯,天下学士靡然乡风矣。

远在景帝时,窦太后就多次打击儒家,最具戏剧性的要属她与传《诗》的儒生辕固生的争斗,《史记·儒林列传》记载:

窦太后好《老子》书,召辕固生问《老子》书。固曰:“此是家人言耳。”太后怒曰:“安得司空城旦书乎?”乃使固入圈刺豕。景帝知太后怒而固直言无罪,乃假固利兵,下圈刺豕,正中其心,一刺,豕应手而倒。太后默然,无以复罪,罢之。

在这种情况下,儒家要想在政治上有所作为,几乎不可能。武帝即位之初,就想起用儒家人物,但遭到窦太后的狙击。比如赵绾、王臧等人,以儒生为公卿,结果被窦太后迫令自杀(事见下文)。曹参、文、景、窦太后等实施的道家无为政治措施,史书多有记载,我们重温一下这一政策为百姓带来的益处:

汉兴,扫除烦苛,与民休息。至于孝文,加之以恭俭,孝景遵业,五六十载之间,至于移风易俗,黎民醇厚。周云成康,汉言文景,美矣!①

汉兴,接秦之弊,诸侯并起,民失作业,而大饥馑。凡米石五千,人相食,死者过半。……天下既定,民亡盖臧,自天子不能具醇驷,而将相或乘牛车。……至武帝之初七十年间,国家亡事,非遇水旱,则民人给家足,都鄙廪庾尽满,而府库余财。京师之钱累百巨万,贯朽而不可校。太仓之粟陈陈相因,充溢露积于外,腐败不可食。众庶街巷有马,仟伯之间成群,乘牸牝者摈不得会聚。

从“人相食,死者过半”到“民人给家足,都鄙廪庾尽满,而府库余财”,从“天子不能具醇驷,而将相或乘牛车”到“众庶街巷有马,仟伯之间成群,乘牸牝者摈不得会聚”,这是一个翻天覆地的变化,而这个变化应该完全归功于汉代前期执行了老子的清静无为政治。

汉武帝是一位“多为”皇帝,他凭借文、景留下的基业,对内改制、求仙,对外用兵,而无论对内对外的行为,儒道两家都发生过激烈的争论,甚至是流血冲突,我们看以下两条记载:

武帝初即位,尤敬鬼神之祀。汉兴已六十余年矣,天下艾安,缙绅之属皆望天子封禅改正度也,而上乡儒术,招贤良。赵绾、王臧等以文学为公卿,欲议古立明堂城南,以朝诸侯,草巡狩、封禅、改历、服色事未就。窦太后不好儒术,使人微伺赵绾等奸利事,按绾、臧,绾、臧自杀,诸所兴为皆废。六年,窦太后崩。其明年,征文学之士。

汲黯……学黄老言,治官民,好清静。……是时,汉方征匈奴,招怀四夷。黯务少事,间常言与胡和亲,毋起兵。上方乡儒术,尊公孙弘,及事益多,吏民巧。……而黯常毁儒,面触弘等徒怀诈饰智以阿人主取容,而刀笔之吏专深文巧诋,陷人于网,以自为功。上愈益贵弘、汤,弘、汤心疾黯,虽上亦不悦也,欲诛之以事。

汉武帝的国内外政策都受到了道家的抵制。第一次武帝想立明堂、朝诸侯,还想巡狩、封禅、改历、变服色等等,这都是要消耗大量人力物力的事情,所以遭到窦太后的反对,主持此事的一些儒家人物也想借此发笔横财,干了一些“奸利事”,结果被窦太后抓住把柄,被迫自杀。由于窦太后的特殊地位,使道家取得了斗争的胜利。对外用兵,是武帝的又一政策,这一政策也遭到道家人物汲黯的抵制,然而由于此时窦太后已经去世，道家失去了有力的政治靠山，因此道家在反战的斗争中惨败。

历史学家经常说汉武帝是一位具有“雄材大略”的皇帝，认为他在位时期是西汉最为强盛的时期，如白寿彝先生主编的《中国通史》说：

汉武帝刘彻在位的五十余年（前140—前87年），是西汉皇朝的鼎盛时期，也是封建制度成长过程中政治、经济、文化、军事各方面多所建树，中华民族创造力蓬勃发展的时期。

我们认为，历史学家只看到了一种假象，而没有看到问题的实质。准确地讲，应该说文、景时期（特别是景帝时期）是西汉最为强盛的时期，只是因为文、景二帝坚持清静无为，没有有意地去表现国家的强盛而已。正像一位大力士，从不在人们面前表现自己的气力，所以人们也就无从知道他的力气有多大。到了武帝即位后，他没有把自己的注意力放在发展生产方面，而是利用前几代人为自己积蓄的财力人力，大肆作为，把西汉的强盛表现得淋漓尽致。如果以家庭为喻，前几代皇帝犹如力耕老农，积累了万贯家财，却又从不露富，武帝犹如大肆挥霍的弟子，拿祖先积累的财富对内修房筑屋，对外与邻人争田夺地，于是人们就误以为武帝是真财主了。我们再打一个比方：前几代皇帝埋头筑坝，因库水平静，人们无从测其深浅多少，而武帝犹如决堤开坝放水，看起来波澜壮阔，令人叹为观止，实际上，这些水都不是武帝积蓄起来的。

事实上也是如此，武帝早期挥霍国家资产，在国家资产告罄之后，他又采用一系列的措施，如募民入孥婢、出卖武功爵、榷盐铁、平准、告缗，这些措施虽然不能说一无是处，但其最主要目的不是为发展生产，而是为了把民间的财物搜刮到朝廷，从总体讲，对社会生产造成了极大的破坏。算缗和告缗政策的实施是在元狩四年（前119年），而这一年距武帝即位只有二十来年。也就是说，仅仅二十年时间，武帝就基本上把西汉百姓积累七十余年的国库挥霍一空，不得不靠搜刮民财以应付巨大的财政支出。武帝后期，社会境况更惨：

外事四夷，内兴功利，役费并兴，而民去本。……功费愈甚，天下虚耗，人复相食。武帝末年，悔征伐之事，乃封丞相为富民侯。

南阳有梅免、白政，楚有殷中、杜少，齐有徐勃，燕赵之间有坚卢、范生之属。大群至数千人，擅自号，攻城邑，取库兵，释死罪，缚辱郡太守、都尉，杀二千石，为檄告县趋具食；小群以百数，掠卤乡里者，不可胜数也。

秦推行法家独裁政治，结果社会大乱，导致“人相食”；汉初至景帝，推行道家无为政治，结果人给家足，国富民强；武帝推行儒家“改制”“攘夷”的多为政治，又一次导致天下大乱,“人复相食”。为了更清楚地显示这些变化,我们把这一变化列示于此:秦末战乱人相食——汉初至景帝清静无为而天下富足——武帝独尊儒术而再次人相食。如果按照史学家的说法,武帝具有雄才大略,那么具有雄才大略的人应该给国家带来如此残破的局面吗?这种局面与秦朝末年的局面是何等的相似!所以司马光评论说:

孝武穷奢极欲,繁刑重敛,内侈宫室,外事四夷,信惑神怪,巡游无度,使百姓凋敝,起为盗贼,其所以异于秦始皇者无几矣。

在没有大的天灾的情况下,武帝却把全国百姓再一次带回秦末的悲惨境地,这样的皇帝值得后人赞美吗?那么汉代为什么能够渡过难关而没有像秦朝那样土崩瓦解呢?我们认为原因就是武帝能够在最后关头调整了自己的政策,《汉书·西域传》记载:

上乃下诏,深陈既往之悔。……由是不复出军。而封丞相车千秋为富民侯,以明休息,思养民也。

这封诏书,史称“轮台《罪己诏》”。以武帝的性格和地位,能颁布《罪己诏》,实属不易。他能够这样做,一是由于个人的痛悔,二是由于客观形势所迫。在不得已的情况下,武帝又一次采取了与民休息的无为政策,这对于缓和国内矛盾起到了重要作用。

接着即位的汉昭帝继承了这一清静无为政策:

承孝武奢侈余弊师旅之后,海内虚耗,户口减半,[霍]先知时务之要,轻徭薄赋,与民休息。

武帝与昭帝先后都采用了无为政策,用史书的话说就是“与民休息”,这些措施又一次获得成功。到了宣帝时,清静无为的政策更见成效,国家开始复兴,以至于宣帝被称为“中兴”之主。如果武、昭二帝与始皇、二世一样执迷不悟,西汉王朝至武帝、昭帝时,也该以悲剧收场了。

现在我们该回顾一下儒道之争了。道家反对武帝当初的内外政策,事实证明他们的意见是正确的。连当事人汉武帝都在为自己当初的所作所为而深感后悔,我们今天的历史学家就不必再去以“历史的眼光”为汉武帝涂脂抹粉了。汉代的文景之治和宣帝时的“中兴”,都是执行老子清静无为政治的结果。道家并不反对适当的用兵,文帝时也反击过匈奴的入侵,景帝时也发生过大规模的平叛战争,但他们对于战争的态度,正如老子说的那样是“不得已而用之”,适可而止。如果武帝能够及早接受道家意见,继续执行清静无为的政策,不仅天下百姓可以避免许多灾难,他本人也可以少去许多痛苦。

据此,我们认为西汉最强盛、百姓生活最美好的时代是文、景时期,从总体上讲,武帝是一个社会安定、经济繁荣的破坏者。是老子的清静无为政治造就了大汉王朝,也是老子的清静无为政治拯救了即将土崩瓦解的大汉王朝。

可以说,汉代前期是老子思想第一次进行的大规模的政治实践,而这第一次实践即获得了极大的成功。

(三)老子思想与贞观之治

贞观年间之所以能够政治稳定、经济繁荣,主要得力于两个人物,一个是唐太宗,一个是魏征。而这两个人物,都与道家道教有着密切的关系。

唐朝在建国之前,就得到道教的大力支持,所以李渊即位后,对道教特别重视,竭力提高道教的地位,经过几番周折之后,于武德八年(625)颁布《先老后释诏》:“老教孔教,此土先宗,释教后兴,宜崇客礼。令老先、次孔、末后释。”

唐太宗即位后,把崇道推向了高潮。他于贞观十一年(637)下诏说:

诸华之教[指道教],翻居一乘之后。流遁忘反,于兹累代。朕夙夜寅畏,缅惟至道,思革前弊,纳诸轨物。况朕之本系,出于柱史,今鼎祚克昌,既凭上德之庆;天下大定,以亦赖无为之功。

按照诏书的内容,太宗要把道教置于佛教之先的原因有三:一是因为老子是自己的先祖,在提倡孝道的社会里,尊崇祖先开创的学派自然是天经地义的事情。二是因为贞观时期太平气象的出现,应归功于老子的保佑和无为政治思想的作用。无论从公还是从私,都应该把道教置于首位。三是道教为中华本土宗教,不能屈居于外来宗教之下。

诏书颁布以后,遭到佛教徒的竭力反对,他们上书朝廷,为自己争夺地位,结果为首的智实挨了一顿杖责,“遂感气疾……卒于大总持寺”,终年只有38岁。另一位僧人法琳也因为诽谤老子而差点儿被斩首,因为太宗认为法琳羞辱老子,就是羞辱自己的祖先。最后太宗法外开恩,把他贬到益部为僧,结果法琳死于流放途中。

太宗之时,老子地位第一次被朝廷列为最高等级。西汉初期虽然也尊崇老子,但当时“黄老”并称,老子之上还“压”着一个黄帝,而且西汉王朝也只是把老子当作一个思想家看待,既没有给他以更高的政治地位,更没有寻求汉王室与老子之间的血缘关系。而在太宗时,老子的地位不仅超过了释迦牟尼,也超过了孔子,而“黄帝”的概念则被淡化了。特别是认老子为先祖这件事,使老子在唐朝占据了不可动摇的地位。对太宗来说,这不仅是自荣门第的需要,也是政治的需要。

魏征在贞观之治中所起的重要作用，唐太宗多次提到。《旧唐书·魏征列传》记载说：

太宗谓侍臣曰："贞观以前，从我平天下，周旋艰险，玄龄之功，无所与让。贞观之后，尽心于我，献纳忠谠，安国利民，犯言正谏，匡朕之违者，唯魏征而已。古之名臣，何以加也。"

唐太宗认为，平定天下的功劳应首推房玄龄，造就贞观盛世的功劳则"唯魏征而已"。也就是说，魏征是贞观之治的首功之臣。唐太宗与魏征君臣相得，为贞观之治做出了巨大的贡献。而这位为贞观之治建立首功的魏征不仅写了《老子要义》五卷，对《老子》进行深入研究，而且早年还当过道士。《旧唐书·魏征列传》记载：

征少孤贫，落拓有大志，不事生业，出家为道士。

在古人眼中，老子和道教是一回事。魏征既然选择当道士，说明他对道家道教有亲近感，在思想上更认同道家。事实上，魏征的许多政治主张都来自道家，我们以他的著名的《谏十思疏》为例：

君人者，诚能见可欲则思知足以自戒，将有所作则思知止以安人，念高危则思谦冲而自牧，惧满溢则思江海而下百川。乐盘游则思三驱以为度，恐懈怠则思慎始而敬终，虑壅蔽则思虚心以纳下，想谗邪则思正身以黜恶，恩所加则思无因喜以谬赏，罚所及则思无因怒而滥刑。

这些思想明显是来自老子：第一思和第二思来自《老子》四十四章"知足不辱，知止不殆，可以长久"，第三思来自《老子》二十八章"知其雄，守其雌，为天下溪"，第四思来自《老子》六十六章"江海所以能为百谷王者，以其善下之，故能为百谷王"，第五思来自《老子》十二章"驰骋田猎，令人心发狂"，第六思来自《老子》六十四章"慎终如始，则无败事"，第七思来自《老子》第四十九章"圣人无常心，以百姓之心为心"，第八思来自《老子》五十七章"我无为，而民自化；我好静，而民自正"，第十思来自《老子》七十四章"常有司杀者杀，夫代司杀者杀，是谓代大匠斫。夫代大匠斫者，希有不伤其手矣"。

知足不辱

魏征所表现的道家思想远不止以上所举。《旧唐书》本传记载了他与唐太宗的一段对话：

征再拜曰："愿陛下使臣为良臣，勿使臣为忠臣。"

帝曰:“忠、良有异乎?”征曰:“良臣,稷、契、咎陶是也。忠臣,龙逄、比干是也。良臣使身获美名,君受显号,子孙传世,福禄无疆。忠臣身受诛夷,君陷大恶,家国并丧,空有其名。以此而言,相去远矣。”帝深纳其言,赐绢五百匹。

魏征对忠臣和良臣作如此区分,实际上是在借题发挥,他所借的“题”就是《老子》十八章“国家昏乱,有忠臣”。

魏征对老子思想的吸收还很多,如《旧唐书》本传记载他提倡节俭生活,躬行功成身退的处世原则,接受“祸福相倚,吉凶同域”思想等等。

我们以上所谈,还主要是唐太宗和魏征个人的思想,对于他们所采取的具体政治措施,一是因为内容太多,二是因为现代的史书也多有介绍,我们就不再赘述。这里想要强调的一点是,他们所有的政治措施都是以老子的“无为”为基本原则。魏征在给唐太宗的疏中说:

无为而理,德之上也。

然隋氏以富强而丧败,动之也;我以贫寡而安宁,静之也。静之则安,动之则乱。

无为、安静,是魏征提出的政治建议,也是唐太宗施政的总纲领。对此,唐太宗在功成名就之后,也有一个很好的总结:

太宗……尝谓长孙无忌曰:“朕即位之初,上书者或言‘人主必须威权独运,不得委任群下’;或欲耀兵振武,慑服四夷。唯有魏征劝朕‘偃革兴文,布德施惠,中国既安,远人自服’。朕从其语,天下大宁。绝域君长,皆来朝贡,九夷重译,相望于道。此皆魏征之力也。”

在唐太宗所列举的三条政治建议中,第一条属法家的独裁政治;第二条属儒家的“攘夷”思想,与汉武帝独尊儒术后大肆兴兵开边的举措相似;结合其他有关记载,魏征的建议则是典型的道家清静无为主张。这次争论,很类似汉武帝时儒、道两家关于是否应该出兵匈奴的争论,不同的是,这次道家占了上风。对于无为政治的功劳,唐太宗多次提道:太宗曰:“隋炀帝求觅无已,内则淫荡于声色,外则剿人以黩武,遂至灭亡。朕睹此,但以清静抚之。今百姓自言安乐,岂知朕之力也。”公[魏征]对曰:“尧人击壤而歌,亦云‘帝有何力于我哉!’只将此事以为太平,百姓亦不知由主上安之也。”

在昔初平京师,宫中美女珍玩,无院不满。炀帝意犹不足,征求无已,兼东西征讨,穷兵黩武,百姓不堪,遂至灭亡。此皆朕所目见。故夙夜孜孜,惟欲清静,使天下无事。遂得徭役不兴,年谷丰稔,百姓安乐。

清静、无为,可以说是太宗施政纲领中的"关键词"。施行清静无为政治的结果,使唐代几乎达到了《老子》十七章说的"太上,不知有之"的最美好的政治状态。从这些话中不难看出,太宗始终抓住这些关键问题,与魏征的政治主张真可以说是同道而谋了。

唐太宗尊老子为自己的先祖,魏征当过道士,可以说一个是老子的子弟,一个是老子的弟子,就是这样两位与道家道教有着密切联系的一君一臣,顺应了历史,顺应了民心,共同造就了贞观盛世。

(四)老子思想与开元之治

开元时期被史家誉为中国封建社会最鼎盛时期,而这一时期又恰恰是道家道教最受朝廷重视的时期。关于此时的政治、经济繁荣情况,各史书多有描述,我们这里就不必多费笔墨,只把当时朝廷重视道家道教的情况作一简介。

唐玄宗生前,就被他的儿子肃宗尊奉为"太上至道圣皇大帝",尊号中的"太上""至道"都与道家道教思想有关。玄宗死后,朝廷上谥号为"至道大圣大明孝皇帝",庙号为"玄宗"。玄宗之所以被称为"玄宗",与道家道教思想也有关系。"玄"特指奥妙的道家真理,大道被称为"玄一""玄元",道家的理论被称为"玄玄""玄言""玄宗""玄关",道教被称为"玄门",道教的不少神灵以"玄"命名,如"玄武""玄女""玄老""玄母""玄皇""玄帝""玄俗"等等,就连老子本人也于唐高宗乾封元年被追尊为"玄元皇帝",唐玄宗更把管理道教事务的官署叫作"崇玄署"。人们称他为"太上至道"和"玄宗",正是抓住了他一生崇道的特征。

开元时期,是唐朝最强盛时期,也是老子最受尊崇、道教最为兴盛的时期。唐玄宗尊崇老子、道教主要表现在以下几个方面:

1.尊祀老子

玄宗除了在各种场合竭力赞美老子外,还多次为老子加封尊号,如"大圣祖玄元皇帝""圣祖大道玄元皇帝""大圣祖高上大道金阙玄元天皇大帝",就连老子的父母也被追尊为"先天太上皇"和"先天太后"。为老子修建"玄元宫",绘制和塑造老子像,并在老子像前塑造孔子、四真人、唐代开国以来的五位皇帝之像作为陪侍,玄宗甚至还用白玉为自己塑造了一尊像陪立在老子右边。由于玄宗对老子的虔诚崇拜,使举国上下掀起了老子崇拜的狂潮。

2.重视《老子》,把道经列入科举

玄宗把《老子》列为众经之首,并先后两次亲自注释《老子》,一名《道德真经注》(四卷),一名《道德真经疏》(六卷)。开元二十一年"制令士庶家藏《老子》一本”，也就是下令全国每家都收藏一本《老子》。又分别尊《庄子》《列子》《文子》为《南华真经》《冲虚真经》《通玄真经》，置崇玄馆，鼓励士人学习《老》《庄》《列》《文》，开道举，为熟习道经的人开辟了一条入仕之路，从而敦促学子花费更多的时间和精力去学习道经。

3.承认道教信徒为宗室

老子为皇室的先祖，自然可以算作皇室中人，所以他被追尊为“玄元皇帝”，而孔子就只能屈居“文宣王”之位。但玄宗意犹未尽，于开元二十五年再一次重申要把道教徒全部隶属于宗正寺的做法，确认道士、女冠为宗室。《旧唐书·玄宗本纪》记载：

开元二十五年春正月壬午，制：“……道士、女冠宜隶宗正寺，僧尼令祠部检校。”

宗正寺是唐代专门掌管皇室亲族事务的机构，把道士、女冠隶属于宗正寺，实际上是承认他们与李姓皇族为一家人。祠部又称祠部司或祠部曹，掌管祠祀、天文、卜祝、僧尼等事，因其职掌清冷，故有“冰厅”之号：“祠部呼为冰厅，言其清且冷也。”宗正寺的主官宗正卿为正三品，而祠部司的主官祠部郎中仅为从五品。唐玄宗给道、释的待遇有冷有热，差别极大。特别是把道教隶属于宗正寺，也就等于把道教视为国教。

玄宗的崇道表现远远不止以上所谈的几点，卿希泰先生主编的《中国道教史》第二册对此有比较详细的介绍。

关于玄宗初期对老子清静无为的政治思想的尊崇，《旧唐书·玄宗本纪》有记载：

开元之初，贤臣当国，四门具穆，百度唯贞，而释、老之流，颇以无为请见。上乃务清静，事薰修，流连轩后之文，舞咏伯阳之说，虽稍移于勤倦，亦未至于怠荒。俄而朝野怨咨，政刑纰缪，何哉？用人之失也。

这段文字主要是在评论玄宗的用人得失，但间接地说明，最初的道家人物对玄宗宣扬的主要是“无为”，而玄宗向往的也是“清静”。关于唐玄宗有意识地执行无为政治，《册府元龟》卷五十三也有记载：“[玄宗]以为道者玄妙之宗，德为教化之本，讲讽微旨，稽详秘文，庶无为而政成，不宰而物应。”④这种清静无为政治的确立，是开元盛世出现的保证。

我们最后要讲的是，我们以上所做的讨论远远不足以说明问题，因为我们仅仅进行了一些历史事实的罗列，做了一些表象的阐述。但我们可以肯定的是：“道家道教最受朝廷重视”和“政治、经济达到鼎盛”这两种历史现象出现于同一时期，绝不能仅仅视为一种巧合，其中的深层次关系还有待我们去做进一步的思考和研究。

（五）对老子思想的错误运用

老子与道教有着密切的关系，那么老子在人们的心目中，就具有政论家和神仙家双重身份。我们回顾老子思想被后人重视的角度，就会发现，以上所举的几个政治安定、经济繁荣时期，都是重视了老子的政治思想，而一旦统治者偏重于老子的养生求仙思想时，也就成了国家衰败的开始。

汉代初年，那么多的君臣重视、学习《老子》，但很少人求仙，他们的着眼点是老子的清静无为思想，因此老子政治思想的魅力在这一时期得到了最充分的展示。而从武帝开始，“黄老”由政治顾问变做养生顾问，东汉末年的皇帝虽然重视老子，但待他当作神仙家，主要想靠祭祀的办法祈求福佑，因此汉朝就再也没有出现过安定的政治局面。关于老子在汉代由政论家向神仙家转换的情况，可详见下文的本书第二十三章“老子与道教”。

唐太宗早年励精图治，坚持清静无为的政策，终于开创了贞观盛世。那时，他虽然视老子为先祖，但对道教的求仙思想持严厉批评态度。《旧唐书·太宗本纪》记载，他在刚刚即位的贞观元年就说：

神仙事本虚妄，空有其名。秦始皇非分爱好，遂为方士所诈，乃遣童男女数千人随徐福入海求仙药，方士避秦苛虐，因留不归。始皇犹海侧踟蹰以待之，还至沙丘而死。汉武帝为求仙，乃将女嫁道术人，事既无验，便行诛戮。据此二事，神仙不烦妄求也。

保持清醒的头脑，正确运用老子思想，是太宗成功的保证。然而到了晚年，他不仅忘记了老子的无为思想，用兵高丽，而且还忘记了自己早年对求仙的批评，于贞观二十二年“使方士那罗迩娑婆于金飚门造延年之药”③。关于这件事，《旧唐书·郝处俊列传》记载得更详细：“昔贞观末年，先帝令婆罗门僧那罗迩娑寐（即那罗迩娑婆）依其本国旧方合长生药。胡人有异术，征求灵草秘石，历年而成。先帝服之，竟无异效，大渐之际，名医莫知所为。时议者归罪于胡人，将申显戮，又恐取笑夷狄，法遂不行。”太宗死时只有52岁，属于壮年。他的死与服用长生药有直接关系，只是因为大臣们担心为此事诛杀外国方士将贻笑大方，那名胡僧才躲过一劫。贞观末年的政治局面稍衰，与太宗对老子思想的态度改变有一定关系。

玄宗对道家道教的态度，前后也有很大不同。早年的玄宗不相信长生成仙，开元十一年（723）的《西岳太华山碑序》、开元十三年（725）的《纪太山铭》都记载了他对神仙长生说的批评。开元十三年玄宗又下令“改集仙殿为集贤殿”,原因就是他以为“候彼神人,事虽千载传于方士,言固不经,遂改‘仙’为‘贤’”。这就是说,早年的玄宗崇尚的依然是老子的清静无为政治,并不相信道教的得道成仙之说。然而到了开元末、天宝初,玄宗的态度慢慢有所改变,《旧唐书·王玙列传》记载:“开元末,玄宗方尊道术,靡神不宗。”《资治通鉴》也记载说:

[开元二十二年]方士张果自言有神仙术,诳人云尧时为侍中,于今数千岁。……上由是颇信神仙。

《旧唐书·礼仪志》还说:“玄宗御极多年,尚长生轻举之术。于大同殿立真仙之像,每中夜夙兴,焚香顶礼。天下名山,令道士、中官合炼醮祭,相继于路。投龙奠玉,造精舍,采药饵,真诀仙踪,滋于岁月。”据有关史料记载,他不仅自己吃金丹,也鼓励别人吃金丹。这些史书明确告诉我们,开元、天宝之交是玄宗由重视道家清静无为政治到重视道教神仙方术的转折点,而这个转折点也是当时社会政治由清明到腐败的转折点,最终导致了安史之乱,使唐朝从此一蹶不振。

以上历史事实告诉我们,汉初至文景时采取黄老清静无为政策,而武帝重视的是黄老养生和儒家的多为;唐太宗早年重视的是道家的清静无为政治,晚年开始服食金丹;唐玄宗早年重视的也是道家的清静无为政治,晚年同样陷入道教神仙信仰。这种重视道家道教角度的转变,刚好也是三个盛世由盛到衰的转变。我们是否可以说,身为一国之主的皇帝重视道家的清静无为,国家就会昌盛;一旦陷入道教的求仙信仰,国家就要衰败。

二、老子对儒家的影响

孔子、孟子、朱熹是儒家的三个代表人物,理清老子对这三位人物的影响,也就基本上把握了老子对儒家的主要影响。在本章的最后,我们还要附带谈谈先秦两汉时期儒道关系的问题。

(一)对孔子的影响

老子与孔子,一个开创了道家,被誉为“龙”;一个开创了儒家,被誉为“凤”;在中国的传统文化中,三分天下而有其二,而另外一分——佛教,还非本土文化。老、孔堪称中国思想史上的双璧,而他们二人的交往,更是人类文化史上的一段佳话。然而,后来却有许多人怀疑两人的这段交往,因此我们有必要对这段史实重新进行考证和评价。

1.前人对老、孔师生关系的否定

应该说,在南北朝以前,还没有人对老、孔师生关系提出疑问。只有崔浩怀疑《老子》不是老子所写。罗根泽在《古史辨·自序》中说:"这样矛盾(指有关老子身世及其与孔子关系的各种矛盾说法——引者按)共存的维持了一千二百多年,中间唯有北魏崔浩(?——四五〇)曾经怀疑。可惜其说已佚,止见于宋王十朋《问策》说:'至如疑五千言非老子所作,有如崔浩。'(《梅溪先生文集》卷十三)"罗根泽认为崔浩的原话已经佚失,而且还说他曾怀疑老、孔的师生关系,这两个观点都是不对的。《魏书·崔浩列传》记载得非常明确:

> [崔浩]性不好《老》《庄》之书,每读不过数十行,辄弃之,曰:"此矫诬之说,不近人情,必非老子之作。老聃习礼,仲尼所师,岂设败法文书,以乱先王之教。韦生所谓家人筐箧中物,不可扬于王庭也。"

这段记载有两点值得注意:一是崔浩没有否定老、孔二人的师生关系,相反他对二人的师生关系确信无疑,只是怀疑《老子》不是老聃所著而已,因为他认为为孔子说礼的老子不可能会写出反对礼教的书。二是崔浩没有为自己的这种怀疑拿出丝毫证据,完全是一种主观推测。还有一点,就是崔浩的原话完整地保留在《魏书·崔浩列传》中,并非像罗根泽认为的那样已经佚失,

据我所掌握的史料看,第一位对老、孔师生关系提出质疑的是韩愈。他在《原道》中说:

> 老者曰:"孔子,吾师之弟子也。"……为孔子者,习闻其说,乐其诞而自小也,亦曰:"吾师亦尝师之云尔。"不惟举之于其口,而又笔之于其书。

韩愈认为有关老、孔师生关系的说法是荒诞不经的,把此事否定得干干净净。然而仔细体会文意,作者这样讲完全是出于一时的激愤,而不是冷静分析后的结论。也就是说,作者没有举出任何史料证据,其结论不是学术研究的结果,而是学派之争的产物。我们说他写这篇文章时头脑不够冷静,思维不够清楚,还有本文的另一段话可为证据:

> 如古之无圣人,人之类灭久矣。何也?无羽毛鳞介以居寒热也,无爪牙以争食也。

看到这段话,不能不令人发笑。韩愈为了夸大圣人的作用,竟然忘记了一个最基本的事实:是先有人类,后有圣人。在圣人出现以前,那么多的人是如何生存的呢?我们说他否定老、孔师生关系的结论是学派之争的产物,还有他自己的《师说》《进士策问十三首》为证:

圣人无常师,孔子师郯子、苌弘、师襄、老聃。

古之学者必有师,所以通其业,成就其道德者也。……孔子亦有师,问礼于老聃,问乐于苌弘是也。

看来,韩愈还是承认老、孔的师生关系的,只是为了自己立论的需要,他有点顾此失彼了,从而出现了自相矛盾的说法。但否定老、孔师生关系的学者往往记住了《原道》中的话,而忽略了《师说》《进士策问十三首》②。从此以后,怀疑老、孔师生关系的人就层出不穷了,如宋代的陈师道(见《理究》)、叶适(见《习学记言》卷十五)等等。但综观这些人的论述,大多都没有拿出真凭实据来。我们就以王十朋的观点为例:

夫子之始末,莫详于《世家》。抑尝读之矣,而未免乎疑,庸可以不辩?夫子尝适周矣,及其施[疑为旋]也,老子以言送之曰:"聪明深察而近于死者,好议人者也。博辨广大而危其身者,好发人之恶者也。"老子之言,似不徒发,必有以箴夫子之失。使夫子果有此失,岂足为圣人乎?此不免乎疑也。

王十朋为绍兴二十七年进士第一,在思想、文学各方面都有很深的造诣,他的观点有一定的代表性。但王十朋怀疑老、孔师生关系的唯一理由就是孔子是圣人,而圣人是不可能犯下老子所批评的那些错误。王十朋提出自己的怀疑时,至少忽略了两点:一是孔子的思想修养有一个培育发展的过程,他之所以跟随老子学习,自然是感到自己有所不足。孔子绝不是一出生就成为圣人的。二是圣人也是人,既然是人,就可能犯错误,更何况"发人之恶"未必就是错误。据《史记·孔子世家》记载,当季桓子"卒受齐女乐,三日不听政"时,孔子就高唱着"彼妇之口,可以出走;彼妇之谒,可以死败"的悲歌离开鲁国。当"[卫]灵公与夫人同车,宦者雍渠参乘,出,使孔子为次乘,招摇过市之"时,孔子也感叹说:"吾未见好德如好色者也。"这些不都是在"发人之恶"吗?王十朋仅仅以孔子为圣人,而又武断地判定圣人是不会有错误的,因此就否定老、孔师生关系。依此而得出的结论是不足取的。

这种怀疑一直延续到现代,如许地山《道教史》说:"孔老会见的事情恐怕是出于老庄后学所捏造。"顾颉刚也说:"老子为什么会成为孔子的老师?我以为这不是讹传的谣言,乃是有计划的宣传。老子这个学派大约当时有些势力,但起得后了,总敌不过儒家。他们想,如果自己的祖师能和儒家的祖师发生了师弟的关系,至少能耸动外人的视听,争得一点学术的领导权。于是他们造出一件故事,说孔子当年到周朝时曾向老子请教过,但他的道力不高,而且有点骄矜之气,便给老子痛骂了一顿。他知道自己的根柢差得多,羞愧得说不出话。回得家来,只有对老子仰

孔子问礼

慕赞叹。”冯友兰先生在《中国哲学史新编》中说：“但他[指司马迁]也收了一个传说，说孔丘问礼于老子。”因为冯先生把老子视为孔子之后的人，所以他把孔、老的交往看作不可信的传说。实际上，这种怀疑毫无根据，只能视为他们个人的一点猜想。

2.老子与孔子师生关系考

最早记载二人师生关系的典籍，学界一般认为是《庄子》。对此，张季同先生在《关于老子年代的一假定》中说：

在此，我们应依了顾颉刚先生的史学方法，看看谁最先说老子在孔子之前。我们就可以发现，第一个说孔子师老子的是《庄子·外杂篇》，连《庄子·内篇》都不是，《庄子·内篇》都不曾说老在孔前，这是一件极重要的事实。……《庄子》七篇也不是不说到老子，也不是不提到老子的关系人（如秦佚、杨子居），为什么偏不提老孔的关系呢？

这是学界的普遍看法，所以不少学者又在此基础上判定《史记·老子韩非列传》中关于老子的内容是抄自《庄子》，完全不可信。实际上，张先生的观点是站不住脚的，其中有两个明显错误：

第一，第一次提到老、孔师生关系的不是《庄子》，而是《文子》。《文子》一书，过去不少人说它是伪作，1973 年河北省定县 40 号汉墓出土的竹简中，发现了《文子》残简，这证明了《文子》为先秦作品。《文子·道原》说：

孔子问道，老子曰：“正汝形，一汝视，天和将至。摄汝知，正汝度，神将来舍。德将为汝容，道将为汝居。”

文子是老子的弟子，与孔子是同时人，他的记载应该是可信的。这一记载同时说明，老、孔的师生关系从一开始就被人们记录了下来，而不是像一些学者说的那样首见于《庄子》。

第二，《庄子·内篇》已经提到老、孔的师生关系，张季同先生把这一点忽略了。《庄子·德充符》中记载：

无趾语老聃曰："孔丘之于至人，其未邪？彼何宾宾以学子为？彼且蕲以諔诡幻怪之名闻，不知至人之以是为己桎梏邪？"老聃曰："胡不直使彼以生死为一条，以可不可为一贯者，解其桎梏，其可乎？"无趾曰："天刑之，安可解。"

所谓的"彼何宾宾以学子为"，译为白话就是："孔子他为什么要不断地（或译为'恭敬地'）向先生学习呢？"这就足以证明，《庄子·内篇》不仅已经提到老、孔的师生关系，而且还说孔子是不断地向老子学习。

当然，《庄子·外杂篇》记载老、孔二人师生关系的资料更多，仅《庄子·天运》就有四次记载了孔子向老子问道的事，其中一件是：

孔子行年五十有一而不闻道，乃南之沛见老聃。老聃曰："子来乎！吾闻子，北方之贤者也。子亦得道乎？"孔子曰："未得也。"

紧接着，老子讲了一大段教导孔子的话，告诉孔子有关大道与仁义关系的道理。在《庄子》的其他篇章中，也有许多孔子向老子求道的情况。据《庄子·天运》记载，孔子见到老子之后，有这样一段评论：

吾乃今于是乎见龙。龙，合而成体，散而成章，乘云气而养乎阴阳。予口张而不能嗋，予又何规老聃哉！

关于两人的交往，最为简明、也最为可信的当然属于《史记》：

鲁南宫敬叔言鲁君曰："请与孔子适周。"鲁君与之一乘车，两马，一竖子俱，适周问礼，盖见老子云。辞去，而老子送之曰："吾闻富贵者送人以财，仁人者送人以言。吾不能富贵，窃仁人之号，送子以言，曰：'聪明深察而近于死者，好议人者也。博辩广大危其身者，发人之恶者也。为人子者毋以有己，为人臣者毋以有己。'"孔子自周反于鲁，弟子稍益进焉。

孔子适周，将问礼于老子。老子曰："子所言者，其人与骨皆已朽矣，独其言在耳。且君子得其时则驾，不得其时则蓬累而行。吾闻之，良贾深藏若虚，君子盛德，容貌若愚。去子之骄气与多欲，态色与淫志，是皆无益于子之身。吾所以告子，若是而已。"孔子去，谓弟子曰："鸟，吾知其能飞；鱼，吾知其能游；兽，吾知其能走。走者可以为罔，游者可以为纶，飞者可以为赠。至于龙，吾不能知，其乘风云而上天。吾今日见老子，其犹龙邪！"

因为孔子把老子比作龙，于是后人又称老子为"犹龙"。《史记·仲尼弟子列传》还记载："孔子之所严事：于周则老子；于卫，蘧伯玉；于齐，晏平仲；于楚，老莱子；于郑，子产；于鲁，孟公绰。"《史记》把老、孔之间的师生关系记载得非常清楚，没有丝毫的犹疑之辞，而且还有许多细节描写，然而后代有许多迂儒不愿承认这一事实，近代还有一些学者把老子定为战国时期的人，这就从根本上否定了二人的这些交往。其实，不仅史书承认这一点，如刚刚谈到的《史记》；道家典籍也承认这一点，如《文子》《庄子》；就连儒家自己的经典也不否认这一事实，如《礼记》《韩诗外传》《孔子家语》。《礼记·曾子问》多次记载孔子说过这样一类的话："老聃云"，"吾闻诸老聃曰"（至少出现四次）。《孔子家语》的《观周篇》专门记载孔子入周学习的情况，其中谈到孔子入周的主要目的是向老子学习。

我们顺便提到的是，根据《史记·十二诸侯年表》的记载，似乎孔子晚年时，又到东周去过一次：

是以孔子明王道，干七十余君，莫能用，故西观周室，论史记旧闻，兴于鲁而次《春秋》，上记隐，下至哀之获麟，约其辞文，去其烦重，以制义法，王道备，人事浃。

孔子第一次至周，是在年轻时，目的是为了学礼。第二次至周，是在晚年，目的是为了学史。至于后来这一次是否见到过老子，我们就不知道了。

除了以上所举古籍外，在先秦的著作中，记载老、孔师生关系的还有《吕氏春秋·当染》：

非独国有染也，（士亦有之。）孔子学于老聃、孟苏夔、靖叔。

汉代记载老、孔师生关系的典籍还有：

1.刘向《说苑》卷二十《反质》记载："仲尼问老聃曰：'甚矣，道之于今难行也。吾比执道委质，以当世之君，而不我受，道之于今难行也！'老子曰：'夫说者流于听，言者乱于辞。如此二者，则道不可委矣。'"

2.刘向《列仙传》卷上："仲尼至周 见老子，知其圣人，乃师之。"

3.班固《白虎通义·辟雍》记载："周公师虢叔，孔子师老聃。"

4.《吕氏春秋-重言》高诱注："老耼学于无为而贵道德，周史伯阳也。三川竭，知周将亡，孔子师之也。"

5.牟子《理惑论》："尧事尹春，舜事务成，旦学吕望，丘学老聃。"

刘向和班固都是著名的史学家，他们对老、孔的师生关系没有产生任何怀疑。特别是《白虎通义》属于官方著作，可见老、孔师生关系是当时所公认的。

除了他人的记载外，孔子的后裔也承认老、孔的师生关系，据《后汉书·孔融列传》记载，孔融从小就对老子与孔子的师生关系有所了解，并借此骗得大名士李膺的接见：

[孔融]年十岁，随父诣京师。时河南尹李膺以简重自居，不妄接士宾客，敕外自非当世名人及与通家，皆不得白。融欲观其人，故造膺门。语门者曰："我是李君通家子弟。"门者言之。膺请融，问曰："高明祖父尝与仆有恩旧乎？"融曰："然。先君孔子与君先人李老君同德比义，而相师友，则融与君累世通家。"众坐莫不叹息。

孔融是孔子二十世孙，他讲这些话的时候，年仅十岁，有关老、孔的师生关系，他自然是从前辈口中得知的，这就说明孔氏家族一直是承认老、孔这层关系的。

近现代否定老、孔师生关系的学者非常多，计有：康有为、梁启超、钱穆、张西堂、罗根泽、冯友兰等等，虽然他们都是名家，而且还形成了"集团力量"，但要想用一些捕风捉影的所谓证据去否定这么多的古籍记载，是十分困难的。特别是对冯友兰的一段话，我非常不赞成。他说：

我曾说过中国现在之史学界有三种趋势，即信古，疑古，及释古。就中信古一派，与其说是一种趋势，毋宁说是一种抱残守缺的人的残余势力，大概不久即要消灭；即不消灭，对于中国将来的史学也是没有什么影响的。

看了冯先生的这段话，我认真反省自己，自认自己是抱残守缺一类的信古者。我不仅相信古书的记载，而且相信历史传说，因为把传说中的神话、杂质部分去掉，其显露出来的往往是历史的真实。当然，我说的信古，是就大体而言，绝不是百分之百地完全相信，而是基本相信。就像疑古派一样，他们也不可能百分之百地否认一切历史记载。实际上，近数十年来的出土文物正在扫荡着疑古派所提出的许多大胆假设。

3.老、孔会面对孔子的影响

老子与孔子的这段交往，对老子影响不大，而对孔子的影响却是深刻的。这是因为当时老子年龄已大，思想已经定型，社会地位也相对稳定，而孔子相对较年轻，个人思想和社会地位还处于变化之中。具体讲，这段交往对孔子的影响主要有以下几点：

(1)在社会地位方面，提高了孔子的学术威望

孔子单车赴周学礼的经历，为他赢得了极大的声誉，提高了他的社会地位。《史记·孔子世家》记载说："[孔子]适周问礼，盖见老子云。……孔子自周反于鲁，弟子稍益进焉。"这里把孔子向老子学习的效果讲得十分清楚，孔子声誉的提高，前来求学的弟子增多，与孔子向老子问礼有着密切的关系。《孔子家语》记载了孔子本人的一段话："季孙之赐我粟千钟也，而交益亲；自南宫敬叔之乘我车也，

而道加行。故道虽贵,必有时而后重,有势而后行,微夫二子贶财,则丘之道殆将废矣。”把自己成功的主要原因之一归于南宫敬叔陪同自己入周,可见孔子对这段交往的重要性也有充分认识。

西汉前期的《韩诗外传》对老、孔的师生关系及这种关系对孔子的重要性讲得也很明确:

哀公问于子夏曰:“必学然后可以安国保民乎?”子夏曰:“不学而能安国保民者,未之有也。”哀公曰:“然则五帝有师乎?”子夏曰:“臣闻黄帝学于大填,……武王学于太公,周公学于虢叔,仲尼学乎老聃。此十一圣人,未遭此师,则功业不能著乎天下,名号不能传乎后世者也。”

子夏说,如果孔子不拜老子为师,就不可能建辉煌之业、留万世之名。这一评价出自孔子的学生子夏之口,记载于儒家的典籍《韩诗外传》中,可见儒家不仅承认老、孔的师生关系,而且还认为这种关系对儒家的兴起起着至关重要的作用。

(2)在哲学思想上,孔子继承了“道”这一概念

孔子的“道”与老子的“道”在具体内容方面并不完全一致,但孔子与老子一样,也把“道”视为自己思想体系中的最高概念,他说:“朝闻道,夕死可矣。”他为自己和弟子制定的生活准则是:

志于道,据于德,依于仁,游于艺。

孔子根据重要的程度,把道、德、仁、艺依次列出。这种排序使我们不能不想到《老子》三十八章中说的“失道而后德,失德而后仁,失仁而后义”。老、孔都认为道与德是第一位的,而仁义则在其后。

《论语》一书中,“道”的使用达60次之多,其中绝大部分是用作“道术”意。由此可见,“道”在孔子心目中的地位是相当高的。

(3)在政治思想上,主张“无为而治”,推崇类似于“小国寡民”的社会

“无为”是道家的一个重要概念,而孔子对此也非常赞赏,《论语·卫灵公》记载了孔子这样一段话:

子曰:“无为而治者,其舜也与!夫何为哉?恭己正南面而已矣。”

孔子在这里直接使用了老子的“无为”一词。一般人认为老子是楚国人,这是一个误会,老子实际上是春秋陈国人,我们在前文已经谈到这一点。而陈国的先祖即舜,可见陈国至少在理论上有无为而治的遗风。陈国是道家的发源地,陈国不仅具有隐逸之风(中国现存第一首完整的隐居诗《诗经·衡门》就出自陈国),而且其先祖舜还被孔子视为无为而治的典范,孔子对舜文化有着特殊的爱好,《汉书·礼乐

老子像碑刻

志》记载：

尧作《大章》，舜作《招》[即《韶》]。……至春秋时，陈公子完奔齐。陈，舜之后，《招乐》存焉。故孔子适齐闻《招》，三月不知肉味，曰："不图为乐之至于斯！"美之甚也。

统观孔子思想，他把无为而治的社会看作最理想的社会，三代虽然比春秋时代好一些，但同无为而治的社会相比，就是等而次之了。这一思想还表现在他对理想社会的具体描写方面。《荀子·哀公》和《礼记·礼运》都有这方面的记载：

孔子对曰："古之王者，有务而拘领者矣，其政好生而恶杀焉。是以

凤在列树，麟在郊野，乌鹊之巢可俯而窥也。"

孔子曰："大道之行也，与三代之英，丘未之逮也，而有志焉。大道之行也，天下为公，选贤与能，讲信修睦。故人不独亲其亲，不独子其子，使老有所终，壮有所用，幼有所长……，是谓大同。"

这两段描写与老子所描述的理想社会有许多相似之处，比如，他们都认为最好的社会是在三代以前的原始社会，还都认为在这个社会里，人们没有私心，彼此也没有亲疏之分，相处十分和睦。特别是"乌鹊之巢可俯而窥也"一句被庄子几乎是原封不动地收入《庄子·马蹄》。

(4)在礼学方面，增长了不少知识

老子是反对礼的，而孔子却千里迢迢去向老子问礼，这似乎不合逻辑。许地山在《道教史》中就说："至于孔子问礼于老子底事，若把《曾子问》与《史记·老子传》比较起来，便知二者的思想不同。若依《老子》(三十八章)'失道而后德，失德而后仁，失仁而后义，失义而后礼。礼者忠信之薄而乱之首。……'也可以理解老子也是楚狂、长沮、桀溺一流的人物，岂是孔子所要请益的人？孔老相见底传说想在道家成派以后。"而我们认为，孔子的确是向老子学礼，而且还学到了不少具体的礼制内容。关于老子礼学思想及其对孔子的影响，我们在"老子的礼学思想"一章中已有较多的讨论，这里不再赘述。

(5)在个人处世方面，孔子也主张谦退柔和

应该说，孔子本质上是一位积极进取的人，这一点，甚至表现在他的衣着举止

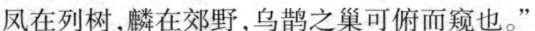

上，所以老子曾告诫他说：

良贾深藏若虚，君子盛德，容貌若愚。去子之骄气与多欲，态色与淫志，是皆无益于子之身。

老子以老师的身份告诫孔子：作为君子，虽然腹中满是学问和美德，但举止却要谨慎谦虚，要做到大智若愚。据《韩诗外传》记载，后来孔子又以老师的身份告诫子路说：

传曰：子路盛服以见孔子，孔子曰："由疏疏者何也？昔者江出于濆，其始出也，不足以滥觞。及其至乎江之津也，不方舟，不避风，不可渡也。非其下流众川多欤？颜色充满，天下有谁加汝哉？"

孔子把老子教导自己的内容原封不动地用来教导自己的弟子，甚至所用的比喻也是一样的，如"非其下流众川多欤"就是来自《老子》六十六章的"江海所以能为百谷王者，以其善下之，故能为百谷王"。

(6)孔子在老子"守中"的思想基础之上，提出"中庸"主张

《老子》第五章提出"守中"思想。关于这个"中"，各注家的解释有一些分歧，但我们认为最好还是按照它的本义理解，那就是"不偏不倚"，因为《老子》第二十九章明确提倡"圣人去甚，去奢，去泰"，所谓的"去甚，去奢，去泰"，也就是去掉过分的行为，提倡做事要恰如其分。孔子就是在这一思想基础之上，提出了著名的"中庸"主张：

子曰："中庸之为德也，其至矣乎！民鲜久矣。"

不偏叫"中"，不变叫"庸"。中庸就是指不偏不倚的处事原则，而这个原则是永恒不变的。从这些表述中，不难看出二者之间的联系。

(7)孔子也具有浓厚的隐逸思想

孔子的一生是积极进取的一生，但这并不妨碍他的内心深处还隐藏着隐逸思想。统观他对弟子的态度，就可以看到这一点。他最喜欢的弟子是颜回，而颜回一生未仕，过着贫贱不改其乐的学子生活。《论语·雍也》记载："子曰：'贤哉，回也！一箪食，一瓢饮，在陋巷，人不堪其忧，回也不改其乐。贤哉，回也！'"根据《庄子·让王》的记载，颜回更是一位典型的隐士：

孔子问颜回曰："回，来！家贫居卑，胡不仕乎？"颜回对曰："不愿仕。回有郭外之田五十亩，足以给饪食；郭内之田十亩，足以为丝麻；鼓琴，足以自娱；所学夫子之道者，足以自乐也。回不愿仕。"孔子愀然变容，曰："善哉回之意！丘闻之：'知足者，不以利自累也；审自得者，失之而不惧；行修于内者，无位而不怍。'丘诵之久

矣，今于回而后见之，是丘之得也。”

《韩诗外传》也记载了孔子对立志隐居的弟子的赞美。如子夏从《尚书》中悟出隐居的道理后，孔子就十分高兴。《韩诗外传》卷二第二十九章说：

子夏读《书》已毕。夫子问曰：“尔亦可言于《书》矣。”子夏对曰：“《书》之于事也，昭昭乎若日月之光明，燎燎乎如星辰之错行，上有尧舜之道，下有三王之义，弟子所受于夫子者，志之于心不敢忘。虽居蓬户之中，弹琴以咏先生之风，有人亦乐之，无人亦乐之，亦可发愤忘食矣。《诗》曰：‘衡门之下，可以栖迟。泌之洋洋，可以疗饥。’”夫子造然变容曰：“嘻！吾子殆可以言《书》已矣。”

《尚书》讲的主要是如何治国安民，而子夏却从中悟到了一个人应该如何过隐居的生活，那就是有人亦乐，无人亦乐，学习先王的治国安民思想不是为了自己建功立名，而是作为一种精神修养，目的是为了安顿自己的原本漂泊不定的心性。孔子听了他这番表白后，认为他已经读懂了《尚书》。《论语·先进》还记载，当子路、曾皙、冉有、公西华分别谈了自己的志向以后，孔子没有对一心治国的弟子有多大兴趣，却赞成曾皙的“莫春者，春服既成，冠者五六人，童子六七人，浴乎沂，风乎舞雩，咏而归”的隐居生活。特别是在政治上受到挫折时，这一隐逸思想更被孔子清楚地表达出来：

子曰：“道不行，乘桴浮于海。”

子欲居九夷。或曰：“陋，如之何？”子曰：“君子居之，何陋之有？”

孔子要离开中国到海上去，甚至还要到少数民族地区去。也许有人会说，孔子讲一些归隐的话，是无可奈何。实际上，古代隐居的文人又有几个不是无可奈何呢？就连老子也是在无可奈何的情况下才选择了隐居之路。

从这些资料可以看出，孔子与老子的思想、情趣的确有许多相通之处。根据孔子的一些言论，我们甚至认为孔子读过《老子》这本书，如：

①《荀子·法行》：“孔子曰：‘……夫玉者，君子比德焉。……廉而不刿。’”出自《老子》五十八章“是以圣人方而不割，廉而不刿”。

②《荀子·宥坐》：“孔子曰：‘夫水，大遍与诸生而无为也，似德；其流也埤下，裾拘必循其理，似义。’”出自《老子》八章“上善若水。水善利万物而不争，处众人之所恶，故几于道”。

③《周易·系辞上》：“子曰：‘劳而不伐，有功而不德，厚之至也，语以其功下人者也。’”出自《老子》七十七章“功成而不处”。

④《孔子家语·三恕》：“子曰：‘聪明睿智，守之以愚；功被天下，守之以让；勇

力振世，守之以法[怯]；富有四海，守之以谦。此所谓损之又损之之道也。'"出自《老子》二十章"我愚人之心也哉"、四十五章"大巧若拙"和四十八章"为学日益，为道日损。损之又损，以至于无为"。

这一类的言论，我们还能找到很多。这种思想与语言都十分接近的现象，是否说明了孔子的部分言论就是直接采自《老子》呢？

《论语·述而》中记载："子曰：'述而不作，信而好古，窃比于我老彭。'"关于老彭是谁，有不同看法，一说指商代的贤人老彭，一说指老子和彭祖两人。而清人王士禛《古夫于亭杂录》说：

"窃比于我老彭"，按《大有》卦"非其彭"，陆音步郎反，子夏作"旁"。"老彭"当读如"非其彭"之"彭"，音旁。旁，侧也，欲自比于老子之侧，盖谦辞也。考《曾子问》，记孔子问诸老聃者屡矣，《家语》亦云"孔子问《礼》于老聃"，此孔子欲自附于老聃之侧之验也。旧说以为彭祖，彭祖，六经所不载，圣人所不道，岂孔子之愿比者哉！

意思是说："老"指老子，"彭"音、意都同"旁"。"彭"的这种用法常出现于先秦的典籍中，如《周易·大有》中的"匪其彭"，《墨子·备穴》中的"若彭有水浊非常者，此穴土也"，这些"彭"都作"旁边"义。因此，王士禛把这句话解释为"孔子欲自附于老聃之侧"不能说没有道理。如果这种解释是正确的话，这就再一次说明了孔子对老子的敬仰之情。

(二)对孟子的影响

孟子被后人尊称为"亚圣"，是仅次于孔子的儒家大师，然而他同孔子一样，受到老子及其他道家人物的影响。这主要表现在以下几个方面。

1.与老子相似的强烈的反暴君思想

老子对暴君具有强烈的反对情绪，《老子》五十三章说："朝甚除，田甚芜，仓甚虚，服文采，带利剑，厌饮食，财货有余，是谓盗竽[夸]。"把暴君称为"强盗头子"，其厌恶、憎恨之情无以复加。孔子也反对暴君，但表达方式要温和得多，甚至还主张为尊者讳。可以说，几乎所有的古代思想家都有反暴君思想，但反对程度和表达方式并不一样，而孟子与老子在对待暴君的态度上和表述方式上有着惊人的相似之处：

老子曰："……有南面之名，无一人之誉，此失天下也。故桀纣不为王，汤武不为放。"(《文子·下德》)

齐宣王问曰："汤放桀，武王伐纣，有诸？"孟子对曰："于传有之。"曰："臣弑其君,可乎?"曰:"贼仁者谓之'贼',贼义者谓之'残'。残贼之人谓之'一夫'。闻诛一夫纣矣,未闻弑君也。"(《孟子·梁惠王下》)

老子认为暴君是没有资格称为"王"的,而孟子也同样认为暴君是没有资格称为"君"的,因此,二人也都认为放杀暴君是合情合理的事情,不能算是犯上。二人的思想一致,表述方式也极为相似,如果说二者之间有什么联系的话,肯定是孟子受到了老子的影响,因为老子的生活时代早于孟子。

2.从老子的"太上,不知有之"到孟子的"利之而不庸"

最好的统治者与百姓的关系如何,一般的儒家学者都认为是一种和谐的互爱关系,君主爱护百姓,百姓拥护君主。而孟子在这一点上,则明显是接受了老子的思想。《老子》十七章说:

太上,不[下]知有之。其次,亲而誉之。

最好的统治者无为而治,一切顺民自然,不加干涉,即使施德于民也不求回报,因此也就不去宣扬自己的美政,所以百姓的生活其乐融融,却感觉不到君主的存在。再次一等的统治者就是一般儒生所赞美的,这些统治者能够得到百姓的"亲"和"誉"。孟子的观点与老子一样,《孟子·尽心上》说:

孟子曰:"霸者之民,欢虞如也;王者之民,皞皞如也。杀之而不怨,利之而不庸,民日迁善而不知为之者。夫君子所过者化,所存者神,上下与天地同流,岂曰小补之哉!"

赵岐和孙奭的《注疏》解"庸"为"功",所谓"利之而不庸"就是"利而不知为王者之功"。孟子意思是说,霸者爱民带有功利目的,是想得到百姓的拥护,所以他们处处宣扬自己的功德,让百姓知道自己的欢乐生活是来自君主的恩赐。而王者就不同了,他们的爱民不带有个人目的,不对百姓横加干涉,百姓生活美满,却认为自己本来就如此,感觉不到君主的力量,所以下文接着又说"民日迁善而不知为之者",百姓一天天地向好处发展,却不知是谁的力量。对比这些思想,我们可以看出孟子思想与老子的完全一样。

3.重"因"思想

所谓的"因",就是顺应。从老子开始,就主张顺应自然、顺应民心。《老子》四十九章说:

圣人无常心,以百姓心为心。

百姓的想法就是圣人的想法,圣人一切顺应民心。《老子》中还没有明确提出"因"这一概念。正式提出这一概念的是《文子·自然》,但据《文子》说,首先提出这一概念的还是老子：

老子曰："循理而举事，因资而立功。……若夫水用舟，沙用鲑，泥用輴，山用樏，夏渎冬陂，因高为山，因下为池，非吾所为也。"

办事要循理因资，就像"因高为山，因下为池"一样，这样就可以省却许多的人力物力，而且也容易成功。正是因为老子重"因"，所以《史记·老子韩非列传》总结说："老子所贵道，虚无，因应变化于无为。"对于老子的这种"因应"思想，孟子也非常赞成，他说：

故曰：为高必因丘陵，为下必因川泽。为政不因先王之道，可谓智乎？

孟子和文子要"因"的内容可能并不完全一样，但在做事要坚持"因"这一原则上，二人是相同的。

4.关于"权"的思想

所谓"权"，就是"权变"，就是在不违背基本原则的前提下所进行的灵活通变。《老子》一书没有提到"权"的思想，但据《文子·道德》记载，老子已经谈论过"权"的问题：

老子曰："上言者，下用也。下言者，上用也。上言者，常用也，下言者，权用也。唯圣人为能知权。言而必信，期而必当，天下之高行。直而证父，信而死女，孰能贵之？故圣人论事之曲直，与之曲伸，无常仪表，祝则名君，溺则捽父，势使然也。夫权者，圣人所以独见。夫先迕而后合者之谓权，先合而后迕者不知权。不知权者，善反丑矣。"

老子认为：下级服从上级，这是常法；而上级服从下级，这是特定情况下的一时权变。讲究信用，这是高尚的行为，是受人们赞扬的，但儿子站出来证明父亲有罪，尾生为了等候一个女子而宁愿淹死在桥下，这样的信用又怎么值得提倡呢？所以圣人是根据不同的情况进行相应的变化，比如在祭祀神灵时可以直呼君主的姓名，当父亲落入水中时可以揪住他的头发把他拉上来。老子的这一"权变"思想，对儒家产生了直接影响。《论语·子罕》记载：

子曰："可与共学，未可与适道；可与适道，未可与立；可与立，未可与权。"

孔子把一个人的学习、修养分为四个阶段——学、适道、立、权。这四个阶段用今天的话讲就是：学习——掌握知识和学到为人的原则——按照掌握的知识和原则做事——在不违背基本原则的前提下灵活变通。可见，孔子把"权"看作学习的最高境界，这与老子的"唯圣人为能知权"的思想是一致的。但孔子对"权"没有作详细的解释，而孟子对此有一个生动的说明。《孟子·离娄上》记载：

淳于髡曰："男女授受不亲，礼与？"孟子曰："礼也。"曰："嫂溺。则援之以手乎？"曰："嫂溺不援，是豺狼也。男女授受不亲，礼也；嫂溺，援之以手，权也。"

"男女授受不亲"是大的原则，能够坚持这一原则就是"立"；但在一些特殊的情况下，男女又必须"亲"，这就是"权"。这种权变行为在人们的生活中十分重要，大的原则是必须的，但社会生活是那样的丰富，几条大的原则根本无法应付复杂的现实生活，因此在不违背大原则的情况下，对所遇事件进行灵活处理，就显得非常重要。值得我们注意的是，孟子的这一思想没有超出老子思想的范围，而且他所使用的"嫂溺援之以手"例子与老子的"溺则捽父"又是如此的相似，因此我们可以说孟子是直接受到了老子的影响，或者说是受到《文子》的影响。

5.寡欲思想

老子的一个重要生活原则就是把自己的欲望减少到最低限度，如《老子》十九章提出"少私寡欲"，四十六章认为"祸莫大于不知足，咎莫大于欲得"。而孟子也继承了这一思想，《孟子·尽心下》说：

孟子曰："养心莫善于寡欲。其为人也寡欲，虽有不存焉者，寡矣；其为人也多欲，虽有存焉者，寡矣。"

老子认为一个人的最大祸害就是多欲，孟子认为一个人最重要的道德修养就是少欲。两个人谈话的角度不同，但讲的是同一个问题。

6.注重生活资源的保护

老子对保护生活资源的问题非常重视，《文子·上仁》记载老子的一段话：

老子曰："不涸泽而渔，不焚林而猎；豺未祭兽，置罘不得通于野；獭未祭鱼，网罟不得入于水；鹰隼未击，罗网不得张于皋；草木未落，斤斧不得入于山林；昆虫未蛰，不得以火田；育孕不杀，鷇卵不探，鱼不长尺不得取，犬豕不期年不得食，是故万物之发生若蒸炁出。"

远在春秋末年就能提出这样的主张，实在令人感佩。后来的孟子讲了一段与此相似的话。《孟子·梁惠王上》说：

不违农时，谷不可胜食也；数罟不入洿池，鱼鳖不可胜食也；斧斤以时入山林，材木不可胜用也。

孟子的话要简短一些，但其精神实质与老子没有不同，这些思想对今天的人们也具有极大的启示意义。

7.关于《孺子歌》

《孟子·离娄上》记载了一首非常有名的诗歌《孺子歌》，又名《沧浪歌》。这首

歌曲文字浅近而寓意深刻，先后与许多思想家和文学家，如老子、文子、孔子、孟子、屈原、渔父等人联系在一起，流传甚广。

这首诗歌不仅是中国五言诗歌的雏形（如果去掉一、三两句后的语气词“兮”，就是一首完整的五言诗歌），而且不同的人给予它完全不同的解释，阐述了不同的人生处世态度。现代学者大多认为它是一首楚国的民间儿歌。如章培衡《中国文学史》上卷说：“作为文学作品，《楚辞》所受的最直接的影响，自然是在它以前的楚国诗文。但在这方面的材料实在太少。……保存下来较早而又较可靠的，是见于《孟子》的《孺子歌》，据说是孔子听一个小孩所唱。……《孟子》中虽未载明孔子是在何地听到此歌，但‘沧浪之水’在楚地（见《尚书·禹贡》及注），孔子又曾一度居于楚，所以这当是楚国小孩所唱的歌。”这种说法代表了学界的普遍看法，但并不正确。我们认为，这首歌曲最早出于中原地区老子之手。《孟子·离娄上》是这样记载的：

有孺子歌曰：“沧浪之水清兮，可以濯我缨；沧浪之水浊兮，可以濯我足。”孔子曰：“小子听之！清斯濯缨，浊斯濯足矣。自取之也。”

孟子说这是孔子听到的一首儿歌，并从这首儿歌中悟出或荣或辱均由自取的道理。由于后人把“沧浪”理解为楚国的地名或水名，歌曲又是从一个“孺子”口中唱出来的，于是自然就被定性为“楚国儿歌”了。那么这首寓意深刻的歌曲真的就是一首出自楚国民间的儿歌吗？当然不是。它的最原始的作者应是老子（或老子的弟子文子），《文子·上德》说：

老子曰：“……混混之水浊，可以濯吾足乎！冷冷之水清，可以濯吾缨乎！䌷之为缟也，或为冠，或为袜，冠则戴枝也，袜即足蹍之。”

老子的这段话全是比喻：一个人的品德就好像水一样，如果你是一汪浊水，人们就只能用你来洗脚；如果你是一汪清水，人们就会用你来洗帽缨。一个人的品德还好像丝绸一样，如果把它制成帽子，人们就会把它顶在头上；如果把它制成袜子，人们就会把它踩在脚下。一切皆由自取。可见孟子的那一段话及《孺子歌》完全是老子语的翻版。

关于记载这首诗歌的文子，传统看法认为是计然。《史记·货殖列传》说：“越王勾践困于会稽之上，乃用范蠡、计然。”《史记索隐》引《范子》说：“计然者，葵丘濮上人。姓辛氏，字文，其先晋之公子。南游越，范蠡事之。”《汉书·艺文志》说：“《文子》九篇。老子弟子，与孔子并时，而称周平王问，似依托者也。”《隋书·经籍志》也说：“文子，老子弟子。”文子是老子的弟子，是范蠡的老师，他基本与孔子同时。关于《文子》这本书，包括梁启超（见《饮冰室专集·〈汉书·艺文志〉诸子略考释》）、章太炎（见《菿汉微言》）在内的一大批学者都认为属于伪书。1973年河北定县40号汉墓出土的竹简中，发现了《文子》一书的残简，其中见于今本《文子》的有六篇。这些出土竹简使《文子》为伪书的结论不攻自破。

老子全铜像

《文子》的记载说明《孺子歌》的初创权应属于老子。我们不妨对这首诗歌的传播过程作一推测：老子讲了这段话以后，被文子记载下来，因为其文字浅俗而含义深刻，受到人们的关注，于是或由他本人、或由其他人把它改编成歌曲形式传唱。孔子也曾跟随老子学习过，与文子是同学，他能听到这首歌曲是完全可能的。

那么会不会是先有这首儿歌，老子也听到了，再讲出来，于是又由文子把它写入自己的作品中呢？我们虽然还不能完全排除这种可能性，但这种可能性不大，因为先秦人著书时，凡引用古书或民谣时，一般都予以注明，以增强自己观点的说服力。《老子》《论语》，包括《文子》在内，都是如此。没有注明的，则应视为个人创作。

关于“沧浪”的解释分歧很多，一说是指水名，指汉水或汉水的某条支流；一说指洲名，在今湖北均县北；一说指水的颜色。这三种解释都有自己的根据，《尚书·禹贡》记载：“嶓冢导漾，东流为汉，又东为沧浪之水。”这是第一种解释的根据。《水经注》卷二十八“沔水”二说：“又东北流，又屈东南，过武当县东北，县西北四十里，汉水中有洲，名沧浪洲。”郦道元还专门在这里引用了这首诗歌。这是第二种解释的根据。《吕氏春秋·审时》说：“后时者，弱苗而穗苍浪[一作狼]。”“苍浪”即“沧浪”，描写禾苗的青色。陆机《塘上行》说：“发藻玉台下，垂影沧浪渊。”这说明古人把“沧浪”理解为水的青色。这是第三种解释的根据。这三种解释究竟哪一种更符合原意，我们还很难下结论。如果按照第一、二种解释，那么这首歌曲中的“沧浪”是指楚国北部地区的河名或地名，如果按照第三种解释，那么这首歌曲中的“沧浪”就是泛指河水了。

但到了屈原时，这首歌曲传入楚地是不容置疑的了。《渔父》记载，渔父在江边遇到被流放的屈原以后，就劝告他“圣人不凝滞于物，而能与世推移。世人皆浊，何不淈其泥而扬其波？众人皆醉，何不餔其糟而歠其酾？”当屈原委婉地谢绝渔父的劝告之后，作品有以下描写：

渔父莞尔而笑，鼓枻而去，歌曰：“沧浪之水清兮，可以濯吾缨；沧浪之水浊兮，可以濯吾足。”遂去，不复与言。

同一首歌曲，渔父的理解与文子和孔子的理解就完全不一样了。《楚辞章句》认为“沧浪之水清兮”是“喻世昭明”，“可以濯吾缨”是比喻“可以修饰冠缨而仕也”，“沧浪之水浊兮”是“喻世昏暗”，而“可以濯吾足”是比喻“宜隐遁也”。我们认为这一解释还不完全准确，说第一、第三句分别比喻政治清明和政治黑暗是可以的，但第二、第四句，我们认为不是在比喻出仕和隐居，而是分别比喻坚持高尚节操与和光同尘。当政治清明时，自己不妨去“濯吾缨”——干一些高尚的事情；如果政治黑暗，世人愚昧，就不妨去“濯吾足”——和光同尘，与世俯仰。因为渔父在前面已经讲得非常清楚：世人皆浑浊，自己也跟着浑浊；世人皆醉，自己也跟着醉。

综上所述，我们可以得出以下四点结论：

第一，对中国五言诗的形成，道家做出了自己的贡献。虽然《文子》没有明说这四句话是歌曲，但它与《孺子歌》基本上没有大的差异，如果去掉第二和第四两句后面的语气词“乎”，也是一首完整的五言诗。

第二，《沧浪歌》不能视为楚歌。老子是陈人，后在周做官，文子是晋国公子，都属于北方人。文子后来虽然到了越国，但这首歌曲不可能是在越国时写的，一是因为他明确讲这几句话出自老子，二是因为孔子从来没有到过越国。古代交通不便，信息闭塞，文子如果是在越国记载下了这首诗歌，不可能那样快就被同时的孔子所知晓。“沧浪”究竟是水名，还是描写水的颜色，我们也很难下结论。所以，最合理的推测是：是孔子、文子同学于老子时或其后不久，这首歌曲就已经传唱开了，首先传唱的地区在以洛阳为中心的中原地区，后来又慢慢向南流传到了楚地。而实际上，如果“沧浪”是指水名或洲名，那里也紧靠中原，距洛阳也不过数百里。

第三，像《孺子歌》这样能够与如此多的思想家和文学家有如此密切联系的诗歌，在古代绝无仅有。而且它的影响一直持续到现在，阎真先生的著名小说《沧浪之水》，使用的就是渔父所理解的含义。这部小说描写了一位知识分子在权钱至上的社会里，是如何一步步放弃自己高洁的人格，慢慢与世俗“和光同尘”的。

第四，诗无达诂是诗歌欣赏的普遍现象，但像《沧浪歌》这种同一首诗歌被解释为截然不同的人生态度的，在中国诗歌史上也不多见。老子、文子与孔子的意思是要求一个人要坚持自己的高尚品质，以求为社会所用；而渔父则认为，如果社会不够清明，自己也可以放弃所谓的崇高品质。双方理解刚好相反。

（三）对朱熹的影响

宋明理学是儒家发展史中的重要一环，而理学的出现，是嫁接了道家的哲学框架和儒家的伦理内容。换句话说，理学是道家哲学思想与儒家伦理思想联姻的产物。我们就以理学的代表人物朱熹为例，讨论两个问题：他对老子的态度和他是如何套用道家的哲学框架的。

第一，朱熹对老子的态度。

我们首先必须承认，朱熹是儒家人物，以儒家继承者自居，但这并不意味着他就不尊重、不重视老子思想。我们看他的一段话：

问："杨氏爱身，其学亦浅近，而举世宗尚之，何也？"曰："也不浅近，自有好处，便是老子之学。今观老子书，自有许多说话，人如何不爱！"

杨朱之学出于老子，盖是杨朱曾就老子学来。……孟子辟杨朱，便是辟庄老了。

朱熹以儒家继承人自居，孟子是亚圣，是儒家的第二号人物，朱熹明明知道"孟子辟杨朱，便是辟庄老"，但他还是认为杨朱的学问"也不浅近，自有好处"，对老子之学更是赞赏："今观老子书，自有许多说话，人如何不爱！"正是由于朱熹对老子之学的喜爱，老子的思想才会对他产生重大影响。

第二，朱熹套用了老子的哲学框架。

老子认为道处于万物之先，是产生万物的根本，是无形无象的。而理学的"理"的特性与老子的"道"基本一样，朱熹对理的特性描述说：

理也者，形而上之道也，生物之本也。

曰："未有天地之先，毕竟也只是理。有此理，便有此天地；若无此理，便亦无天地，无人无物，都无该载了。有理，便有气流行，发育万物。"……曰："……理无形体。"曰："所谓体者，是强名否？"曰："是。"

问："道与理如何分？"……曰："'道'字包得大，理是'道'字里面许多理脉。"又曰："'道'字宏大，'理'字精密。"

朱熹也认为理处于天地万物之先，是产生万物的根本，是没有形象可言的。而且他本人也明确声明，他说的理就是道的具体内容，二者是一回事。在很多时候，他干脆就说理就是道。正是因为这个原因，理学又称道学。可以说，朱熹的理与老子的

道在抽象的表现形态方面,没有二样。

道和理类似我们今天讲的规律、道理,"规律""道理"这些名词人人都可以讲,甚至人人都可以说自己的行为是符合规律的,是有道理的。被侵害者的反抗行为是符合"道"的行为,而侵害者同样声称自己的侵害行为是符合大"道"的。这就是说,所谓的道和理只是一个空口袋,不同的人可以向这些空口袋里装进不同的东西。对于道的这一特性,韩愈有明确的阐述:

仁与义为定名,道与德为虚位。故道有君子小人,而德有凶有吉。老子之小仁义,非毁之也,其见者小也。坐井而观天,曰天小者,非天小也。彼以煦煦为仁,孑孑为义,其小之也则宜。其所谓道,道其所道,非吾所谓道也;其所谓德,德其所德,非吾所谓德也。

老子使用了"道德"这一名词,韩愈也使用了这一名词,但韩愈强调,自己说的"道德"与老子说的"道德"在内容上不一样。为什么呢?因为"道与德为虚位",是一个谁都可以使用的、内容能够随意改换的名词。朱熹同韩愈一样,继承了老子"道德"这一哲学名词,却更改了它们所包含的内容。当然,这种更改,不是全部,而是部分。

熊铁基等先生主编的《中国老学史》在承认朱熹部分套用老子的哲学框架的基础上说:

当然,朱熹的理与老子的道,还有不少差异。其最重大的差别是朱熹在本体的理与物之间又加上了一个重要概念:气。所以有不少研究者说朱熹是理气二元论。这种说法并不准确。因为在朱熹那里,理是比气更为本体的范畴,所以不能说他是理气二元论,他仍是以理为唯一本体的一元论者。但他把气引入其思想体系,这就与老子的道论产生了明显区别。

如果说"朱熹在本体的理与物之间又加上了一个重要概念:气"是老子与朱熹思想之间的"最重大的差别"的话,我们可以轻易地"抹去"这个差别,这并不是我们有能力"抹去"这个差别,而是因为本来就不存在这个差别。

我们在前文已经谈到老子是"道、物(气)二元论者",在老子的思想中,道生万物时,也有一个不可忽略的前提,那就是"物"。老子说的"物",不是具体的事物,而是形成事物的物质材料,也就是《庄子》、朱熹等人说的"气"。为了更清楚地说明朱熹与老子在思想上没有这一差异,我们不妨把两人的话在这里再作一次比较,这样就更容易明白两人思想之间的内在联系:

朱熹《答黄道夫》:　　《老子》五十一章:

人物之生，必禀此理，　道生之，

然后有性，　　　　　　德畜之，

必禀此气，然后有形。物形之。

《老子》谈到的产生万物三个条件的“道”“德”“物”，就是朱熹讲的“理”“性”“气”。朱熹认为人或物要想产生，必须先得到“理”，“理也者，形而上之道也，生物之本也”③，而老子就简单地说“道生之”，表达得虽然简古一些，但“道”与“理”相同这一点还是很清楚的。在这里还要注意的一点是，朱熹认为“理”不能直接生物，但也使用了“生”这个字。朱熹认为人或物得到了某一部分“理”，就形成了各自的“性”，而老子的“德”也是“惟道是从”（《老子》二十一章），也就是各种具体事物所得到的“道”，在天叫“道”“理”，在己叫“德”“性”，老子的“德”即朱熹的“性”。“道”与“理”虽然是产生万物的先决条件，但还必须“物”与“气”，才能使万物具有形体，所以朱熹说“必禀此气，然后有形”，而老子说“物形之”，朱熹说的“气”就是老子说的“物”，只是朱熹把各种具体的物质抽象、统一为“气”，这一点与庄子一样，在概念的使用上比老子前进了一步，或者说只是换了一个词语而已。

我们顺便要讲的是，有人认为朱熹是二元论者，有人说是一元论者，这只是因为看问题的角度不同造成的，并不影响大家对朱熹思想的正确理解。坚持朱熹是二元论者，是着眼于生物必须具备“理”和“气”两者，缺一不可；而坚持一元论者，则是着眼于朱熹在两者之中更重视“理”。所以说以上两种意见并不矛盾。对老子思想的理解，也可以作如是观。

朱熹是一位思想家，对一些具体问题和具体儒经的解释，都提出过独到的见解。但从整个思想体系看，并没有多少新鲜的内容，他只是一位巧妙的“搭配师”，把儒家的伦理内容取出，再放入道家的哲学框架之中，于是就产生了新的思想体系。其实，这种“搭配”远在孔子时就已初露端倪，孔子也主张“朝闻道，夕死可矣”，韩愈更提出“道统”的问题。如果说朱熹与前人有所不同的话，这个不同主要体现在朱熹把这些思想主张细化了。他讲的话多，把一些问题讲得更清楚了，于是那些对其前思想了解不深的人们就会感到耳目一新。

三、老子与道教

中国传统文化号称儒、道、释三家鼎足而立，其中的“道”，既包含了道家，也包含了道教。因此人们一提到道家，就不可避免地要想到道教，因为二者虽然分属不同的学科，但它们的关系实在是太密切了。有关道教产生的时间，一般学者都认为，应从东汉末年张陵传道和黄巾起兵算起。这固然不错，但道教的产生不是无源之水，忽从地出，而是有一个逐渐发展形成的过程，而这个过程又与道家紧密地联系在一起。本章的目的有两个，一是要理清从先秦道家到汉代道教的演变过程，二是要在此基础之上，说明我们把道家道教视为一体的原因。

（一）从老庄到黄老再到道教

先秦的道家属于哲学流派，其著作中虽然也有一些神话故事，但并不足以就使它发展为宗教，因为先秦时代有许多学派，如阴阳家、墨家等等，甚至包括儒家，也宣扬神秘文化，但这些学派为什么就不能演变为宗教呢？特别是墨家，它不仅宣扬天志、明鬼，而且还有严密的组织形式，还有类似于后世宗教教主的“巨子”。应该说，墨家更容易演变为宗教。但墨家没有，而从道家那里却延伸出了中国最大的一个本土宗教——道教。道家之所以能够演变为宗教，与黄帝这一概念的掺入有很大关系。

先秦时期，同其他各家相比，道家比较推崇黄帝。可能是由于黄、老二人都提倡清静无为，也由于其他各种原因，人们便把他们相提并论了，从而形成了一个黄老学派。关于这一点，我们在“老子学派的传承”一章中已经讨论过。按照《史记》的说法，远在先秦，人们已经黄老并提：

申子之学本于黄老而主刑名。

乐臣公学黄帝、老子，其本师号河上丈人，不知其所出。

申子和乐臣公都是战国时期的人，他们已经把黄老思想作为一个整体来学习了。然而在先秦的著作中，这种黄老并提的现象还不多见。黄老作为一个整体概念被人们所普遍接受，应该是汉代初年的事情。

汉代初年，人们对黄帝的重视，主要在于他政治上的清静无为思想。如《史记》记载：“胶西有盖公，善治黄、老言，[曹参]使人厚币请之。既见盖公，盖公为言治道贵清静而民自定，推此类具言之。”“陈丞相平少时，本好黄帝、老子。”曹参、盖公、陈平都信奉黄老，但他们主要吸取黄老思想中治国安民的部分，没有看到他们运用黄老思想去修道求仙的记载。只有张良是个例外，他崇信道家，功成名就之后，又去从赤松子游，养生求仙去了。但张良的养生求仙活动是在他功成身退之后，属于个人行为，对当时的政治没有太大影响。后来的文帝、景帝、窦太后等最高统治者也崇尚黄老，崇尚的主要内容乃然是黄老的清静无为的政治思想，也未见到这些人求仙的记录。

从重黄老的清静无为政治思想转变为重黄老求仙思想，是汉朝廷统治思想的一次重大转折，这个转变发生在汉武帝的时候。

在汉武帝之前，另一个神仙迷秦始皇没有把黄帝、更没有把老子与自己的求仙活动联系在一起，方士们在劝诱秦始皇求仙时，也没有搬出黄帝去做榜样。但有关黄帝成仙的传说早已存在，不然，武帝时的方士也不敢自己凭空捏造出许多故事去糊弄朝廷君臣。

武帝罢黜百家，独尊儒术，这只是从政治上讲的。在他把黄老思想赶出政坛的同时，又将“黄帝”挽留在身边，只是不再让他担任自己的政治参谋，而是让他当了自己的养生顾问，“黄帝”由朝堂转入了内廷，由政治家变成一介求仙方士。

远在先秦，就有关于黄帝成仙的传说。但在先秦，视名人、特别是建立丰功伟绩的名人死后成神是一件很普通的事情，《庄子》把他与伏戏、冯夷等人相提并论，并没有赋予黄帝成仙这件事以特殊的意义。

武帝即位以后，情况就不同了。当时关于日理万机的天子能否成仙，人们是有不同看法的。深受武帝宠信的司马相如就认为神仙身体清癯，生活在深山旷野之中，讲究清静无欲，这种生活不是天子所应该、或所能够追求的生活，并为此写了《大人赋》。如果天子不相信身居深宫、政务繁忙的自己能够成仙，方仙道士们就无法兜售其术以换取富贵，于是他们就搬出同为天子的黄帝以说服武帝：

[方士]申功曰：“汉主亦当上封，上封则能仙登天矣。……黄帝且战且学仙。患百姓非其道，乃断斩非鬼神者。百余岁然后得与神通。……黄帝采首山铜，铸鼎于荆山下。鼎既成，有龙垂胡髯下迎黄帝。黄帝上骑，群臣后宫从上龙七十余人，龙乃上去。”

仅《史记·孝武本纪》记载，先后以黄帝为榜样劝说武帝学仙的方士就有齐人公孙卿、丁公、公王带等数人。《史记·封禅书》中也有数条类似记载。对黄帝成仙的说法，武帝开始时不是全无怀疑，但这些方士能够及时地为皇上解疑释难，消除他的顾虑。《史记·孝武本纪》记载：

[武帝]祭黄帝冢桥山，泽兵须如。上曰：“吾闻黄帝不死，今有冢，何也?”或对曰：“黄帝已仙上天，群臣葬其衣冠。”

既然说黄帝未死，却又留下了一座坟墓，这是武帝祭祀黄帝陵时不能不产生的疑问，而方士的巧妙回答很快就消除了这一疑问。在方士们的蛊惑下，武帝讲了一句流传千古的“名言”：“嗟乎！吾诚得如黄帝，吾视去妻子如脱屣耳。”武帝对成仙的渴望程度，我们可以用“垂涎三尺”来形容。

黄帝是天子,自己也是天子;黄帝日理万机,且战且学仙,自己也日理万机,也可以且战且学仙;黄帝有成仙的极度欲望,自己也有成仙的极度欲望。既然有这么多相同点,那么黄帝能够学仙成功,自己也可以学仙成功。方士们抬出黄帝,对于自售其术来说,无疑是找到了一条正确的途径,找到了一位能使汉武帝最为信服的榜样。

由于黄帝既是道家人物,又是神仙,所以在汉代人那里,黄帝就身兼"二职",如在《汉书·艺文志》中,《黄帝四经》等四部书被视为"道三十七家"中的四家,而《黄帝杂子步引》等四部书则作为"神仙十家"中的四家。也就是说,黄帝既是人,又是神。

在中国文字发展史上,曾出现过"感染义"一说。意思是,某一个字经常与另外一个字搭配使用,那么这个字就会慢慢被染上另外一个字的含义。如"窗户",本指窗与门,但随着时间推移,"户"的本义慢慢融入"窗"字,"窗"和"户"都指窗而言了。思想史的发展也是如此。《老子》与神仙方术相去本来很远,但由于黄帝是学道成仙的典型,那么习惯与黄帝并称的老子也就慢慢被染上了神仙的色彩。在武帝时,这一色彩还非常淡薄,因为多方求仙的汉武帝,还从来没有求到老子的头上。

老子被神化是受"黄帝"的感染,因而他被神化的时间自然是在黄帝被神化之后。正史记载有关老子被神化的时间是在东汉初年,《后汉书·光武十王列传》就记载楚王刘英喜欢并祭祀黄老、浮屠。按照常理推断,老子被神化的时间应该早于文字记载的时间,但究竟在何时,恐怕很难考证清楚了。我们把武帝至东汉初年这150年左右看作是老子被神化的时间,大致上是不会错的。被神化的老子得到朝廷的正式承认(标志是朝廷正式祭祀老子),已经是东汉末年汉桓帝时的事了。牟钟鉴先生认为:"从东汉后期起,《老子》渐被神学化",似乎把老子渐被神化的起始时间说得太晚了一点,老子从开始被神化到正式被尊为教主,有一个漫长的过程,这不仅是事实,也符合情理。

我们必须说明的一点是,老子被神化之后,作为哲学家的老子并没有被作为神仙的老子消融掉。也就是说,从此以后,老子是以两种、甚至是以三种身份出现在中国的文化史上。第一种是哲学家的身份,这一身份保持了先秦老子的本色,是人而不是神。第二种身份是神仙的身份,这是方士们改造的结果,老子是神而不是人。第三种身份是人仙结合的身份,包括道士在内的不少人既把他视为哲学家,也把他视为神仙家,老子是一位亦人亦仙的身份。

老子被神仙"染色"之后,接下来被神仙"染色"的自然是经常与老子相提并论的庄子。庄子被染上神仙色彩的时间更晚,大概是魏晋以后的事情。南朝人陶弘景在《真诰》卷十四中说庄子师从长桑公子,于抱犊山中隐居学道,最后白日升天。而被神化的庄子得到朝廷的正式承认,则已是唐玄宗时的事了。

故宫博物院珍藏的老子画像

由此可见,黄帝最先"成仙",然后把老子也"感染"为神仙,再由老子把庄子也"拉"入神仙的行列。再接着,顺理成章地轮到列子、文子"成仙"了。随着道家人物的"成仙",他们的思想就自然成为道教的主要指导思想。

被视为道教兴起标志的黄巾道和天师道都是尊崇老子的。《后汉书·皇甫嵩列传》记载:

钜鹿张角自称"大贤良师",奉事黄老道。

正是因为张角侍奉黄老道,所以最初不少官员把张角的行为视为"善道",以至于黄巾的势力得以迅猛发展。

三张一系创立的天师道也一直把《老子》放在最重要的地位,要求每一个信道的人都要学习,并且写作了《老子想尔注》一书。关于这一点,我们在下文还要谈到。

尊崇老子是道教的一贯主张。一直到明代的第四十三代天师张宇初,仍然反复强调老子之道就是仙道,老子的学说是各种道教修炼方术之本,认为学仙道者,必须以老子之道为本,切不可本末倒置,舍源求流,如果"舍渊求流,姑好为神怪谲诞以夸世眩俗,皆方技怪迂之言,少君、栾大、文成、五利、公孙之流是也"。理清道家道教这一不可分割的关系,我们也就明白了古人道家、道教不分的原因。

(二)应把道家和道教视为一体

现在的学术界一般认为,道家是一个哲学流派,道教则属于宗教。这本没有错,但问题是,有一些学者过分强调二者之间的差异,而忽略了二者之间的共同处,从而形成了道家研究与道教研究各不相干的两大学科,少数学者甚至认为道教认老子为始祖是强攀亲戚。这种看法既不符合历史事实,同时对于这一领域的研究

也是不利的。我们认为,应把道家与道教视作一体,对它们作综合研究。具体理由如下:

第一,道家与道教是一家学派发展的不同阶段,而非两家各不相关的学派。

学术界一般认为,道家于先秦就已经出现,而道教则于东汉末年形成。这是事实。但道教并非无源无因地一下子就能从地下冒出来,它必须有自己的形式基础和内容基础,而这些基础除了一部分是来自儒、墨、传统方术之外,更主要的是来自道家。

从形式上看,道教是尊崇道家的。这种尊崇表现在:

首先,道教效仿道家,把"道"视为自己思想体系中的最高概念。老庄认为,"道"先天地而生,是万物的主宰者,道教持同样的观点。我们对比一下老庄与道教理论家葛洪的几条有关"道"的描述:

1.道生一,一生二,二生三,三生万物。

玄者[即道],自然之始祖,而万殊之大宗也。

2.天得一以清,地得一以宁,神得一以灵,谷得一以盈,万物得一以生,王侯得一以为天下贞。

乾以之高,坤以之卑,云以之行,雨以之施。

3.夫道,有情有信,无为无形,可传而不可受,可得而不可见。……在太极之先而不为高,在六极之下而不为深,先天地生而不为久,长于上古而不为老。

道者,函乾括坤,其本无名。论其无,则影响犹为有焉;论其有,则万物犹为无焉。隶首不能计其多少;离朱不能察其仿佛;吴札、晋野竭聪,不能寻其音声乎窈冥之内……。

很明显,道教的"道"是从道家那里发展而来,虽然彼此在一些描述词句上并不完全相同,但本质特征是一致的,他们终是一家。

其次,道教一开始就以老子为始祖,后来又把庄子、列子等道家人物视为自己的代表人物,这也说明了二者之间的密切关系。太平道"奉事黄老道",只因太平道起兵失败,无论教内教外,大都视之为叛贼,后来的道教干脆把张角等人排斥在正统道教之外。与此基本同时的天师道也推崇老子,《云笈七签》卷六说:"《正一经》天师自云:'我受于太上老君,教以正一新出道法。'谓之新者,物厌故旧,盛新出,名异实同。"道教甚至把老子与道合而为一,认为老子就是道,道就是老子,老子成为道教中至高无上的尊神。后来的情况稍有变化,但老子作为道教尊神的地位一直都是较为牢固的。在道教建立的初期,庄子的地位似乎不是太高,但从隋唐开始,庄子逐渐受到道教的重视,后被封为南华真人,人们又呼为南华老仙。

第三个理由就是道教奉《老子》《庄子》等道家书籍为自己的主要经典。道教刚一出现，就以《老子》为自己的主要经书，据一些学者研究，《老子想尔注》就是张陵等人的作品，而且后来的天师道又把《老子》作为道民的必读书，甚至有道士把《老子》当作驱邪镇恶的咒语。至少在隋代，《庄子》在道教内部已成为仅次于《老子》的重要经书。唐朝时，玄宗亲自注释《老子》，又尊奉《庄子》为《南华真经》《文子》为《通玄真经》《列子》为《冲虚真经》《庚桑子》为《洞灵真经》。可以说，道家著作自始至终都是道教的重要经典。

从内容上看，道教与道家的关系也非常密切。

远在古代，就有人试图把道教同道家从内容上分离开来，如僧绍《正二教论》说："道家之旨，其在老氏二经；敷玄之妙，备乎庄子七章。而得一尽灵，无闻形变之奇；彭殇均寿，未睹无死之唱。"认为老庄不讲长生不死，所以老庄与道教不是一回事。对此，唐代道士吴筠回答说：

老子曰："深根蒂固，长生久视之道。"又曰："谷神不死。"庄子曰："千载厌世，去而上仙，乘彼白云，至于帝乡。"又曰："故我修身千二百岁而形未尝衰。"又曰："乘云气，驭飞龙，以游四海之外。"又曰："人皆尽死，而我独存。"又曰："神将守形，形乃长生。"斯则老庄之言长生不死神仙明矣。

吴筠所提到的老庄的话，分别见于《老子》第五十九章、第六章和《庄子》的《天地》《逍遥游》《在宥》等篇。《老子》主要讲政治，也讲全身养生之道。至于庄子，讲养生的文字就更多了，他甚至提出了生命大于一切的观点，而且《庄子》的确涉及了成仙不死的问题，至少从文字表述上看是如此。

在中国古代，哲学与宗教的界限并不像今天这样清楚，那时的宗教家相信鬼神，哲学家同样相信鬼神，如老子、庄子，虽然他们把道作为自己思想体系中的最高概念，但他们都没有否认上帝、鬼神的存在。信仰神仙是道教的本质所在，而在这一点上，道家与道教有一定的相通之处。另外，道教中的重要术语，如道、德、玄、一、仙、天师、道人、真人、全真、导引、吐故纳新、守一、西王母等等，均来自《老子》《庄子》。可以说，老庄在总的思想体系方面，特别是在哲学、养生思想方面，已为道教创建了大致的规模。后来，道教又吸收了一些传统方术，使人们在养生、求仙方面有了更具体的可供操作的方法，这是对道家重生思想的进一步发展。

我们必须承认，道教与道家并不完全相同，但这种差异，是一个学派在历史长河中发展变化时形成的差异。任何一个有生命的学派，都会随着时光的流动和社会环境的改换而发生变化，这是一种历史的必然。孔孟都不大谈鬼神，但董仲舒却把神学性的天人感应作为自己思想体系中的主干，后来还发展成谶纬之学。宋明的儒生更以道、释思想为框架，以孔孟伦理为内容，建立了新道学。董仲舒、谶纬、道学的思想与孔孟思想有很大差异，甚至连孔、孟二人的思想也并不完全相同，但人们对于他们都属于儒家学派这一事实并未提出任何异议。同样的道理,先秦道家发展到西汉时,已经有了很大的变化,再发展到东汉末年的道教,也是顺理成章的事情。而且道教出现后,本身也是发展的,唐宋的道教不同于魏晋的道教,元明清的道教又不同于唐宋的道教,但它们之间的联系却非常清楚。我们不能因为它们之间的差异,就把它们截然划分为两家甚至数家,人为地使一个整体的东西变得支离破碎。

第二,如果把道家、道教截然分开,就会使这两大学派的研究出现"无头无尾"的现象。

记得是1994年,一位著名的道家学者到四川大学,同宗教所的师生开了一个座谈会。当时学界对道家与道教的界限划分得很清楚,我在发言时,认为如果把道家、道教分开研究,就会出现道家"无尾"、道教"无头"的难堪现象。

把道家与道教分开研究,那么研究道家时,先秦自然可以讲老庄,汉代可以讲黄老,魏晋可以讲玄学,隋唐以后还能讲什么呢?因为从那以后,再也难以找到一个大的道家学派和大的道家代表人物,那时凡是以"道"标榜终身的学者,大多也都是道士。如果把道家独立起来看,道家在先秦即已达到了自己的鼎盛阶段,从思想上说,两汉魏晋时期的道家思想不过是先秦道家思想的一声余音而已。再往后呢?道家就没有了,至少是微乎其微了。如果把道家、道教截然分开,道家研究将出现"无尾"现象,反过来,道教研究将会出现"无头"现象。一条大河,无论它的上游是如何细微,但总还是能够从众多的支流中找到它的主流来。学派也是如此。道教以"杂而多端"著称,用河流做比喻的话,就是说它的支流太多,特别是在东汉以前,作为道教的思想源头更是如此。但无论道教的思想源头有多么杂乱,从中总可以找到它的主干思想,这个主干思想就是道家。如果我们不承认道教与道家的关系比其他各家更密切一些的话,那就等于说,在东汉之前,各家思想对道教的出现起到了均等的作用。这既不符合事实,从理论上也说不过去。现在学界讲到道教,一般从东汉末年讲起,总给人一种"无头"的感觉。这就是因为人们还没有把道家作为道教起源时期的主干流。如果把二者结合起来谈,道家和道教都会给人一种完整的形象。

第三,古人视道家、道教为一家,如果我们把二者分开研究,视为两家,那么所谓中国传统文化的三大支柱——道、儒、释中的"道",究竟是指道家呢?还是指道教呢?

对于那些主张二者截然分开的学者来说,就无法圆满地回答上面这个问题。如果说是指道家吧?那么隋唐以后的道家学派的体现者又是谁呢?如果说是道教吧?那么两汉以前就只剩孔儒一家了。这个问题的提出,似乎只是在名、实关系方面做文章，其实它具有重要的实质性意义。一千多年以来，人们一直把道家与道教视为一体，虽然有古人认为二者有本末之分，但这个“本”和“末”是同一事物上的本末，而非不同事物上的“本”与“末”。古人统称二者为“道家”，有时虽然也称“道教”，但其“教”字绝非今天的意思，它不是指宗教，而是指教化。因此，古人说的“道教”，同样是统称二家的。当古书提起“道家”或“道教”时，我们往往很难确定他们是在讲哲学性的道家，还是在讲宗教性的道教。

社会进步了，各门学科的划分越来越细，这有其科学的、积极的一面，但也有不足的一面。一座山放在人们面前，植物学家看到的是绿叶红花，地质学家看到的是青石黄土，动物学家专找珍禽异兽，水利学家专找湍流悬瀑……。他们各划领域，能在各自的领域里发现一般人所难以发现的问题，获得一般人所难以获得的成就，但他们所看到的那些事物绝非一座完整的山。要想认识一座山，倒不如把绿叶红花、青石黄土、珍禽异兽、湍流悬瀑等等综合起来看，这样一来，可能会显得有点粗疏，但事实上会更准确一些。

总之，我不反对把道家、道教分作两个学派以便作更深入的研究，但更主张把二者视为一个整体，从而进行整体研究。

四、佛教对老子思想的吸收和尊重

儒、道、释三教，前二者为主，后者为客。作为客教的佛教，之所以能够在中国发展壮大，与以老子为代表的道家道教的“帮助”是分不开的。这种帮助可大致分为外在的“帮助”和内在的“帮助”。

(一)外在帮助：崇拜黄老的黄巾军打开了佛教身上的枷锁

每到一个朝代的末期，由于政治黑暗，民不聊生，人心特别容易浮动。西汉末年就发生过西王母行筹的事，搅得天下不安。《汉书·五行志》记载：

哀帝建平四年正月，民惊走，持稿或棷一枚，传相付与，曰行诏筹。道中相过逢多至千数，或被发徒践，或夜折关，或逾墙入，或乘车骑奔驰，以 置驿传行，经历郡国二十六，至京师。其夏，京师郡国民聚会里巷仟佰，设[祭]张博具，歌舞祠西王母。又传书曰：“母告百姓，佩此书者不死。不信我言，视门枢下，当有白发。”至秋止。

一个谣传，竟至天下汹汹，完全是一派亡国衰象。只是当时还没有势力较大、组织严密且与朝廷对立的宗教团体，百姓的敬神活动完全属于盲目的自发性质，所以西汉亡于权臣篡政，而不是亡于宗教起兵。

到了东汉末年，情况就不一样了。通过一两百年的发展，“奉事黄老道”的宗教势力渐渐形成，在此基础上发展起来的太平道势力逐渐壮大，他们不仅有比较严密的组织，而且还有一定的理论作为自己起兵的依据。太平道起兵时，曾有一个口号：“苍天已死，黄天当立。”关于这个“黄天”指什么，一直没有定论。我们认为，这个“黄天”的“黄”当指黄帝。黄帝本带“黄”字，于五行又得土德，色尚黄。张角提出“黄天当立”，就是要恢复以黄帝为代表的道家天下。

关于太平道起兵的情况，前人多有论述，我们不必多谈。这里主要谈这次起兵对佛教的影响。这一影响从两个方面体现出：

1.太平道起兵推翻汉政权，客观上为宗教发展提供了更为宽松的政治环境

在政治上，可以说黄巾与东汉王朝同归于尽。尽管东汉末年的皇帝爱好道教，但也只限于宗教意义上，他们想从道教那里得到的不过是长寿、多子一类的个人幸福，真正在政治上占统治地位的还是儒家思想。虽然东汉末年朝廷多次以党锢的名义打击儒生，但由于历史的惯性，在人们的心目中，儒家仍处于正统地位。朝廷打击的是儒生个人，而没有公开把矛头直接指向整个儒家思想。东汉王朝的崩溃，不仅使全国的政治处于四分五裂的局面，思想界同样也处于四分五裂的局面，儒家思想失去了政治靠山，失去了正统的地位，这就为其他各家思想的发展挪让出了一些空间。佛教就是其中的受益者之一。佛教虽在东汉初年即传入中国，但其发展一直受到汉朝廷的限制：寺庙仅供西域人使用，汉人不得出家等等。汉朝廷崩溃后，情况就不同了，我们看汉朝廷崩溃以后发生的一件事：

笮融者，丹杨人也，初聚众数百，往依徐州牧陶谦。……乃大起浮屠祠，以铜为人，黄金涂身，衣以锦采，垂铜槃九重，下为重楼阁道，可容三千余人，悉课读佛经，令界内及旁郡人有好佛者听受道，复其他役以招致之，由此远近前后至者五千余人户。每浴佛，多设酒饭，布席于路，经数十里，民人来观及就食且万人，费以巨亿计。

笮融不过是乘乱而起的一介武夫，被陶谦派去负责广陵、彭城等地的漕运时，他利用手中的军权和财权，随心所欲地、甚至是不计后果地去兴佛。如果当时有一个强有力的朝廷，笮融的做法是绝对不被允许的。笮融最后是失败了，他的兴佛方法也不可取，但他的行为对佛教的兴盛无疑起到了一定的促进作用。

黄巾起兵推翻汉政权，客观上为佛教的发展提供了宽松的环境，而对道教发展所起到的作用更是直接的，因为黄巾的成员就是道教徒。

2.太平道起兵引起长期动乱，而饱受动乱之苦的人们更容易接受宗教

从古到今，人们处于极度痛苦和烦恼之中而又无法从现实中找到出路时，往往会把自己的目光转向浩渺的天空，把自己最后的一点希望寄托给神灵，从宗教中寻求解脱和安慰。不仅下层百姓如此，手握重权的上层统治者也是如此。

这一类的事例很多。由于医疗条件差，幼儿容易夭折，这是古代人们所无法解决的难题，于是他们就向宗教求救。《后汉书·皇后纪》记载汉灵帝把自己的太子刘辩送到史道人（即一位姓史的道士）那里去抚养；《高僧传》卷九“晋邺中竺佛图澄”条记载，后赵国的创建人石勒把自己的多数幼子都送到佛寺中抚养，“每至四月八日，勒躬自诣寺灌佛，为儿发愿”；《诗品》卷上记载东晋贵族谢家把谢灵运送到著名道士杜子恭家抚养，15岁时方还家，因此时人称谢灵运为“客儿”。由于人的能力有限，这些人相信宗教远远超过了相信自己，就是因为自己无法解决自己子女的夭折问题。

与统治者相比，普通百姓所面临的苦难就更多了。东汉后期，外戚与宦官交替掌权，政治越来越腐败，朝廷甚至公然卖官，“公赋既重，私敛又深。牧守长吏，多非德选，贪聚无厌，遇人如虏，或绝命于箠楚之下，或自贼于迫切之求”，再加上水旱灾害，百姓流离失所，甚至“人相食”。在这种情况下，民间就有不少人以“黄帝”“黑帝”“真人”“黄帝子”等带有明显宗教色彩的名号起兵。太平道起兵失败以后，东汉王朝也随之垮台，而百姓的生活不仅没有得到改善，反而在诸多灾难之上又加了一重战乱，并使中国陷入长达三百多年的分裂状态。

关于太平道失败后的情况，史书多有记载。比如董卓，他就曾乘百姓举行社祭活动时，“悉就斩其男子头，驾其牛车，载其妇女财物，以所断头系车辕轴，连轸而还洛，云攻贼大获，称万岁”。后来洛阳、长安一带也遭到董卓的肆意破坏，人口百不余一，据《三国志·武帝纪》注引《魏书》说，当时不仅百姓无食，军队也无食，袁绍的军队仰食桑葚，袁术的军队靠吃蒲蠃，还有不少军队不是被敌人击败，而是给饿垮、饿散了。有人总结当时的情况是：“白骨露于野，千里无鸡鸣。生民百遗一，念之断人肠。”“出门无所见，白骨蔽平原。”

就是在这种情况下，以老子为教主、以道家为理论基础的道教蓬勃发展起来，而道家思想以宗教为载体，迅速向社会各个阶层蔓延开去。如天师道张鲁在汉中建立政教合一的政权以后，便要求所有的道民诵读《老子》。后来，张鲁归降曹操，道家道教思想又进一步向全国发展，使不少的文人士大夫成为道家、道教的信徒。但道教所吸收到的信徒只是宗教信仰者的一部分，而另一部分信仰宗教的人则选择了佛教。在此后的岁月里，信仰佛教的人由少到多，慢慢超过了道教信徒。

可以说，如果没有信仰黄老的黄巾起兵，佛教身上的枷锁就不可能这样快被打破。虽然黄巾起兵的主观目的不是为了佛教，但客观上有利于佛教的发展。

（二）内在帮助：佛教借助老庄的思想术语以宣扬和改造自己的教义

佛教进入中国以后，在很长一个时期并未受到汉人的注意。佛教所宣扬的原始教义，汉人也很难理解和接受，于是佛教就开始借用道家的名词术语以宣扬自己的思想内容。再到后来，佛教又借用了道家的、特别是庄子的思想，慢慢把印度佛教改造为中国佛教，从而出现了对中国文化产生重大影响的禅宗。

关于老庄思想对中国早期佛教的影响，我们在《庄子研究》（人民出版社 2009 年版）中有专章讨论，其中谈到了本无宗、心无宗、即色宗以及僧肇、慧远与老庄思想的关系，此处不再赘述。我们这里只补充谈谈《四十二章经》与《老子》在思想上的联系。

老子诵经图

《四十二章经》的篇幅很短，据说是最早传入中国的佛经。东汉末年的牟融《理惑论》记载说："昔孝明皇帝梦见神人，身有日光，飞在前殿，欣然悦之。明日，博问群臣：'此为何人？'有通人傅毅曰：'臣闻天竺有得道者，号之曰佛，飞行虚空，身有日光，殆将其神也。'于是上悟。遣使者张骞、羽林郎中秦景、博士弟子王遵等十二人于大月支写佛经四十二章，藏在兰台石室第十四间。"《四十二章经序》也有相同的记载，作为正史的《魏书·释老志》也说《四十二章经》是最早传入中国的佛经："[东汉孝明]帝遣郎中蔡愔、博士弟子秦景等使于天竺，写佛屠遗范。愔乃与沙门摄摹腾、竺法兰东还洛阳。中国有沙门及跪拜之法，自此始也。愔又得佛经《四十二章》及释迦立像。"下面我们就简单地谈谈这部最早传入中国的佛经——《四十二章经》与《老子》在思想上及用语上的相似之处。

1.借用了《老子》的最高哲学概念"道"

道是道家的最高哲学概念，也是道家被称为"道家"的原因。佛教传入中国后，也把自己的最高佛理叫作道。这一点在《四十二章经》中表现得非常突出：

世尊既成道已。

转四谛法轮，而证道果。

辞亲出家为道。

至十事，必得道也。

改过得善，罪日消灭，后会得道也。

佛言：吾何念？念道。吾何行？行道。吾何言？言道。吾念谛道，不忘须臾也。

以上所举的"道"字，只是《四十二章经》中的很少一部分。虽然佛教说的道与老子的道在内容上有一定的差异，但所使用的概念毕竟相同。正是由于这个原因，初期的僧人也同道教信徒一样,被称为“道人”“道士”。

2.都主张清静无为

《四十二章经》一开始就说:

尔时,世尊既成道已,作是思惟:离欲寂静,是最为胜住大禅定,降诸魔道。

辞亲出家为道,识心达本,解无为法,名曰沙门。

进志清静,成阿罗汉。

无念无作,无修无证,……名之为道。

清静无为是老子最重要的思想,而《四十二章经》也认为做到“寂静”是最高妙的禅定,可以战胜一切魔法;懂得了无为,就有资格称为沙门;做到清静,就可修成正果。不仅两者的立意完全一样,就连他们所使用的术语也基本相同。

3.清除欲望

清除欲望本属清静无为的主要内容之一,但由于欲望是修道的最大障碍,所以《四十二章经》把清除欲望作为一个重点,反复申述。

《老子》反复要求人们降低自己的欲望,因为大道就是“常无欲”(《老子》三十四章),因而人也应该“少私寡欲”,他告诫人们说:“祸莫大于不知足,咎莫大于欲得。”(《老子》四十六章)《四十二章经》同样持这一观点:

佛言:出家沙门者,断欲去爱,识自心源,达佛深理,悟佛无为,内无所得,外无所求。

《老子》和《四十二章经》对欲望都持排斥态度,如果说有一些不同的话,这个不同就表现在对欲望排斥的程度上:《老子》对人们的一些适度欲望持宽容态度,还主张“甘其食,美其服,安其居,乐其俗”(《老子》八十章),而《四十二章经》对许多合理欲望也难以容忍,要求“受佛法者,去世资财,乞求取足,日中一食,树下一宿,慎不再矣。使人愚蔽者,爱与欲也。”

4.以德报怨

关于如何“报怨”的问题,老子、孔子、佛教(以《四十二章经》为例)的看法有同有异,我们看他们的言论:

大小多少,报怨以德。(《老子》六十三章)

或曰:“以德报怨,何如?”子曰:“何以报德?以直报怨,以德报德。”(《论语·宪问》)

佛言:人愚,以吾为不善,吾以四等慈护济之。重以恶来者,重以善往。福德之气常在此也,害气重殃反在于彼。(《四十二章经》)

比较三者的思想,《四十二章经》与《老子》更接近。老子主张以德报怨,而孔子不赞成,提出“以直报怨”。《四十二章经》主张“重以恶来者,重以善往”,也是以德抱怨的意思。但也有不同之处:老子认为,以德报怨的结果是既利己又利人,彼此皆大欢喜,所以他说:"善者,吾善之;不善者,吾亦善之,德善。信者,吾信之;不信者,吾亦信之,德信。"(《老子》四十九章)只要能够坚持以德报怨,就能够把坏人也感化成好人。而《四十二章经》认为以德报怨的结果,会使自己得到更多的好处,使对方受到更多的惩处:

有愚人闻佛道守大仁慈,以恶来,以善往,故来骂佛,佛嘿然不答,愍之,痴冥狂愚使然。骂止,问曰:"子以礼从人,其人不纳,实理如之乎?"曰:"持归。""今子骂我,我亦不纳。子自持归,祸子身矣!"

把不接受别人的辱骂比作不接受别人的礼物,礼物送不出去自然是带回去,带回去这样的"礼物"自然是害了自己。《四十二章经》提倡以德报怨的目的是为了利己害人。与《四十二章经》相比,老子的思想境界更高一些。《四十二章经》的这个比喻也不伦不类,谁会把送不出去的有害"礼物"再带回自己的家中呢?

5.不见可欲

《老子》第三章说:"不见可欲,使人心不乱。"老子说的"可欲",包括一切能够引起人们欲望的东西。《四十二章经》中也有类似思想,只不过是单就某一件具体的事情而言。色戒是佛教的大戒之一,而女色又充斥着社会各处,佛教无法消除她们,因此僧人随时都可能遇到。面对这一问题,又该怎么办?《四十二章经》说:

佛告诸沙门,慎无视女人,若见,无见,慎无与言。

老子的"可欲",并不包括女人,因为女人的出现是道的安排,是自然现象。老子说的"可欲"主要指非生活必需、可供享受的其他物质利益和精神利益。佛教也知道,要想在人间消灭女人的存在是不可能的,唯一的办法就是调整自我,对女人视而不见。如果必须视见,就要"老者,以为母;长者,以为姊;少者,以为妹;幼者,予敬之以礼。"如果还不行,就搬出"不净观"的法宝,"观自头至足,自视内,彼身何有?唯盛恶,露诸不净种,以释其意"。通过思想上的调整,把"可欲"的事物变成"不可欲"的、甚至是令人讨厌的事物。在"不见可欲"的问题上,《四十二章经》虽然讲得精细一些,但本质上与《老子》思想没有二致。

正是因为《四十二章经》与《老子》有如此多的相似之处,所以东汉人甚至把《四十二章经》中的佛祖与老子混为一谈。《后汉书·襄楷列传》记载了襄楷的一篇奏章,其中说道:

或言老子入夷狄为佛屠。佛屠不三宿桑下,不欲久生恩爱,精之至也。天神遗以好女,佛屠曰:"此但革囊盛血。"遂不眄之。其守一如此,乃能成道。

这段话中讲的事情很明显是出自《四十二章经》:

时有天神献玉女于佛,欲以试佛意,观佛道,佛言:"革囊众秽,尔来何为?以可诳俗，难动六通。去！吾不用尔。”

襄楷套用这一事实，就是暗示老子即佛祖，佛祖即老子。这种身份上的混淆自然是来自思想上的相似。我们说《四十二章经》有这么多的地方与《老子》一样，并非是说佛经在内容上抄袭了《老子》，佛教思想与老庄思想本来就有很多相似之处。但这种表达方式的一致，术语的相同，则不能说《四十二章经》没有受到《老子》的影响。早期的佛教就是如此借助老庄的思想形式而走向震旦大地的。

关于老庄思想对中国禅宗思想的影响，我在《庄子研究》中也花了较多的篇幅予以讨论，此处不再赘述。我们这里只引述一些古人对于老庄思想影响佛教这一事实的看法，以便进一步印证我们的观点：

若佛者，特西域一槁人耳。……掊嗜欲，弃亲属，大抵与黄老相出入。至汉十四叶，书入中国。……华人之谲诞者，又攘庄周、列御寇之说佐其高，层累架腾，直出其表。

疑得佛家初来中国，多是偷《老子》意去做经，如说空处是也。

释氏有一种低底，如梁武帝是得其低底。彼初入中国，也未在。后来到中国，却窃取老、庄之徒许多说话，见得尽高。

朱熹认为，佛教刚传入中国时，见解并不高明，但随着不断地“窃取”老庄思想，便变得越来越精致，越来越高明了。朱熹还多次指责道教徒不懂得珍惜自家珍宝——老庄思想，他说：

道家有《老》《庄》书，[道教徒]却不知看，尽为释氏窃而用之，却去仿效释氏经教之属。譬如巨室子弟，所有珍宝悉为人所盗去，却去收拾他人家破瓮破釜。

如《四十二章经》，最先传来中国的文字，然其说却自平实。道书中有《真诰》，末后有《道授篇》，却是窃《四十二章经》之意为之。非特此也，至如地狱托生荒诞之说，皆是窃他佛教中至鄙至陋者为之。某尝谓其徒曰：“自家有个大宝珠，被他窃去了，却不照管，亦都不知，却去他墙根壁角，窃得个破瓶破罐用，此甚好笑！”

朱熹认为道教信徒好似巨室子弟，家藏无价之宝（老庄思想），后来这些无价之宝被佛教偷窃走了，而道教不知照管好自家的珍宝，反而又去偷窃佛教的破瓶破罐。这一比喻是形象贴切的。朱熹不是道教信徒，绝无偏袒老庄之意，他认为后来的佛教大量“窃取”老庄思想，基本符合事实。

（三）佛教对老子的尊重

在中国古代，三教之间有融合也有斗争，有时候斗争还十分激烈，特别是佛、道之间，为争夺信徒和地盘，甚至出现过流血事件。然而由于老子思想博大精深，得到汉民族的广泛接受，也由于老子在思想上与佛教教义没有根本冲突，所以就大体而言，佛教对老子是非常尊重的。即使对道教恨之入骨的一些佛教派别，也很少有

人公开否定老子的思想地位。

据《四十二章经》宋真宗的注释说，该经于汉明帝永平十年传入中国后，受到明帝的极大重视，这就引起了道教徒的不满，于是就发生了这样一个故事：

五岳道士贺正之、次道士褚善信、费叔才等共六百九十人，互相语曰："帝弃我道教，远求胡教。"乃自率众，各将所持道经，共上表，愿与胡佛教比试其真伪。帝遂降敕尚书令宋庠，引入长乐宫前，宣曰："道士与僧就元宵日骈集白马寺，南门外立两坛，至期试之。"西坛烧道经六百余卷，顷刻烧尽，唯取得老子《道德》一卷是真，其余是杜光庭撰，今云"杜撰"也。帝观东坛佛像并此《四十二章》，烧不能坏，但见五色神光，天雨宝花，天乐自振。

这个有许多破绽的离奇故事，我们只能说也是佛教徒们"杜撰"的，但从"唯取得老子《道德》一卷是真"这一句话，可以看出佛教对《老子》的尊崇态度。

《理惑论》的作者牟融是东汉末年的一位虔诚佛教徒，他坚信佛教是真理，竭力排斥道教。他说自己"虽读神仙不死之书，抑而不信，以为虚诞"，而且与这些道士展开辩论，"常以五经难之，道家术士莫敢对焉，比之于孟轲拒杨朱、墨翟"。牟子反道教的态度可谓是坚定而鲜明。牟融之所以反对道教神仙方术，是因为道教鼓吹肉体成仙，而牟融对此太了解了。牟融也曾学过神仙术，但发现"辟谷之法，数千百术，行之无效，为之无征"，他接着说："观吾所从学师三人，或自称七百、五百、三百岁，然吾从其学未三岁间，各自殒没。"这当然使做弟子的牟融大失所望。

牟融一方面反对道教，另一方面"锐志于佛道"。牟融不相信道教的神仙长生之说，但对佛教的长生和神通却毫不怀疑。他在书中介绍说："[佛祖]以四月八日从母右胁而生，堕地行七步，举右手曰：'天上天下，靡有逾我者也！'时天地大动，宫中皆明。……太子[即佛祖]有三十二相，八十种好，身长丈六，体皆金色，顶有肉髻，颊车如师子，舌自覆面，手把千辐轮，顶光照万里。……年十九，二月八日夜半，呼车匿勒犍陟跨之，鬼神扶举，飞而出宫。"其中有一些对佛祖神通的描写，与道教描写的神人差不多。

这样一位坚决反对道教的人，却信奉《老子》学说，并用《老子》中的思想为佛教辩护。

牟融假设的质疑者说："吾昔在京师，入东观，游太学，视俊士之所规，听儒林之所论，未闻修佛道以为贵。"质疑者还多次用儒家周孔的思想反驳牟融。这就说明牟融写《理惑论》主要是针对儒家的。在与对方辩论时，他先后二十余次地提到老子或引用老子的话，而《理惑论》全文也不过数千字而已。他在第一章中就说自己"锐志于佛道，兼研老子五千文"。在《理惑论》中，他用老子思想去为佛教、为自己辩护的例子比比皆是，我们举一例：

问曰："若佛经深妙靡丽，子胡不谈之于朝廷，论之于君父，修之于闺门，接之于朋友？何复学经传、读诸子乎？"牟子曰："……老子曰：'上士闻道，勤而行之；中士闻道，若存若亡；下士闻道，大而笑之。'吾惧大笑，故不为谈也。"

可见牟融平时议论的主要还是儒家经典、百家之书，很少谈佛经。他之所以这样，是因为佛经深奥，很难为一般人所理解。在这里，他把自己比作老子说的"上士"，把佛经比作大道。他引用老子的这段话，既是为佛教辩护，也是为自己辩护。实际上岂止是辩护，他引用老子的话，把自己那种藐视儒生的心理状态毫不掩饰地表露给对方。

《理惑论》佛、老合一的思想在形式上表现得也很鲜明。其最后一章说："问曰：'子之所解，诚悉备焉，固非仆等之所闻也。然子所理，何以止著三十七条，亦有法乎？'牟子曰：'夫转蓬漂而车轮成窳木流而舟楫设，蜘蛛布而罻罗陈，鸟迹见而文字作。故有法成易，无法成难。吾览佛经之要，有三十七品，老氏道经，亦三十七篇，故法之焉。'"《理惑论》共分37章，之所以如此分法，就是效法佛经和《老子》的。安世高翻译《禅行三十七品经》，《老子》又叫《道德经》，分《道经》和《德经》两部分，其中《道经》部分为37章。这种形式上的效法，也足以说明佛教信徒牟融对《老子》的尊崇。

南北朝时，道士顾欢作《夷夏论》，引起佛教徒的不满，释慧通作《驳顾道士〈夷夏论〉》，他在文中说：

老氏著述，文指五千，其余淆杂，并淫谬之说也，而别称道经，从何而出？既非老氏所创，宁为真典？

释慧通承认《老子》五千言是真典，至于其他道经，特别是汉魏以后的道经，则属于"淫谬之说"了。

到了唐代，高祖、太宗先后颁布了道先释后的诏令，引起了佛教徒的极大不满。但绝大多数佛教徒在极力反对道教的时候，都十分注意把老子与道教区别开来，如当时智实上书说：

寻老君垂范，治国治家，所佩服章，亦无改易，清虚卓志，与世不群，不立观寺，不领门徒，处柱下以全真，隐龙德而养性。智者见之谓之智，愚者见之谓之愚，非鲁司寇莫之能识。今之道士，不遵其法，所著冠服，并是黄巾之余，本非老君之裔。行三张之秽术，弃五千之妙门，反同张禹漫行章句。从汉魏已来，常以鬼道化于浮俗，妄托老君之后，实是左道之苗。若住在僧之上，诚恐真伪同流，有损国化。

智实分辨了老子与道教的不同之处，认为老子没有宫观，没有信徒，服装与常人一样，也不讲鬼怪，而道教徒不是老子的真传，属黄巾的余孽。应该说，智实的说法不是没有一定的道理，因为老子和后来的道教的确有很大的不同。值得注意的是，智实的"寻老君垂范,治国治家……非鲁司寇莫之能识"这段话,对老子是赞美备至的。当然,唐代也有少数僧人为了护法,对老子是不敬的,如法琳。我们在前文已有介绍。但这种非老言行只是少数,不能改变佛教界尊重老子的总体倾向。

元代初年的著名文人、虔诚的佛教信徒耶律楚材在竭力反对道教的同时,却十分尊重老子。他在《西游录序中》说:

是正邪之辨不可废也。夫杨朱、墨翟、田骈、许行之术,孔氏之邪也。西域九十六种,此方毗卢、糠、瓢、白经、香会之徒,释氏之邪也。全真、大道、混元、太一、三张左道之术,老氏之邪也。至于黄白、金丹、导引、服饵之属,是皆方技之异端,亦非伯阳之正道。

耶律楚材是一个虔诚的佛教信徒,对道教非常反感,然而他也没有批评老子,相反,他把孔氏、释氏、老氏相提并论,把他们的学说称为"正道",他在下文还一再称老子为"圣人"。

在元代,佛道两家由于《化胡经》等事,发生过几次大的辩论。元世祖至元十八年(1281),朝廷命令文臣和僧录司教禅诸僧,到长春宫与正一天师张宗演、全真掌教祁志诚、大道掌教李德和等再次辩论道经的真伪。辩论的结果,认定《道藏》"虽卷帙数千,究其本末,惟《道德》二篇为老子所著,余悉汉张道陵、后魏寇谦之、唐吴筠、杜光庭、宋王钦若辈,撰造演说,凿空架虚,罔有根据",佛教徒因奏请"自《道德经》外,宜悉焚去","上可其奏,遂诏谕天下,道家诸经可留《道德》二篇,其余文字及板本化图,一切焚毁,隐匿者罪之"。虽然后来焚经的范围有所缩小,但对道教的打击是相当大的。值得我们注意的是,当时的佛教徒虽然想置道教于死地,但他们并没有否定《老子》的真实性和权威性。

明代的李贽是一位目空天下的文人,同时也是一位佛教信徒,后来甚至落发为僧(有人认为李贽虽落发但不曾为僧),而他对老子却十分景仰。袁中道《柞林纪谭》记载说:

问:"叟于释迦、仲尼、老子三人何居?"曰:"释迦不论智愚贤否,只要他了生死。老子则有无为之学问矣。……吾庶几者其老子乎!"

文中所说的"叟"就是指李贽。在李贽看来,在释迦、仲尼、老子三位圣人中,老子掌握了无为之术,最值得自己学习。正是因为这个原因,曾经拜他为师的袁氏兄弟就直接把他呼为"老子"。如袁中道对李贽说:"先生今之李耳,相去非遥,而自远函丈,深为可愧。"袁宏道也说:"老子本将龙作性,楚人元以凤为歌。""李贽便为今李耳,西陵还似古西周。"

由明入清的大文人钱谦益也是一位异常虔诚的佛教徒,他在诗文中不下数十次地声明自己皈依空门的志愿。然而就是这样一位虔诚的佛教徒,却千方百计地把自己“考证”为老子的后裔。他在《述古堂记》和《与族弟君鸿论求免庆寿诗文书》中用了极大的篇幅来考证这件事。他先从《论语》中的“老彭”说起，认为老彭就是彭祖，而彭祖就是老子。他又依据《世本》中的“[老子]姓篯名铿，在商为守藏史，在周为柱下史”的记载，说明老子的“篯”姓就是自己的“钱”姓，自己为老子的后代是确凿无疑的。接着，又不知依据什么，说：“彭祖至于余九十五世，而子[指其族孙钱曾]又加三矣。”他在称颂祖德时，甚至采用了神仙家言，说老子(彭祖)活了八百余岁。

不仅佛教的俗家弟子尊重老子，而且出家弟子也尊重老子。袾宏、德清都属于明代四大高僧之列，他们对老子都持崇敬态度。袾宏在《山房杂录·诗歌·题三教图》中认为儒、释、道原本一家，没有什么区别，直接把老子拉到了与孔子、释迦牟尼同等的地位。德清讲得就更为明白：“老氏所宗虚无大道，即《楞严》所谓晦昧暗空，八识精明体也。”他还说：“老氏所宗，以虚无缥缈自然为妙道，此即《楞严》所谓分别都无，非色非空，拘舍离等昧为冥谛者是也。”这实际上也是把老子与释迦牟尼等同起来。

正是由于佛教对老子的尊重，所以有不少僧人研究、注释《老子》。据《隋书·经籍志三》记载，隋朝时可以看到的僧人注释《老子》的版本就有释惠琳注《老子道德经》二卷、释惠严注《老子道德经》二卷、释惠观撰《老子义疏》一卷。以佞佛著称的梁武帝也著有《老子讲疏》六卷。此后注释《老子》的僧人代不绝人，如上文提到的德清大师，就曾精心地创作了两卷《道德经注》、一卷《观老庄影响论》和四卷《庄子内篇注》。僧人注释《老子》，自然是为了学习和研究，竭力排斥异道的佛教竟然能够如此用心地学习《老子》，可见他们对老子的尊重。

第十一节　老子术之传承

老子学派的传承情况，历史资料只是给人们描述了一个大概的而且是零碎、模糊的轮廓，具体细节很难考察清楚。鉴于这件工作还少有人做，我们根据手头所掌握的资料，将其早期(先秦至西汉中期)的传承关系理出一个大致的线索。至于西汉中期以后的情况，因史料较多，头绪也较繁杂，而且距老子更远，我们就略而不谈了。

一、老子之亲授弟子

1.孔子

根据现有文字记载,孔子应是老子的第一代学生,有关他与老子的关系,我们将在后面的“老子对儒家的影响”一文中专门讨论。

2.尹喜

关于尹喜,有人说他官居“关令尹”,名“喜”;也有人说他官居“关令”,名“尹喜”。我们暂取后说。《史记·老子韩非列传》记载,当老子归隐过关时,关令尹喜请他著述,于是有了《老子》五千言:

老子修道德,其学以自隐无名为务。居周久之,见周之衰,乃遂去。至关,关令尹喜曰:“子将隐矣,强为我著书。”于是老子乃著书上下篇,言道德之意五千余言而去,莫知其所终。

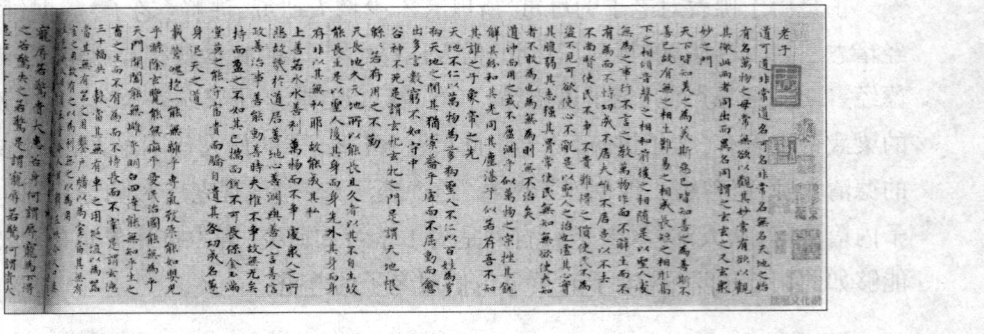

赵孟頫《老子道德经卷》(局部)

《汉书·艺文志》也记载说:“《关尹子》九篇。名喜,为关吏,老子过关,喜去吏而从之。”尹喜弃官不做,跟着老子一起走了,自然是追随老子,当了老子的学生。

刘向《列仙传》的记载大体相同,但增加了许多神秘成分:“关令尹喜者,周大夫也。善内学,常服精华,隐德修行。时人莫知老子西游,喜先见其炁,知有真人当过,物色而遮之。果得老子。老子亦知其奇,为著书授之。后与老子俱游流沙化明[胡],服苣胜实,莫知其所终。尹喜亦自著书九篇,号曰《关尹子》。”关于老子西游的事,我们在前文已经作了考辨。实际上,不仅老子回到中原教授弟子,就连尹喜后来也在中原一带教授门徒,列子曾向他请教过:

列子学射,请于关尹子。尹子曰:“子知子之所以中者乎?”对曰:“弗知也。”关尹子曰:“未可。”三年,又以报关尹子。尹子曰:“子知子之所以中乎?”列子曰:“知之矣。”关尹子曰:“可矣。……”

二人的师生关系是非常明确的。除《列子》之外,《庄子·达生》也记载了列子向尹喜请教关于“至人潜行不窒,蹈火不热”的问题。

关于老子与关尹的密切关系,《庄子·天下》也有记述:“以本为精,以物为粗,以有积为不足,澹然独与神明居,古之道术有在于是者。关尹、老聃闻其风而悦之,建之以常无有,主之以太一,以濡弱谦下为表,以空虚不毁万物为实。关尹曰:‘在己无居,形物自著。其动若水,其静若镜,其应若响。芴乎若亡,寂乎若清,同焉者和,得焉者失。未尝先人而常后人。’老聃曰:‘知其雄,守其雌,为天下溪;知其白,守其辱,为天下谷。’”把二人放在一起介绍,说明二人的思想一致。不过,按照一般叙述习惯,应该是作为老师的老子在前,作为弟子的关尹在后,不知为什么这里反而颠倒了过来。

3.亢仓子(庚桑子)

老子所亲授的学生还有亢仓子(又作亢桑子、庚桑子)。据说他姓亢仓(庚桑),名楚。《辞源》收有“庚桑楚”词条,但说他是“虚构的代表老庄思想的至人”。我们觉得这一结论有点武断。关于亢仓子的事迹,首见于《列子·仲尼》:

陈大夫聘鲁,私见叔孙氏。叔孙氏曰:“吾国有圣人。”曰:“非孔丘邪?”曰:“是也。”“何以知其圣乎?”叔孙氏曰:“吾常闻之颜回曰:‘孔丘能废心而用形。’”陈大夫曰:“吾国亦有圣人,子弗知乎?”曰:“圣人孰谓?”曰“老聃之弟子有亢仓子者,得聃之道,能以耳视而目听。”……鲁侯大悦,他日以告仲尼,仲尼笑而不答。

根据这一记载,亢仓子并非是喜欢谈寓言的庄子所虚构的,亢仓子与孔子同时,而且文中明确说他是老子的弟子。杨伯峻先生注说:“《释文》云:‘亢仓音庚桑,名楚,《史记》作亢仓子。”《庄子》有篇名《庚桑楚》,说:“老聃之役有庚桑楚,偏得老聃之道。”《经典释文》注:“役,学徒弟子也。”接着记载了庚桑楚居住在畏垒的情况以及他的主要思想。道教出现以后,庚桑子逐渐被神化。

亢仓子是老子的学生,他自己也带学生,《庄子·庚桑楚》就记载有亢仓子师徒问答的情况。唐人王源收集亢仓子言行,辑为一书《亢仓子》:

道家有庚桑子者,代无其书。开元末,襄阳处士王源撰《亢仓子》两卷以补之。序云:“《庄子》谓之庚桑子,《史记》作亢桑子,《列子》作亢仓子,其实一也。”源又

取庄子《庚桑楚》一篇为本,更取诸子文义相类者,舍而成之。亦行于代。

这就是说,我们今天看到的《亢仓子》二卷,是王源辑轶而成。到了唐代天宝元年,唐玄宗封他为“洞灵真人”,《亢仓子》也被尊为《洞灵真经》。

4.南荣趎

南荣趎,《汉书·古今人表》又作南荣畴,被列为第四等,与老子同列。这说明,古人把南荣趎视为真实的历史人物:

《庄子·庚桑楚》记载,他本为庚桑子的弟子,因为庚桑子认为自己已经无法回答他提出的一些疑难问题,便建议他直接去向老子求教。书中接着对他向老子求学的情况做了详细记述:

南荣趎赢粮,七日七夜至老子之所。老子曰:“子自楚之所来乎?”南荣趎曰:“唯。”老子曰:“子何与人偕来之众也?”南荣趎惧然顾其后。老子曰:“子不知吾所谓乎?”南荣趎俯而惭,仰而叹,曰:“今者吾忘吾答。因失吾问。”老子曰:“何谓也?”南荣趎曰:“不知乎,人谓我朱愚;知乎,反愁我躯。不仁,则害人;仁,则反愁我身。不义,则伤彼;义,则反愁我己。我安逃此而可?此三言者,趎之所患也。愿因楚而问之。”老子曰:“向吾见若眉睫之间,吾因以得汝矣。今汝又言而信之。若规规然若丧父母,揭竿而求诸海也,女亡人哉,惘惘乎!汝欲反汝性情而无由入,可怜哉!”

南荣趎请入就舍,召其所好,去其所恶,十日自愁,复见老子。老子曰:“汝自洒濯,熟哉郁郁乎?然而其中津津乎犹有恶也。夫外韄者不可繁而捉,将内揵;内揵者不足谬而捉,将外揵。外、内韄者,道德不能持,而况放道而行者乎!”南荣趎曰:“里人有病,里人问之,病者能言其病,然其病,病者犹未病也。若趎之闻大道,譬犹饮药以加病也。趎愿闻卫生之经而已矣。”

老子曰:“卫生之经,能抱一乎?能勿失乎?能无卜筮而知吉凶乎?能止乎?能已乎?能舍诸人而求诸己乎?能翛然乎?能侗然乎?能儿子乎?儿子终日嗥而不嗌不嗄,和之至也;终日握而手不掜,共其德也;终日视而目不瞚,偏不在外也。行不知所之,居不知所为,与物委蛇而同其波。是卫生之经已。”

南荣趎曰:“然则是至人之德已乎?”曰:“非也。是乃所谓冰解冻释者,能乎?夫至人者,相与交食乎地,而交乐乎天,不以人物利害相撄,不相与为怪,不相与为谋,不相与为事,翛然而往,侗然而来。是谓卫生之经已。”曰:“然则是至乎?”曰:

“未也。吾固告汝曰：‘能儿子乎?’儿子动不知所为，行不知所之，身若槁木之枝而心若死灰。若是者，祸亦不至，福亦不来。祸福无有，恶有人灾也?”

我们引用《庄子·庚桑楚》中的这段长文，想说明几个问题：

第一，老子安排有学舍。从“南荣趎请入就舍，召其所好，去其所恶，十日自愁”来看，老子为学生安排有学舍，学生可以长期在那里居住。这一点在其他篇章中也能得到印证。

第二，老子的教育方法很灵活。老子一见面就问“子何与人偕来之众也”，明明是南荣趎一个人来的，而老子却问他为什么带着那么多的人来，这个“众”实际是指众多的世俗杂念。看到这一问，不由得就使人想起后来禅宗的斗机锋。《古尊宿语录》卷一的开篇就记载怀让见慧能的情况：

时同学坦然知师［怀让］志气高迈，劝师同谒嵩山安禅师。安启发之，乃直诣曹溪礼六祖。六祖问：“什么处来?”师云：“嵩山安和尚处来。”祖云：“什么物与么来?”师无语。

两个故事情节和设问方式如此一致，不能不让人怀疑《古尊宿语录》抄袭了《庄子》。老子通过这种提问方法，目的就是让南荣趎进行深入思考，然后再给予启发。

第三，《老子》一书是老子教授弟子的主要教材。老子对南荣趎讲的话虽然不是《老子》中的原话，但基本内容已经包含在《老子》一书中了。通过这些内容，也可以使我们进一步确定《老子》的原貌。

5.文子

关于文子，《汉书·艺文志》说：“老子弟子，与孔子并时，而称周平王问，似依托者也。”《隋书·经籍志三》说：“《文子》十二卷，文子，老子弟子。”关于老子与文子的师生关系，《文子·道德》也有明确记载：

文子问道，老子曰：“学问不精，听道不深，凡听者，将以达智也，将以成行也，将以致功名也。……”

平王问文子曰：“吾闻子得道于老聃，今贤人虽有道，而遭淫乱之世，以一人之权，而欲化久乱之民，其庸能乎?”

《文子》一书还记载了大量的老子与文子问答的内容。这些记载说明，文子是老子的学生这一事实不用怀疑。第二条引文还告诉我们，文子是与“平王”问答，而不是与“周平王”问答，这个“平王”，有学者认为是楚平王，而不是《汉书》中说的周平

王,所以也就不存在什么“似依托”的问题。老子与文子的师徒关系在王充的《论衡·自然篇》中也有记载:

贤之纯者,黄、老是也。黄者,黄帝也;老者,老子也。……老子、文子似天地者也。

把黄帝、老子、文子这些道家人物看得如同天地,可以说是至高的评价了。特别是王充不像后世文人那样“老庄”并称,而是把老子与文子相提并论,这说明在王充眼中,老子与文子的关系更为密切。

文子姓辛名妍(一作“钘”),字文子,一说字文,号计然。一些古书又写作“计兒”或“计倪”。《史记·货殖列传》说:“昔者越王勾践困于会稽之上,乃用范蠡、计然。”接着记载了计然的一大段议论。关于文子的出身,《史记·货殖列传》的《集解》(包括《索隐》)引《范子》的话说:

计然者,葵丘濮上人。姓辛氏,字文子,其先晋国亡公子也。尝南游于越,范蠡师事之。

值得特别注意的是,《史记·货殖列传》的《集解》和《索隐》对文子的生平介绍不是出自想象,而是来自《范子》。《范子》为范蠡所著,或为其后人追记。《汉书·艺文志》在“兵权谋十三家”中记载有“《范蠡》二篇”。《范子》可能就是《范蠡》。《齐民要术·杂说》也引用过《范子》这本书。范蠡的书在汉代至南北朝时期流传很广,如《襄阳记》记载:“汉侍中习郁,于岘山南,依范蠡养鱼法作鱼池。池边有高堤,种竹及长楸,芙蓉、菱芡覆水,是游燕名处也。”范蠡的养鱼法尚能在汉代流传,更何况其代表作《范子》呢!作《集解》的裴骃是南朝宋人,他完全有机会看到《范子》这本书。如果没有充分证据否定《范子》这本书的话,我们就不能轻易地否定上述有关文子生平的记载。

另外,《汉书》卷九十一《货殖传》及其注对计然的言行也有记载。颜师古在注中介绍文子的生平和著述,说:

据《古今人表》,计然列在第四等,岂是范蠡书篇乎[蔡谟认为“计然”是范蠡所著书中的一篇篇名]?计然一号计研,故《宾戏》曰:“研、桑心计于无垠”,即谓此耳。计然者,濮上人也,博学无所不通,尤善计算,尝南游越,范蠡卑身事之。其书则有《万物录》,著五方所出,皆直述之。事见《皇览》及《晋中经簿》。又《吴越春秋》及《越绝书》并作计倪,此则“倪”“研”及“然”声皆相近,实一人耳。何云书籍不见哉？

颜师古的这段话是有文字记载为根据的。按照这一记载，文子除了写有《文子》一书外，还有一部《万物录》，书中主要介绍各地的出产物，既有博物志的性质，又可以作为经商的参考书。这部书还说明，文子是一位具有丰富游历经验的人。

关于文子的生平，《历代真仙体道通鉴》卷四总括前人记载，做了一个大致的梳理："文子姓辛名钘，一名计然，葵丘濮土人。其先晋公子也，学道于老君。周（一作楚）平王问于文子曰：'闻子得道于老聃，今贤人虽有道，而遭淫乱之世，以一人之权而欲化久乱之民，其庸能乎？'文子对曰：'道德匡邪以为正，振乱以为治，化淫败以为朴淳，使德复生，天下安宁，要在一人。故积德成王，积怨成亡。尧舜以是昌，桀纣以是亡。'平王用其言而天下治。后南游吴越，范蠡师之。越欲伐吴，范蠡谏曰：'臣闻之师曰：兵，凶器；战，逆德；争者，事之末也。阴谋逆德，好用凶器，试身以所末，不可。'勾践不听，败于夫椒。后位以上大夫，弗就，隐吴兴余英禺山，相传以为登云而升。按《寰宇记》《吴兴志》俱载：余英东南三十里有计筹山，越大夫计然尝登此山筹度地形，因名焉。今山阳白石顶通玄观，乃故隐处也。"《历代真仙体道通鉴》的记载实际上是综合了《史记》"索引"和徐灵府《通玄真经序》的内容，并非凭空捏造。这段记载非常平实，没有什么神奇的描写，特别是范蠡转述文子的一段话，几乎就是老子的原话，这就进一步证明了文子与老子的师承关系。

由于文子在道家学派中占有极高的地位，唐天宝元年，唐玄宗封文子为通玄真人，尊《文子》为《通玄真经》。

也有人否定文子即计然的说法。孙以楷先生在《道家文化寻根》中说："有人认为文子是春秋时范蠡之师计然，其实大谬。据《史记·货殖列传集释》云：'计然姓辛，字文子。'这种认为计然即道家文子的说法，恐怕就是根据计然字文子而下的结论。对这种结论，且不论与古代称'子'习惯符合与否，我们单从古籍中就可找到否证。《汉书·古今人表》中有计然，颜师古作注时援引孟康的说法：'文子，姓计名然，越臣也。'可是，在《唐志》中，道家有文子，农家又有计然，而在《史记》中，计然被列入《货殖列传》，根本与道家毫无联系，可见文子绝不是计然。"孙先生提出怀疑可以，但因为有一点怀疑，就断定文子是计然的说法"大谬"，则缺乏有力的证据。第一，孙先生说的《唐志》是指《新唐书·艺文志》，为什么相信《唐书》，而不相信比《唐书》更早的《范子》及其他有关记载呢？第二，《新唐书·艺文志》农家类所列的第一本书就是《范子计然》,我估计就是前面提到的《范子》,作者在书名下注释说:"范蠡问,计然答。"作者把范蠡的书也列入了农家,难道范蠡也不属于道家吗?第三,孙先生认为《史记》把计然列入《货殖列传》,于是就断言计然"根本与道家毫无联系,可见文子绝不是计然"。实际上,《史记·货殖列传》的原话是:"昔者越王勾践困于会稽之上,乃用范蠡、计然。"把范蠡、计然相提并论,而且在介绍完计然的事迹后,紧接着就介绍范蠡经商的情况。我们也能因此就把范蠡排斥在道家的行列之外吗?孙先生运用这一记载作证据,把计然放在道家之外,却又在同一书中,专门为范蠡安排了一章,待他当作重要的道家人物予以讨论。孙先生何厚此薄彼?我们认为,在没有确凿的证据之前,不能轻易地否定计然即文子这一传统说法。

6.杨朱(阳子居)

老子与杨朱的师生关系,记载于《列子·黄帝》:

杨朱南之沛,老聃西游于秦,邀于郊。至梁而遇老子。老子中道仰天而叹曰:"始以汝为可教,今不可教也。"杨朱不答。至舍,进涫漱巾栉,脱履户外,膝行而前,曰:"向者夫子仰天而叹曰:'始以汝为可教,今不可教。'弟子欲请夫子辞,行不闲,是以不敢。今夫子闲矣,请问其过。"老子曰:"而睢睢,而盱盱,而谁与居?大白若辱,盛德若不足。"杨朱蹴然变容曰:"敬闻命矣!"其往也,舍迎将家,公执席,妻执巾栉,舍者避席,炀者避灶。其反也,舍者与之争席矣!

这个故事是可信的,至少从时代上讲是这样。《庄子》书中经常提到列子,列子自然在庄子之前,《列子·黄帝》还记载了列子向关尹请教,而杨朱还在列子之前,那么从时间上讲,他自然可以成为老子的弟子。《庄子·寓言》也记载了这个故事,只是主人公不是杨朱,而是阳子居,另外,《列子·黄帝》记载:"杨朱过宋,东之于逆旅。逆旅人有妾二人……。"这个故事又见于《庄子·山木》,而"杨朱"作"阳子"。因此,人们推测阳子居就是杨朱。

关于阳子居与老子的师生关系,《庄子·应帝王》也有明确记载:

阳子居见老聃,曰:"有人于此,向疾强梁,物彻疏明,学道不倦。如是者,可比明王乎?"老聃曰:"是于圣人也,胥易技系,劳心怵心者也。且曰虎豹之文来田,猿狙之便、执斄之狗来藉。如是者,可比明王乎?"阳子居蹴然曰:"敢问明王之治?"老聃曰:"明王之治,功盖天下而似不自己,化贷万物而民弗恃,有莫举名,使物自喜，立乎不测，而游于无有者也。”

阳子居向老子请教如何治国的问题，师生关系应该说是比较明确的。杨朱（阳子居）为老子的弟子，古人也是承认的。朱熹说：

杨朱之学出于老子，盖是杨朱曾就老子学来，故庄、列之书皆说杨朱。

老子便是杨氏。

说杨朱就学于老子，自然有一定的依据。但有人根据“老子便是杨氏”这句话，就说朱熹认为老子与杨朱为一人，就不恰当了，即便是就思想方面这样讲，也是不合适的，因为杨朱虽然受到老子思想的影响，但二者的差别还是很大的。朱熹的原意不过是说，孟子虽然没有批评老子，但他批评杨朱就等于批评老子，因为杨朱的思想与老子思想基本一样。

现在有人否认阳子居是杨朱，因为杨朱的思想核心是“为我”，而阳子居却向老子请教治国的事，可见二人的思想不一致。我们在这里要顺便弄清楚“为我”的确切含义，再谈阳子居请教治国与“为我”思想的关系。

关于杨朱的“为我”思想，《孟子》和《吕氏春秋》都有零星记载：

孟子曰：“杨子取为我，拔一毛而利天下，不为也。”

阳生贵己。

从字面意思看，杨朱似乎是非常自私的。杨朱看重自我，这不可否认，但他的思想也不是仅仅用“自私”二字就可以概括得了的。我们分别看《列子·杨朱》《韩非子·显学》《淮南子·泛论训》三部古书对“拔一毛而利天下，不为也”这句话的解释：

杨朱曰：“伯成子高不以一毫利物，舍国而隐耕。大禹不以一身自利，一体偏枯。古之人损一毫利天下而不与也，悉天下奉一身不取也。人人不损一毫，人人不利天下，天下治矣。”

今有人于此，义不入危城，不处军旅，不以天下大利易其胫一毛。世主必从而礼之，贵其智而高其行，以为轻物重生之士也。

夫弦歌鼓舞以为乐，盘旋揖让以修礼，厚葬久丧以送死，孔子之所立也，而墨子非之。兼爱、尚贤、右鬼、非命，墨子之所立也，而杨子非之。全生保真，不以物累形，杨子之所立也，而孟子非之。

关于杨朱的“为我”，冯友兰先生综合古人的说法，认为可作两种解释：“大概杨朱一派有‘不拔一毛’、‘不利天下’的口号。这个口号可能有两种解释。一个是，只要杨朱肯拔他身上一根毛,他就可以享受世界上最大的利益,这样,他还是不干。另一个是,只要杨朱肯拔他身上一根毛,全世界就可以都受到利益,这样,杨朱还是不干。前者是韩非所说的解释,是'轻物重生'的一个极端的例;后者是孟轲所说的解释,是'为我'的一个极端的例。两个解释可能都是正确的,各说明杨朱的思想的一个方面。"其实这两种解释并不矛盾,杨朱不拔一毛施利于他人,他人也不拔一毛施利于杨朱,各安其分,互不干扰,社会自然安定。

以上都是从理论上对杨朱的"为我"进行阐释,而以儒家正统继承人自居、竭力反对佛老的韩愈对此还有一个更形象的说明。他在《圬者王承福传》中记载,王承福是长安的一位农夫,曾作为一名士兵,参加平定安史之乱达13年之久,后归家,却已无寸土,只好靠为人泥墙度日。他对韩愈讲了这样一段话:"功大者,其所以自奉也博。妻与子,皆养于我者也。吾能薄而功小,不有之可也。又吾所谓劳力者,若立吾家而力不足,则心又劳也。一身而二任焉,虽圣者不可能也。"王承福认为自己能薄力小,所以不要妻儿,以免既劳力又劳心。对此,韩愈评论说:

愈始闻而惑之,又从而思之,盖贤者也,盖所谓独善其身者也。然吾有讥焉,谓其自为也过多,其为人也过少,其学杨朱之道者邪?杨之道,不肯拔我一毛而利天下。而夫人以有家为劳心,不肯一动其心以畜其妻子,其肯劳心以为人哉?虽然,其贤于世之患不得之而患失之者,以济其生之欲、贪邪而亡道以丧其身者,其亦远矣。又其言有可以警余者,故余为之传,而自鉴焉。

韩愈认为王承福的思想境界虽然比不上勇于自我牺牲的人,但比一心富贵、患得患失的人高尚多了。韩愈把王承福看作杨朱一类的人,认为杨朱的"为我"就是儒家的"独善其身",我们认为这种解释是比较准确的。

通过以上材料可以看出,杨朱的"为我"的确有"自私"成分,但这种"自私"的含义与今天的不同,杨朱的"自私"不包含损人利己的行为,而是说为了保全自我,既不把整个天下这一大利放在心上,也不去为天下贡献自己的丝毫力量。换句话说,不为追求名利伤害自身健康。特别是"人人不损一毫,人人不利天下,天下治矣"这句话,说明杨朱的着眼点还是在于治国,因此用阳子居热心治国来否定他不是杨朱的观点,并不能成立。我们说杨朱热心政治,还有《说苑》的记载为证:

杨朱见梁王,言治天下如运诸掌然,梁王曰:"先生有一妻一妾不能治,三亩之园不能芸,言治天下如运诸手掌,何以?"杨朱曰:"臣有之,君不见夫羊乎,百羊而群,使五尺童子荷杖而随之,欲东而东,欲西而西;君且使尧牵一羊,舜荷杖而随之,则乱之始也。臣闻之,夫吞舟之鱼不游渊,鸿鹄高飞不就污池,何则?其志极远也。黄钟大吕,不可从繁奏之舞,何则?其音疏也。将治大者不治小,成大功者不小苛,此之谓也。"

从杨朱对自我政治才华的极度夸耀来看,他对于当官从政真有点急不可待。退一步说,即便"为我"与求仕这两种观点是矛盾的,也不能据此就否定二人为同一个人,因为任何人的思想都处于矛盾、变化之中,如孔子,他有时志在天下,有时又说自己要避居四夷,我们不能因此就说古代既有一个一心治理天下的孔子,另外还有一个一心要隐居的孔子。

石刻版《道德经》

我们认为,在没有更多的史料证据出现以前,我们还是应该把杨朱和阳子居视为同一个人,而这个人曾当过老子的弟子。

7.蜎子(环渊)

蜎子,姓蜎名渊,又作环渊、玄渊。《汉书·艺文志》说:"《蜎子》十三篇。名渊,楚人,老子弟子。"《史记·田敬仲完世家》说:"宣王喜文学游说之士,自如驺衍、淳于髡、田骈、接予、慎到、环渊之徒七十六人,皆赐列第,为上大夫,不治而议论。"《孟子荀卿列传》也有相同记载,说:

环渊,楚人。皆学黄老道德之术,因发明序其指意。……环渊著上下篇。

把蜎子说成是老子的弟子,有一个时间差的问题。老子为春秋末年人,而齐宣王为战国中期人,如果蜎子与齐宣王是同时代的人,那么他也应该是战国中期人,与老子生活的时代相差100年左右。这样算来,娟子很难成为老子的亲授弟子。但我们在没有确凿的证据出现之前,也不能轻易地否定《汉书》的记载,因为稷下学宫的出现远在齐宣王的祖辈时,而蜎子在稷下学宫时的年龄,我们也不知道。因此,在没有更有力的证据出现之前,我们不妨先接受《汉书》的说法,把蜎子视为老子的弟子。

8.柏矩

《庄子·则阳》记载,柏矩也是老子的弟子:“柏矩学于老聃,曰:‘请之天下游。’老聃曰:‘已矣!天下犹是也。’又请之,老聃曰:‘汝将何始?’曰:‘始于齐。’至齐,见辜人焉,推而强之,解朝服而幕之,号天而哭之曰:‘子乎子乎!天下有大灾,子独先离之,日莫为盗!莫为杀人!荣辱立,然后睹所病;货财聚,然后睹所争。今立人之所病,聚人之所争,穷困人之身使无休时,欲无至此,得乎!古之君人者,以得为在民,以失为在己;以正为在民,以枉为在己;故一形有失其形者,退而自责。今则不然,匿为物而愚不识,大为难而罪不敢,重为任而罚不胜,远其途而诛不至。民知力竭,则以伪继之,日出多伪,士民安取不伪!夫力不足则伪,知不足则欺,财不足则盗,盗窃之行,于谁责而可乎?”成玄英疏:“柏矩,鲁人。”成玄英如此讲,应该是有所依据的。只是有关柏矩的生平史料太少,我们已无法知道他的详细情况了。

二、老子的再传弟子

1.范蠡

范蠡是文子的弟子,也是第一位全面实践老子思想的典范人物。关于他的出身,《史记·越王勾践世家》“正义”引《会稽典录》说:

范蠡字少伯,越之上将军也。本是楚宛三户人,佯狂倜傥负俗。文仲为宛令,遣吏谒奉。吏还曰:“范蠡本国狂人,生有此病。”种笑曰:“吾闻士有贤俊之姿,必有佯狂之讥,内怀独见之明,外有不知之毁,此固非二三子之所知也。”驾车而往,蠡避之。后知种之必来谒,谓兄嫂曰:“今日有客,愿假衣冠。”有顷种至,抵掌而谈,旁人观者耸听之也矣。

这段记载说明早年的范蠡是楚狂一类的人物,他所居住的地区与老子的故乡距离很近,有接受老子思想的有利环境。关于范蠡与文子的师徒关系,许多古籍都有记载,如:

《范子》曰:“计然者,葵丘濮上人,姓辛氏,字文,其先晋之公子。南游越,范蠡事之。”

陶朱成术于辛文。

既然范蠡是文子的学生,那么他自然就是老子的第二代弟子。范蠡的思想的确与老子思想十分接近。这主要表现在:

第一,效法天道,盈而不溢,不矜其功,不为物先。越王勾践于即位的第三年,就准备主动进攻吴国,范蠡进谏说:

天道盈而不溢,盛而不骄,劳而不矜其功。夫圣人随时以行,是谓守时。天时不作,弗为人客;人事不起,弗为之始。今君王未盈而溢,未盛而骄,不劳而矜其功,天时不作而先为人客,人事不起而创为之始,此逆于天而不和于人。王若行之,将妨于国家,靡王躬身。

这段话的主旨是要求越王效法天道,而效法天道的主要内容有"盈而不溢,盛而不骄,劳而不矜其功",这几点分别出自《老子》"保此道者不欲盈"(十五章)、"不自伐,故有功;不自矜,故长"(二十二章)。"夫圣人随时以行,是谓守时。天时不作,弗为人客;人事不起,弗为之始"则来自《老子》三十八章的"前识者,道之华,而愚之始也"以及顺物而为的无为主张。可以说,范蠡的这段话从主旨到具体内容,与老子思想都是丝丝紧扣的。

第二,反战。《史记·越王勾践世家》记载,勾践听说夫差日夜练兵准备复仇,便想先发制人,范蠡进谏说:

不可。臣闻兵者凶器也,战者逆德也,争者事之末也。阴谋逆德,好用凶器,试身于所末,上帝禁之,行者不利。

这一说法明显来自《老子》的第三十章、三十一章。不可随意挑起战争是从老子到范蠡的一贯主张,而吴越两国的国君就是因为没有清醒地意识到战争的危害,结果是两败俱伤。

第三,万物变化、盛极则衰。《老子》特别强调事物的变化以及物盛则衰的道理,第二十五章说:"吾不知其名,字之曰'道',强为之名曰'大'。大曰逝,逝曰远,远曰反。"在大道的支配下,万物是在不停地运动,当运动到极盛时,就又折回来向相反方向发展。这里面就包含了万物运动和盛极则衰的思想。第五十五章还明确说:"物壮则老。"范蠡继承了这一思想,他说:

臣闻之,得时无怠,时不再来,天予不取,反为之灾。赢缩转化,后将悔之。……阳至而阴,阴至而阳;日困而还,月盈而匡。古之善用兵者,因天地之常,与之

俱行。

“阳至而阴,阴至而阳;日困而还,月盈而匡。古之善用兵者,因天地之常,与之俱行”这些话明显是来自老子,前几句讲物盛则衰,后几句讲顺时而变。

我们顺便要提到的是,到了汉代,人们经常引用“当断不断,反受其乱”这句话,并明确说这句话出自道家。如《史记·齐悼惠王世家》:“召平曰:‘嗟乎!道家之言“当断不断,反受其乱”,乃是也。’”《史记·春申君列传》说:“语曰:‘当断不断,反受其乱。’春申君失朱英之谓也。”《汉书·霍光传》说:“昌邑群臣……出死,号呼市中曰:‘当断不断,反受其乱。’”关于这句话的出处,东汉人杨伦认为出自《黄石》,《后汉书·儒林列传》记载:“[刘]伦上书曰:‘当断不断,《黄石》所戒。’”李贤注:“《黄石公三略》曰:‘当断不断,反受其乱。’”如果这句话确实是出自《黄石公三略》,那么黄石公为秦汉之交时的人,他的这两句话应该是在范蠡的“得时无怠,时不再来,天予不取,反为之灾”这段话的基础上提炼出来的。

第四,以柔克刚。当越国战败、陷入空前危机之中时,范蠡要求勾践“卑辞尊礼,玩好女乐,尊之以名,如此不已,又身与之市”。范蠡针对当时的情况,提出这一外交策略,是有一定理论作为基础的。范蠡说:

因阴阳之恒,顺天地之常,柔而不屈,强而不刚,德虐之行,因以为常。

范蠡的这段话也几乎是老子语言的翻版。他要以越国的“柔”克吴国的“刚”。事实上也证明范蠡的以柔克刚的策略是非常成功的。

第五,功成身退。《老子》第九章说:“功遂身退,天之道。”范蠡严格地按照这一原则处世。

据《国语·越语下》记载,范蠡在灭吴后的返国途中,就向越王提出归隐的请求。因为他知道“大名之下,难以久居”“久受尊名,不祥”。范蠡助越灭吴后携家隐退时,给文种写了一封信,其中有千古名句:“蜚鸟尽,良弓藏;狡兔死,走狗烹。”退隐后,当家财丰厚时又及时施散,这些都是对老子思想的实践。文种没有及时隐退,结果被越王杀掉,而及时退隐的范蠡,却受到越王的长久思念。《国语·越语下》记载:“王命工以良金写范蠡之状而朝礼之,浃日而令大夫朝之,环会稽三百里者以为范蠡地,曰:‘后世子孙,有敢侵蠡之地者,使无终没于越国,皇天后土、四乡地主正之。’”同为功臣,一走一留的不同结局,的确令人深思。这使人不由得想到《韩诗外传》卷二第二十三章的一则记载:

田饶事鲁哀公而不见察，谓哀公曰："臣将去君，黄鹄举矣。"哀公曰："何谓也?"田饶曰："君独不见鸡乎？头戴冠者文也，足傅距者武也，敌在前敢斗者勇也，见食相呼者仁也，守夜不失者信也，鸡虽有此五德，君犹日瀹而食之者何也？则以其所从来者近也。夫黄鹄一举千里，止君园池，食君鱼鳖，啄君黍粱，无此五德者，君犹贵之者何也？以其所从来者远也。故臣将去君，黄鹄举矣。"……遂去之燕。

田饶的这段话用颇富于诗意的语言，阐述了一个带有普遍性的现象：人与人之间应保持一定的距离，近则相贱，远则相贵。既然如此，范蠡去当隐士，泛舟五湖，离君主远一点，自然会受到勾践的尊重，而文种虽然具备了'文、武、勇、仁、信五德，只因与勾践的距离太近，结果还是被勾践"瀹而食之"了。

范蠡的思想大体与老子一致，但同孔子一样，范蠡的思想也未必全是来自老子、文子这一师承，他在社会实践中，还会广泛地接受其他各家思想的影响。范蠡是著名的政治家，其事迹史有明载，这里不多介绍。

最后，我们还要讨论两个问题：一是范蠡的著作。二是范蠡与齐稷下道家学派的关系。

首先谈第一个问题。我们在"文子"一节中已经提到《范蠡》(或称《范子》)一书，除此之外，《齐民要术》还记载了他的另外两本书——《陶朱公术》和《养鱼经》：

《陶朱公术》曰："种柳千树则足柴。十年以后，髡一树，得一载；岁髡二百树，五年一周。"

陶朱公《养鱼经》云："威王聘朱公，问之曰：'闻公在湖为渔父，在齐为鸱夷子皮，在西戎为赤精子，在越为范蠡，有之乎?'曰：'有之。'曰：'公任足千万，家累亿金，何术乎?'朱公曰：'夫治生之法有五，水畜第一。水畜，所谓鱼池也。……'"

其中《养鱼经》在《唐书·艺文志》中还有记载。这些书究竟为范蠡所亲著，还是后人假托，我们无法知道。但在获得该书是假托的确切证据之前，我们还是应该把这些书视为范蠡的作品。这些书说明，范蠡不仅是一位杰出的政治家，而且还是一位杰出的经济学家和农业学家。

我们谈第二个问题，即范蠡与齐稷下道家学派的关系问题。道家出现于陈，后来的齐国稷下学派中的道家势力也很强。道家思想传入齐国的渠道可能很多，但范蠡应是其中的主要媒介人之一。《史记·越王勾践世家》记载：

范蠡浮海出齐，变姓名，自谓鸱夷子皮，耕于海畔，苦身戮力，父子治产。居无

几何,致产数十万。齐人闻其贤,以为相。……间行而去,止于陶。

范蠡离开越国后,直接到了齐国,在那里发家致富,还当过齐国的相。后辞去相位,在陶定居下来。陶于春秋末年为宋所有,后为齐所占。可见范蠡后期的活动区域始终都在宋、齐一带,他的道家思想不能不在宋、齐两国有所影响,那么宋国出现庄子、齐国出现道家学派也就找到了学术渊源。

我们顺便提到的是,《庄子》中有《渔父》一篇,其中记载了一位白发渔父教导孔子的故事。成玄英在《庄子疏》中对这位渔父的身份解释说:

渔父,越相范蠡也;辅佐越王勾践,平吴事讫,乃乘扁舟,游三江五湖,变易姓名,号曰渔父,即屈原所逢者也。既而泛海至齐,号曰鸱夷子;至鲁,号曰白圭先生;至陶,号曰朱公。晦迹韬光,随时变化。

成玄英是道教人物,相信不死神仙,所以他认为范蠡可以与屈原相遇。但《庄子疏》的说法也有可信的地方,因为庄子的家乡距陶不过百里,范蠡与孔子生活在同一个时代,范、孔二人完全可能有一些互相交往的传说流传下来,然后被庄子记录入书中。因此说该篇中的渔父即范蠡,不能说没有丝毫的道理。

2.彭蒙之师

关于彭蒙的老师的事迹,我们知道得非常少,《庄子·天下》对他的思想有一些记载:"田骈亦然,学于彭蒙。得不教焉。彭蒙之师曰:'古之道人,至于莫之是莫之非而已矣。其风窢然,恶可而言。'""不教""莫之是莫之非"等都属于道家思想,彭蒙之师自然也属道家人物。

田骈在齐威王时已是著名的学者,《淮南子·人间训》记载唐子在齐威王面前讲田骈的坏话,结果田骈被赶出了齐国。田骈是庄子的学术前辈,彭蒙又是田骈的老师,庄子大约生于公元前369年,我们把彭蒙的生年再向前推60年左右,他大约出生于前430年。那么彭蒙之师大约出生于前460—450年,属战国初年的人,这就与老子弟子的年代衔接起来了。可惜的是,我们既不知道彭蒙老师的姓名,更不知道他的生平事迹,说他是老子的再传弟子只是一种推测。

3.列子

过去人们多怀疑《列子》为伪作,有的学者,如张岂之先生主编的《中国思想史》就说:"从唐柳宗元开始就怀疑它是伪书。从该书所反映的思想内容看,它可能是魏晋时期的作品。"仅仅因为怀疑,仅仅是一种"可能",《列子》就被放在魏晋时期去讨论了。而现在的道家研究者越来越倾向于认为,《列子》中的绝大多数作品为先秦作品,少量为后人增补或窜入。我们认为这一看法是完全正确的。鉴于这一问题较复杂,非短文可以阐述清楚,读者可参考许抗生先生的《〈列子〉考辨》(载于《道家文化研究》,上海古籍出版社 1992 年版)及其他有关研究成果,这里不再赘述:

《列子》的《黄帝》《说符》等篇记载了列子向关尹求教的事。其中《说符》记载说:

> 列子学射中矣,请于关尹子。尹子曰:"子知子之所以中者乎?"对曰:"弗知也。"关尹子曰:"未可。"退而习之。三年,又以报关尹子。尹子曰:"子知子之所以中者乎?"列子曰:"知之矣。"关尹子曰:"可矣,守而勿失也。非独射也,为国与身亦皆如之。故圣人不察存亡而察其所以然。"

这个故事,《吕氏春秋·审己》也有记载。《列子·黄帝》还记载列子向关尹请教为什么至人"潜行不空,蹈火不热"的问题。

根据有关史料记载,列子除了拜关尹为师外,还向其他不少人学习过。列子在学成后,自己也收弟子。《庄子·列御寇》描写他的弟子之多时说:"户外之屦满矣。"可见,列子是一位道家学派中承先启后的重要人物。

三、庄子及稷下黄老学派、河上丈人

到了战国中期,道家的影响逐渐扩大,出现了不少道家学者和道家学派,其中最主要的有庄子和稷下黄老学派、河上丈人。

1.庄子

庄子是战国道家的著名学者,是发扬光大道家学说的主要人物。研究他的专著很多,因此这里对有关庄子的问题就不再讨论。

2.稷下黄老道家学派

在战国时代的齐国,还有一个稷下道家学派。关于稷下道家学派,研究者也不少,我个人对此也没有太多的新看法,只是想在前人研究的基础上,就道家为什么能够在齐国兴起和黄老学派的形成谈一点看法。

道家学派之所以能够在齐国兴起,大约有五个主要原因:

第一,政治的需要。

齐国花费不少财力养了一大批学者,绝非仅仅为了纯学术研究,而是有着明确的政治目的。在战国时代,得士则昌,失士则亡,是当时统治者的共识,因此招揽士人就成了各诸侯国的重要任务之一。有了这一大的政治环境,道家人物便找到了一个较好的生存环境。可以说,齐国建立稷下学宫的最初目的,并非是专门为了道家,而是各家并蓄。只是由于其他一些原因,使得道家在稷下的声势显得格外的强大。

第二,齐国的政治措施与道家思想有相通之处。

老子开创了道家学派,而后人把齐国的始封祖吕尚也列入道家行列,应该说,后人的这种看法不是没有道理的。我们看《史记》记载的有关齐国的政治方略:

大公[吕尚]至国,修政,因其俗,简其礼,通商工之业,便鱼盐之利,而人民多归齐,齐为大国。

鲁公伯禽之初受封之鲁,三年而后报政周公。周公曰:"何迟也?"伯禽曰:"变其俗,革其礼,丧三年而后除之,故迟。"太公亦封于齐,五月而报政周公。周公曰:"何疾也?"曰:"吾简其君臣礼,从其俗为也。"及后闻伯禽报政迟,乃叹曰:"呜呼,鲁后世其北面事齐矣!夫政不简不易,民不有近;平易近民,民必归之。"

齐国的政治,从一开始就有两个明显的特点:一是简易,二是因顺。而这两个特点与后来的道家思想是一致的。《老子》五十七章说:"天下多忌讳,而民弥贫;民多利器,国家滋昏;人多技巧,奇物滋起;法令滋章,盗罪多有。"从政府法令到一般器皿,老子都主张一切从简。《老子》一书涉及哲学、政治、经济、文化、军事等许多领域,构成了一个内容极为丰富的庞大思想体系,然而只有五千言,可以说这本书本身就是言简意赅、崇尚简约的典范。《庄子·天运》明确提出了尚简的主张说:

古之至人……以游逍遥之虚,食于苟简之田,立于不贷之圃。逍遥,无为也;苟简,易养也;不贷,无出也。

所谓的"苟简",也就是一切从简。庄子认为"尚简"是圣人的品质之一,是养生、治国的主要原则之一。至于因顺思想,更是道家所提倡的。关于这一点,我们将在第二十二章第二节“对孟子的影响”中详细讨论，此处不再赘述。

齐国这种大的政治、思想环境，无疑为道家在齐国的兴起提供了极好的条件。

第三，楚国的北进，使道家人物向齐国靠拢。

道家的最早发源地在陈，后来向周边的郑、宋、楚等国发展。楚国的势力不断向北推进，这就促使受到楚军威胁的陈、郑、宋的道家学者不断地向其他国家转移。而当时可供道家栖身的国家主要有可以与楚相抗衡的齐、秦。两相比较，齐国更适合道家的生存，第一个原因是齐国的文化与中原其他国家更为接近，而且重视文化建设，而秦是一个蔑视文化、崇尚武功和农耕的国家。第二个原因就是战国时齐国的国君与陈国是同族。老子本是陈人，但《庄子》记载孔子等人是到沛去见老子，其中的原因很可能是老子退隐故乡后，受到楚国北侵的威胁，于是向东北的齐国方向移居。还有一位道家主要人物也值得注意，他就是范蠡。范蠡功成身退之后，没有到楚国，而是直接进入齐国，他的到来也一定会为道家在齐国的兴盛做了一定的铺垫。

第四，齐国君主对道家人物黄帝的认可，进一步促使道家在齐国繁荣。

先秦时期，“黄帝”一词出现的频率不高，《左传》中提到黄帝的大约是两次，都是一笔带过，如“僖公二十五年”说“遇黄帝战于阪泉之兆”，“昭公十七年”说“黄帝氏以云纪”，都不是正面讨论黄帝的事情，而且都只有一句话。《国语》中也只提到三次。值得注意的是，谈论黄帝最多的还是道家。《老子》一书中没有提到黄帝，《文子》已经提到，《列子》的第二篇则以“黄帝”命名，《庄子》一书不仅多次提到黄帝，而且待他当作得道成仙的典范之一：

夫道，有情有信，无为无形。……黄帝得之，以登云天。

庄子已经把黄帝与大道联系在一起。但更引人关注的是在他之前的太子晋对有关黄帝的陈述。

王子晋是周灵王的太子，后人又称他为王子乔。《逸周书》“太子晋”条记载说：“王子[晋]曰：‘……且吾问汝之人年长短，告吾！’师旷曰：‘汝声青汗，汝色赤白，火色，不寿。’王子曰：‘吾后三年将上宾于[天]帝所。汝慎无言，[殃]将及汝。’师旷归，未及三年，告死者至。”可能就是因为这个原因，王子晋被后人视为神仙。刘向的《列仙传》说：“王子乔者，周灵王太子晋也。好吹笙作凤凰鸣，游伊洛之间。道士浮丘公接以上嵩山三十余年。后求之于山上，见柏良曰：‘告我家，十月七日待我于缑氏山巅。'至时,果乘白鹤驻山头。"从此以后,王子乔便成了历代文人讴歌和艳羡的对象,同时也成为后来道教的主要神仙之一。也就是这位历史真实人物兼神仙家的王子晋,第一次提出炎、黄为中华民族的共同祖先。《国语·周语下》记载:

灵王二十二年,谷、洛斗,将毁王宫。王欲壅之,太子晋谏曰:"帅象禹之功,度之于轨仪,莫非嘉绩,克厌帝心。皇天嘉之,祚以天下,赐姓曰'姒',氏日'有夏',谓其能以嘉祉殷富生物也。祚四岳国,命以侯伯,赐姓曰'姜',氏曰'有吕',谓其能为禹股肱心膂,以养物丰民人也。此一王四伯,岂繄多宠?皆亡王之后也。唯能厘举嘉义,以有胤在下,守祀不替其典。有夏虽衰,杞、鄫犹在;申、吕虽衰,齐、许犹在。……

皆黄、炎之后也。唯不帅天地之度,不顺四时之序,不度民神之义,不仪生物之则,以殄灭无胤,至于今不祀。及其得之也,必有忠信之心间之。度于天地而顺于时动,和于民神而仪于物则,故高朗令终,显融昭明,命姓受氏,而附之以令名。"

王子晋在提出"皆黄、炎之后也"的基础上,特别强调姜尚开创的齐国是黄帝的后代。后来田氏代替姜氏掌握齐国政权,是经过周天子及诸侯允许的。《史记·田敬仲完世家》记载说:"三年,太公与魏文侯会浊泽,求为诸侯。魏文侯乃使使言周天子及诸侯,请立齐相田和为诸侯。周天子许之。"估计当时天子答应田氏代齐时提出过一定的条件,所以田氏代齐以后,并没有改变国号,这说明田氏还是以姜氏齐国的合法继承人自居的。这一点,可能很类似民间所说的子孙"过继"。了解了这一历史,我们就对田氏要继承黄帝、齐桓公事业这一愿望不再感到奇怪。现存的《陈侯因資敦》铭文说:

唯正六月癸未,陈侯因資曰:皇考孝武桓公[陈侯午]恭哉,大谟克成。其唯因資,扬皇考昭统,高祖黄帝,迩嗣桓、文,朝问诸侯,合扬厥德。

这一铭文是齐威王写的。齐威王的祖父即正式当上齐王的齐太公田和,但他在即位的第二年就去世了,其子齐桓公田午立。田午在位六年去世,其子齐威王田因齐(即铭文中说的因資)立。就在威王即位的当年,被田和流放到海边的最后一位姜氏齐王康公去世。《史记》记载说:"齐康公卒,绝无后,奉邑皆入田氏。"怪不得齐威王在铭文中写得兴高采烈,一是因为经过近十年的经营,田氏政权逐渐稳定;二是田因齐顺利继承王位;三是潜在的威胁——康公去世而且无后,整个齐国全部完整地交接到了田因齐的手中，所以他迫不及待地向父亲报喜，说自己是“大谟克成”。值得我们注意的是，他要祖述黄帝，建立黄帝那样的功业，黄帝成了齐威王心目中的一面旗帜。在这种情况下，有着向往原始社会情结的道家自然而然地与黄帝联系在一起了。

第五，黄帝和老子都崇尚自然。

“自然”是《老子》中的常用词之一，如十七章的“百姓皆谓我自然”，二十三章中的“希言自然”，二十五章中的“道法自然”，六十四章中的“辅万物之自然而不敢为”等等。可以说，无论是治国安民，还是为人处世，“自然”都是老子所希望看到的最佳状态。

黄帝也是一位重“自然”的君主，至少后人认为他是重“自然”的。《白虎通义》记载：

帝喾有天下号高辛，颛顼有天下号曰高阳，黄帝有天下号曰自然者，独宏大道德也。

黄帝始制法度，得道之中，万世不易，名“黄自然”也。

按照《白虎通义》的说法，黄帝死后，被谥为“自然”，这说明黄帝与老子的思想的确有着某种相通之处。这大概也是人们黄、老并提的原因之一。

由于道家学者大量进入齐国，也由于齐君对黄帝的认可，更由于黄、老在思想上有相通之处，于是老子便与黄帝慢慢地结合在一起，逐渐形成了一个黄老学派。

庄子之前的道家传承情况，我们不甚了了，但此时的确是出现了一大批道家学者。我们看《史记》中《孟子荀卿列传》及《田敬仲完世家》的记载：

慎到，赵人。田骈、接子，齐人。环渊，楚人。皆学黄老道德之术，因发明序其指意。故慎到著十二论，环渊著上下篇，而田骈、接子皆有所论焉。

宣王喜文学游说之士，自如驺衍、淳于髡、田骈、接予、慎到、环渊之徒七十六人，皆赐列第，为上大夫，不治而议论。是以齐稷下学士复盛，且数百千人。

司马迁在介绍齐宣王稷下学宫的主要学者时，共列举了六人，而其中就有四人属于道家人物，从这里也不难看出道家学者在稷下学派中的势力。

这样一批学者在齐国落脚，对齐地的学风影响很大，这一影响一直持续到汉代，如汉代前期之所以能够推行道家无为之治，就得力于齐地的道家学者。《史记·曹相国世家》记载：

孝惠帝元年，除诸侯相国法，更以参为齐丞相。参之相齐，齐七十城。天下初定，悼惠王富于春秋，参尽召长老诸生，问所以安集百姓，如齐故诸儒以百数，言人人殊，参未知所定。闻胶西有盖公，善治黄老言，使人厚币请之。既见盖公，盖公为言治道贵清静而民自定，推此类具言之。参于是避正堂，舍盖公焉。其治要用黄老术，故相齐九年，齐国安集，大称贤相。

曹参后来离开齐国，担任汉王朝相国，于是就把道家的清静无为政策推向了全国，从而促使了强盛、安定、祥和的文景之治的出现。历史就是如此生动地演示了“前人种树，后人乘凉”的道理。齐国虽然道家思想盛行，但由于当时战乱不断，齐国不可能全面实施道家的清静无为政治。一直到了西汉王朝基本稳定，蛰伏了百年左右的道家思想才能真正抬起头来，从而造福于数代人。

3.河上丈人

在道家的传承史上，河上丈人是一位非常重要的人物，按照《史记·乐毅列传》记载，由河上丈人传下来的一支学派，对后世的影响最大，它的师承关系为：河上丈人——安期生——毛翕公——乐瑕公——乐臣公——盖公。同书还记载：“乐氏之族有乐瑕公、乐臣公，赵且为秦所灭，亡之齐高密。乐臣公善修黄帝、老子之言，显闻于齐，称贤师。”乐瑕公与乐臣公原为赵人，是乐毅的同族，在赵灭亡前夕，二人逃到齐国，而在齐国教授盖公黄老思想的是乐臣公，这说明乐瑕公当时已经衰老(他是乐臣公的老师)。赵国灭亡于公元前222年，按每一代师徒平均为20年到30年计算，可上溯100年左右，也就是说，河上丈人大约是公元前320年左右的人。

《隋书·经籍志三》对这位河上丈人也有一些介绍：

梁有战国时河上丈人注《老子经》二卷。

这里已明确说河上丈人为战国魏人。据冯友兰先生的《中国哲学史新编》，庄子在世的时间大约是公元前369—286年，这就是说，河上公基本与庄子同时。

皇甫谧《高士传》对河上丈人有一个简单但比较全面的介绍：

河上丈人者，不知何国人也。明老子之术，自匿姓名，居河之湄，著《老子章句》，故世号曰河上丈人。当战国之末，诸侯交争，驰说之士咸以权势相倾，唯丈人隐身修道，老而不亏，传业于安期生，为道家之宗。

按照《高士传》的说法，河上公应为战国晚期人，国属不详。在没有更可靠的史料出现前，《高士传》的记载值得重视。

由河上丈人传下来的这一道派,对汉代的政治影响极大。在政治上,就是河上丈人的后学盖公,用清静无为的治国方略教授曹参,又由曹参把这一政策推向了全国,从而形成了为史家所津津乐道的文景之治。在学术上,盖公对道家思想的传播也有很大贡献,《隋书·经籍志三》说:"汉时,曹参始荐盖公能言黄老,文帝宗之。自是相传,道学众矣。"依据这种说法,汉代的道家学派主要是由河上丈人这一脉传递下来的。

四、张良与刘安是上承道家、下启道教的重要人物

张良是一位典型的道家道教人物。据《史记·留侯世家》记载,张良早年曾遇到一位授予他《太公兵法》的老父,而这位老父就是一位极具神仙色彩的人物,老父告诉他"十三年孺子见我济北,谷城山下黄石即我矣"。该传还记载说:"子房始所见下邳圯上老父与《太公书》者,后十三年从高祖过济北,果见谷城山下黄石,取而葆祠之。留侯死,并葬黄石。"《史记》"索隐"在该句下注引《诗纬》说:

《诗纬》云:"风后,黄帝师,又化为老子,以书授张良。"

据《隋书·经籍志一》说,《诗纬》是汉代的作品,我们自然不会相信这些书中关于这位老父是老子化身的神话,但这些神话却透露给我们这样一个信息:当时及其后的人们都把这位老父视为道家人物。这就是说,张良早年就开始与道家人物有所交往了。关于张良行为中的道家色彩,朱熹有一个总结性的评价:

老氏不犯手,张子房其学也。

老氏之学最忍,它闲时似个虚无卑弱底人,莫教紧要处发出来,更教你支梧不住,如张子房是也。子房皆老氏之学。如峣关之战,与秦将连和了,忽乘其懈击之;鸿沟之约,与项羽讲解了,忽回军杀之,这个便是他柔弱之发处。可畏!可畏!它计策不须多,只消两三次如此,高祖之业成矣。

还不止如此,朱熹甚至认为整个汉代使用的都是这种技巧,而且这种技巧就是从圯上老父那里学到的。他说:"汉家始终治天下,全是得此术,至武帝尽发出来。便即当子房闲时不做声气,莫教他说一语,更不可当。少年也任侠杀人,后来因黄石公教得来较细,只是都使人不疑他,此其所以乖也。"朱熹认为早年的张良并不成熟,因为黄石老父的教导,他慢慢学得乖巧起来,并把这种"乖巧"运用到了政治、军事

方面，以至于后来的整个汉朝统治阶层都学会了这种“乖巧”。

张良不仅在政治、军事上运用道家思想，还把道家思想运用到个人处世修养方面。《史记·留侯世家》记载，功成名就之后，张良多与隐士交往。当吕后的儿子刘盈的太子地位受到威胁时，张良曾建议请出商山四皓作为太子的助手，并因此而保住了太子的地位。而这四位老人就是隐居修道的道家人物。张良能够推荐他们，说明张良了解他们，甚至有过接触。张良奉行道家思想还表现在以下这件事情上：

留侯乃称曰：“……今以三寸舌为帝王师，封万户，位列侯，此布衣之极，于良足矣。愿弃人间事，欲从赤松子游耳。”乃学辟谷，道引轻身。会高祖崩，吕后德留侯，乃强食之，曰：“人生一世间，如白驹过隙，何至自苦如此乎！”留侯不得已，强听而食。

张良能够做到功成身退、知足不辱，这就完全是道家的作风。而他功成身退以后的生活是辟谷导引，从赤松子游，这又是神仙家的作风。值得一提的是，吕后用来劝告张良的话，也是来自《庄子·知北游》中的“人生天地之间，若白驹之过郤”，这也可以称得上是“以其人之道还治其人之身”了。明代庄元臣《叔苴子》卷六也说：

人徒知《六经》之当尊，而不知误于经者亦多矣；人徒知异教之当辟，而不知成于异者亦多矣。夫《六经》犹金玉也，挟以涉川，适助其溺；异教犹乌喙也，用以攻毒，则捷其效。子路服孔子之道而死于卫，子房用黄老之术而生于汉，其明验矣。

庄元臣说张良“用黄老之术”的目的是为了保身，也就是说，张良在功成之后，有意识地求身退，并因此而能够在激烈的政治斗争中善终。应该说这一看法是有道理的。

正是由于张良的特殊历史地位及其与道家的特殊关系，后来的天师道开创者张道陵把张良视为自己的先祖，《汉天师世家》说：

祖天师，讳道陵，字辅汉，沛丰邑人也。九世祖[张]良，游下邳，圯上黄石公授之以书，后从汉高祖取天下。

这一记载真假难辨，但即使是假的，也能说明张良对后来的道教兴起有一定影响，因为在中国历史上，张姓的名人不少，而张道陵偏偏选中张良，这绝不是随心所欲的一种偶然选择，而是因为张良本人的确有着后世道士的风采。

另一位上承道家、下启道教的汉代人物是淮南王刘安。淮南王刘安为汉高祖刘邦之孙，对于刘安爱好道家思想和神仙方术的情况，《汉书·淮南王安传》有一个简略的记载：

淮南王安为人好书，鼓琴，……招致宾客方术之士数千人，作为《内书》二十一篇，《外书》甚众，又有《中篇》八卷，言神仙黄白之术，亦二十余万言。

我们现在看到的《淮南子》是一部典型的道家著作，王利器先生在《文子疏义序》中谈到该书与《文子》的关系：

马骕曰："《文子》一书，为《淮南鸿烈解》撷取殆尽。彼浩森，此精微。"可谓要言不烦也，惟大而无当，不足以厌人意，今试条略而举其大者言之。……杜道坚谓："《文子》，《道德》之疏义。"予亦谓："《淮南》，《文子》之疏义也。"

把《淮南子》视为《老子》和《文子》注释的说法，可能有些夸张，但三者的思想的确是一致的。

《汉书·艺文志》把"《淮南内》二十一篇，《淮南外》三十三篇"列入杂家，颜师古注释说："《内篇》论道，《外篇》杂说。"但没有提到《中篇》。另据《汉书·楚元王传》记载，刘德字路叔，修黄老术。其子就是著名的学者刘向，刘向字子政，本名更生，"是时宣帝循武帝故事，……复兴神仙方术之事，而淮南有《枕中鸿宝苑秘书》，书言神仙使鬼物为金之术，及邹衍重道延命方，世人莫见，而更生父德，武帝时治淮南狱得其书。更生幼而读诵，以为奇，献之，言黄金可成。"这里所讲的《枕中鸿宝苑秘书》就是前面说的《中篇》。《抱朴子·论仙》说："作金皆在《神仙集》中，淮南王抄出，以作《鸿宝枕中书》。"《太平广记》说："又《中篇》八章，言神仙黄白之事，名为《鸿宝》。"这些记载说明《内篇》谈道家道教哲理，而《中篇》谈的就是具体的有关神仙方术之事。

正史说这位信仰神仙不死的刘安后来因谋反事发自杀，而稗史杂记却说他是一人得道、鸡犬升天了。

关于刘安求仙对汉武帝信奉道教（或方仙道）的影响，《汉武故事》有一段记载：

淮南王安好学多才艺，集天下遗书，招方术之士，皆为神仙，能为云雨。百姓传云："淮南王，得天子，寿无极。"上心恶之，征之。使觇淮南王，云王能致仙人，又能隐形升行，服气不食。上闻而喜其事，欲受其道。王不肯传，云无其事。上怒，将诛，淮南王知之，出令与群臣，因不知所之。国人皆云神仙或有见王者。帝恐动人情，乃令斩王家人首，以安百姓为名。收其方书，亦颇得神仙黄白之事，然试之不验。上既感淮南道术，乃征四方有术之士，于是方士自燕齐而出者数千人。

这段记载有两点值得注意，一是刘安没有死，而是到别的地方去当神仙了，被杀的人不过是他家的仆人,这样做的目的是为了安定民心。二是武帝之所以决心杀掉刘安,是因为刘安不愿意将神仙方术传授给他,武帝非常羡慕刘安的神仙缘分,所以也开始大量召集方士,以图步刘安后尘。

明代漆金老子骑牛像

我们相信刘安的求仙对汉武帝产生过极大的影响,但不会相信刘安成仙的说法,刘安的确自杀了,八公没有帮上他什么忙。但刘安的一些家人却逃亡了。《元和郡县志》卷三十就记载了刘安被杀后其子逃往湖南的情况:

淮南王子庙,在[江华]县[今湖南江华县]南七十二里。《荆州记》云:"淮南王安被诛,其子奔至此城门,化为石。"今名东塘神。

江华在湖南的最南端,属瑶族居住区。刘安被杀,其子向南逃亡到极为偏远的地区,这是符合情理的。至于说"化为石",只能说是刘安子为销声匿迹以逃避朝廷追捕而编造的一种谎言。

刘安家族如此信仰神仙,其子自然会把这种信仰带到江华一带,当地人称他为"东塘神"也说明了这一点。只是由于其本人极力隐藏自己的形迹和当地文化的落后,没有留下更多一些的有关刘安子在当地传道的情况。但根据当地人称他为神和为他建庙这些事情看,他与他带去的宗教信仰在当时还是颇有影响力的。

通过以上资料,我们可以对道家的发展轨迹有一个大致的了解:在先秦,道家人物虽然众多,但与神仙信仰关系不是太密切。而到了汉代,情况就有了一些不同,虽然大多数道家人物没有求仙的记载,但张良和刘安,一为开国元勋,一为皇室宗亲,他们一方面在政治上运用道家方略,另一方面在养生上主张道教方术,在他们的身上,同时可以看到道家与道教的痕迹。他们上承道家,下启道教,是道家发展到道教的重要"环节"人物。